C 語言程式設計與應用(第三版)

(附範例光碟)

陳會安　編著

全華圖書股份有限公司　印行

國家圖書館出版品預行編目資料

C 語言程式設計與應用/陳會安編著. -- 三版.
-- 新北市：全華圖書股份有限公司, 2021.08
面； 公分
ISBN 978-986-503-814-4(平裝附光碟片)

1.C(電腦程式語言)

312.32C 110011173

C 語言程式設計與應用

(第三版)(附範例光碟)

作者 / 陳會安
發行人 / 陳本源
執行編輯 / 王詩蕙
封面設計 / 盧怡瑄
出版者 / 全華圖書股份有限公司
郵政帳號 / 0100836-1 號
印刷者 / 宏懋打字印刷股份有限公司
圖書編號 / 06240027
三版二刷 / 2023 年 09 月
定價 / 新台幣 620 元
ISBN / 978-986-503-814-4(平裝附光碟片)
全華圖書 / www.chwa.com.tw
全華網路書店 Open Tech / www.opentech.com.tw
若您對本書有任何問題，歡迎來信指導 book@chwa.com.tw

臺北總公司(北區營業處)
地址：23671 新北市土城區忠義路 21 號
電話：(02) 2262-5666
傳真：(02) 6637-3695、6637-3696

南區營業處
地址：80769 高雄市三民區應安街 12 號
電話：(07) 381-1377
傳真：(07) 862-5562

中區營業處
地址：40256 臺中市南區樹義一巷 26 號
電話：(04) 2261-8485
傳真：(04) 3600-9806(高中職)
(04) 3601-8600(大專)

版權所有・翻印必究

目錄

第 0 章　使用fChart程式碼編輯器建立C程式

第一章　程式語言與C語言的基礎

第二章 建立C程式與基本輸出入

第三章 變數、常數與資料型態

第四章 運算子與運算式

第五章 流程圖與結構化程式開發

第六章　條件敘述

第七章 迴圈結構

第八章 函數

第九章 陣列與字串

第十章 指標

第十一章 格式化輸入與輸出

第十二章 結構、聯合和列舉型態

第十三章 檔案處理

第十四章 前置處理與大型程式開發

第十五章 位元運算、動態記憶體配置與鏈結串列

第十六章 從C到C++語言

附錄A～C收錄於本書書附光碟\附錄電子書中

附錄A 安裝與使用Orwell Dev-C++整合開發環境

附錄B C語言的標準函數庫

附錄C ASCII碼對照表

序

C語言是目前計算機科學最流行的程式語言之一；也是一種擁有相當歷史的程式語言，雖然後起的程式語言一一浮上台面，至今，仍然沒有任何程式語言可以憾動C語言在程式語言的地位。

本書內容在規劃上是針對第一次學習程式語言和程式設計的學生與使用者，所規劃的C語言學習手冊和教材，可以作爲讀者學習第一種程式語言、高中職、大專院校理工科系第一門程式語言課程的教材。

本書是使用ANSI-C標準C語言的語法，詳細說明程式設計的觀念和相關技術，強調不只單純學習C語言，更希望能夠建立讀者正確的程式設計觀念，以便讀者能夠靈活運用C語言來建立所需的應用程式。

在三版，筆者更新Dev-C++開發工具至最新的64位元版本，fChart直譯器升級至6.0版，此版本流程圖支援更多的連接線，可以切換C和VB語言使用的運算子符號，支援邏輯運算式AND和OR，和指定變數值是一個完整運算式（支援括號、運算子優先順序和內建函數）。

不只如此，fChart更提供有fChart程式碼編輯器和Blockly積木程式，讓fChart工具轉換成一套整合開發環境，可以讓讀者繪製流程圖且驗證正確後，馬上啓動編輯器來將流程圖符號一一自行轉換成C語言的程式碼，使用的是TCC編譯器。

在內容上，除了完整說明C語言的語法外，筆者希望透過本書教導讀者如何使用Orwell Dev-C++和fChart整合開發環境來編輯、編譯和執行C程式，更提供Orwell

Dev-C++的可攜式版本（fChart本來就是可攜版），可以讓讀者在家用電腦或隨身碟安裝所需的開發工具，隨時隨地測試和執行本書眾多的C範例程式。

依據筆者多年經驗、訪談和觀察所得，初學者學習程式設計所面臨的最大問題不是語法；而是邏輯，因爲初學者不了解程式邏輯（program logic），再加上功能強大的整合開發環境IDE只有執行結果，沒有詳細執行過程，初學者根本無從了解程式碼是如何執行，進而學習如何追蹤程式碼的執行，所以，只能使用人類的邏輯來寫程式，當然不知如何下手，寫不出一個像樣的程式。

所以，學習程式設計不只需要學會程式語言的語法，更重要的是學會電腦的程式邏輯（因爲各種程式語言的語法雖然不同，但是程式邏輯並不會改變）。有鑑於此，本書提供多個案例研究來完整實作程式設計的基本步驟，從定義問題開始，使用fChart工具繪製設計演算法的流程圖，在執行流程圖驗證演算法後，才將設計的演算法撰寫成C程式碼，一步一步引導讀者建立出解決問題的C程式，完整訓練和提昇你的邏輯思考、抽象推理與問題解決能力。

fChart工具不只是一套繪製流程圖的工具，更可以馬上執行流程圖來驗證設計的演算法。在本書第5、6~8章的C程式範例大都擁有對應的流程圖，提供數十個流程圖來幫助老師教學和讀者學習C程式語法，可以學習使用電腦的思考模式來撰寫C程式碼。

筆者相信實作是學習程式設計的不二法門，所以本書提供大量程式範例來說明語法和程式設計方法，更使用眾多圖例、表格和觀念來輔助解說，希望讀者能夠透過本書眞正學會C程式語言，並且能夠建立正確的程式設計觀念。

如何閱讀本書

本書內容架構上是循序漸進從C語言基礎、程式設計方法和IDE開發環境開始，在建立二個簡單的C程式後，進入C語言的程式開發，不只詳細說明C語言語法，更以流程圖的程式邏輯訓練導引整個程式語言學習，強調結構化程式開發的C語言程式設計。

第0章說明如何使用fChart程式碼編輯器依據流程圖符號來快速建立完整的C程式，支援符號對應的功能表指令，可以讓讀者建立流程圖符號和對應C程式碼片段的連接，讓讀者眞正了解語法功能和其邏輯，和使用積木程式來拼出C程式碼。在

第1章是程式語言、程式設計風格和C語言的基礎。在第2章說明如何設計程式和C語言的開發環境後，使用Orwell Dev-C++撰寫二個簡單的C程式，然後說明C程式的基本架構，最後是C語言基本輸出與輸入函數。

第3章是程式語言基礎的變數、常數和資料型態。在第4章是運算子與運算式，詳細說明C語言的算術、括號、指定、逗號運算子和型態轉換。第5章是流程圖和結構化程式開發，詳細說明流程圖、演算法，和實際使用fChart工具繪製流程圖和驗證演算法的正確性，最後詳細說明結構化程式設計和三種流程控制結構。

第6~8章屬於C語言的結構化程式設計的流程控制和函數，在第6章是關係與邏輯運算子和條件敘述，第7章是迴圈，在第8章說明由上而下的設計方法、函數和遞迴函數。

第9~10章是陣列、字串和C語言初學者最感困擾的指標，筆者使用大量圖例配合程式範例來說明C語言指標，在第11章是格式化輸入與輸出。第12章是結構、聯合和列舉等自訂資料型態。

第13章是檔案處理，在第14章是前置處理和模組化程式設計，筆者使用完整實例說明如何分割程式碼檔案，以便建立多程式檔案的大型C程式。第15章說明C語言的位元運算、動態記憶體配置，和使用模組化程式設計建立資料結構的單向鏈結串列。在第16章是基礎C++語言的物件導向程式設計。

附錄A說明如何下載、安裝Orwell Dev-C++整合開發環境和可攜式版本，附錄B是C語言的標準函數庫。

編著本書雖力求完美，但學識與經驗不足，謬誤難免，尚祈讀者不吝指正。

陳會安於台北hueyan@ms2.hinet.net

2021.5.31

光碟內容說明

爲了方便讀者學習C語言程式設計，筆者將本書使用的範例檔案、教學工具和相關應用程式都收錄在書附光碟，如下表所示：

檔案與資料夾	說明
Ch00、Ch02~Ch16與AppA資料夾	本書各章節C範例程式、專案檔和Dev-C++編譯後的執行檔，C語言部分除了Dev-C++，也可以使用fChart程式碼編輯器來編輯、編譯和執行
C.zip	程式範例的ZIP格式壓縮檔
Dev-Cpp 5.11 TDM-GCC 4.9.2 Setup.exe	Orwell Dev-C++ 5中文使用介面C/C++整合開發環境安裝程式
Dev-Cpp 5.11 TDM-GCC x64 4.9.2 Portable.7z	Orwell Dev-C++ 5中文使用介面C/C++整合開發環境可攜式版本，7z壓縮格式
FlowChart資料夾	fChart流程圖教學工具，可以編輯和執行本書的流程圖專案，和使用fChart程式碼編輯器來編輯、編譯和執行C程式，同時支援C#、Visual Basic和Java語言
FlowChart.zip	流程圖直譯教學工具的ZIP格式壓縮檔
fChart教學影片資料夾	fChart教學幻燈片電影檔
fChart教學講義資料夾	fChart教學講義PDF檔

版權聲明

本書光碟內含的共享軟體或公共軟體，其著作權皆屬原開發廠商或著作人，請於安裝後詳細閱讀各工具的授權和使用說明。本書作者和出版商僅收取光碟的製作成本，內含軟體爲隨書贈送，提供本書讀者練習之用，與光碟中各軟體的著作權和其它利益無涉，如果在使用過程中因軟體所造成的任何損失，與本書作者和出版商無關。

Chapter

0

使用fChart程式碼編輯器建立C程式

本章學習目標

0-1 認識fChart程式碼編輯器

0-2 使用fChart程式碼編輯器建立C程式

0-3 使用Blockly建立C程式

0-1 認識fChart程式碼編輯器

fChart是筆者專為初學者開發的一套流程圖直譯器，不只可以繪製流程圖，更可以使用直譯方式執行流程圖來驗證執行結果，目前版本已經加上源至Min C# Lab的程式碼編輯器，讓fChart轉換成為一套整合開發環境，可以讓讀者繪製流程圖且驗證正確後，馬上啓動編輯器來將流程圖符號一一自行轉換成程式碼。

fChart程式碼編輯器的尺寸很小，同時支援C、C#、Java（需自行安裝JDK）和Visual Basic語言的編輯、編譯和執行，以本書C語言來說，內建TCC編譯器，完整支援C語言的程式開發。

為了幫助初學者建立程式碼檔案，fChart程式碼編輯器提供各種語言基本結構的程式範本（自動載入），和功能表指令來快速插入各種流程圖符號對應的C、C#、Java和Visual Basic程式碼片段，使用者能夠一步一步自行參考流程圖符號來撰寫出對應的程式碼，不只可以大幅減少程式碼輸入的錯誤，而且，在同一工具就可以學習C、C#、Java和Visual Basic程式語言的語法。

0-2 使用fChart程式碼編輯器建立C程式

fChart程式碼編輯器是整合在流程圖直譯教學工具之中，除了可以從fChart教學工具啓動，也可以單獨啓動fChart程式碼編輯器來編輯、編譯和執行C程式碼。

步驟一：啓動fChart程式碼編輯器

fChart流程圖直譯教學工具並不用安裝，這是一套可攜式版本的輕量開發工具，只需解壓縮後，就可以馬上啓動來繪製流程圖和撰寫、編譯和執行C程式碼，其步驟如下所示：

Step 1 請開啓fChart解壓縮的「C:\FlowChart」資料夾，執行【RunfChart.exe】後，按【是】鈕啓動fChart工具。如果使用【FlowProgramming_Edit.exe】，因為檔案權限問題，Windows 7以上版本，請在檔名上執行滑鼠【右】鍵快顯功能表的【以系統管理員身份執行】指令，使用系統管理員身份來啓動。

Step 2 執行「檔案>載入流程圖專案」指令，載入「C:\C\Ch00\Ch0_2.fpp」流程圖。

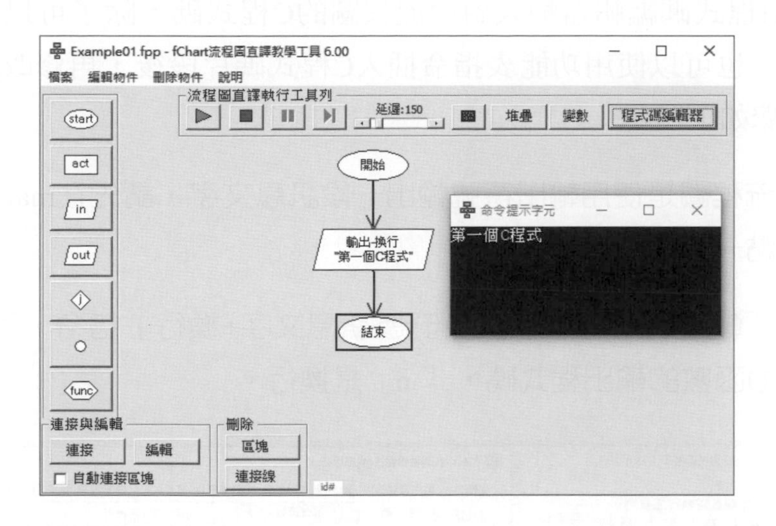

Step 3 在上方工具列按【執行】鈕，可以看到流程圖的執行結果（其進一步說明請參閱第5章），請按最後【程式碼編輯器】鈕啟動fChart程式碼編輯器（或直接執行fChartCodeEditor.exe），預設程式語言是C語言，如下圖所示：

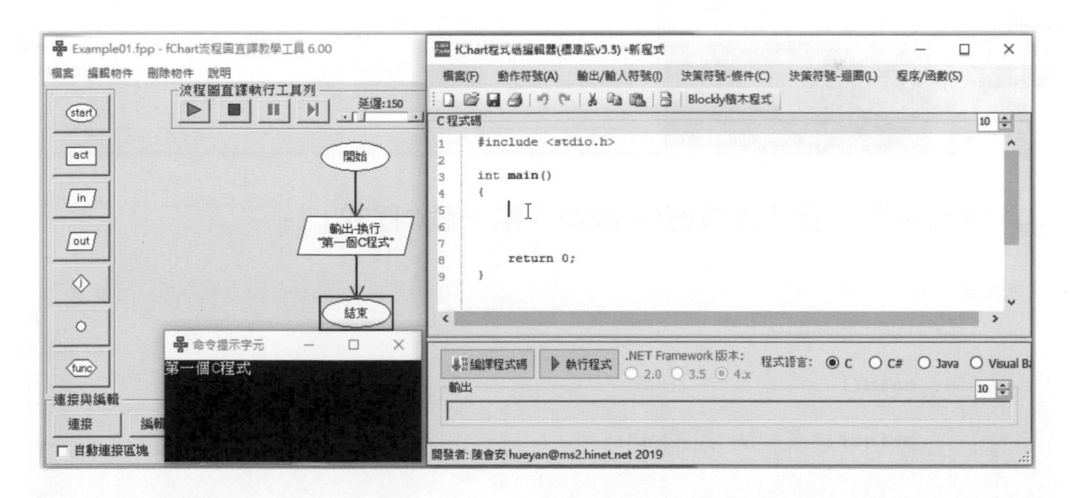

上述執行畫面上方是功能表指令，這是使用流程圖符號分類來快速插入程式碼片段，在功能表下方是預設載入C範本程式碼的程式碼編輯視窗，位在中間右邊的選項按鈕切換使用的程式語言，在下方是輸出視窗，可以顯示C程式碼的編譯結果。

步驟二：編輯C程式碼

請在fChart程式碼編輯器輸入對應流程圖的C程式碼，除了可以自行使用鍵盤輸入程式碼外，也可以使用功能表指令插入C程式碼片段後，再修改訊息文字和變數名稱，其步驟如下所示：

Step 1 因為流程圖是使用輸出符號輸出一段訊息文字，請先在main()函數程式區塊中點一下作為插入點。

Step 2 執行「輸出/輸入符號>輸出符號>訊息文字+換行」指令，可以插入C語言printf()函數的輸出程式碼，「\n」是換行。

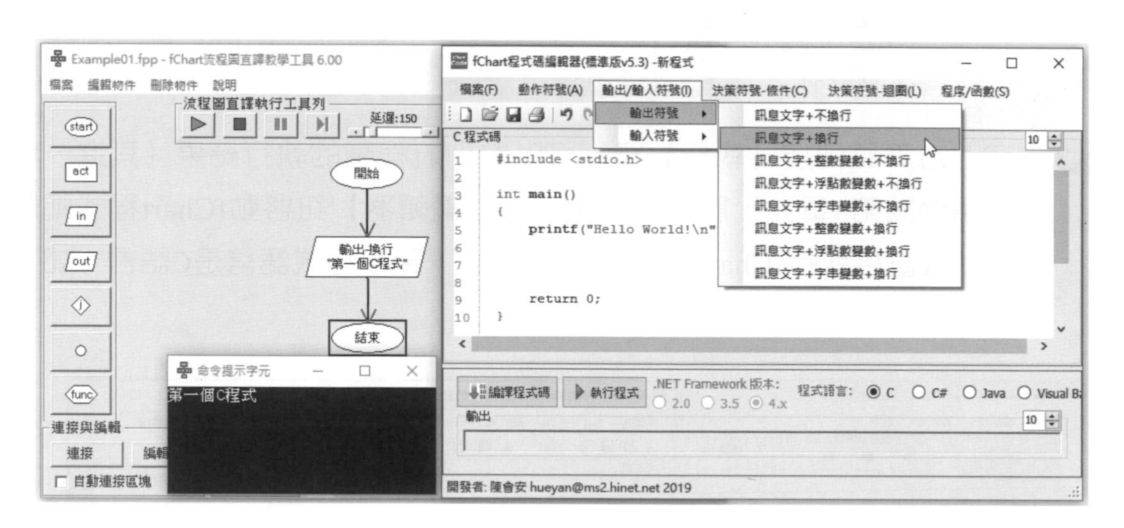

Step 3 請將字串內容「大家好!」改為「第一個C程式」。

C 程式碼

```
1   #include <stdio.h>
2
3   int main()
4   {
5       printf("第一個C程式\n");
6
7
8
9       return 0;
10  }
```

Step 4 執行「檔案>儲存」指令開啓「另存新檔」對話方塊，請切換至「C:\C\Ch00」目錄後，在【檔案名稱】欄輸入檔名Ch0_2.c，按【存檔】鈕儲存程式檔案。

在本書C程式範例大都有對應的fChart流程圖，讀者可以自行開啓同名fChart流程圖後，再一一試著執行功能表指令，將流程圖符號一一轉換成對應的C程式碼。

步驟三：編譯和執行C程式

在完成C程式編輯和儲存後，就可以編譯和執行C程式，其步驟如下所示：

Step 1 請按中間【編譯程式碼】鈕編譯C程式，如果沒有錯誤，可以在下方顯示成功編譯的訊息文字；錯誤是紅色的錯誤訊息文字。

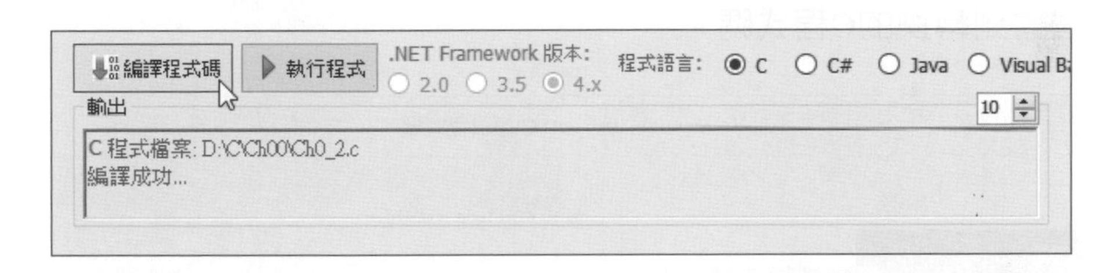

Step 2 然後按中間【執行程式】鈕執行C程式，可以看到「命令提示字元」視窗顯示的執行結果。

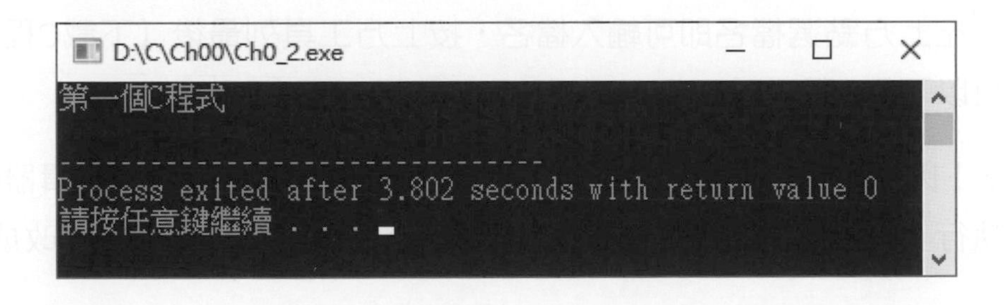

0-3 使用Blockly建立C程式

Cake Blockly for C語言是基於Blockly的積木程式編輯器，可以幫助初學程式者輕鬆拖拉積木，來學習程式語言的基礎程式設計，其步驟如下所示：

Step 1 請在fChart程式碼編輯器，按上方工具列的【Blockly積木程式】鈕，預設使用Google Chrome瀏覽器開啓Cake Blockly for C積木程式編輯器。

Step 2 請在左邊選【輸出】分類下的【輸出printf】積木，在拖拉至main()函數中的大嘴巴後，再選【輸出】分類下第2個空字串積木，並且拖拉至【輸出printf】積木後方，即可自動連接至後方的插槽。

Step 3 請在空字串輸入「第一個C程式\n」，就完成積木程式的建立，同時在右邊看到轉換的C程式碼。

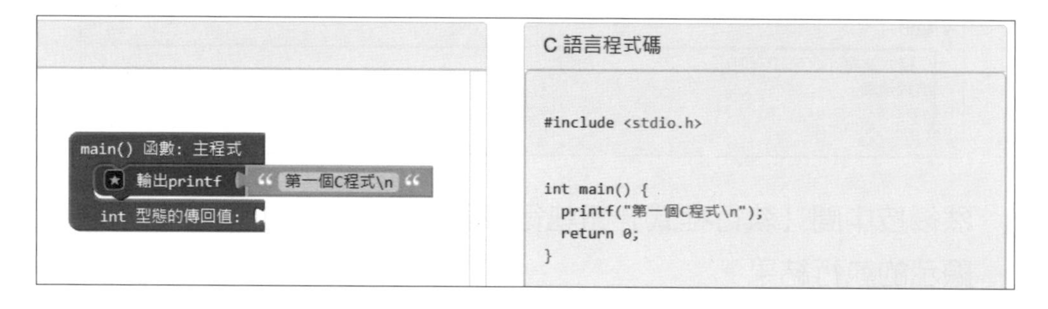

Step 5 在左上方點選檔名即可輸入檔名，按上方工具列最後【下載C程式】鈕，可以下載C程式。

請注意！因爲下載檔案是utf-8編碼，請記得使用fChart程式碼編輯器開啓檔案後，馬上執行「檔案>儲存」命令，或按上方儲存鈕儲存C程式來更改成ANSI編碼。

Chapter

01

程式語言與C語言的基礎

本章學習目標

1-1 程式的基礎

1-2 程式語言的種類

1-3 程式設計技術的演進

1-4 C語言的基礎

1-5 C語言的開發環境

1-1 程式的基礎

「程式」（programs）或稱爲「電腦程式」（computer programs），以英文字面來說，是一張音樂會演奏順序的節目表；或活動進行順序的活動行程表。事實上，電腦程式也有相同的意義，程式可以指示電腦，依照指定順序來執行所需的動作。

簡單的說，電腦是硬體（hardware）；程式是軟體（software）。電腦是由軟體的程式控制，可以依據程式的指令來執行動作和判斷；程式是由程式設計者撰寫的一序列指令。

1-1-1 認識程式

程式可以描述電腦如何完成指定工作，其內容是完成指定工作的步驟。撰寫程式是寫下這些步驟，如同作曲寫下的曲譜；或設計房屋繪製的藍圖。對於烘焙蛋糕的工作來說，食譜（recipe）如同程式，可以告訴我們製作蛋糕的步驟，如圖1-1所示：

▶ 圖1-1

以電腦術語來說，程式是使用指定程式語言（program language）撰寫，沒有混淆文字、數字和鍵盤符號組成的特殊符號，這些符號組合成程式敘述和程式區塊；再進一步編寫成程式碼檔案。程式碼可以告訴電腦解決指定問題的步驟。

電腦程式在內容上主要分爲兩大部分：資料（data）和處理資料的操作（operations）。對比烘焙蛋糕的食譜：資料是烘焙蛋糕所需的水、蛋和麵粉等成份，再加上烘焙器具的烤箱；在食譜描述的烘焙步驟是處理資料的操作，可以將這些成份經過一序列的步驟製作成蛋糕。

1-1-2 程式的輸入與輸出

在實務上，我們可以將程式視爲是一個資料轉換器，當從電腦鍵盤或滑鼠取得輸入資料後，執行程式是在執行處理資料的操作，可以將資料轉換成有用的資訊，如圖1-2所示：

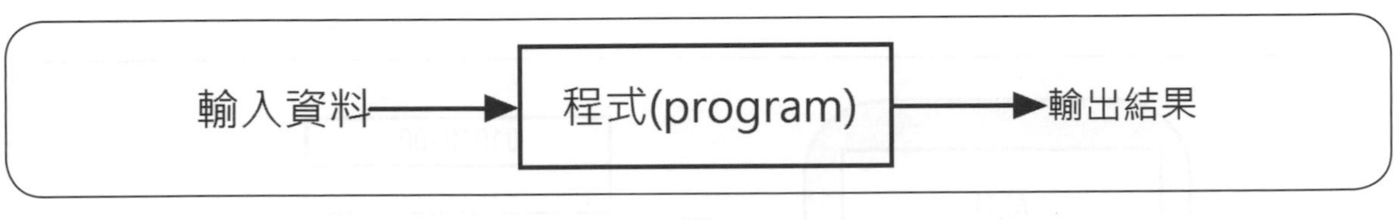

▶ 圖1-2

上述圖例的輸出結果可能是顯示在螢幕上，或從印表機印出。電腦只是依照程式的指令將輸入資料進行轉換，以產生所需的輸出結果。對比烘焙蛋糕，我們依序執行食譜描述的烘焙步驟，可以一步一步混合、攪拌和揉合水、蛋和麵粉等成份後，放入烤箱來製作出蛋糕。

一些常見程式的輸入與輸出，如表1-1所示：

▶ 表1-1

程式種類	輸入	程式做什麼	輸出
文字處理	鍵盤輸入的文字	編排文字內容	顯示和列印組織後的文字內容
遊戲程式	鍵盤或搖桿的移動	計算速度和位置來移動圖形	在螢幕顯示移動圖形
文字識別OCR	文字掃描的圖形	識別圖形中的文字	將識別出的文字轉換成文字檔案

請注意！爲了讓電腦能夠看懂程式，程式需要依據程式語言的規則、結構和語法，以指定的文字或符號來撰寫程式碼。例如：使用C程式語言撰寫的程式稱爲C程式碼（C code），或稱爲「原始碼」（source code）。

1-1-3 程式是如何執行

程式是負責告訴電腦操作步驟的指令來完成指定的工作。我們在學習撰寫電腦程式前，或多或少都需要對電腦有一些認識，也就是了解電腦是如何執行程式。

事實上，程式語言建立的程式碼，最後都會編譯成電腦看得懂的機器語言，這些指令是CPU（Central Processing Unit）支援的「指令集」（instruction set）。請注意！不同CPU支援不同的指令集，雖然程式語言有很多種，但是CPU只懂一種語言，就是它能執行的機器語言，如圖1-3所示：

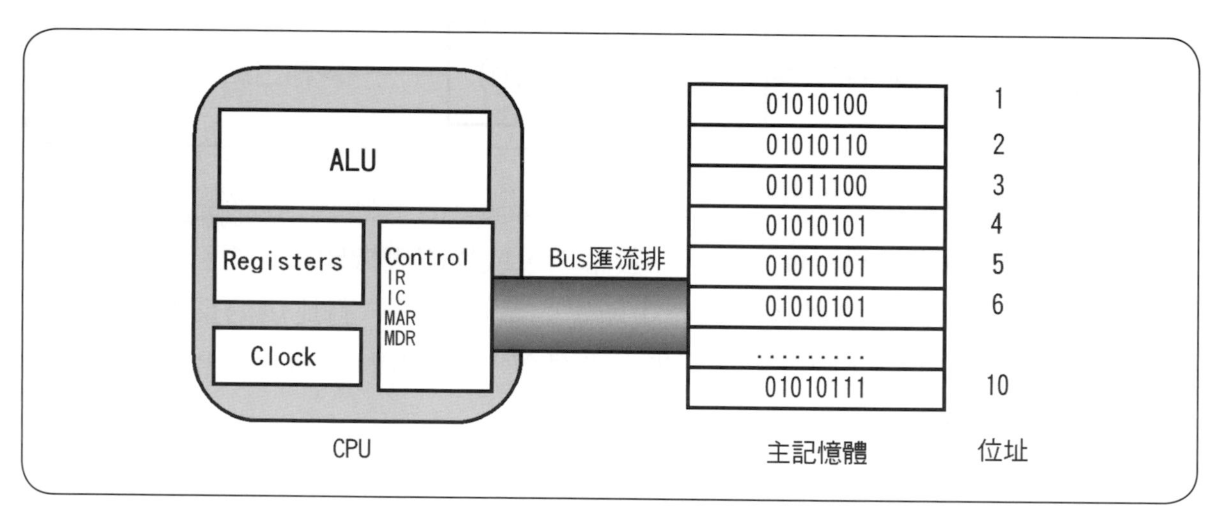

▶ 圖1-3

在上述圖例的電腦架構中，CPU使用匯流排連接周邊裝置，以此例只繪出主記憶體。CPU執行機器語言程式只是一種例行工作，依序將儲存在記憶體的機器語言指令「取出和執行」（fetch-and-execute）。簡單的說，CPU就是從記憶體取出指令，然後執行此指令；取出下一個指令，再執行它。CPU執行程式的方式，如下所示：

1. 在電腦的主記憶體儲存機器語言的程式碼和資料。
2. CPU從記憶體依序取出一個個機器語言指令，然後依序執行它。

所以，CPU並不是眞的了解機器語言在做什麼？這只是CPU的例行工作，依序執行機器語言指令，所以使用者設計的程式不能有錯誤，因爲CPU只是執行它，並不會替您的程式擦屁股。

中央處理器（CPU）

電腦CPU提供實際的運算功能，個人電腦都是使用單晶片的「IC」（Integrated Circuit），其主要功能是使用「ALU」（Arithmetic and Logic Unit）的邏輯電路進行運算來執行機器語言的指令。

在CPU擁有很多組「暫存器」（registers），暫存器是位在CPU中的記憶體，可以暫時儲存資料或機器語言的指令，例如：執行加法指令需要2個運算元，在運算時，這兩個運算元的資料是儲存在暫存器中。

CPU還擁有一些控制取出和執行（fetch-and-execute）用途的暫存器，其說明如表1-2所示：

▶ 表1-2

暫存器	說明
IR（Instruction Register）	指令暫存器，儲存目前執行的機器語言指令
IC（Instruction Counter）	指令計數暫存器，儲存下一個執行指令的記憶體位址
MAR（Memory Address Register）	記憶體位址暫存器，儲存從記憶體取得資料的記憶體位址
MDR（Memory Data Register）	記憶體資料暫存器，儲存目前從記憶體取得的資料

現在我們可以進一步檢視取出和執行過程：CPU執行速度是依據Clock產生的時脈，以MHz爲單位的速度執行儲存在IR的機器語言指令。在執行後，以IC暫存器儲存的位址，透過MDR和MAR暫存器從匯流排取得記憶體的下一個指令，然後執行指令，只需重複上述操作，即可執行完整個程式。

記憶體（memory）

當電腦執行程式時，作業系統可以將儲存在硬碟或軟碟的執行檔案載入電腦主記憶體（main memory），這是CPU執行的機器語言指令，因爲CPU是從記憶體依序載入指令和執行。

事實上，程式碼本身和使用的資料都是儲存在RAM（Random Access Memory），每一個儲存單位有數字編號，稱爲「位址」（address）。如同大樓信箱，門牌號碼是位址，信箱內容是程式碼或資料，儲存資料佔用的記憶體空間大小，需視使用的資料型態而定。

電腦CPU中央處理器存取記憶體資料的主要步驟，如下所示：

Step 1 送出讀寫的記憶體位址：當CPU讀取程式碼或資料時，需要送出欲取得的記憶體位址，例如：記憶體位址4。

Step 2 讀寫記憶體儲存的資料：CPU可以從指定位址讀取記憶體內容。例如：位址4的內容是01010101；換句話說，取得資料是01010101的二進位值，每一個0或1是一個「位元」（bit），8個位元稱為「位元組」（byte），這是電腦記憶體的最小儲存單位。

每次CPU從記憶體讀取的資料量，需視CPU與記憶體之間的「匯流排」（bus）而定。在購買電腦時，所謂32位元或64位元的CPU，就是指每次可以讀取4個位元組或8個位元組資料來進行運算。當然，CPU每次可以讀取愈多的資料，CPU的執行效率也愈高。

輸入/輸出裝置（input/output devices）

電腦的輸入/輸出裝置是程式的窗口，可以讓使用者輸入資料和顯示程式的執行結果。目前而言，電腦最常用的輸入裝置是鍵盤和滑鼠；輸出裝置是螢幕和印表機。

因為電腦和使用者說的是不同的語言，對於人們來說，當我們在【記事本】使用鍵盤輸入英文字母和數字時，螢幕馬上顯示對應的英文或數字。

對於電腦來說，當在鍵盤按下大寫A字母時，傳給電腦的是1個位元組的數字（英文字母和數字只使用其中的7位元），目前個人電腦主要是使用「ASCII」（American Standard Code for Information Interchange，詳見＜附錄C：ASCII碼對照表＞）碼，例如：大寫A是65，換句話說，電腦實際顯示和儲存的資料是數值65。

同樣的，在螢幕上顯示的中文字，我們看到的是中文字，電腦看到的仍然是內碼。因為中文字很多，需要使用2個位元組數值來代表常用的中文字，繁體中文的內碼是Big5；簡體中文有GB和HZ。也就是說，1個中文字的內碼值佔用2位元組，相當於2個英文字母。

目前Windows作業系統也支援「統一字碼」（unicode），它是由Unicode Consortium組織制定的一個能包括全世界文字的內碼集，包含GB2312和Big5的所有內碼集，即ISO 10646內碼集。Unicode擁有常用的兩種編碼方式：UTF-8為8位元編碼；UTF-16為16位元的編碼。

次儲存裝置（secondary storage unit）

次儲存裝置是一種能夠長時間使用和提供高容量儲存資料的裝置。電腦程式與資料是在載入記憶體後，才依序讓CPU執行；不過，在此之前，這些程式與資料是儲存在次儲存裝置，例如：硬碟機。

當在Windows作業系統使用編輯工具編輯程式碼時，這些資料只是暫時儲存在電腦的主記憶體中，因為主記憶體在關閉電源後，儲存的資料就會消失，為了長時間儲存這些資料，我們需要將它儲存在電腦的次儲存裝置，也就是儲存在硬碟中的程式碼檔案。

在次儲存裝置的程式碼檔案可以長時間儲存，直到我們需要編譯和執行程式時，再將檔案內容載入主記憶體來執行。基本上，次儲存裝置除了硬碟機外，CD和DVD光碟機也是一種次儲存裝置。

1-2 程式語言的種類

「程式語言」（programming languages）如同人與人之間溝通的語言，它是人類告訴電腦如何工作的一種語言，即人類與電腦之間進行溝通的語言。以技術角度來說，程式語言是一種將執行指令傳達給電腦的標準通訊技術。

1-2-1 程式語言的種類

程式語言和人類使用語言的最大不同，在於我們使用的語言不會十分精確，就算有一些小錯誤，也一樣可以猜測其意義。想想看！外國人講的中文再差，你一定還是可以猜出他在說什麼。但是電腦沒有如此聰明，程式一定需要遵照嚴格的程式語言規則來撰寫，否則電腦執行程式時就會產生錯誤。

程式語言隨著電腦科技的進步，已經延伸出龐大族群，一般來說，我們所指的程式語言主要是指高階語言，例如：BASIC、C/C++、C#、Java和Python等，如圖1-4所示：

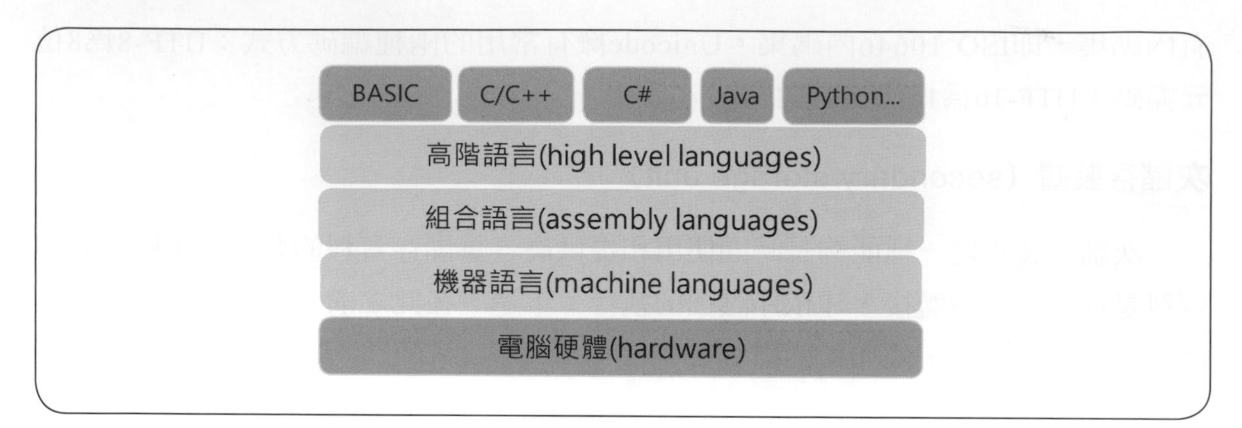

▶ 圖1-4

在上述圖例的程式語言中，愈下方是愈偏向電腦了解的程式語言；愈上方是偏向人類了解的程式語言。以發展世代來區分，可以分成五個世代，如表1-3所示：

▶ 表1-3

世代	程式語言
第一世代	機器語言（machine languages）
第二世代	組合語言（assembly languages）
第三世代	高階語言（high level languages）
第四世代	應用程式產生的語言（application-generation languages）或查詢語言（query languages）
第五世代	邏輯導向語言（logic-oriented languages）

上表第四代語言是指特定應用程式專屬的程式語言，例如：資料庫查詢的SQL語言、Excel的VBA語言，和瀏覽器的JavaScript語言等。第五代程式語言是使用在人工智慧和專家系統的邏輯分析，也稱爲「自然語言」（natural languages）。

程式語言如果依照程式撰寫者的親和度來區分，可以分爲偏向電腦了解或程式設計者容易了解的低階和高階語言，詳細說明請參閱第1-2-2節和第1-2-3節。

1-2-2 低階語言

低階語言（low level languages）是一種偏向電腦容易了解的程式語言，這是一種與機器相關（machine-dependent）的程式語言，因爲低階語言撰寫的程式碼是針對特定種類的電腦，所以，只有在此電腦上可以執行專屬低階語言撰寫的程式碼。

低階語言是電腦母語的一種程式語言，所以執行效率最高；不過，使用者並不容易學習。主要的低階語言有兩種：機器語言和組合語言。

機器語言（machine language）

機器語言是一種電腦可以直接了解的程式語言，不需翻譯就可以直接執行其程式碼，所以佔用記憶體最少；執行效率最高。機器語言是使用0和1二進位表示的程式碼，稱為目的碼（object code），因為不同電腦類型（使用不同CPU的電腦）支援不同的機器語言指令，所以學習不易；而且，程式碼無法在其他類型（不同CPU）的電腦上執行，如下所示：

```
0111 0001 0000 1111
1001 1101 1011 0001
```

組合語言（assembly language）

組合語言是為了方便程式設計者撰寫程式碼（因為二進位程式碼不容易記憶和撰寫），所以改用簡單符號的指令集代表機器語言0和1表示的二進位程式碼，稱為助憶碼（mnemonic code）；程式只需使用「組譯器」（assemblers）進行組譯，就可以快速轉換成機器語言在電腦上執行，這是一種十分接近機器語言的程式語言，如下所示：

```
MOV AX 01
MOV BX 02
ADD AX BX
```

1-2-3 高階語言

高階語言（high level languages）是一種接近人類語言的程式語言，或稱為半英文（half-english）的程式語言。它是一種與機器無關（machine-independent）的程式語言，因為高階語言撰寫的程式碼可以跨多種不同類型的電腦來執行，稱為可攜性（portability）。

不過，電腦並不能馬上看懂高階語言的程式碼，需要進一步翻譯轉換成機器語言指令才能執行；而且轉換的程式碼一定比直接使用機器語言撰寫的冗長，一般來說，一行高階語言的程式碼可能會轉換成多行至數十行機器語言程式碼，所以執行效率較低；但是因爲比較類似我們人類彼此溝通的語言，所以非常適合使用者學習。

目前常見的高階語言有：BASIC、C/C++、C#、Java和Python等。這些高階語言需要進行翻譯，將程式碼轉譯成機器語言的執行檔案後，才能在電腦上執行。翻譯方式有兩種：編譯和直譯。

編譯器（compilers）

C/C++、C#和Visual Basic等程式語言都屬於編譯語言。編譯器需要檢查完整個程式檔案的程式碼，在完全沒有錯誤的情況下，才會翻譯成機器語言的程式碼檔案，如圖1-5所示：

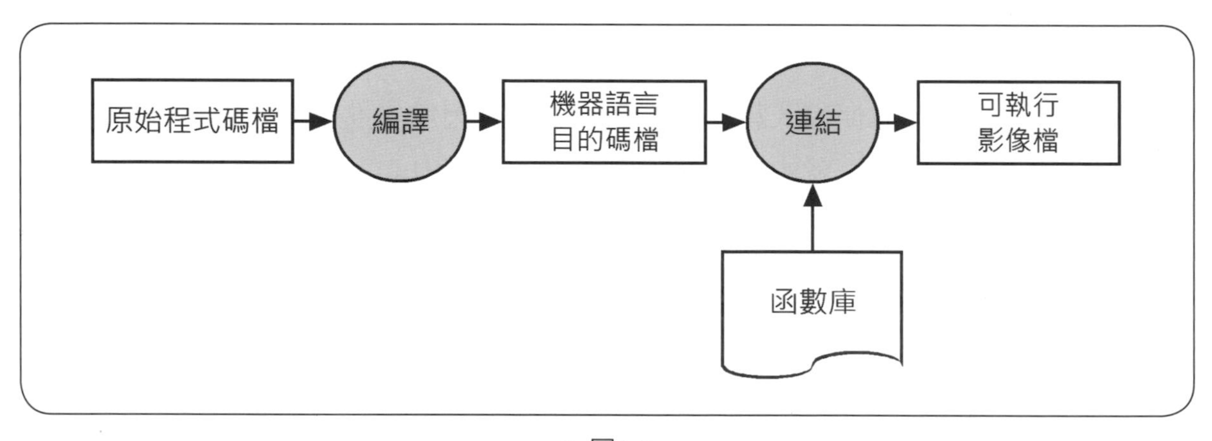

▶ 圖1-5

上述原始程式碼檔案在編譯成機器語言的目的碼檔（object code）後，因爲通常都會參考外部程式碼，所以需要使用連結器（linker）將程式使用的外部函數庫連結建立成「可執行影像檔」（executable image）。編譯器的主要工作有兩項，如下所示：

1. 檢查程式碼的錯誤。
2. 將程式碼檔案翻譯成機器語言的程式碼檔案，即目的碼檔。

對於編譯器和連結器建立的可執行影像檔，作業系統需要使用載入器（loader）將它和相關函數庫元件都載入至電腦主記憶體後，才能執行此程式，如圖1-6所示：

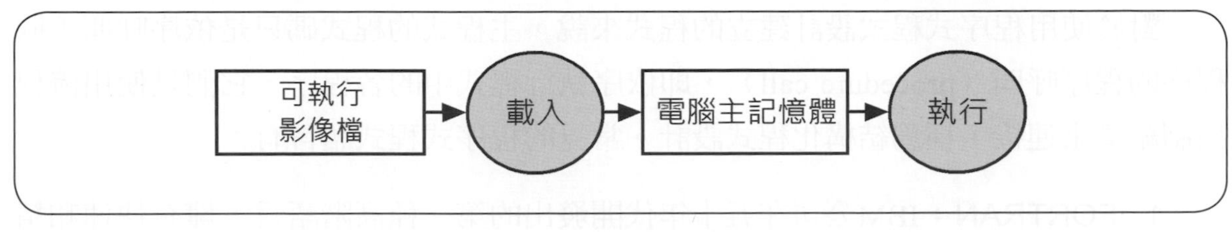

▶ 圖1-6

直譯器（interpreters）

早期BASIC語言（例如：BASICA、QuickBasic等）、Python和目前網頁技術的「腳本」（scripts）語言，例如：JavaScript都屬於直譯語言。基本上，直譯器並不會輸出可執行檔案，而是一個指令一個動作，一行一行轉換成機器語言後，馬上執行此行程式碼，如圖1-7所示：

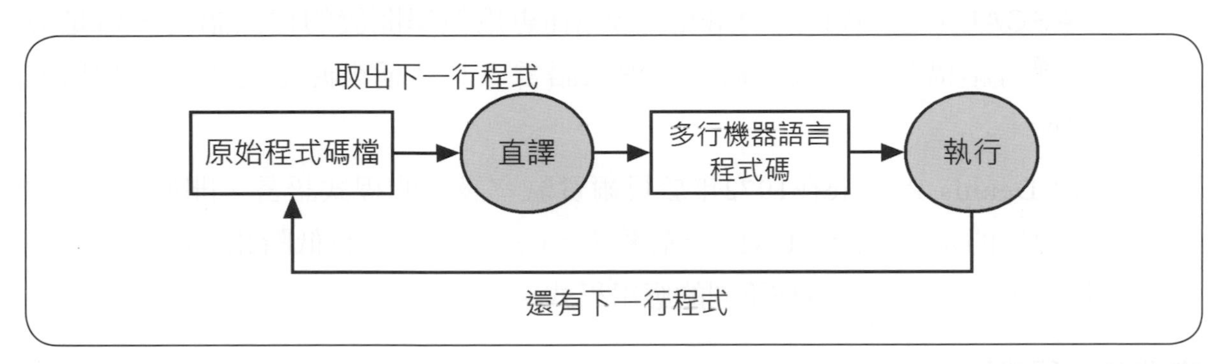

▶ 圖1-7

因爲直譯程式是一行一行轉換和執行，所以執行效率低，但是非常適合在系統開發階段的程式除錯。

1-2-4 常見的高階語言

目前我們常見的高階語言可以分爲傳統結構化程式設計的程序式程式語言，和物件導向程式語言。

程序式程式語言

程序式程式設計是將程式中重複的程式片段抽出成爲程序（procedures）或函數（functions，或稱函式），即一段執行特定功能的多行程式碼，稱爲程式區塊（blocks）。

對於使用程序式程式設計建立的程式來說，主程式的程式碼只是依序呼叫不同程序的程序呼叫（procedure call），即依序執行程式中的各程序，它們是使用流程控制結構來連接，稱為結構化程式設計。常見的程序式程式語言有：

1. FORTRAN：IBM公司在五十年代開發出的第一種高階語言，擁有快速和精確的數學運算能力，主要是應用在工程和科學上大量且精確的數學運算。
2. COBOL：美國國防部在1959年開發的商業用途程式語言，主要目的是用來產生商業報表，早期開發的商業軟體幾乎都是使用COBOL語言。
3. BASIC：在1964年由數學教授John Kemeny和Thomas Kurtz在Dartmouth學院開發的程式語言，一種非常簡單和容易學習的程式語言，其主要目的是訓練學生或初學者學習程式設計。
4. PASCAL：在1971年由Niklaus Wirth專為教學開發的程式語言，這是最早擁有結構化程式設計概念的程式語言，其名稱來源是為了紀念數學家巴斯卡。
5. C：Dennis Ritchie在1972年於貝爾實驗室設計的程式語言，開發C語言的主要目的是為了設計UNIX作業系統。C語言同時擁有低階和高階語言的特性，可以用來建立各種不同的應用程式。

物件導向程式語言

物件導向程式設計是一種更符合人性化的程式設計方法，將原來專注於問題的分解，轉換成了解問題本質的資料，即物件（object）。物件包含處理的資料和相關程序（稱為方法），在物件之間使用訊息（messages）溝通。

我們可以很容易擴充功能和重複使用物件，只需建立物件後，由下而上逐步擴充成為一個完善的物件集合來解決問題。常見的物件導向程式語言有：

1. C++：在1980年代晚期，Bjarne Stroustrup和其他實驗室同仁替C語言新增物件導向的功能，稱為C++。C++已經成為目前Windows作業系統各種應用程式主要的開發語言之一。
2. Java：昇陽公司（已被Oracle購併）開發的物件導向程式語言，這是James Gosling帶領的小組所開發，其開發的應用程式不受硬體限制，可以在不同平台的硬體執行。

3. Python：Guido Van Rossum開發的一種擁有優雅語法和高可讀性程式碼的物件導向程式語言。

4. .NET語言：.NET Framework是微軟程式開發平台，我們可以使用.NET Framework支援的物件導向程式語言C#和Visual Basic等來建立.NET應用程式。

1-3 程式設計技術的演進

計算機科學的「軟體工程」（software engineering）是專注於研究如何建立正確、可執行，和良好撰寫風格的程式碼，嘗試使用一些經過驗證且可行的方法來解決程式設計問題。

「程式設計」（programming）是使用指定的程式語言，例如：C語言，以指定的風格或技術來撰寫程式碼。在此所謂的「風格」或「技術」，是電腦解決程式問題的程式設計方法。

對於一位初學程式設計的讀者來說，在逐漸建立深厚的程式設計功力前，學習程式設計需要經歷數個學習過程，即四種「程式設計技術」（programming techniques），或稱爲「程式設計風格」（programming styles），如下所示：

1. 非結構化程式設計（unstructured programming）。
2. 程序式程式設計（procedural programming）與結構化程式設計（structured programming）。
3. 模組化程式設計（modular programming）。
4. 物件導向程式設計（object-oriented programming）。

1-3-1 非結構化程式設計

通常在初學程式設計時（例如：早期BASIC和組合語言），都是使用非結構化程式設計。若以C語言而言，非結構化程式設計是指不論幾列的小程式，或是數百行程式碼的大程式，都是位在單一主程式main()函數，程式碼是以線性方式來依序執行，並沒有使用流程控制，如圖1-8所示：

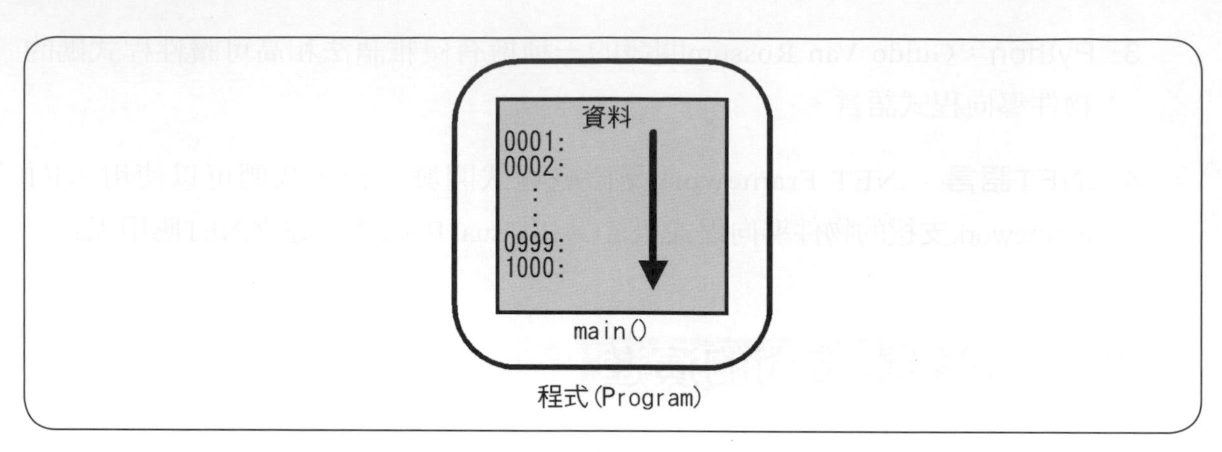

▶ 圖1-8

上述圖例是非結構化程式設計的執行過程，程式依序由第1行執行至最後一行。非結構化程式設計在設計小型程式時並沒有什麼大問題，例如：在本書很多程式範例都屬這類程式設計，其主要目的是說明C語言的語法。

但是，在開發大型程式時，非結構化程式設計會產生一些嚴重的問題，如下所示：

1. **重複程式碼**：程式碼是以線性方式執行，如果需要重複操作，例如：計算10次1加到100，需要在主程式main()函數重複10次相同的程式碼。
2. **goto敘述**：如果沒有重複程式碼，非結構化程式設計可以使用goto敘述跳到程式的其他位置。但是，亂跳的結果反而會增加程式複雜度；或產生一些無用的程式碼片段，稱為「義大利麵程式碼」（spaghetti code），意指程式碼如同義大利麵一般地盤根錯節，很難修改或除錯。
3. **全域資料**：程式碼處理的資料都是「全域」（global）資料，不論第1行或第999行都可以直接存取資料（關於全域的詳細說明，請參閱＜第8章：函數＞），如果不小心拼字錯誤，造成資料誤存，有可能發生在第1~999行，增加程式除錯的困難度。

1-3-2 程序式與結構化程式設計

程序式程式設計是將程式中重複的程式片段抽出成為「程序」（procedures、subroutine或routinc）或「函數」（functions，或稱為函式），即一段執行特定功能的程式碼，詳細C語言函數的說明請參閱＜第8章：函數＞。

程序式與結構化程式設計建立的程式，在主程式的程式碼只是依序呼叫不同程序的「程序呼叫」（procedure call），即依序執行各程序。程式是使用流程控制來連接程序，即目前程式設計最常使用的結構化程式設計，屬於程序式程式設計的子集，在第5章有進一步的說明，如圖1-9所示：

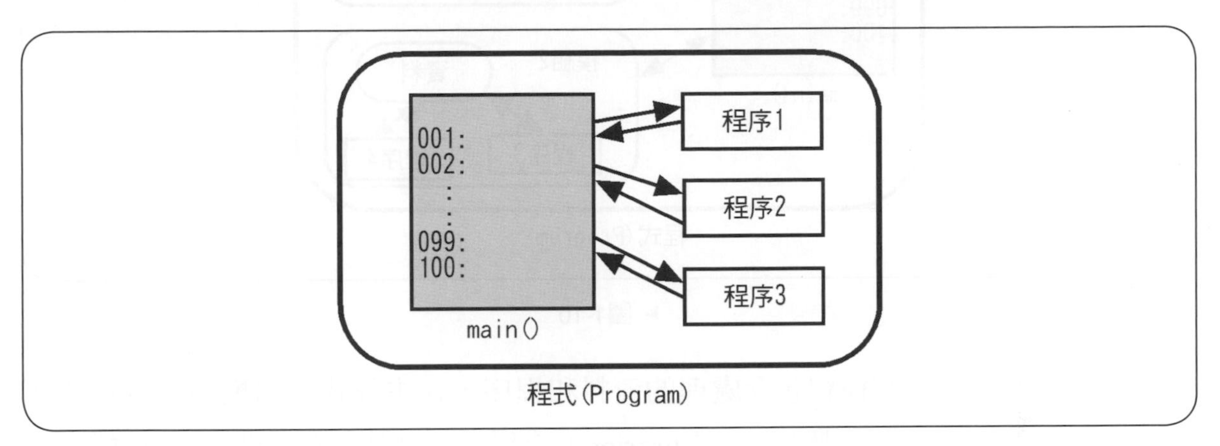

▶ 圖1-9

在上述圖例的程式已經分割成數個小程序，整個程式結構是圍繞著程序爲中心；其處理的資料只排第二位，所以程序式程式設計需要「資料結構」（data structures）這門課程的輔助，以便讓程式能更有效率的使用資料。

基本上，程式碼的分割是使用結構化程式設計的由上而下分析法，使用循序、重複和選擇結構連接各程序或程式區塊，詳細的說明請參閱＜第5章：結構化程式開發與流程圖＞。

程式語言如果符合結構化程式設計的特性，稱爲結構化程式語言。C語言是一種結構化程式語言；也是一種程序式語言。

1-3-3 模組化程式設計

對於使用程序式程式設計分割建立的程序，我們希望能夠重複的使用這些程序，此時可以將相關功能的程序結合在一起，成爲獨立的「模組」（modules）。模組是一個處理指定功能的子程式，如圖1-10所示：

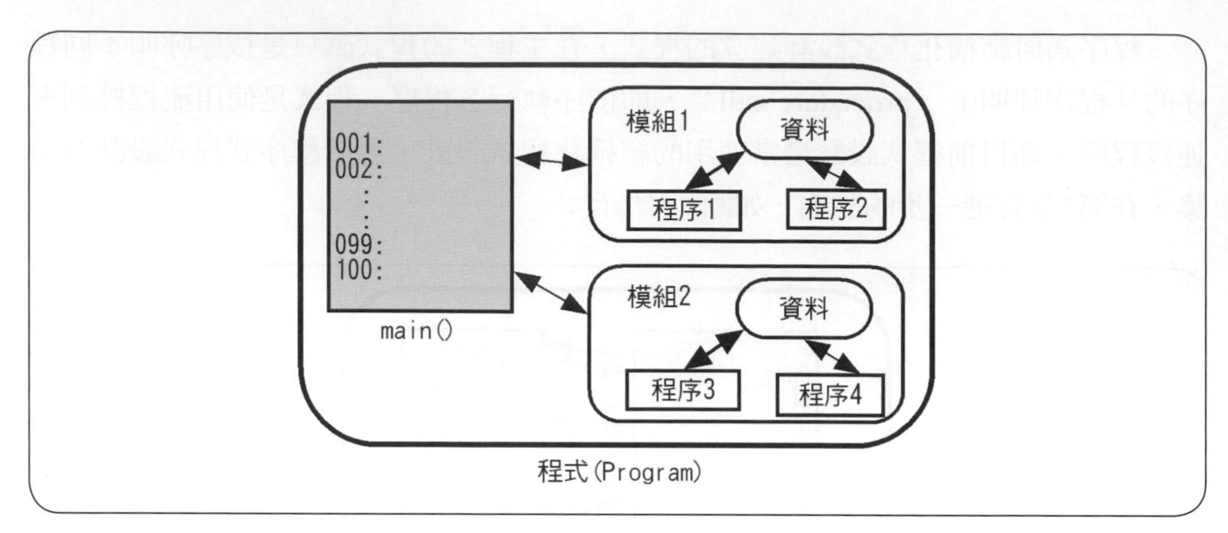

▶ 圖1-10

上述圖例的每一個模組包含處理的資料和程序，在主程式呼叫模組的程序或函數時，可以視為呼叫「函數庫」（libraries，或稱為函式庫）的函數，在功能上如同是一個工具箱（toolbox）。例如：C語言本身很小，大部分C語言的功能都是由函數庫提供，模組可以將實際處理的程式碼和資料隱藏起來，稱為「資訊隱藏」（information hiding）。

目前的程序式程式語言都可以建立模組，C語言只需將相關函數獨立成程式檔案後，使用標頭檔.h宣告使用介面，就可以建立模組。詳細說明請參閱＜第14章：前置處理與大型程式開發＞。

1-3-4 物件導向程式設計

模組化程式設計是物件導向程式設計的前身，只是沒有提供繼承和多型等物件導向觀念。物件導向程式設計是一種更符合人性化的程式設計方法，將原來專注於問題分解的程序，轉換成了解問題本質的資料和處理此資料的程序，也就是建立「物件」（object），如圖1-11所示：

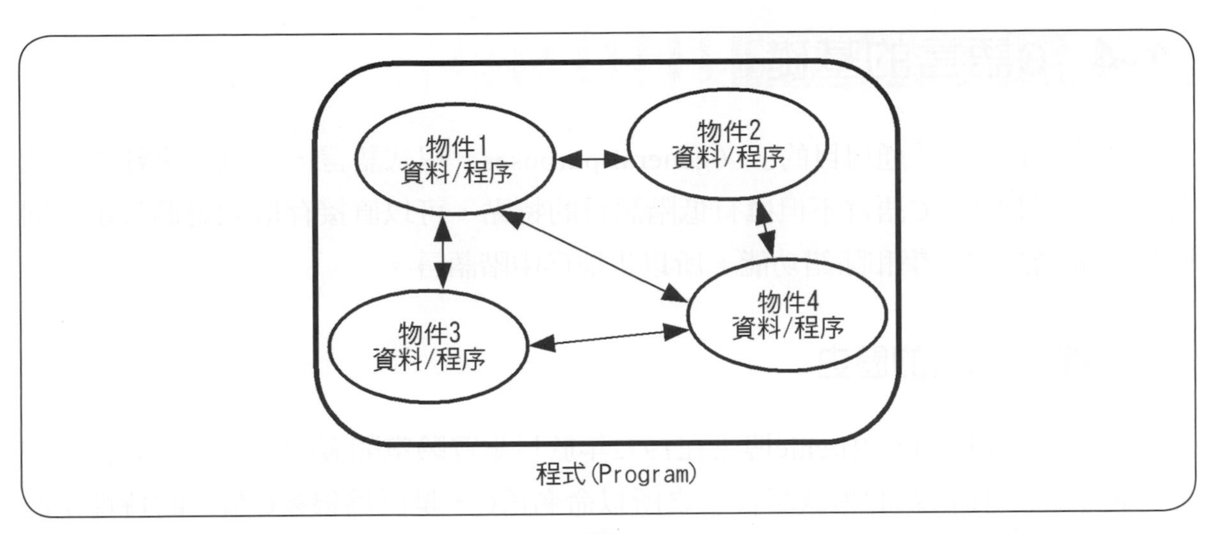

▶ 圖1-11

上述圖例的程式是由物件組成；物件內含資料和處理此資料的相關程序，也稱爲「方法」（methods）；在方法之間是使用訊息來溝通。不同於模組化程式設計的模組，物件很容易擴充功能和重複使用，只需建立好物件後，由下而上就可以逐步擴充成爲一個完善的物件集合，來解決整個程式問題。

C語言不是物件導向程式語言；C++語言才是物件導向程式語言，在本書第16章將簡單說明C++語言的物件導向程式設計。

等等！讀者可能會好奇，爲什麼學習程式設計需要了解如此多種程式設計風格？不是能夠解決程式問題就好了嗎？沒錯！每一種程式設計風格都可以解決程式問題，程式設計風格（也可以說是學習程式設計的過程）的主要目的是能夠重複使用已經設計過的程式碼，以便讓我們累積程式設計經驗，快速開發所需的應用程式。

因爲等到讀者使用程序式程式設計建立眾多函數後，一定會將常用函數集合成個人工具箱的函數庫，這就是模組化程式設計。更進一步，當學習到物件導向程式設計時，就可以將特定模組改寫成物件，然後使用繼承來快速擴充物件的功能，以便建立所需的應用程式。

1-4 C語言的基礎

C語言是一種「通用目的」（general-purposes）程式語言，可以用來建立各式各樣的應用程式。C語言不但擁有低階語言的特點，可以直接存取記憶體位址；同時擁有高階語言易學和除錯功能，所以也稱爲中階語言。

1-4-1 C語言的歷史

C語言是由Dennis Ritchie博士在1972年於貝爾實驗室開發的一種程式語言，它並不能算是一種很新的程式語言。之所以命名爲C，是因爲很多C語言的特性是源自其前輩語言B（由Ken Thompson設計）。B是源於Martin Richards設計的BCPL程式語言。C語言擴充B語言，增加資料型態和其他功能。

最初開發C語言的主要目的是爲了設計UNIX作業系統。在1973年，所有UNIX作業系統的核心程式都已經改用C語言撰寫，這也是第一套使用高階語言建立的作業系統。1978年Ritchie和Brian Kernighan出版「The C Programming Language」（簡稱K&R）一書，成爲C語言的標準規格書。1989年出版的第二版直到現在仍然是很多讀者學習C語言的標準教材和參考手冊。

到了1980年代，C語言成爲一種非常普遍和重要的程式語言，目前主要的作業系統幾乎都是使用C或C++語言撰寫，而且可以在大多數電腦執行C程式。C語言幾乎是一種與硬體無關的程式語言，可以讓我們很容易建立各種作業系統都可執行的可攜性（portable）程式。

在1980年代晚期，Bjarne Stroustrup和其他實驗室同仁替C語言新增物件導向的功能，稱爲C++語言，在本書第16章有進一步的說明。

1-4-2 C語言的特點

C程式語言直到現在仍然是一種十分重要的程式語言，雖然後繼各種程式語言一一的推出，但是到目前仍然沒有一種程式語言可以完全取代C語言的地位。C語言的主要特點，如下所示：

1. C是一種結構化程式語言，擁有高階程式語言的撰寫風格；也擁有低階程式語言的存取能力，可以直接控制電腦周邊的硬體裝置，我們可以使用C語言的指標直接存取記憶體位址的資料。

2. C是一種非常普遍的程式語言，目前大多數電腦的作業系統都提供C語言的編譯器和標準函數庫，使用C語言開發的程式可以很容易移植到其他作業系統。

3. C語言建立的執行檔案很小，且執行速度快，因爲C語言本身是很小的程式語言，大部分的功能是由「C語言標準函數庫」（C standard library）的函數來提供，函數可以說是C語言的基本組成單位。C程式是由眾多函數所組成，所以，我們學習C語言可以分爲兩大部分：一是C語言本身的語法；一是C語言標準函數庫的函數。

4. C語言使用「前置處理器」（preprocessor）處理相當多的工作。例如：定義巨集和含括標頭檔案，在模組化程式設計時，標頭檔是模組函數的介面宣告。

1-4-3 C語言的版本

C語言最早的標準是K&R；1989年ANSI制定標準C語言後，稱爲ANSI-C；1999年參考C++語法做了少許更新，稱爲C99。

K&R C

1978年，Ritchie和Brian Kernighan出版「The C Programming Language」（簡稱K&R）一書，此書描述的C語言版本通稱爲K&R C版本，在此版本，C語言新增struct自訂資料型態、long int和unsigned int資料型態，並且將運算子=+改爲+=。

因爲目前ANSI-C版本的C語言規格已經包括K&R C版本，所以目前大部分C編譯器支援的C語法已經超過K&R C定義的C規格。

ANSI-C

在1983年「美國國家標準局」（American National Standards Institute，ANSI）設立X3J11委員會進行C語言的標準化；1989年，第一個官方版本的C語言規格書ANSI X3.159-1989 "Programming Language C"制定完成，此版本即我們通稱的ANSI-C版本。

ANSI-C引用C++（C++是1980年代中期由Bjarne Stroustrup設計）的函數原型宣告，支援多國語言字碼集，且定義C標準函數庫。

Ritchie和Brian Kernighan在1989年改版「The C Programming Language，Second Edition」（簡稱K&R）第二版，描述的是ANSI-C版本的C語言，也稱為C89或K&R第二版的C語言。

ANSI-C在取得「國際標準組織」（International Standards Organization，ISO）的認證後，第一個ISO版本是在1990年出版，其編號為ISO 9899:1990。

C99

隨著C++語言的持續發展，ISO在1990年出版C語言更新標準ISO 9899:1999，此版本的C語言稱為「C99」。ANSI在2000年也採用此標準。C99支援C++的註解「//」；新增long long int、boolean等資料型態；並且採用C++語法，可以在程式任意位置宣告變數，和支援可變長度陣列。

因為直到現在，仍然有很多C編譯器並沒有完全支援C99規格，所以本書說明的C語言主要仍然是以ANSI-C版本為主。

1-5 C語言的開發環境

程式語言的「開發環境」（development environment）是一組工具程式，用來建立、編譯和維護程式語言建立的程式。目前的高階程式語言大多擁有整合開發環境，稱為「IDE」（Integrated Development Environment），可以在同一工具程式編輯、編譯和執行指定語言的程式。

1-5-1 C程式的開發階段

C程式實際在作業系統執行前需要經過六個階段，每一個階段都有對應的工具程式，我們需要取得這些工具程式來建立C語言的開發環境，如圖1-12所示：

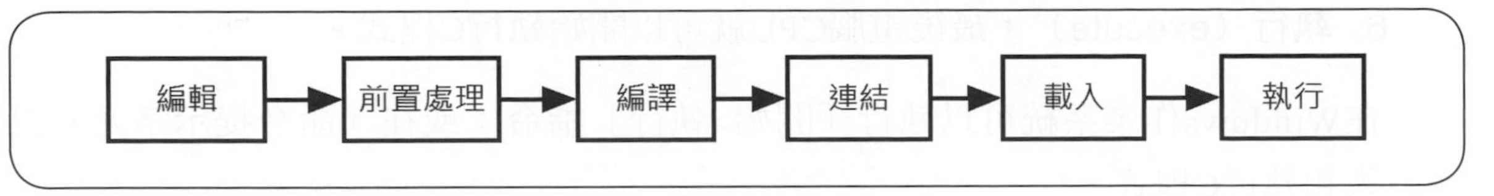

▶ 圖1-12

上述C程式執行的六個階段說明，如下所示：

1. **編輯（editing）**：編輯階段是建立C程式碼，C語言的程式碼檔案是標準ANSI文字檔案，可以使用任何文字編輯工具輸入程式碼，例如：Windows作業系統的【記事本】，稱爲原始碼檔案（source files），C程式碼檔案的預設副檔名是.c，一般來說，目前的整合開發環境都擁有內建編輯器來輸入和修改C程式碼。

2. **前置處理（preprocess）**：前置處理階段是在編譯階段之前執行，可以在編譯前使用前置處理的特殊指令來對程式碼進行處理，例如：含括檔案和進行常數值的文字取代。進一步說明請參閱＜第14章：前置處理與大型程式開發＞。

3. **編譯（compiling）**：在編譯階段是使用編譯器將C原始程式碼檔案轉譯成CPU機器語言的目的碼檔（object files），副檔名爲.obj或.o。

4. **連結（linking）**：因爲C語言大部分功能是由函數庫提供，這些函數庫是由編譯器開發廠商提供；或是由使用者自行撰寫的模組，在C程式碼因爲會參考函數庫的函數與資料，我們需要將這些函數庫和模組的目的碼檔連結到C程式，以便建立可執行影像檔。在Windows作業系統執行檔案的副檔名是.exe。

說明

大部分市面上C語言的編譯器都支援前置處理、編譯和連結函數庫，上述執行的三個階段可以一併完成，通常在整合開發環境下達指令編譯C程式時，就會依序執行上述三個階段來建立可執行檔案。

5. **載入（loading）**：對於編譯器和連結器建立的可執行影像檔，作業系統需要使用載入器（loader）將它和相關函數庫元件都載入至電腦主記憶體後，才能執行此程式。

6. 執行（execute）：最後電腦CPU就可以開始執行C程式。

在Windows作業系統可以執行「開始>執行」指令；或在「命令提示字元」視窗載入和執行C程式。

1-5-2 C語言的開發環境

對於傳統DOS、UNIX或Linux作業系統的使用者來說，我們是在「終端機」（terminals）開發C程式，需要自行分別使用多個工具程式來完成C程式的開發。

在Windows作業系統開發C程式大都使用整合開發環境，能夠在同一工具軟體編輯、編譯和除錯C語言的程式碼檔案。目前市面上C語言的整合開發工具相當多，本書是使用完全免費支援中文使用介面的Dev-C++整合開發環境，如圖1-13所示：

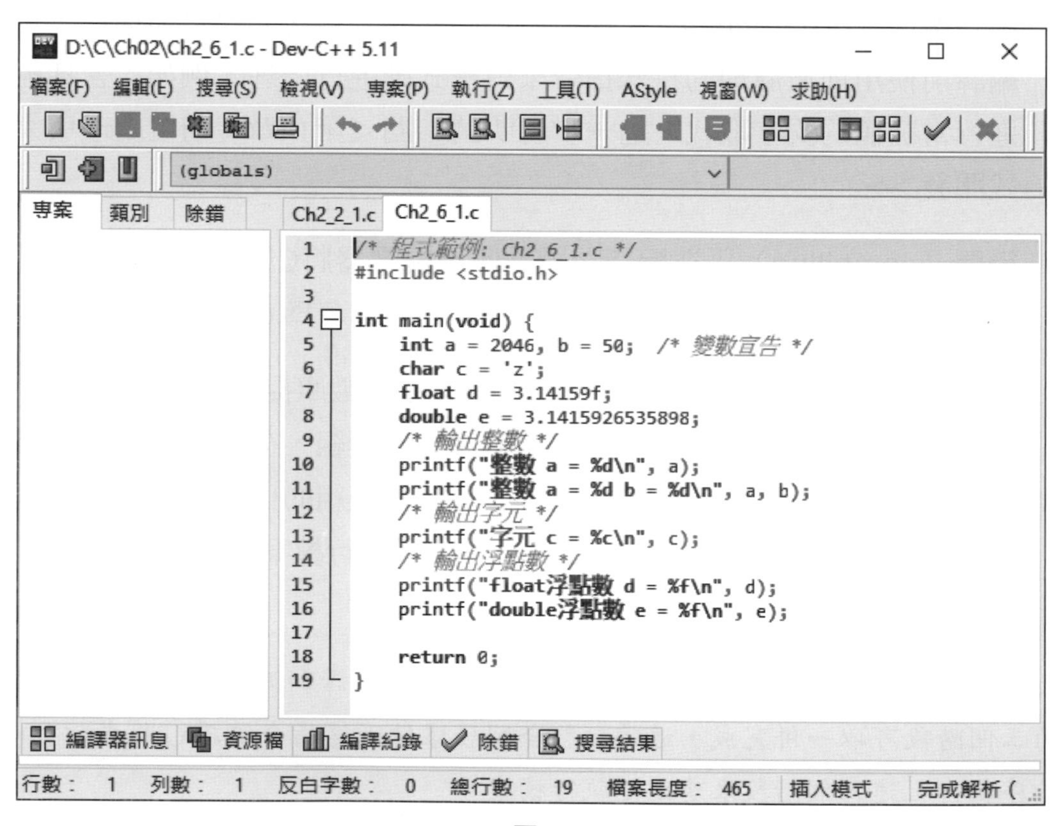

▶ 圖1-13

上述圖例是Orwell Dev-C++，一套Dev-C++的衍生版本，在本書使用的是64位元版本5.11.x版。

學習評量

1-1　程式的基礎

1. 請簡單說明什麼是程式？程式的輸出入為何？
2. 電腦程式在內容上主要分為兩大部分：________和處理的__________。
3. 使用C程式語言撰寫的程式稱為_______。
4. 請簡單說明CPU執行機器語言指令的方式與步驟？
5. 個人電腦使用的英文字母符號的內碼是__________碼，繁體中文是__________碼，一個中文字相當於________個英文字。
6. CPU只懂一種語言，就是它能執行的____________。

1-2　程式語言的種類

1. 請說明程式語言的世代、低階和高階程式語言的差異？
2. 在電腦程式語言的演進過程中，________屬於第一世代語言；_________屬於第二世代語言。
3. ___________語言無需經過組譯、編譯和直譯，就可以在電腦上執行。
4. 請比較編譯和直譯程式語言的差異？原始碼檔、目的碼檔和執行檔之間的差別？
5. 請使用圖例說明編譯和連結的過程？連結器的用途為何？編譯器的主要工作是什麼？
6. 高階語言建立的程式碼需要使用_______和_______程式轉換成可執行影像檔後，才能在電腦上執行。
7. 常用的程序式語言有：________、_________、_________、_________和___________等。
8. 常用的物件導向程式語言有：__________、____________、___________和___________等。

1-3　程式設計技術的演進

1. 請簡單說明學習程式設計會經歷哪些程式設計技術？
2. 請問在開發大型程式時，非結構化程式設計會產生哪些嚴重的問題？

學習評量

3. 程序式與結構化程式設計建立的程式，在主程式的程式碼只是依序呼叫不同程序的＿＿＿＿＿＿，即依序執行各程序。
4. ＿＿＿＿＿是一種更符合人性化的程式設計方法，將原來專注於問題分解的程序，轉換成了解問題本質的資料和處理此資料的程序。
5. 模組化程式設計對比物件導向程式設計缺乏＿＿＿和＿＿＿等物件導向觀念。

1-4 C 語言的基礎

1. C語言是＿＿＿＿＿＿＿在1972年於貝爾實驗室設計的程式語言，C語言的特性是來自其前輩語言＿＿＿（由Ken Thompson設計）。
2. 「The C Programming Language」一書的作者是＿＿＿＿和＿＿＿＿。
3. 請簡單說明C語言的版本？並試著舉出C語言的2項特點？
4. C語言本身是一種很小的程式語言，C語言的功能大部分是由C語言的＿＿＿＿＿提供。

1-5 C 語言的開發環境

1. 程式語言的＿＿＿＿＿＿（development environment）是一組工具程式用來建立、編譯和維護程式語言建立的程式。
2. 請簡單說明C程式執行的六個階段是什麼？
3. ＿＿＿＿＿＿階段是在編譯階段之前執行，可以在編譯前使用特殊指令來對程式碼進行處理。
4. 請問什麼是IDE整合開發環境？Orwell Dev-C++是什麼？
5. 請參閱附錄A的說明在電腦安裝Dev-C++，以便建立本書使用的C語言開發環境。

Chapter

02

建立C程式與基本輸出入

本章學習目標

2-1　程式設計的基本步驟

2-2　建立簡單的C程式

2-3　C程式的基本架構

2-4　C程式的寫作風格

2-5　在Windows作業系統執行C程式

2-6　C語言的基本輸出與輸入

2-7　程式的除錯

2-1 程式設計的基本步驟

程式設計（programming）是將需要解決的問題轉換成程式碼，程式碼不只能夠在電腦上正確的執行，而且可以證明程式執行是正確、沒有錯誤，且完全符合問題的需求的。

當程式設計者進行程式設計時，我們通常會使用一些標準作業程序的步驟來建立程式。這些步驟和日常生活中問題解決的活動相似，即：分析問題、思考解題方法、執行解題步驟，和評估解題成效活動，如圖2-1所示：

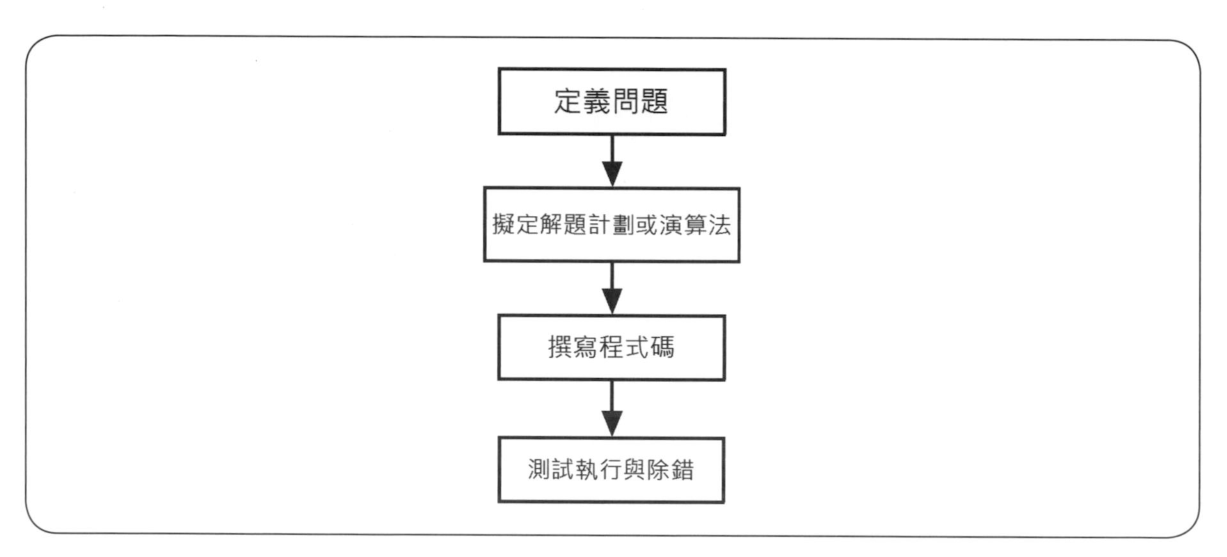

▶ 圖2-1

上述四個步驟是程式設計的基本步驟。首先，針對問題描述來定義問題；接著設計解決問題的計劃或演算法；然後撰寫程式碼；最後經過重複測試執行和除錯，即可建立可正確執行的程式。

步驟一：定義問題（defining the problem）

程式設計的第一步，是在了解問題本身，在仔細分析問題後，可以確認程式需要輸入的資料（輸入input）、預期產生結果（輸出output）、輸出格式和條件限制等需求。

例如：計算從1加到10總和的問題，程式輸入資料是相加範圍1和10，執行程式可以輸出計算結果的總和。

步驟二：擬定解題計劃或演算法（planning the solution）

在定義問題後，我們可以開始找尋解決問題的計劃，即設計演算法。此步驟是問題解決的核心，我們需要先構思解題方法後，才能眞正設計出解決問題的解題演算法，如下所示：

1. **解題構思**：我們需要構思和草擬解決問題的方法，例如：從1加到10是1+2+3+4+…+10的結果，我們可以使用數學運算的加法來解決此問題；或使用迴圈的重複結構執行計算。

2. **解題演算法**：在完成解題構思後，就可以開始將詳細執行步驟和順序描述出來，即設計演算法，我們可以使用流程圖、文字描述或虛擬碼來表示演算法，在第5章有進一步的說明。

說明

「演算法」（algorithms）簡單的說類似一張食譜（recipe），提供一組一步接著一步（step-by-step）的詳細過程，包含動作和順序，可以將食材烹調成美味的食物。

電腦科學的演算法是用來描述解決問題的過程，也就是完成一個任務所需的具體步驟和方法，這個步驟是有限的、可行的，而且沒有模稜兩可的情況。

步驟三：撰寫程式碼（coding the program）

在此步驟是將設計的演算法轉換成程式碼，也就是使用指定的程式語言來撰寫程式碼。以本書爲例，是使用C語言撰寫程式碼來建立C程式。我們需要成功的將演算法步驟轉換成程式碼，如此才能眞正實行解題計劃，讓電腦替我們解決問題。

步驟四：測試執行與除錯（testing the program）

在此步驟是證明程式執行結果符合定義問題的需求，此步驟可以再細分成數小步驟，如下所示：

1. **證明執行正確**：我們需要證明執行結果是正確的，程式符合所有輸入資料的組合，程式規格也都符合問題的需求。

2. **證明程式沒有錯誤（bug）**：程式需要測試各種可能情況、條件和輸入資料，以測試程式執行無誤。如果有錯誤產生，就需要程式除錯來解決問題。
3. **執行程式除錯（debug）**：如果程式無法輸出正確結果，除錯是在找出錯誤的地方，我們不但需要找出錯誤，還需要找出更正錯誤的解決方法。

說明

程式錯誤稱為臭蟲（bug），這是因為早期電腦的體積十分龐大，有一次，電腦工程師花費大量時間找尋電腦當機原因時，最後發現當機原因只是因為一隻掉進電腦的臭蟲，從此之後，程式錯誤稱為臭蟲（bug），除錯是除去臭蟲（debug）。

2-2 建立簡單的C程式

現在我們準備使用Dev-C++整合開發環境建立2個簡單的C程式，關於Dev-C++整合開發環境的安裝、設定與使用，請參閱＜附錄A：安裝與使用Orwell Dev-C++整合開發環境＞。

2-2-1 第一個簡單的C程式：輸出一行文字內容

本書建立的C程式都是在「命令提示字元」視窗執行的程式，稱為主控台應用程式（console application）。程式使用介面只有文字內容的輸入與輸出。Dev-C++建立C程式的基本步驟，如下所示：

Step 1 啟動Dev-C++整合開發環境後，執行「檔案>開新檔案>原始碼」指令新增原始碼檔案。

Step 2 在編輯視窗輸入C程式碼後，儲存C原始程式碼檔案，副檔名預設為.c。

Step 3 執行「執行>編譯並執行」指令或按 F11 鍵，即可編譯、連結和執行C程式。

程式範例

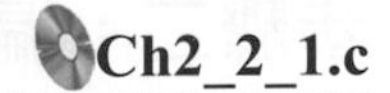
Ch2_2_1.c

請使用Dev-C++整合開發工具建立第一個C程式，程式是在Windows作業系統的「命令提示字元」視窗顯示「第一個C程式」的一段文字內容，如下圖所示：

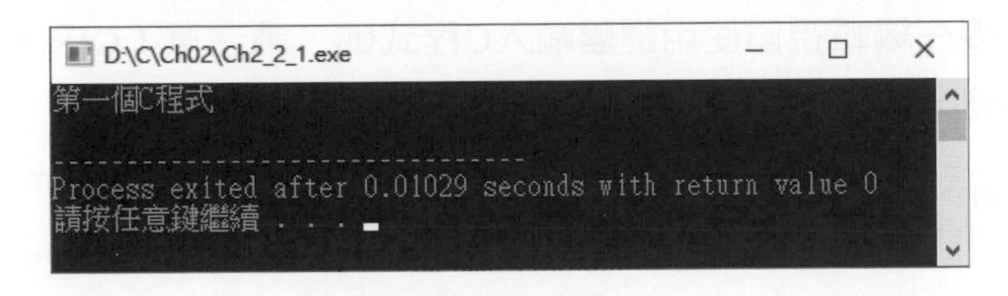

上述執行結果可以在命令提示字元視窗顯示一段文字內容（第1行）。最後第2行是回應的提示說明文字，按任意鍵結束程式執行，可以返回Dev-C++整合開發環境。

步驟一：建立C程式檔案

Dev-C++整合開發環境可以編輯、編譯、連結和執行C程式，其步驟如下所示：

Step 1 請執行「開始>Bloodshed Dev-C++>Dev-C++」指令，或按二下桌面【Dev-C++】捷徑啟動Dev-C++（可攜式版本是執行目錄下的devcppPortable.exe執行檔）。

Step 2 執行「檔案>開新檔案>原始碼」指令，可以新增名為新文件1的程式檔案，看到【新文件1】標籤的編輯視窗。

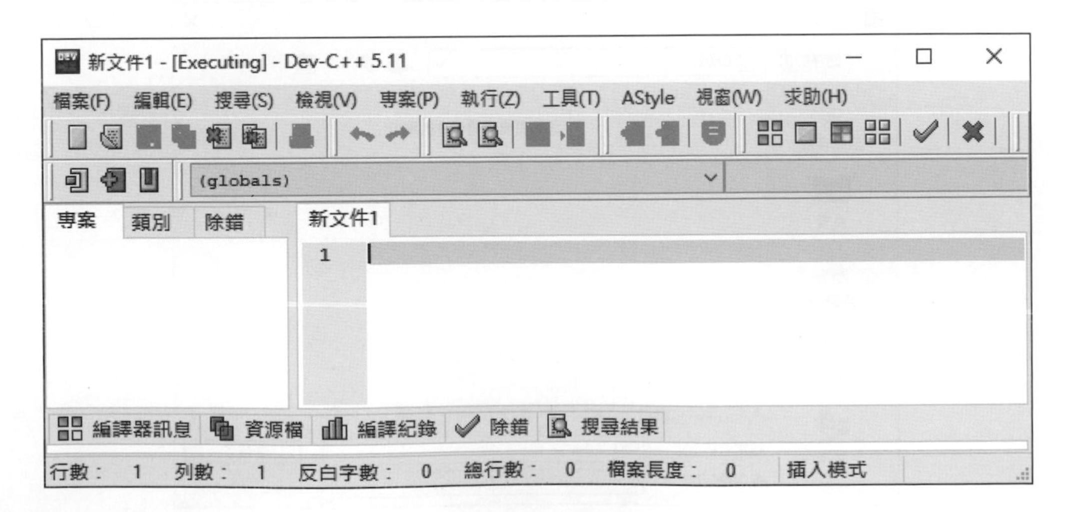

步驟二：編輯和儲存程式碼

在Dev-C++新增程式碼檔案後，我們是在編輯視窗輸入C程式碼，其步驟如下所示：

Step 1 請直接在編輯視窗使用鍵盤輸入C程式碼（請注意！C語言區分英文字母大小寫，在輸入時請務必小心），如下所示：

```
01: /* 程式範例: Ch2_2_1.c */
02: #include <stdio.h>
03:
04: int main(void) {
05:     printf("第一個C程式\n");
06:
07:     return 0;
08: }
```

```
[*] 新文件1
1  /* 程式範例: Ch2_2_1.c */
2  #include <stdio.h>
3
4  int main(void) {
5      printf("第一個C程式\n");
6
7      return 0;
8  }
9
```

Step 2 在輸入C程式碼後，請執行「檔案>儲存」指令，可以看到「Save As」對話方塊。

Step 3 請切換到「\C\Ch02」路徑，在【檔案名稱】欄輸入C程式檔案的名稱【Ch2_2_1.c】，【存檔類型】欄選【C source(*.c)】，按【存檔】鈕儲存C程式檔案，可以看到上方標籤改為檔名【Ch2_2_1.c】。

步驟三：編譯和執行C程式

當成功建立和儲存C程式檔案後，Dev-C++整合開發環境可以馬上編譯和執行C程式，其步驟如下所示：

Step 1 請執行「執行>編譯並執行」指令或按 F11 鍵，可以在下方「編譯記錄」標籤頁，顯示編譯結果的資訊。

Step 2 如果程式沒有錯誤，編譯成功後，就會自動開啟「命令提示字元」視窗顯示執行結果，如下圖所示：

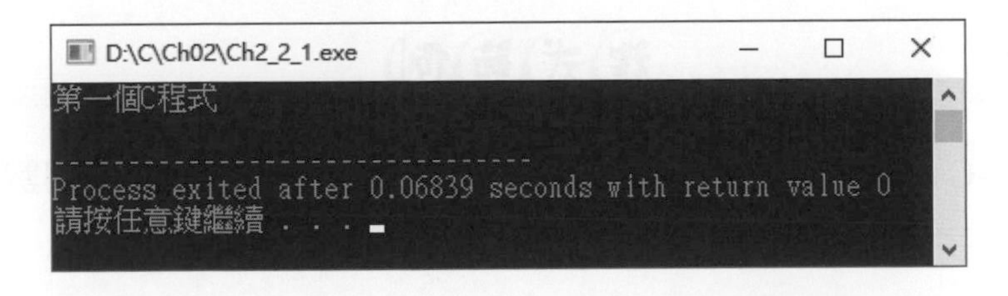

在上述視窗顯示執行結果的一段文字內容，按 Enter 鍵結束程式執行和關閉視窗。

說明

Dev-C++ 整合開發環境可以將編譯和執行步驟分開來執行，即先執行「執行 > 編譯」指令編譯 C 程式，確認沒有錯誤後，再執行「執行 > 執行」指令執行建立的 C 程式。

Dev-C++預設是在C程式檔案的同一資料夾建立EXE執行檔，如下圖所示：

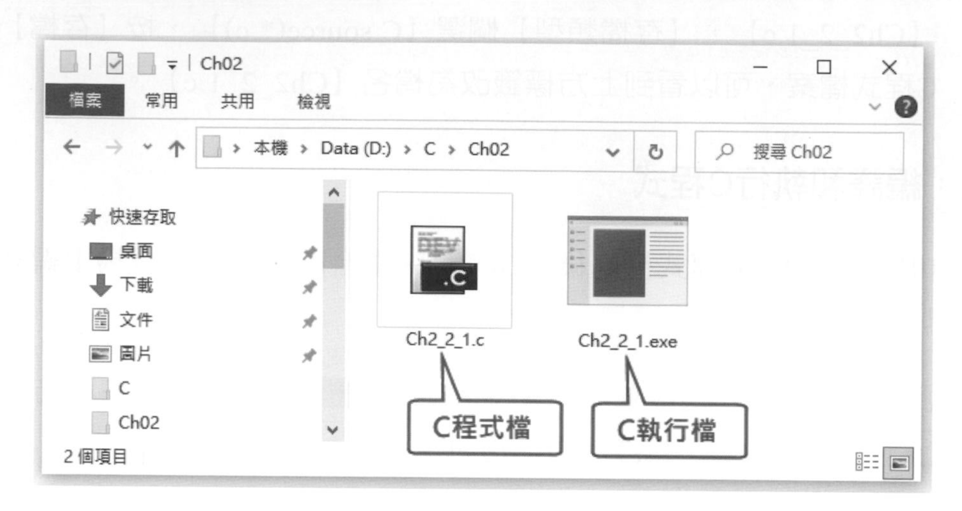

上述Ch2_2_1.c是原始程式碼檔案；Ch2_2_1.exe是執行檔。對於書附光碟的C範例程式，請執行「檔案>開啓舊檔」指令開啓C程式檔案，然後參閱步驟三來編譯和執行C程式。

2-2-2 第二個簡單的C程式：計算總分

上一節程式範例主要是說明如何使用Dev-C++整合開發工具建立C程式。這一節我們準備再來看一個簡單的C程式，和使用此C程式來詳細說明C程式的內容。

Ch2_2_2.c

請使用Dev-C++整合開發工具建立第2個C程式，在輸入英文和數學成績後，可以在「命令提示字元」視窗顯示計算結果的成績總分，如下圖所示：

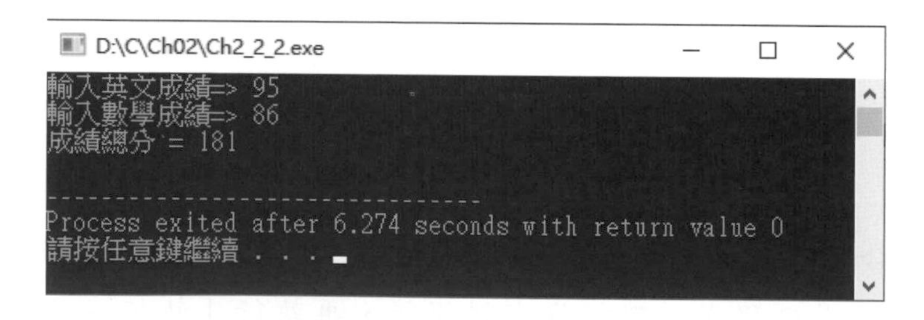

上述執行結果在輸入兩科成績後，可以看到輸出計算結果的總分，按任意鍵結束C程式的執行。

程式內容

```
01: /* 程式範例: Ch2_2_2.c */
02: #include <stdio.h>
03:
04: int main(void) {
05:     int english;  /* 宣告變數 */
06:     int math;
07:     int sum;
08:     printf("輸入英文成績=> "); /* 提示文字 */
09:     scanf("%d", &english);
10:     printf("輸入數學成績=> "); /* 提示文字 */
11:     scanf("%d", &math);
12:     /* 計算成績總分 */
13:     sum = english + math;
14:     printf("成績總分 = %d\n", sum);
15:
16:     return 0;
17: }
```

程式說明

現在，我們就一行一行詳細說明C程式的內容，如下所示：

◈ 第1行：C程式的註解文字，使用「/*」開始和「*/」結束包圍的文字內容，這些文字內容是給程式設計者閱讀的，編譯器並不會處理，如下所示：

```
01: /* 程式範例: Ch2_2_2.c */
```

◈ 第2行：含括C語言標準函數庫的stdio.h標頭檔，stdio是standard input/output標準輸入與輸出的英文縮寫，其內容是一些輸入與輸出函數的定義，因為第9行和第11行使用scanf()函數；第8、10和14行使用printf()函數，所以需要含括此標頭檔，如下所示：

```
02: #include <stdio.h>
```

◈ 第4~17行：主程式main()函數的定義，這是一個程式區塊，從第4行的「{」左大括號至第17行的右大括號「}」為止，如下所示：

```
04: int main(void) {   /* 函數開始 */
05:     int english;   /* 宣告變數 */
```

```
06:     int math;
07:     int sum;
08:     printf("輸入英文成績=> "); /* 提示文字 */
09:     scanf("%d", &english);
10:     printf("輸入數學成績=> "); /* 提示文字 */
11:     scanf("%d", &math);
12:     /* 計算成績總分 */
13:     sum = english + math;
14:     printf("成績總分 = %d\n", sum);
15:
16:     return 0;
17: }   /* 函數結束 */
```

上述main()函數是執行C程式的起點，在main()函數之前的int是傳回值型態，int是整數（integer），括號中的void表示函數沒有參數（或稱為引數），其英文原意就是空無一物。

◈ 第5~7行：宣告int整數變數，C語言的變數在使用前，一定需要在main()函數的開頭進行宣告，共宣告3個變數english、math和sum，如下所示：

```
05:     int english;  /* 宣告變數 */
06:     int math;
07:     int sum;
```

◈ 第8~11行：取得使用者輸入的2科成績資料，printf()函數可以將括號中的字串輸出至螢幕顯示，以此例是顯示提示文字，然後使用scanf()函數取得使用者輸入資料。%d格式字元表示是整數；「&」運算子取得變數的記憶體位址，可以將輸入資料填入之後變數english和math，如下所示：

```
08:     printf("輸入英文成績=> "); /* 提示文字 */
09:     scanf("%d", &english);
10:     printf("輸入數學成績=> "); /* 提示文字 */
11:     scanf("%d", &math);
```

◈ 第12~13行：計算成績總分是使用算術運算式的加法「+」，可以將變數english和math相加的結果指定給變數sum，如下所示：

```
12:     /* 計算成績總分 */
13:     sum = english + math;
```

◈ 第14行：使用printf()函數顯示總分，不同於之前是輸出參數字串，因為在參數字串中有%d格式字元，它會先取代成第2個參數的變數值後，再將整個字串輸出至螢幕顯示。「\n」是換行符號，表示在輸出字串後就換行，將游標移至下一行的開始，如下所示：

```
14:     printf("成績總分 = %d\n", sum);
```

◈ 第16行：因為main()函數有指定傳回值型態int，所以，在函數的程式區塊需要使用return敘述傳回值，0表示程式執行成功；非0值表示程式執行有錯誤，如下所示：

```
16:     return 0;
```

上述第16行return敘述傳回的資料型態是對應第4行main()函數開頭的int整數型態，如下所示：

```
04: int main(void) {
```

2-3 C程式的基本架構

C程式的基本架構是由含括標頭檔、函數原型宣告和全域變數宣告、主程式main()函數，和其他函數來組成，如下所示：

```
含括標頭檔
全域變數宣告
函數的原型宣告
int main(參數列) {
    程式敘述;
}
傳回型態 函數名稱1(參數列) {
    程式敘述1~n;
}
………
傳回型態 函數名稱n(參數列) {
    程式敘述1~n;
}
```

在上述C程式基本架構中一定有的元素是主程式main()，其本身是一個函數，函數（functions）是一個獨立程式片段，可以完成指定工作，它是由函數名稱和左右大括號包圍的程式碼組成。

以Ch2_2_1.c爲例，程式沒有全域變數和函數，程式架構只有開頭的含括標頭檔和main()函數的主程式，如下所示：

```
01: /* 程式範例: Ch2_2_1.c */
02: #include <stdio.h>
03:
04: int main(void) {
05:     printf("第一個C程式\n");
06:
07:     return 0;
08: }
```

C程式基本架構關於函數原型宣告、全域變數和函數名稱1~n的說明請參閱＜第8章：函數＞。

含括標頭檔

請記得！C語言本身只提供簡單語法，其功能都是由C語言標準函數庫的函數提供，標頭檔是函數庫的函數原型宣告。如果在C程式有使用指定函數庫的函數，我們需要在C程式開頭含括特定標頭檔，標頭檔副檔名爲.h。Ch2_2_1.c程式含括1個標頭檔，如下所示：

```
02: #include <stdio.h>
```

上述程式碼是使用C語言「前置處理器」（preprocessor）的#include指令含括2個標頭檔，可以將這2行內容分別取代成爲2個標頭檔案內容，其說明如下所示：

- <stdio.h>：C語言標準輸出/輸入函數庫，即第5行呼叫的printf()函數。也就是說，因爲在第5行呼叫printf()函數，所以在C程式碼開頭需要含括<stdio.h>標頭檔。

說明

在 #include 指令含括的標頭檔可以使用「<」和「>」角括號括起；也可以使用雙引號，如下所示：

```
#include "stdio.h"
```

上述指令是使用雙引號括起標頭檔，前置處理器在處理時，除了搜尋編譯器預設路徑外，也會搜尋原程式碼檔案所在的路徑，看看是否有此標頭檔，如果使用角括號，就只會搜尋編譯器的預設路徑，在第 14 章說明 C 語言模組化程式設計時，我們是使用雙引號括起自訂標頭檔，以便在原始碼檔案的同一路徑來搜尋自訂標頭檔。

Dev-C++編譯器的標頭檔是位在「C:\Program Files (x86)\Dev-Cpp\MinGw64\x86_64-w64-mingw32\include」目錄，當我們使用記事本開啟標頭檔內容時，可以找到printf()函數（請不要更改檔案內容），如圖2-2所示：

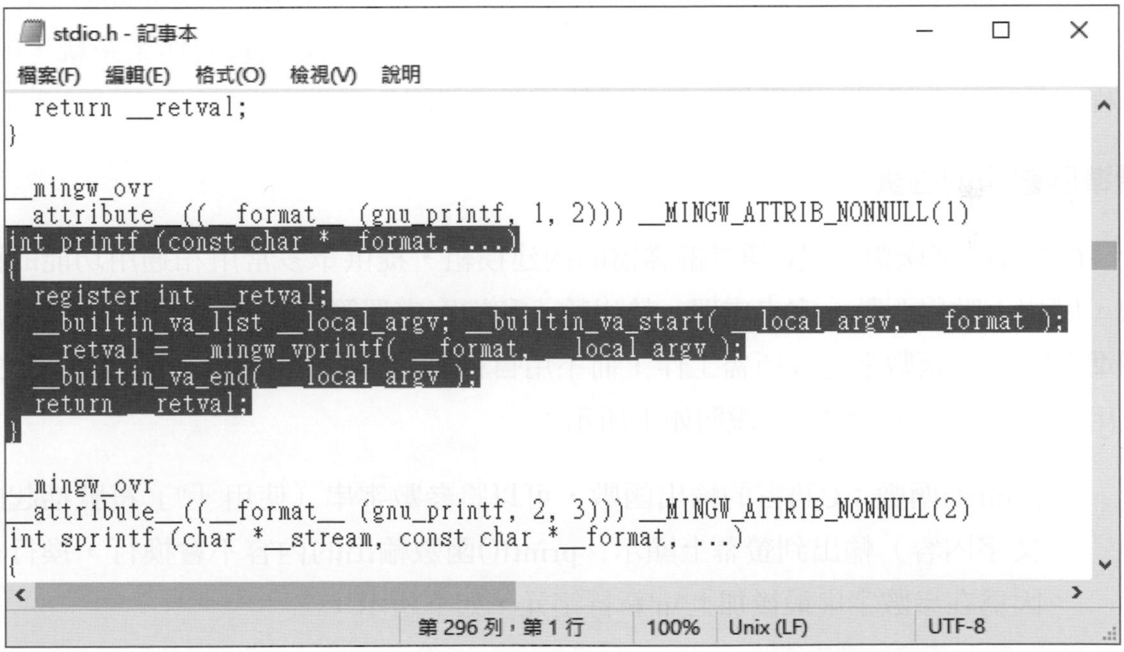

stdio.h - 記事本

檔案(F)　編輯(E)　格式(O)　檢視(V)　說明

```
  return __retval;
}

__mingw_ovr
__attribute__((__format__ (gnu_printf, 1, 2))) __MINGW_ATTRIB_NONNULL(1)
int printf (const char *__format, ...)
{
  register int __retval;
  __builtin_va_list __local_argv; __builtin_va_start( __local_argv, __format );
  __retval = __mingw_vprintf( __format, __local_argv );
  __builtin_va_end( __local_argv );
  return __retval;
}

__mingw_ovr
__attribute__((__format__ (gnu_printf, 2, 3))) __MINGW_ATTRIB_NONNULL(2)
int sprintf (char *__stream, const char *__format, ...)
{
```

第 296 列，第 1 行　100%　Unix (LF)　UTF-8

▶ 圖2-2

主程式main()函數

函數main()是C程式的主程式，即C程式執行時的進入點，執行C程式是從此函數的第1行程式碼開始，執行到最後一行程式碼爲止。以Ch2_2_1.c爲例的主程式內容，如下所示：

```
04: int main(void) {
05:     printf("第一個C程式\n");
06:
07:     return 0;
08: }
```

上述main()主程式是一個C語言的特殊函數，括號中是函數參數，void表示沒有參數，傳回值資料型態是開頭int；使用"{"和"}"左右大括號符號包圍的是函數程式區塊（blocks）。請注意！大括號一定是成雙成對，C語言是使用一個左大括號對應一個右大括號來組成程式區塊。

第7行的return敘述傳回main()主程式的傳回值，值0是整數，對應main()主程式前int整數資料型態。請注意！主程式傳回值是傳回給執行C程式的作業系統，0表示程式執行沒有錯誤；非零值表示程式執行發生錯誤。

標準函數庫的函數

C語言標準函數庫是C語言編譯器的內建模組，提供眾多常用和通用功能的函數，例如：數學函數、字串處理、輸出輸入和檔案處理等。在C程式可以直接使用標準函數庫的函數來完成所需工作，而不用自行撰寫函數，例如：Ch2_2_1.c程式使用的標準函數庫函數，其說明如下所示：

- printf()函數：C語言的輸出函數，可以將參數字串（使用「"」符號括起的文字內容）輸出到螢幕上顯示。printf()函數輸出的內容不會換行，換行是因爲在參數字串最後加上'\n'新行字元，如下所示：

```
printf("第一個C程式\n");
```

2-4 C語言的寫作風格

C語言的寫作風格是撰寫C語言程式碼的基本規則，其主要目的是爲了增加程式碼的可讀性，以方便多人小組開發時，統一每一位開發者撰寫的程式碼，可以讓之後的其他人輕鬆閱讀和維護程式碼。

基本上，C程式碼是由程式敘述組成；數個程式敘述組合成程式區塊；每一個區塊擁有數行程式敘述或註解文字；一行程式敘述是一個運算式、變數、值和指令組成的程式碼。

2-4-1 程式敘述

C程式是由程式敘述（statements）組成，一行程式敘述如同英文的一個句子，內含多個運算式、運算子或關鍵字（詳見第3章和第4章）。

程式敘述的範例

一些C語言程式敘述的範例，如下所示：

```
int balance = 1000;
interest = balance * rate;
printf("第一個C應用程式\n");
;
```

上述第1行程式碼是變數宣告；第2行是指定敘述的運算式；第3行呼叫標準函數庫的printf()函數；最後是空程式敘述（null statement）。

「;」程式敘述的結束符號

C語言的「;」符號代表程式敘述的結束，告訴編譯器已經到達程式敘述的最後，所以，我們可以使用「;」符號在同一行程式碼撰寫多個程式敘述，如下所示：

```
balance = 10000; rate = 0.04; interest = balance * rate;
```

上述程式碼在同一行C程式碼撰寫3個程式敘述。

2-4-2 程式區塊

程式區塊（blocks）是由多個程式敘述組成，使用"{"和"}"左右大括號（braces）包圍，如下所示：

```
int main(void) {
    printf("第一個C程式\n");

    return 0;
}
```

上述main()函數的程式碼是一個程式區塊，在第6~8章說明的流程控制敘述和函數都擁有程式區塊。

因爲C語言是一種「自由格式」（free-format）程式語言，我們可以將多個程式敘述寫在同一行；甚至將整個程式區塊置於同一行，程式設計者可以自由編排程式碼，如下所示：

```
int main(void) { printf("第一個C程式\n"); return 0; }
```

上述main()主程式和前面的相同，但是閱讀上比較困難。在實務上，並不建議如此撰寫，因爲在程式碼加上空白字元和換行符號的主要目的，是爲了編排出更容易閱讀的C程式碼。

2-4-3 程式註解

程式註解（comments）是程式中十分重要的部分，可以提供程式內容的進一步說明，良好註解不但能夠了解程式目的，而且在程式維護上，也可以提供更多資訊。

基本上，程式註解是給程式設計者閱讀的內容，編譯器在編譯原始程式碼時會忽略註解文字和空白字元，在編譯結果的目的碼檔不會包含註解文字和多餘的空白字元。

C語言的註解

C語言的註解可以出現在程式檔案的任何地方，它是前後使用「/*」和「*/」符號括起標示的文字內容，如下所示：

```
/* 程式範例: Ch2_2_1.c */
```

上述註解文字是位在「/*」和「*/」符號中的文字內容。C語言的註解可以跨過很多行，如下所示：

```
/* --------------------------
  程式範例: Ch2_2_1.c
------------------------------- */
```

不過，在C語言註解之中不能再包含其他註解，因為不支援巢狀註解的寫法。

C++語言的註解

C99可以使用C++語言的註解語法，即在程式中以「//」符號開始的行；或位在程式行「//」符號後的文字內容，如下所示：

```
// 顯示訊息
printf("第一個C應用程式\n");    // 顯示訊息
```

雖然目前大部分C編譯器已經支援C++註解的語法，例如：Dev-C++。但是，為了相容性考量，本書C語言的程式範例仍然採用C語言的標準註解寫法。

2-4-4 太長的程式碼

C語言的程式碼行如果太長，基於程式編排的需求，太長的程式碼不容易閱讀，我們可以分成兩行來編排。因為C語言屬於自由格式編排的語言，如果程式碼需要分成兩行，請直接分割即可，如下所示：

```
result = compare((void *)ptr, (void *)ptr1,
         (int (*) (void *, void *))numcmp);
```

上述函數呼叫的程式碼分成2行。如果程式碼需要連續行（即在各行之中不可有新行字元'\n'），我們可以在程式行最後加上「\」符號（line splicing），將程式碼分成數行來編排，如下所示：

```
sum = grades[0] + grades[1] + \
      grades[2] + grades[3] + \
      grades[4];
```

上述程式碼是將「\」符號後的新行字元刪除掉後，將2行合併成一行。

說明

請注意！C 語言的程式碼行是否使用「\」符號分割程式碼都無所謂。但是，若是在前置處理定義巨集（詳見第 14 章）時指令太長，就需要使用「\」符號合併兩行（因爲在兩行之間不能有新行字元 '\n'）。

2-4-5 程式碼縮排

在撰寫程式時記得使用縮排編排程式碼，縮排是在程式碼前加上適當的空白字元。適當縮排程式碼可以讓程式碼更容易閱讀，因爲可以反應出程式碼邏輯、程式區塊、條件和迴圈架構。例如：在for迴圈程式區塊的程式碼縮幾格編排，如下所示：

```
for ( i = 0; i <= 10; i++ ) {
    printf("%d\n", i);
    total = total + i;
}
```

上述迴圈程式區塊的程式敘述向內縮排4個空白字元，表示這些程式碼屬於此程式區塊，如此可以讓我們清楚分辨哪些程式碼屬於程式區塊。請注意！撰寫規格並非一成不變，程式設計者可以自己定義所需的程式撰寫風格。

2-5 在Windows作業系統執行C程式

當成功編譯和執行C程式後，在原始碼程式檔案或專案（project）的同一資料夾會產生編譯成的執行檔，副檔名爲.exe。我們可以直接在Windows作業系統執行exe執行檔，例如：Ch2_2_1.c在Dev-C++是編譯成Ch2_2_1.exe。

整合開發環境一旦成功編譯和執行過C程式後，就表示成功建立副檔名.exe的執行檔，我們可以直接在Windows作業系統開啓「命令提示字元」視窗執行已經編譯成執行檔的C程式，其步驟如下所示：

Step 1 請使用工作列搜尋CMD來執行命令提示字元，可以看到「命令提示字元」視窗。

Step 2 請使用cd指令切換到C程式範例資料夾，其完整路徑為「D:\C\Ch02」，然後輸入指令Ch2_2_1或Ch2_2_1.exe，如下所示：

```
D:\C\Ch02\>Ch2_2_1.exe Enter
```

Step 3 按 Enter 鍵，可以看到執行結果顯示的文字內容，然後再次看到提示字串，如圖2-4所示：

```
命令提示字元
Microsoft Windows [版本 10.0.19042.985]
(c) Microsoft Corporation. 著作權所有，並保留一切權利。

C:\Users\hueya>D:

D:\>cd \C\Ch02

D:\C\Ch02>Ch2_2_1.exe
第一個C程式

D:\C\Ch02>_
```

▶ 圖2-3

2-6 C語言的基本輸出與輸入

在C語言標準函數庫<stdio.h>標頭檔，最常使用的基本輸出函數是printf()；基本資料輸入函數是scanf()。

這一節筆者準備簡單說明C語言基本輸出與輸入函數，以便在之後章節可以使用這2個函數取得使用者輸入資料，和輸出程式執行結果。詳細格式化輸出與輸入函數的說明，請參閱第11章。

2-6-1 C語言的基本輸出函數

printf()函數是使用格式控制字串（format control string）描述輸出資料的內容，內含「%」符號開始的格式字元輸出指定資料型態的變數資料，如下所示：

```
printf("整數 a = %d\n", a);              /* 顯示變數a的值 */
printf("整數 a = %d b = %d\n", a, b);    /* 顯示變數a和b的值 */
```

上述程式碼使用格式字元%d輸出整數變數a和b的值。第1行程式碼是輸出變數a的值；第2行程式碼輸出a和b變數值。其顯示位置是第1個格式字串中的%d字元的位置，因爲有2個變數，所以在格式字串也擁有2個對應的%d格式字元。

基本上，printf()函數位在格式控制字串中的格式字元是對應變數的資料型態。常用字元：%d是對應整數int、%c是字元char、%s是字串、%f是浮點數float或double。

程式範例 Ch2_6_1.c

在C程式呼叫printf()函數使用常用格式字元輸出int、char、float和double等資料型態的變數值，如下所示：

```
整數 a = 1023
整數 a = 1023 b = 50
字元 c = z
float浮點數 d = 3.141590
double浮點數 e = 3.141593
```

上述執行結果可以看到變數a為2046、b為50、c為'z'、d為3.14159、e為3.141593輸出的結果，因為%f格式字元只顯示小數點下6位，所以浮點數只顯示到小數點下6位。

程式內容

```
01: /* 程式範例: Ch2_6_1.c */
02: #include <stdio.h>
03:
04: int main(void) {
05:     int a = 1023, b = 50;  /* 變數宣告 */
06:     char c = 'z';
07:     float d = 3.14159f;
08:     double e = 3.1415926535898;
09:     /* 輸出整數 */
10:     printf("整數 a = %d\n", a);
11:     printf("整數 a = %d b = %d\n", a, b);
12:     /* 輸出字元 */
13:     printf("字元 c = %c\n", c);
14:     /* 輸出浮點數 */
15:     printf("float浮點數 d = %f\n", d);
16:     printf("double浮點數 e = %f\n", e);
```

```
17:
18:     return 0;
19: }
```

程式說明

- 第5~8行：宣告變數和設定初值。
- 第10~11行：輸出整數變數a和b的值。
- 第13行：輸出字元變數c的值。
- 第15~16行：輸出浮點數變數d和e的值。

2-6-2 C語言的基本輸入函數

scanf()函數的格式控制字串也是使用格式字元判斷輸入哪一種資料型態。函數的傳回值是整數int，如果資料讀取成功，傳回輸入的資料數；失敗傳回0。例如：使用格式字元%d和%f讀取整數和浮點數值，如下所示：

```
scanf("%d", &age);    /* 使用scanf()函數讀取整數 */
scanf("%f", &gpa);    /* 使用scanf()函數讀取浮點數 */
```

上述第1行程式碼的格式字串內含%d，表示輸入整數；第2個參數使用「&」取址運算子（詳細說明請參閱第10章指標）取得變數的記憶體位址，所以，變數age儲存的值就是使用者輸入的整數值。

第2行程式碼是使用%f格式字元讀取浮點數，變數gpa儲存的值是使用者輸入的浮點數值，如果使用者輸入整數，也會自動轉換成浮點數。

說明

如果C程式讀取的資料是整數，使用者就算輸入浮點數或非數值字元，scanf()函數都只會讀取足以判別爲整數的部分，其他部分是多餘字元，函數並不會讀取。

Ch2_6_2.c

在C程式使用scanf()函數輸入學生年齡與浮點數的GPA成績資料（格式字元%f預設顯示小數點下6位），如下所示：

```
請輸入年齡 => 19 Enter
請輸入GPA成績 => 3.7 Enter
學生年齡: 19
學生成績: 3.700000
```

程式內容

```
01: /* 程式範例: Ch2_6_2.c */
02: #include <stdio.h>
03:
04: int main(void) {
05:     int age;  /* 宣告變數 */
06:     float gpa;
07:     printf("請輸入年齡 => ");
08:     scanf("%d", &age);
09:     printf("請輸入GPA成績 => ");
10:     scanf("%f", &gpa);
11:     /* 顯示輸入的數值 */
12:     printf("學生年齡: %d\n", age);
13:     printf("學生成績: %f\n", gpa);
14:
15:     return 0;
16: }
```

程式說明

- 第8行和第10行：分別呼叫scanf()函數讀取整數值的年齡age和浮點數的成績資料gpa。

2-7 程式的除錯

程式撰寫難免有錯誤發生，所以程式設計者常常需要進行程式除錯。除錯是在找出錯誤的地方，我們不但需要找出錯誤，還需要找出更正錯誤的解決方法。

2-7-1 程式錯誤的種類

程式錯誤是指程式有錯誤，根本無法編譯成可執行的程式檔；或是編譯成功，但在執行時產生系統錯誤或非預期的結果。一般來說，程式錯誤可以分成兩大類，如下所示：

編譯錯誤

編譯錯誤通常是程式語法錯誤（syntax error），例如：關鍵字拼字錯誤（double拼成doubel），和少了語法關鍵字或符號，如下所示：

```
grade = 78;
if (grade >= 60) {
    printf("成績及格!\n");
else {
    printf("成績不及格!\n")
}
```

上述程式碼少了變數宣告；if條件少了第1個程式區塊的「}」右大括號；第2個printf()函數少了最後「;」分號。基本上，語法錯誤在編譯階段，編譯器就會指出錯誤地方，提供我們所需的除錯資訊。

執行期錯誤

執行期錯誤是指程式編譯成功後，執行程式造成系統當機；或非預期的執行結果。常見的執行期錯誤，即語意錯誤（semantic error），如下所示：

1. **數學運算錯誤**：執行數學運算後產生的錯誤，例如：除以0產生的溢位錯誤、數值精確度產生的錯誤（數值需小數點下5位，但實際精度並沒有達到）。

2. **邏輯錯誤**：程式如果有邏輯錯誤，程式依然可以執行，只是執行結果並非預期結果。例如：無窮迴圈（即執行不完的重複結構）、迴圈次數多一次或少一次，條件判斷的位置錯誤（範例的2個printf()函數位置需對調），如下所示：

```
if (grade >= 60) {
    printf("成績不及格!\n");
} else {
    printf("成績及格!\n");
}
```

3. **資源錯誤**：程式可能因爲存取不到所需資源而產生錯誤，大部分系統錯誤都是導致於資源錯誤，例如：未初始變數值、存取檔案不存在，或檔案存取權限不足等。

2-7-2 程式除錯工具

對於程式錯誤來說，編譯錯誤是在編譯階段可以找出的錯誤，我們使用程式除錯工具的主要目的是找出執行期錯誤，因為這部分的錯誤，編譯器並不會發現。

整合開發環境的除錯功能

一般來說，整合開發環境都會提供除錯功能（或稱為偵錯功能）。對於大型程式，建議直接使用開發環境的除錯功能來進行程式除錯，即中斷點除錯，在附錄A-3筆者使用一個完整實例來說明如何使用Dev-C++的中斷點除錯來找出C程式的邏輯錯誤。

輸出額外資訊

對於初學者來說，最好用的程式除錯工具是在程式碼中加入額外輸出指令，可以在程式執行時顯示相關資訊。例如：顯示變數a的值，來幫助我們進行除錯，如下所示：

```
printf("a = %d\n", a);
```

上述程式碼可以顯示變數值a的值，我們只需在程式碼的特定地方加上此行程式碼，就可以在執行過程中追蹤變數值a的變化，提供所需的程式除錯資訊，幫助我們進行程式除錯。

學習評量

2-1　程式設計的基本步驟

1. 請簡單說明程式設計的基本步驟？
2. 開始設計程式的第一個步驟是__________________。
3. 程式設計第二步的擬定解題計劃或演算法，可以再細分成__________和__________二個步驟。
4. 在第四步的測試執行與除錯可以再細分成____________、____________和____________三個步驟。
5. 請問程式設計的bug和debug分別代表什麼？

2-2　建立簡單的 C 程式

1. 請問Dev-C++整合開發工具建立C程式的基本步驟是什麼？
2. 請建立C程式使用printf()函數顯示本書書名的一行文字內容。
3. 請修改程式範例Ch2_2_2.c，新增國文成績來計算3科的總分。
4. 請建立C程式使用printf()函數以星號字元顯示5 × 5的倒三角形圖形，如下圖所示：

```
*****
****
***
**
*
```

5. 請建立C程式使用printf()函數，以星號字元顯示英文大寫字母「L」的圖形。

2-3　C 程式的基本架構

1. 請舉例說明C程式的基本架構？
2. 請問C程式為什麼需要含括標頭檔？
3. C語言程式執行的進入點是_____________，其原始程式碼檔案的副檔名是_____________。
4. 請問在main()函式前的int是什麼？為什麼不是void?

學習評量

5. 請問在main()函數最後加上return 0;的目的為何？

2-4 C 程式的寫作風格

1. 請舉例說明什麼是C語言的程式敘述和程式區塊？程式敘述的結束符號是________。
2. 請分別舉例說明C和C++語言的程式註解語法。為何需要縮排？

2-5 在 Windows 作業系統執行 C 程式

1. 當成功在Dev-C++編譯和執行C程式後，在原始碼程式檔案的同一資料夾會產生編譯成的執行檔，副檔名為________。
2. 請在Windows作業系統的命令提示字元視窗執行習題第2-2節第2~5題建立的C程式。

2-6 C 語言的基本輸出與輸入

1. 在C語言標準函數庫<stdio.h>標頭檔中，最常使用的基本輸出函數是__________；基本資料輸入函數是___________。
2. printf()函數是使用______________（format control string）描述輸出資料的內容，內含「____」符號開始的格式字元輸出指定資料型態的變數資料。

2-7 程式的除錯

1. 請問程式錯誤主要可以分為哪兩種？
2. 請問當程式發生錯誤時，我們常使用的程式除錯工具有哪兩種？
3. 關鍵字拼字錯誤（double拼成doubel）是___________錯誤。
4. 使用程式除錯工具的主要目的是找出___________，因為這部分的錯誤，編譯器並不會發現。

Chapter

03

變數、常數與資料型態

本章學習目標

- 3-1 C語言的識別字
- 3-2 變數的宣告與初值
- 3-3 指定敘述
- 3-4 C語言的資料型態
- 3-5 定義符號常數

3-1 C語言的識別字

識別字名稱（identifier names）是指C語言的變數、函數、標籤和各種使用者自訂資料型態的名稱，程式設計者在撰寫程式時，需要替這些識別字命名。

C語言的命名規則

C語言識別字的基本命名規則，如下所示：

1. 名稱是一個合法的「識別字」（identifiers），識別字是使用英文字母開頭，不限長度，包含字母、數字和底線「_」字元組成的名稱。一些名稱範例，如表3-1所示：

▶ 表3-1

合法名稱	不合法名稱
T、c、a、b、c	1、2、12、250
Size、test123、count、_hight	1count、hi!world
Long_name、helloWord	Long…name、hello World

上表不合法名稱是因為識別字是數字、數字開頭，和識別字中擁有「!」、「...」和空白字元。

2. C語言的名稱至少前31個字元是有效字元，也就是說，只需前31個字元不同，就表示它們是不同的識別字。

3. C語言的名稱區分英文字母大小寫，例如：sum、Sum和SUM是不同的識別字。

4. 名稱不能使用C語法「關鍵字」（keywords）或稱為「保留字」（reserved words），因為這些字對於編譯器來說擁有特殊意義。C語言關鍵字（即程式敘述的指令）如表3-2所示：

▶ 表3-2

auto	break	case	char	const
continue	default	do	double	else
enum	extern	float	for	goto
if	inline	int	long	long long
register	retstrict	return	short	signed
sizeof	static	struct	switch	typedef
union	unsigned	void	volatile	while

上表restrict、long long和inline關鍵字是C99關鍵字。

5. 名稱的「有效範圍」（scope）是指在有效範圍的程式碼中，名稱必須是唯一。例如：在程式中可以使用相同變數名稱，不過變數名稱需要在不同範圍。詳細的範圍說明請參閱＜第8章：函數＞。

慣用命名原則

如果想維持程式碼的可讀和一致性，C語言名稱的命名可以使用慣用命名原則。例如：CamelCasing命名法是第1個英文字小寫之後爲大寫，變數、函數的命名也可以使用不同英文字母大小寫的組合，如表3-3所示：

▶ 表3-3

識別字種類	習慣命名原則	範例
常數	使用英文大寫字母和底線「_」符號	MAX_SIZE、PI
變數	使用英文小寫字母開頭，如果是2個英文字組成，第2個之後的英文字以大寫開頭	size、userName
函數	使用英文小寫字母開頭，如果是2個英文字組成，其他英文字使用大寫開頭	writeString、showNumber

上表命名原則只是舉例說明，在本書的C程式範例基於編排關係，並沒有完全遵守上述原則。

3-2 變數的宣告與初值

電腦程式的程式碼以其屬性，可以區分為資料和指令，如表3-4所示：

▶ 表3-4

程式碼屬性	說明
資料（data）	本章的變數（variables）和資料型態（data types）
指令（instructions）	第4章的運算子與運算式、第6~7章流程控制（control structures）和第8章函數（functions）的程式敘述

3-2-1 變數的基礎

「變數」（variables）是儲存程式執行期間的暫存資料，程式設計者只需記住變數名稱，知道它代表一個記憶體位址的資料。變數就是使用有意義名稱來代表數字的記憶體位址。

認識變數

程式語言的變數如同是一個擁有名稱的盒子，能夠暫時儲存程式執行時所需的資料，如圖3-1所示：

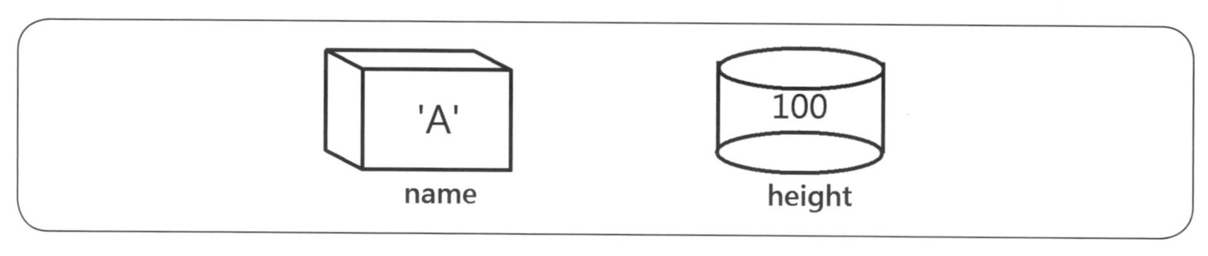

▶ 圖3-1

上述圖例是方形和圓柱形的兩個盒子，盒子名稱是變數名稱name和height，在盒子儲存的資料'A'和100稱為「常數」（constants）或「字面值」（literals），也就是數值或字元值，如下所示：

```
100
15.3
'A'
```

上述常數的前2個是數值，最後一個是使用「'」括起的字元值。現在回到盒子本身，盒子形狀和尺寸決定儲存的資料種類，對比程式語言，形狀和尺寸是變數的「資料型態」（data types）。

資料型態決定變數能夠儲存什麼值？可以是數值或字元等資料。當變數指定資料型態後，就表示它只能儲存這種型態的資料，如同圓形盒子放不進相同直徑的方形物品，我們只能將它放進方形盒子。

變數的屬性

在程式碼宣告的變數擁有一些屬性，可以用來描述變數本身，如圖3-2所示：

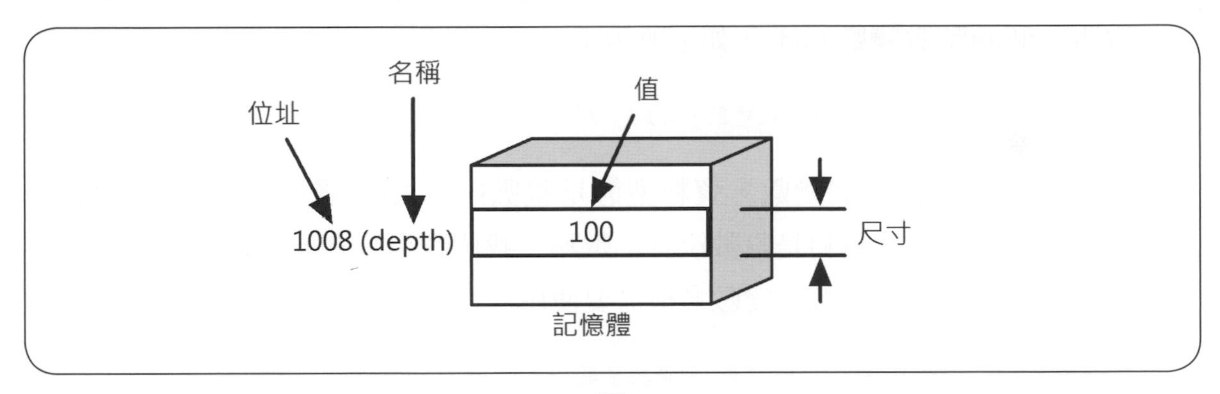

▶ 圖3-2

上述記憶體圖例的變數名稱屬性是depth，位址屬性是1008，值屬性是100，尺寸就是佔用的記憶體空間，即變數的資料型態屬性。

3-2-2 變數的宣告與初值

C語言的變數在使用前需要先宣告和指定資料型態，也就是告知編譯器變數準備儲存哪一種資料，如此才能預先配置所需的記憶體空間。

C語言提供四種基本資料型態：char、int、float和double，可以宣告變數儲存的資料是字元、整數、單精度浮點數和雙精度浮點數值。詳細的資料型態說明請參閱＜第3-4節：C語言的資料型態＞。

變數宣告

C語言宣告變數需要集中在程式區塊的開頭宣告，以main()函數來說，就是集中在函數左大括號「{」之後馬上接著宣告變數，其基本語法如下所示：

```
資料型態 變數名稱清單;
```

上述語法是以資料型態開頭，在空一格（至少1個空格）後，跟著變數名稱清單，如果變數名稱不只一個，請使用「,」逗號分隔，最後是程式敘述結束符號「;」。請注意！不要忘了最後的結束符號，否則會產生編譯錯誤。

變數宣告的目的是「宣告指定資料型態的變數和配置所需的記憶體空間」。例如：宣告一個int整數變數grade，如下所示：

```
int grade;    /* 宣告整數變數grade */
```

上述程式碼宣告一個變數，資料型態是整數int（型態屬性），名稱爲grade（名稱屬性），儲存的資料是整數沒有小數點。我們也可以在同一行程式碼宣告多個相同資料型態的變數，每一變數名稱需要使用「,」逗號分隔，如下所示：

```
int i, j, grade;    /* 宣告3個整數變數 */
```

上述程式碼在同一行宣告3個整數變數i、j和grade，變數宣告單純只是告訴編譯器配置所需的記憶體空間，並沒有指定變數值屬性的初值。

變數的初值

變數是儲存程式執行時所需的一些暫存資料，我們可以在宣告變數的同時指定初值；或使用第3-3節的指定敘述，在使用時才指定變數值。C語言指定變數初值的語法，如下所示：

```
資料型態 變數名稱 = 初值;
```

上述語法是使用「=」等號指定變數初值，初值是175.5、76和'C'等常數值。例如：宣告一個int和一個double型態的變數，同時指定初值，如下所示：

```
int grade = 76;        /* 宣告int變數且指定初值 */
double k = 175.5;      /* 宣告double變數且指定初值 */
```

上述程式碼宣告2個變數，且指定初值為76和175.5。在C語言同時宣告多個變數時，也一樣可以指定變數初值，如下所示：

```
/* 同時宣告2個double變數，但只指定其中1個變數的初值 */
double height, weight = 70.5;
```

上述程式碼宣告變數height和weight，但只有指定變數weight的初值；沒有指定變數height的初值。當然，我們可以在之後使用指定敘述來指定變數值，如下所示：

```
height = 175.5;    /* 指定變數height的值 */
```

上述程式碼指定變數height的值，指定敘述「=」等號不是數學的等號，它沒有相等的意義。實際上，它是將變數配置記憶體位址的內容填入等號後的值，即指定成值175.5。

為什麼需要宣告變數

早期BASIC語言的變數並不需要宣告，有需要使用就對了。如果不小心拼錯變數名稱，編譯器不會找出這種錯誤，而是認為它是一個新變數。所以，常常造成程式除錯上的困難。

C語言的變數沒有此問題，因為C語言的變數一定需要在main()函數的程式區塊開頭宣告；也就是一開始就告訴編譯器需要哪些變數，和儲存什麼型態的資料，此後程式碼一旦使用變數，如果拼字錯誤，編譯器可以馬上找出變數是否有宣告，沒有宣告，就表示有錯誤產生。

程式範例 Ch3_2_2.c

在C程式宣告數個變數後，分別使用初值和指定敘述指定變數值，最後將這些變數值都顯示出來，如下所示：

```
姓名: C
成績: 76
身高: 175.500000
體重: 70.500000
```

上述執行結果可以看到變數初值或指定的值，請按任意鍵結束程式的執行。

程式內容

```
01: /* 程式範例: Ch3_2_2.c */
02: #include <stdio.h>
03:
04: int main(void) {
05:     int grade = 76;      /* 變數宣告 */
06:     char name;
07:     double height, weight = 70.5;
08:     name = 'C';       /* 指定變數值 */
09:     height = 175.5;
10:     printf("姓名: %c\n", name);    /* 顯示訊息 */
11:     printf("成績: %d\n", grade);
12:     printf("身高: %f\n", height);
13:     printf("體重: %f\n", weight);
14:
15:     return 0;
16: }
```

程式說明

- 第5~6行：宣告指定初值76的整數變數grade和字元變數name。
- 第7行：同時宣告height和weight的double變數，只有變數weight有指定初值。
- 第8~9行：使用指定敘述指定字元變數name和浮點數height的值，詳細的指定敘述說明請參閱＜第3-3節：指定敘述＞。
- 第10~13行：顯示變數值，在printf()函數是使用格式字元%d、%c和%f顯示整數、字元和浮點數值。

3-3 指定敘述

「指定敘述」（assignment statements）可以在程式執行中存取變數值，如果在宣告變數時沒有指定初值，我們可以使用指定敘述即「=」等號來指定或更改變數值。

3-3-1 C語言的指定敘述

C語言指定敘述的基本語法，如下所示：

```
變數 = 變數、常數值或運算式;
```

上述指定敘述「=」等號左邊是變數名稱（一定是變數）；右邊是變數、常數值或運算式（expression）。程式碼的目的是「將右邊運算式的運算結果、變數值或常數值，指定給左邊的變數」。例如：宣告3個變數score1~3後，分別使用變數初值和指定敘述指定變數值，如下所示：

```
int score1 = 35;     /* 變數初值 */
int score2;          /* 宣告變數 */
int score3;
score2 = 27;         /* 指定敘述 */
```

上述程式碼宣告3個整數型態變數儲存籃球前三節的得分，score1是在宣告時指定初值；score2是使用指定敘述指定變數值，如圖3-3所示：

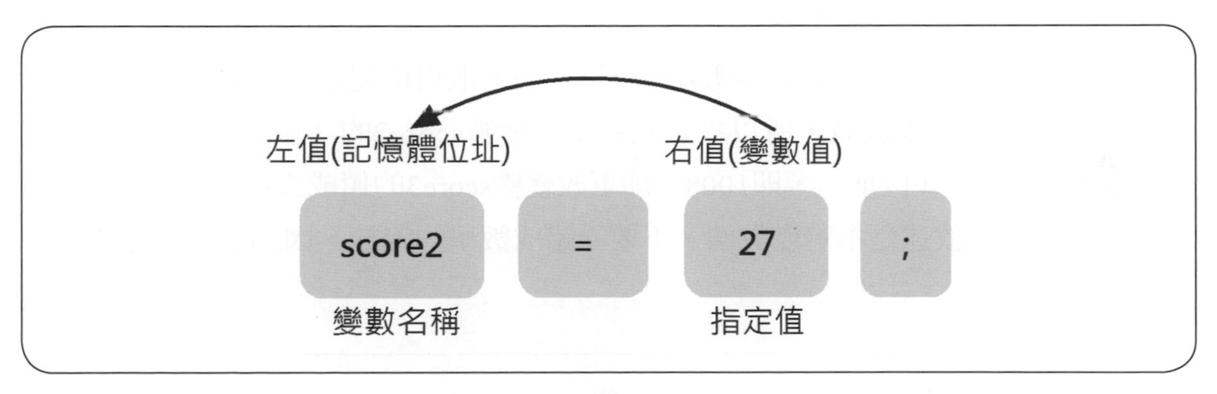

▶ 圖3-3

上述指定敘述「=」等號左邊的變數稱爲「左值」（lvalue），表示是變數的位址（address）屬性；等號的右邊稱爲「右值」（rvalue），這是變數值（value）屬性，我們是將變數值或常數值27指定給左邊變數的記憶體位址，即更改此記憶體位址的內容，如圖3-4所示：

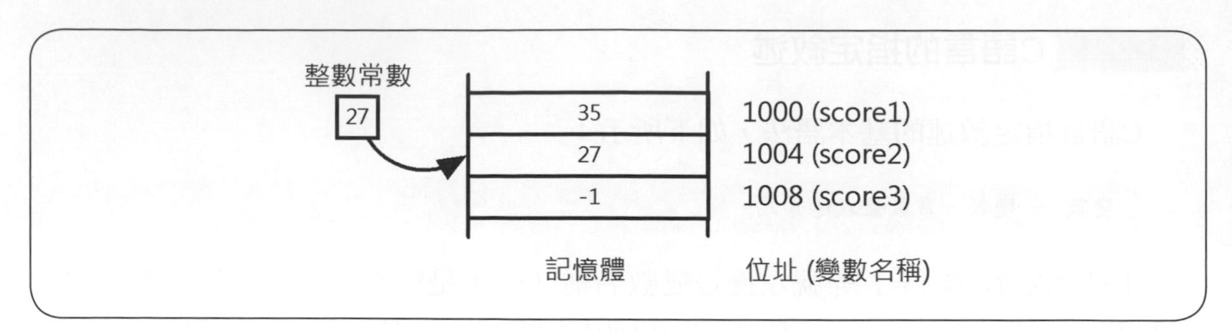

▶ 圖3-4

上述圖例的記憶體位址是假設值，變數score3只有宣告，沒有初值。因爲C語言變數沒有預設初值，筆者假設變數score3的初值是-1（有可能是任何值），變數score1和score2分別使用初值和指定敘述指定其值爲35和27。

在指定敘述等號右邊的27稱爲「整數常數」（integer constants）（在第3-4-2節有進一步的說明），或稱爲「字面值」（literals），也就是直接使用數值來指定變數值。如果在指定敘述右邊是變數或運算式，如下所示：

```
score3 = score2 + 2;
```

上述程式碼在等號左邊的變數score3是左值，取得的是位址；右邊變數score2是右值，取出的是變數值，所以指定敘述是將變數score2的「值」加2後，存入變數score3的記憶體「位址」，即1008，即更改變數score3的值成爲score2+2的值，即29（所以，指定敘述是指定變數值，不要弄錯成數學的等於，因爲它不是等於），如圖3-5所示：

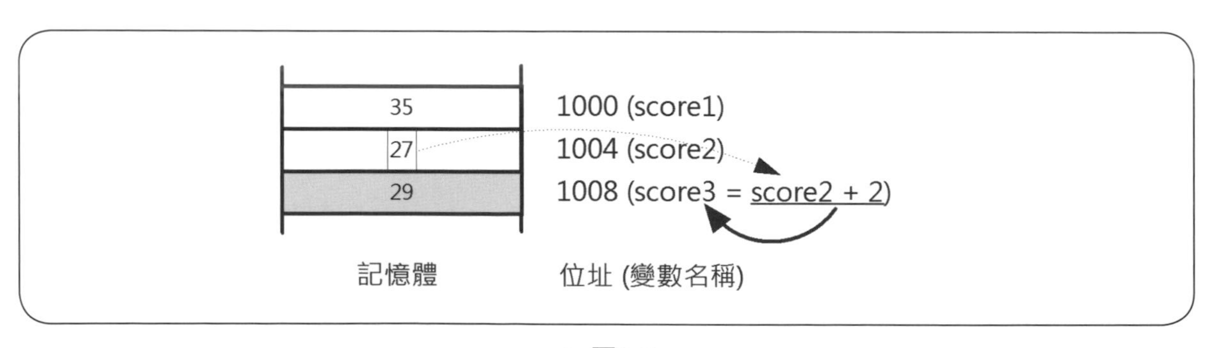

▶ 圖3-5

程式範例

Ch3_3_1.c

在C程式使用變數初值和指定敘述指定score1、score2和score3變數值後，宣告3個變數來儲存本金、利率和利息，在計算利息後，顯示目前的帳戶餘額，如下所示：

```
第一節: 35
第二節: 27
第三節: 29
利息: 400.000000
餘額: 10400.000000
```

上述執行結果可以看到score1、score2和score3變數值、帳戶利息與餘額分別為400.000000和10400.000000。

程式內容

```
01: /* 程式範例: Ch3_3_1.c */
02: #include <stdio.h>
03:
04: int main(void) {
05:     /* 變數宣告 */
06:     double rate = 0.04;
07:     double myBalance = 5000;
08:     double myInterest;
09:     int score1 = 35;
10:     int score2;
11:     int score3;
12:     score2 = 27;      /* 指定敘述 */
13:     score3 = score2 + 2;
14:     myBalance = 10000;    /* 計算本金與利息 */
15:     myInterest = myBalance * rate;
16:     myBalance = myBalance + myInterest; /* 帳戶餘額 */
17:     /* 顯示籃球前三節的得分 */
18:     printf("第一節: %d\n", score1);
19:     printf("第二節: %d\n", score2);
20:     printf("第三節: %d\n", score3);
21:     /* 顯示帳戶餘額和利息 */
22:     printf("利息: %f\n", myInterest);
```

```
23:     printf("餘額: %f\n", myBalance);
24:
25:     return 0;
26: }
```

程式說明

- ◈ 第6~8行：宣告rate、myInterest和myBalance的double變數，rate設定初值0.04；myBalance的初值是5000。
- ◈ 第9~11行：宣告score1、score2和score3三個整數變數，並指定score1的初值為35。
- ◈ 第12~13行：指定變數score2和score3的變數值。
- ◈ 第14行：使用指定敘述更改變數myBalance的值。請注意！變數myBalance已經有初值，我們將它改成其他值10000。
- ◈ 第15~16行：計算利息和餘額，運算式是將右邊變數的值取出來執行計算，在計算完成後，儲存到左邊變數的位址，詳細C語言運算式的說明請參閱第4章。
- ◈ 第18~20行：顯示score1、score2和score3變數值。
- ◈ 第22~23行：顯示利息和餘額的變數值。

3-3-2 C語言的多重指定敘述

C語言支援「多重指定敘述」（multiple assignments），可以在同一指定敘述同時指定多個變數值，如下所示：

```
score1 = score2 = score3 = score4 = 22;
```

上述指定敘述同時將4個變數值指定成爲22，因爲指定敘述的結合性是由右至左，所以多重指定敘述是先計算最後1個score4 = 22，然後才是score3 = score4，score2 = score3和score1 = score2，關於運算子結合性的進一步說明請參閱第4章。

程式範例 Ch3_3_2.c

在C程式宣告score1、score2、score3和score4變數後，使用多重指定敘述指定變數值，最後顯示4個變數值，如下所示：

```
第一節: 22
第二節: 22
第三節: 22
第四節: 22
```

程式內容

```
01: /* 程式範例: Ch3_3_2.c */
02: #include <stdio.h>
03:
04: int main(void) {
05:     /* 變數宣告 */
06:     int score1, score2, score3, score4;
07:     /* 多重指定敘述 */
08:     score1 = score2 = score3 = score4 = 22;
09:     /* 顯示變數值 */
10:     printf("第一節: %d\n", score1);
11:     printf("第二節: %d\n", score2);
12:     printf("第三節: %d\n", score3);
13:     printf("第四節: %d\n", score4);
14:
15:     return 0;
16: }
```

程式說明

- 第6行：宣告score1、score2、score3和score4四個整數變數。
- 第8行：使用多重指定敘述指定score1、score2、score3和score4變數值為22。
- 第10~13行：顯示score1、score2、score3和score4變數值。

3-4 C語言的資料型態

C語言是一種「強調型態」（strongly typed）程式語言，變數一定需要宣告使用的資料型態，如此編譯器才知道變數準備儲存哪一種資料和配置多大的記憶體空間。請注意！C語言變數在宣告後就不能更改其資料型態。

說明

相對於強調型態程式語言的是稱爲「鬆散型態」（loosely typed）程式語言，這種程式語言的變數不需要事先宣告就可以使用。變數可以視爲是程式碼中儲存資料的容器，隨時可以更改變數值和資料型態，例如：JavaScript 等腳本語言，或早期的 BASIC 語言。

C語言的資料型態分爲「基本」（basic types）和「延伸」（derived types）兩種資料型態，如下所示：

1. **基本資料型態**：C語言提供基本資料型態char、int、float、double和void，在本節筆者準備說明這些基本資料型態。
2. **延伸資料型態**：C語言從這些基本型態可以建立多種延伸資料型態，如表3-5所示：

▶ 表3-5

延伸資料型態	說明
陣列（arrays）	大部分資料型態（基本和延伸）都可以建立陣列資料
函數（functions）	函數如果有傳回值，它會傳回指定資料型態
指標（pointer）	指向特定資料型態記憶體位址的變數
結構（structure）	可以組合各種資料型態變數來建立新型態
聯合（union）	類似結構，在同一塊記憶體空間可以儲存不同資料型態的資料

關於上表延伸資料型態的說明，請參閱本書後的各章節。

3-4-1 C語言的基本資料型態

C語言「基本資料型態」（basic types）的範圍和特性是定義在<limit.h>和<float.h>兩個標頭檔，各種基本資料型態的大小，即佔用記憶體的位元組數，依不同電腦系統而有所不同。

基本資料型態的範圍

對於不同電腦系統和C語言編譯器來說，C語言基本資料型態的範圍可能有些不同，以ANSI-C編譯程式為例的基本資料型態範圍，如表3-6所示：

▶ 表3-6

資料型態	說明	位元數	範圍
unsigned char	無符號字元	8	0 ~ 255
unsigned short	無符號短整數	16	0 ~ 65,535
unsigned int	無符號整數	32	0 ~ 4,294,967,295
unsigned long	無符號長整數	32	0 ~ 4,294,967,295
signed char	字元	8	-128 ~ 127
signed short	短整數	16	-32,768 ~ 32,767
signed int	整數	32	-2,147,483,648 ~ 2,147,483,647
signed long	長整數	32	-2,147,483,648 ~ 2,147,483,647
float	單精度浮點數	32	1.18e-38~3.40e+38
double	雙精度浮點數	64	2.23e-308~1.79e+308
long double	長雙精度浮點數	80	3.37e-4932~1.18e+4932

型態修飾子（type modifiers）

C語言的資料型態提供4種型態修飾子，其說明如表3-7所示：

▶ 表3-7

型態修飾子	說明
unsigned	無符號的變數值，變數值都是正整數
signed	有符號變數，變數值可為正負值，如果沒有指明，資料型態預設是有符號。它和無符號的差異在符號位元，有符號需要保留一個位元儲存正負符號
short	如果需要比int還小的範圍，可以使用此修飾子來節省記憶體空間
long	如果需要比int還大的範圍，可以使用此修飾子來放大記憶體空間，以便儲存更大範圍的值

以int整數型態來說，short和long都是特殊用途的整數型態，長整數的大小一定大於短整數，不過編譯器可能將它視爲整數來處理，例如：Dev-C++的長整數long和整數int是一樣的。

在C程式可以直接使用資料型態char、int和修飾子signed、unsigned、short和long來宣告變數，這是一種縮寫寫法的宣告，完整修飾子的資料型態宣告，如表3-8所示：

▶ 表3-8

資料型態宣告	對應的完整資料型態宣告
char	signed char或unsigned char視編譯器而定
int	signed int
signed	signed int
unsigned	unsigned int
short	signed short int
long	signed long int
unsigned short	unsigned short int
unsigned long	unsigned long int

在C程式可以使用sizeof運算子取得指定資料型態佔用的位元組數，如下所示：

```
printf("char =%d\n",sizeof(char));
```

上述程式碼使用sizeof運算子取得資料型態char佔用的位元組數。sizeof運算子的詳細說明請參閱第4-2-2節。

程式範例 Ch3_4_1.c

在C程式顯示<limit.h>和<float.h>標頭檔各型態的範圍，和使用sizeof運算子取得各種資料型態佔用的位元組數，如下所示：

```
unsigned char最大值 =255(1)
unsigned short最大值=65535(2)
unsigned int最大值  =4294967295(4)
unsigned long最大值 =4294967295(4)
```

```
signed char =-128 ~ 127
signed short=-32768 ~ 32767
signed int  =-2147483648 ~ 2147483647
signed long =-2147483648 ~ 2147483647
float =1.175494e-038 ~ 3.402823e+038(4)
double =2.225074e-308 ~ 1.797693e+308(8)
```

上述執行結果可以看到基本型態和修飾子宣告的變數範圍，括號是佔用的位元組數。

程式內容

```
01: /* 程式範例: Ch3_4_1.c */
02: #include <stdio.h>
03: #include <limits.h>
04: #include <float.h>
05
06: int main(void) {
07:     /* 無符號的整數資料型態 */
08:     printf("unsigned char最大值 =%u(%d)\n",UCHAR_MAX,
09:                                  sizeof(char));
10:     printf("unsigned short最大值=%u(%d)\n",USHRT_MAX,
11:                                  sizeof(short));
12:     printf("unsigned int最大值  =%u(%d)\n",UINT_MAX,
13:                                  sizeof(int));
14:     printf("unsigned long最大值 =%lu(%d)\n",ULONG_MAX,
15:                                  sizeof(long));
16:     /* 有符號的整數資料型態*/
17:     printf("signed char =%d ~ %d\n",SCHAR_MIN,SCHAR_MAX);
18:     printf("signed short=%d ~ %d\n",SHRT_MIN,SHRT_MAX);
19:     printf("signed int  =%d ~ %d\n",INT_MIN,INT_MAX);
20:     printf("signed long =%ld ~ %ld\n",LONG_MIN,LONG_MAX);
21:     /* 浮點資料型態 */
22:     printf("float =%e ~ %e(%d)\n", FLT_MIN, FLT_MAX,
23:                                  sizeof(float));
24:     printf("double =%e ~ %e(%d)\n", DBL_MIN, DBL_MAX,
25:                                  sizeof(double));
26:
27:     return 0;
28: }
```

程式說明

- 第3~4行：使用#include含括<limit.h>和<float.h>標頭檔。
- 第8~25行：顯示資料型態的範圍和型態佔用的位元組數，型態範圍是定義在標頭檔，一些使用#define指令定義的符號常數。詳細的符號常數說明請參閱第3-5節。

3-4-2 整數資料型態

「整數資料型態」（integral types）是指變數儲存的資料為整數值，沒有小數點，例如：1、235、123和-90等。

整數資料型態

C語言的整數資料型態依整數資料長度的不同（即佔用記憶體空間的位元組數），提供四種整數資料型態，其範圍如表3-9所示：

▶ 表3-9

整數資料型態	位元組	範圍
char	1	$-2^7 \sim 2^7-1$，即-128 ~ 127
short int	2	$-2^{15} \sim 2^{15}-1$，即-32,768 ~ 32,767
int	4	$-2^{31} \sim 2^{31}-1$，即-2,147,483,648 ~ 2,147,483,647
long int	4	$-2^{31} \sim 2^{31}-1$，即-2,147,483,648 ~ 2,147,483,647

上表整數資料型態是有符號整數；無符號整數資料型態部分需加上unsigned型態修飾子，如表3-10所示：

▶ 表3-10

資料型態	位元組	範圍
unsigned char	1	0 ~ 255
unsigned short	2	0 ~ 65,535
unsigned int	4	0 ~ 4,294,967,295
unsigned long	4	0 ~ 4,294,967,295

char資料型態可以儲存字元，也可以儲存整數，程式設計者可以依整數值範圍決定宣告變數的型態。

整數常數

「整數常數」（integral constants）是在程式碼直接使用數字1、123、21000和-5678等數值。整數包含0、正整數和負整數，可以使用十進位、八進位和十六進位來表示，如下所示：

1. **八進位**：「0」開頭的整數值，每個位數的值爲0~7的整數。
2. **十六進位**：「0x」或「0X」開頭的數值，位數值爲0~9和A~F。

一些整數常數的範例，如表3-11所示：

▶ 表3-11

整數常數	十進位值	說明
123	123	十進位整數
-234	-234	十進位負整數
0256	174	八進位整數
0Xff	255	十六進位整數
0xccf	3279	十六進位整數

整數常數的資料型態視數值的範圍，可以在字尾加上字尾型態字元，指明整數常數的資料型態，如表3-12所示：

▶ 表3-12

資料型態	字元	範例
unsigned int	U/u	246u、246U
long int	L/l	350000l、350000L

例如：宣告整數i和指定初值123，如下所示：

```
int i = 123;    /* 宣告整數變數和指定初值123 */
```

上述程式碼宣告整數變數i，如果需要更大整數，可以宣告長整數來儲存資料，如下所示：

```
long int n = 350000L;  /* 宣告長整數和指定初值350000 */
```

上述程式碼宣告長整數變數n（也可以直接用long，省略int來宣告），變數值是350000L，使用字尾型態字元L表示數值是長整數值。

因為Dev-C++整數和長整數都是4個位元組，所以，宣告成int或long並沒有差別。但是，對於其他C編譯器就有可能不同，當int是2個位元組時，如果需要更大範圍的整數，就需使用long的4個位元組。

如果整數值沒有負值，我們可以宣告無符號整數，讓正整數的範圍擴大兩倍，從-2,147,483,648 ~ 2,147,483,647成為0 ~ 4,294,967,295，如下所示：

```
unsigned int m = 246u;
```

上述程式碼宣告無符號整數變數m，初值是246，使用字尾型態字元u表示是無符號整數值。

程式範例 Ch3_4_2.c

在C程式宣告數個整數變數和指定初值後，顯示十進位、八進位和十六進位的變數值，如下所示：

```
int i= 123
int j= -234
int k= 174
int l= 3279
unsigned int m= 246
long int n= 350000
```

上述執行結果可以看到各種進位的整數、無符號整數和長整數的十進位值，換句話說，我們可以輕鬆將八進位和十六進位值轉換成十進位值。

程式內容

```
01: /* 程式範例: Ch3_4_2.c */
02: #include <stdio.h>
03:
04: int main(void) {
05:     int i = 123;     /* 宣告變數 */
06:     int j = -234;
07:     int k = 0256;
08:     int l = 0xccf;
09:     unsigned int m = 246u;
10:     long int n = 350000L;
```

```
11:     /* 顯示變數值 */
12:     printf("int i= %d\n", i);
13:     printf("int j= %d\n", j);
14:     printf("int k= %d\n", k);
15:     printf("int l= %d\n", l);
16:     printf("unsigned int m= %d\n", m);
17:     printf("long int n= %d\n", n);
18:
19:     return 0;
20: }
```

程式說明

◈ 第5~10行：宣告整數變數和指定初值。

◈ 第12~17行：顯示十進位的變數值。

溢位問題

算術溢位（arithmetic overflow）或簡稱溢位（overflow）是指執行數值運算時，計算結果的數值非常大，超過變數資料型態記憶體佔用的位元組數。例如：宣告1個short整數score，其範圍是-32,768 ~ 32,767，如果得分超過32,767範圍的最大值，就會產生溢位。

Ch3_4_2a.c

在C程式宣告2個short整數變數，並指定初值為最大值32767，在分別執行加法運算加1和加2後，可以顯示產生溢位後的變數值，如下所示：

```
score + 1 = -32768
score + 2 = -32767
```

上述執行結果可以看到加1後，因為數值超過範圍，即佔用了符號位元，所以數值成為範圍最小值-32768，加2成為次小值-32767。

程式內容

```
01: /* 程式範例: Ch3_4_2a.c */
02: #include <stdio.h>
03:
04: int main(void) {
05:     short total;    /* 宣告變數 */
06:     short score = 32767;
07:     /* 執行數學運算造成溢位 */
08:     total = score + 1;
09:     /* 顯示變數值 */
10:     printf("score + 1 = %d\n", total);
11:     /* 執行數學運算造成溢位 */
12:     total = score + 2;
13:     /* 顯示變數值 */
14:     printf("score + 2 = %d\n", total);
15:
16:     return 0;
17: }
```

程式說明

- 第5~6行：宣告2個short短整數變數，在第6行指定變數初值為範圍最大值32767。
- 第8~10行：將變數score值加1後指定給變數total，因為產生溢位，所以數值不是32768，而是-32768，因為進位至符號位元，所以溢位結果成為範圍的最小值。
- 第12~14行：將變數score值加2後指定給變數total，因為產生溢位，所以數值不是32769，而是-32767，溢位結果成為範圍的次小值。

上述程式範例之所以產生溢位，主要是因爲變數選擇的資料型態範圍太小，我們只需更改宣告成比較大範圍的資料型態，例如：int整數，就可以輕鬆解決運算上的溢位問題。

3-4-3 浮點數資料型態

「浮點數資料型態」（floating types）是指變數儲存的是整數加上小數，或使用科學符號表示的數值，例如：123.23、3.14、100.567和5e-4等，在數學上稱爲實數（real numbers）。

浮點數資料型態

C語言的浮點數資料型態依長度不同（即佔用記憶體空間的位元組數），提供三種浮點數的資料型態，其範圍如表3-13所示：

▶ 表3-13

浮點數資料型態	位元組	範圍
float	4	1.18e-38~3.40e+38
double	8	2.23e-308~1.79e+308
long double	10	3.37e-4932~1.18e+4932

程式設計者可以依浮點數值範圍和精確度，決定宣告的變數型態。float提供小數點下7~8位數的精確度，如果小數點下的位數超過8位，建議使用double，其精確度可達15~16位數。如果double範圍還不夠，可以使用long double資料型態的長雙精度浮點數。

說明

請注意！如果將浮點數值 123.23 指定給整數變數 n，大部分 C 編譯器不會產生錯誤，只是將小數部分刪除，保留整數部分，變數 n 的值成為 123。

浮點常數

浮點常數（floating constant）是在程式碼直接使用浮點數值，這是擁有小數點的數值，例如：123.23和4.34等。C語言預設使用double資料型態，不是float。浮點常數值也可以使用「e」或「E」符號代表以10為底指數的科學符號表示。一些浮點常數的範例，如表3-14所示：

▶ 表3-14

浮點常數	十進位值	說明
123.23	123.23	浮點數
.0007	0.0007	浮點數
5e4	50000	使用指數的浮點數
4.34e-3	0.00434	使用指數的浮點數

當宣告float浮點數資料型態的變數時，因爲浮點常數預設是double資料型態，所以在指定浮點常數值時，需要在浮點數值的字尾加上字元「F」或「f」，將數值轉換成浮點數float，如下所示：

```
float m = 123.23F;    /* 指定浮點常數值的變數初值 */
```

上述float資料型態是使用字尾型態字元F，當我們將double型態的常數值指定給float型態的變數，有些C編譯器會顯示警告訊息；有些則不會有任何錯誤和警告訊息。爲了避免型態轉換產生問題，請記得在常數值後加上型態字元。浮點常數可以使用數值的字尾型態字元，如表3-15所示：

▶ 表3-15

資料型態	字元	範例
float	F/f	123.34f、4.34e3F
long double	L/l	1003.2l、12312.3L

程式範例 

在C程式宣告上表浮點數變數和指定初值，並且使用字尾型態字元轉換型態後，顯示變數值，如下所示：

```
double i= 123.230000
double j= 0.000700
double k= 50000.000000
double l= 0.004340
float m= 123.230003
```

上述執行結果可以看到浮點常數範例的十進位值。

程式內容

```
01: /* 程式範例: Ch3_4_3.c */
02: #include <stdio.h>
03:
04: int main(void) {
05:     double i = 123.23;   /* 宣告變數 */
06:     double j = 0.0007;
07:     double k = 5e4;
```

```
08:     double l = 4.34e-3;
09:     float m = 123.23F;
10:     /* 顯示變數值 */
11:     printf("double i= %f\n", i);
12:     printf("double j= %f\n", j);
13:     printf("double k= %f\n", k);
14:     printf("double l= %f\n", l);
15:     printf("float m= %f\n", m);
16:
17:     return 0;
18: }
```

程式說明

- 第5~9行：宣告浮點數變數和指定初值，前4個為double，最後一個是float。
- 第11~15行：顯示變數值。

3-4-4 字元資料型態

C語言的char資料型態可以是整數資料型態，也可以是「字元資料型態」（char type），其值是附錄C的ASCII碼。

字元常數

「字元常數」（character constant）是直接使用字元符號表示的資料，需要使用「'」單引號括起，如下所示：

```
char a = 'A';    /* 指定變數a的初值 */
```

上述變數宣告指定初值是字元A。請注意！字元值是使用「'」單引號括起，不是「"」雙引號，我們也可以直接指定成ASCII碼a = 65。

字元常數也可以使用「\x」字串開頭的2個十六進位數字，或「\」字串開頭3個八進位數字來表示，如下所示：

```
char c = '\x20';    /* 指定變數c的初值 */
char d = '\040';    /* 指定變數d的初值 */
```

上述字元分別使用十六進位20和八進位040表示，這都是空白（space）字元，十進位值是32。

字串常數

「字串常數」（string literals）就是字串。字串是0或多個依序字元使用ASCII碼的雙引號「"」括起的文字內容，如下所示：

```
"學習C語言程式設計"
"Hello World!"
```

請注意！C語言沒有提供字串資料型態，C語言的字串是一種字元陣列，詳細說明請參閱第9-6節。目前我們使用的字串常數大都是printf()函數的參數。

Escape逸出字元（escape sequence）

對於使用「'」單引號括起的字元常數（character constant）來說，這些都是可以使用電腦鍵盤輸入的字元；對於那些無法使用鍵盤輸入的特殊字元，例如：新行符號，C語言提供Escape逸出字元來輸入特殊字元，這是一些使用「\」符號開頭的字串，如表3-16所示：

▶ 表3-16

Escape逸出字元	說明
\b	Backspace，Backspace 鍵
\f	FF（Form Feed）換頁字元
\n	LF（Line Feed）換行或NL（New Line）新行字元
\r	carriage return，Enter 鍵
\t	Tab 鍵，定位字元
\'	「'」單引號
\"	「"」雙引號
\\	「\」符號
\?	「?」問號
\N	N是八進位值的字元常數，例如：\040空白字元
\xN	N是十六進位值的字元常數，例如：\x20空白字元

程式範例

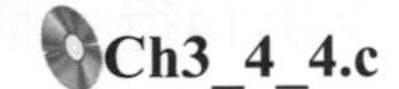

在C程式宣告字元變數和指定初值，並且使用Escape逸出字元顯示空白字元、換行、顯示定位符號和顯示雙引號，如下所示：

```
a= 'A'
b= 'A'
c= ' '
d= ' '
換行字元
"Escape"        逸出字元
```

上述執行結果可以看到顯示的字元，變數c和d都是空白字元，最後顯示換行符號和定位符號。

程式內容

```
01: /* 程式範例: Ch3_4_4.c */
02: #include <stdio.h>
03:
04: int main(void) {
05:     char a = 'A';  /* 宣告變數 */
06:     char b = 65;
07:     char c = '\x20';
08:     char d = '\040';
09:     /* 顯示變數值 */
10:     printf("a= \'%c\'\n", a);
11:     printf("b= \'%c\'\n", b);
12:     printf("c= \'%c\'\n", c);
13:     printf("d= \'%c\'\n", d);
14:     printf("換行字元\n");
15:     printf("\"Escape\"\t逸出字元\n");
16:
17:     return 0;
18: }
```

程式說明

- 第5~8行：宣告4個字元變數，分別使用字元值、ASCII值、Escape逸出字元的十六進位和八進位值來指定初值。
- 第10~13行：顯示4個字元變數值和測試Escape逸出字元\'。

◈ 第14行：測試Escape逸出字元\n，因為printf()函數的參數字串不會換行，而是加上Escape逸出字元\n來顯示換行。
◈ 第15行：測試Escape逸出字元\"和\t。

3-4-5 void資料型態

C語言的void資料型態是一種特殊資料型態，代表一個不存在的值，在C程式碼不會直接宣告這種資料型態變數，主要是使用在型態轉換、函數傳回值、參數列和指標。詳細說明請參閱本書後的相關章節。

3-5 定義符號常數

「符號常數」（symbolic constants或named constants）是在程式中使用一個名稱代表一個常數值。C語言提供兩種方法來建立符號常數：#define指令和const常數修飾子。

#define指令

在C程式可以使用前置處理器（preprocessor）的#define指令定義符號常數，如下所示：

```
#define PI 3.1415926
```

上述程式碼宣告圓周率常數PI，此爲巨集指令，並非指定敘述，所以沒有等號，最後也不需「;」分號。進一步說明請參閱第14章。簡單的說，當在C程式出現PI名稱時，就將它取代成3.1415926，PI是一個識別字。

const常數修飾子

C程式也可以使用const常數修飾子建立常數，我們只需在宣告變數前使用const常數修飾子，就可以建立常數，如下所示：

```
const double e = 2.71828182845;
```

上述程式碼表示變數e的值不允許更改，如果使用在陣列變數，表示陣列所有元素都不能更改；如果使用在函數參數，表示在函數中不允許更改參數值。

為什麼在程式中使用符號常數

符號常數在程式中扮演的角色是希望在程式執行中，無法使用程式碼更改變數值，只能在編譯前修改原始程式碼來更改常數值。例如：前述PI圓周率因爲前置處理器是在編譯前執行，所以定義的巨集指令可以在編譯前取代指定名稱的值，其功能如同符號常數。

在Ch3_3_1.c程式範例的利率變數rate就可以考慮改爲符號常數，因爲利率在程式中是一個固定值，計算利息或其他相關計算時，我們並不希望程式碼不小心更改其值。但是利率有可能上升或下降，如果利率是常數，當有變動時可以在編譯前，直接修改程式碼的符號常數值。

在C程式宣告圓周率常數PI和常數e後，計算指定半徑的圓面積，最後顯示圓面積和常數e，如下所示：

```
面積: 314.159260
常數e = 2.718282
```

上述執行結果可以看到的圓面積計算結果和常數e的值，因為預設格式輸出的精確度只到小數點下6位，所以常數e只顯示小數點下6位的值。

程式內容

```
01: /* 程式範例: Ch3_5.c */
02: #include <stdio.h>
03:
04: #define PI 3.1415926 /* 常數 */
05: int main(void) {
06:     double area;    /* 變數宣告 */
07:     double r = 10.0;
08:     /* 常數宣告 */
09:     const double e = 2.71828182845;
```

```
10:     area = PI * r * r;      /* 計算面積 */
11:     /* 顯示面積與常數值 */
12:     printf("面積: %f\n", area);
13:     printf("常數e = %f\n", e);
14:
15:     return 0;
16: }
```

程式說明

◈ 第4行：使用#define指令宣告常數PI。

◈ 第6~7行：宣告圓面積變數area和半徑變數r且指定初值。

◈ 第9行：使用const修飾子宣告常數。

◈ 第10行：計算圓面積。

◈ 第12~13行：顯示圓面積和e的值。

學習評量

3-1　C 語言的識別字

1. 請簡單說明C語言的命名原則？何謂識別字？什麼是關鍵字？
2. 請指出下列哪些是C語言合法的識別字（請圈起來），如下所示：

   Total_Grades、teamWork、#100、_test、2Int、float、char、456、abc、j、123variables、one.0、gross-cost、RADIUS、Radius、radius

3. 請問，printf()函數的printf是識別字或關鍵字？main是識別字或關鍵字？return是識別字或關鍵字？
4. 請問，在主程式main()函數中是否可以宣告同名main變數？請試著自行建立C程式測試main變數的宣告。
5. 請依據下列說明文字決定最佳的變數名稱（即識別字），如下所示：

   (1) 圓半徑。

   (2) 父親的年收入。

   (3) 個人電腦的價格。

   (4) 地球和月球之間的距離。

   (5) 年齡、體重。

   (6) 溫度。

   (7) 測試的最高成績。

   (8) 跑步的速度。

6. 請指出下列哪一個不是合法C語言的識別字（請圈起來）？

   Joe、H12_22、_A24、1234、5stack

3-2　變數的宣告與初值

1. 請說明什麼是程式中的變數？其扮演角色？何謂常數（constants）或稱為字面值（literals）？
2. 請簡單說明C語言變數宣告的語法？如何指定變數初值？
3. 請問下列C程式敘述，哪些是變數；哪些是常數（constants）？

```
int value = 456;
float total;
double sum = 100.4567;
```

學習評量

4. 請分別寫出一行C程式敘述來完成下列工作，如下所示：
   (1) 宣告int型態的變數aa、num、q123和var，並指定aa的初值20；var的初值23。
   (2) 顯示變數aa的值。
   (3) 顯示變數aa和var的和。
5. 請逐行說明下列C程式碼，和寫出其執行結果，如下所示：

```
01: /* 程式範例: Ch3_6_1.c */
02: #include <stdio.h>
03:
04: int main(void) {
05:     int num = 50;
06:     printf("num = %d\n", num);
07:
08:     return 0;
09: }
```

6. 請建立C程式宣告2個整數變數和1個浮點數變數，在分別指定初值為100，200和23.45後，將變數值都顯示出來。

3-3 指定敘述

1. 請使用圖例說明什麼是指定敘述？何謂多重指定敘述？
2. 請繪出下列C程式碼指定敘述的記憶體圖例，假設的起始位址是1000，如下所示：

```
int a, b, c;
a = 135;
b = 27;
c = a;
```

3. 請在Dev-C++整合開發環境建立下列C程式，如下所示：

```
01: /* 程式範例: Ch3_6_2.c */
02: #include <stdio.h>
03:
04: int main(void) {
05:     int a, b;
06:     int c = 3;
```

學習評量

```
07:      a = 11; b = 22;
08:      printf("a = %d\n", a);
09:      printf("b = %d\n", b);
10:      printf("c = %d\n", c);
11:      printf("a/c = %d\n", a/c);
12:
13:      return 0;
14: }
```

然後依據下列說明修改程式碼，在重新編譯後，請參考錯誤訊息分別說明其產生錯誤的原因，如下所示：

(1) 將第8行的printf改為print。

(2) 將第6行的int c= 3;改為int c;。

(3) 將第7行的a = 11; b = 22;改為a =11 b=11。

(4) 刪除第5行的int a, b;。

4. 現在有a、b、c和d共4個變數，其值都是50，請寫出二種方法來指定這4個變數的值。

3-4 C 語言的資料型態

1. 請說明C語言基本資料型態有哪幾種？什麼是型態修飾子（type modifiers）？
2. C語言的short資料型態佔用_____位元組，float佔用______位元組，double佔用_____位元組。unsigned int資料型態的字尾型態字元為_______，float為_______，long double為________。
3. C語言資料型態_________代表一個不存在的值。
4. 請指出下列哪一個不是C語言的型態修飾子（請圈起來）？

   signed、short、long、int
5. Escape逸出字元_______代表定位字元，_____代表新行字元。
6. 請依據下列說明文字決定最佳的變數資料型態，如下所示：

   (1) 圓半徑。

   (2) 父親的年收入。

學習評量

(3) 個人電腦的價格。

(4) 地球和月球之間的距離。

(5) 年齡、體重。

(6) 溫度。

(7) 測試的最高成績。

(8) 跑步的速度。

7. 請建立C程式依據下列程式碼的常數值決定變數a到g宣告的資料型態後，將變數值都顯示出來，如下所示：

```
a= 'r';         b= 100;              c= 23.14;
d= 453.13;      e= 453.13f;          f= 146U;
g= 150000L;
```

8. 請建立C程式可以將八和十六進位值的變數轉換成十進位值來顯示，如下所示：

```
0277、0xcc、0xab、0333、0555、0xff
```

3-5 定義符號常數

1. 請說明什麼是符號常數？C語言有哪兩種方法建立符號常數？
2. 請修改程式範例Ch3_3_1.c，將利率變數rate改為符號常數BANK_RATE。

Chapter

04

運算子與運算式

本章學習目標

- 4-1 運算式的基礎
- 4-2 C語言的運算子
- 4-3 指定運算子
- 4-4 算術運算子
- 4-5 逗號運算子
- 4-6 資料型態的轉換

4-1 運算式的基礎

程式語言的運算式（expressions）可以執行運算，來產生運算結果的值。運算式可以簡單到只有單一值或變數；或複雜到由多個運算子和運算元組成。

4-1-1 認識運算式

「運算式」（expressions）是由一序列的「運算子」（operators）和「運算元」（operands）組成，可以在程式中執行所需的運算任務，如圖4-1所示：

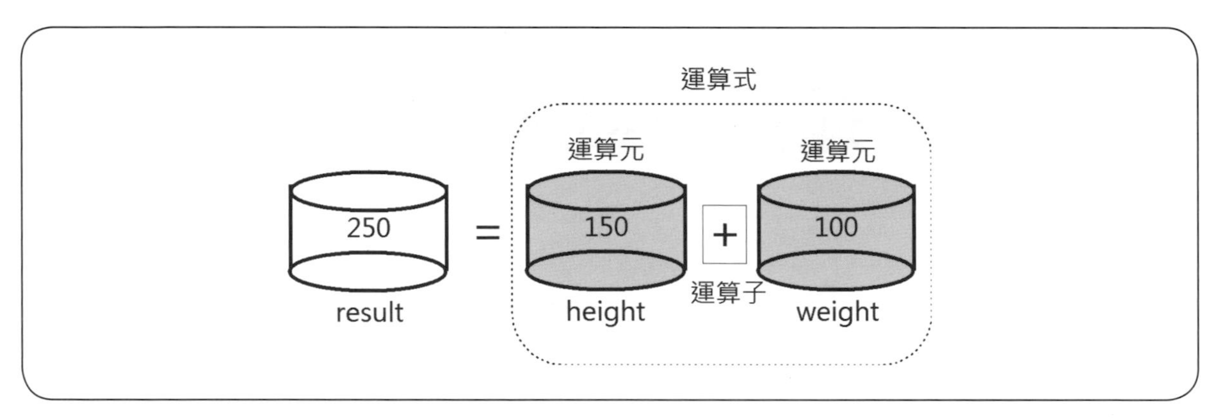

▶ 圖4-1

上述圖例的運算式是height+weight，加號是運算子，變數height和weight是運算元，可以將運算結果的值250存入變數result，即指定成變數result的值。

運算式範例

程式語言的運算式到底執行哪一種運算？需視運算式包含的運算子種類而定。一些C語言的運算式範例，如下所示：

```
a
b
15
-15
a + b * 1
a >= b
a > b && a > 1
a = b + 1
(a = 1, a+1)
```

上述運算式的變數a、b和常數值1、15、-15是運算元；「+」、「*」、「>=」、「>」、「&&」、「=」、「,」爲運算子。

C語言的運算子是使用1到2個字元組成的符號；運算元是常數值（或稱字面值）、變數或其他運算式。事實上，單獨運算元（不包含運算子）也是一種運算式，例如：a、b、15和-15等。

運算式是如何執行運算

當同一運算式擁有一個以上的運算子時，運算式的執行結果會因運算子的執行順序而不同。例如：一個加法和乘法的數學運算式，如下所示：

```
10 * 2 + 5
```

上述運算式的執行結果有2種情況，如下所示：

1. **先執行加法**：運算過程是2+5=7，然後7*10=70，結果爲70。
2. **先執行乘法**：運算過程是10*2=20，然後20+5=25，結果是25。

雖然是同一運算式，卻有兩種不同運算結果，程式在執行時不允許這種情況發生，爲了保證運算式得到相同的運算結果，當運算式擁有多個運算子時，運算子的執行順序是由優先順序（precedence）和結合（associativity）來決定。

4-1-2 優先順序與結合

當運算式擁有多個運算子時，爲了得到相同的運算結果，我們需要使用優先順序和結合來執行運算式的運算。

優先順序（precedence）

C語言因爲提供多種運算子，當在同一運算式使用多個運算子時，爲了讓運算式能夠得到相同的運算結果，運算式是以運算子預設的優先順序進行運算，也就是我們熟知的「先乘除後加減」口訣，如下所示：

```
a + b * 2
```

上述運算式因爲運算子優先順序*大於+，所以先計算b*2，之後才和a相加。關於C語言運算子預設優先順序的說明，請參閱第4-2-1節。

說明

程式語言的乘法是使用「*」符號，而不是常用的「×」符號，因為「×」符號容易與變數名稱混淆，當運算式有 × 時，我們可能會將它視為變數，而不是運算子。

在運算式可以使用括號推翻預設的運算子優先順序。例如：改變上述運算式的運算順序，先執行加法運算後，才是乘法，如下所示：

```
(a + b) * 2
```

上述加法運算式有使用括號括起，表示目前運算順序是先計算a+b，然後才乘以2。

結合（associativity）

當運算式所有運算子都擁有相同優先順序時，運算子的執行順序是由結合（associativity）決定。結合可以分為兩種，如下所示：

1. **右左結合（right-to-left associativity）**：運算式是從右到左執行運算子的運算，例如：運算式a=b=c+4是先計算b=c+4，然後才是a=b。
2. **左右結合（left-to-right associativity）**：運算式是從左到右執行運算子的運算，例如：運算式a-b-c是先計算a-b的結果d，然後才是d-c。

4-1-3 運算式的種類

C語言的運算式依運算元個數可以分成三種，如下所示：

單運算元運算式（unary expressions）

單運算元運算式只包含一個運算元和「單運算元運算子」（unary operator）。例如：正負號是一種單運算元運算式，如下所示：

```
-15
+10
x++
--y
```

在C語言的!、-、+、++、--和~是單運算元運算子，這些運算子擁有相同的優先順序，它們是使用右左結合（right-to-left associativity）來進行運算式的計算。

二元運算式（binary expressions）

二元運算式包含兩個運算元，它是使用一個二元運算子來分隔運算元。在C語言的運算式大都是二元運算式，如下所示：

```
a + b * 1
c + d + e
```

上述數學運算式的第1個運算式是使用運算子優先順序執行運算。第2個運算式的2個運算子擁有相同的優先順序，所以使用左右結合（left-to-right associativity）執行運算。

在C語言的二元運算子大都是使用左右結合（left-to-right associativity）執行運算，只有指定運算子「=」等號建立的指定運算式是使用右左結合（right-to-left associativity），如下所示：

```
a = b = c
```

三元運算式（ternary expressions）

三元運算式包含3個運算元，在C語言只有一種三元運算子「?:」，如下所示：

```
hour = (hour >= 12) ? hour-12 : hour;
```

上述三元運算子擁有(hour >= 12、hour-12和hour共3個運算元。運算子是使用右左結合（right-to-left associativity）進行運算式的計算。

4-2 C語言的運算子

C語言提供完整算術（arithmetic）、指定（assignment）、位元（bitwise）、關係（relational）和邏輯（logical）運算子。

4-2-1 C語言的運算子優先順序

C語言運算子預設的優先順序（愈上面愈優先），如表4-1所示：

▶ 表4-1

運算子	說明
()、[]、->、.	括號、陣列元素、結構指標存取結構元素和存取結構元素
!、-、+、++、--、~、 *、&、(type)、sizeof	邏輯運算子NOT、負號、正號、遞增、遞減、1'補數、取值、取址、型態迫換和取得記憶體尺寸
*、/、%	算術運算子的乘法、除法和餘數
+、-	算術運算子的加法和減法
<<、>>	位元運算子的左移和右移
>、>=、<、<=	關係運算子大於、大於等於、小於和小於等於
==、!=	關係運算子的等於和不等於
&	位元運算子AND
^	位元運算子XOR
|	位元運算子OR
&&	邏輯運算子AND
||	邏輯運算子OR
?:	條件控制運算子
=、op=	指定運算子
,	逗號運算子

表4-1第1列的「[]」運算子是陣列運算、「->」和「.」屬於結構運算子，可以取得結構或聯合的元素，詳細說明請參閱第12章。

第2列的單運算元運算子「*」和「&」是指標運算子，詳細說明請參閱第10-2-2節。關係、邏輯和條件控制運算子「?:」的詳細說明請參閱第6-2節與6-3-2節。位元運算子請參閱第15-2節。

4-2-2 編譯時期運算子——sizeof

C語言的sizeof是單運算元運算子，可以在編譯時期取得指定變數或資料型態佔用記憶體空間的位元組數。sizeof運算子的基本語法，如下所示：

```
整數常數值 = sizeof(型態名稱或變數名稱);
```

上述語法可以計算指定型態名稱或變數佔用的記憶體空間尺寸，型態名稱需要使用括號來括起；變數不用。資料型態可以是基本或延伸資料型態。運算結果是無符號整數常數值的位元組數。

例如：使用sizeof運算子取得char資料型態和變數test佔用的位元組數，如下所示：

```
printf("char =%d\n",sizeof(char));    /* 顯示char型態佔用的位元組數 */
printf("test =%d\n",sizeof test);     /* 顯示變數test佔用的位元組數 */
```

上述程式碼使用sizeof運算子取得資料型態char和變數test佔用的位元組數。

在C程式顯示資料型態char和變數test佔用的位元組數，並計算如果有10個字元型態的變數，其佔用的記憶體空間，如下所示：

```
char的尺寸 =1位元組
10個char變數的尺寸 =10位元組
test變數尺寸 =4位元組
```

程式內容

```
01: /* 程式範例: Ch4_2_2.c */
02: #include <stdio.h>
03:
04: int main(void) {
05:     float test;  /* 變數宣告 */
06:     unsigned len;
07:     /* 取得char資料型態的尺寸 */
08:     len = sizeof(char);
09:     /* 顯示資料型態和變數尺寸 */
10:     printf("char的尺寸 =%d位元組\n", len);
11:     printf("10個char變數的尺寸 =%d位元組\n", len*10);
12:     printf("test變數尺寸 =%d位元組\n", sizeof test);
13:
14:     return 0;
15: }
```

程式說明

- 第5~6行：宣告float和unsigned變數。
- 第8行：取得char資料型態的尺寸。
- 第10~12行：顯示資料型態和變數尺寸，第11行使用算術運算子len*10計算10個char資料型態的尺寸。詳細算術運算式的說明，請參閱第4-4節。

4-3 指定運算子

指定運算式（assignment expressions）是第3章的指定敘述，使用「=」等號指定運算子建立的運算式，可以將右邊運算元的值存入左邊運算元的地址，因此，左邊運算元需要能夠存入值，所以一定是變數，不能是常數值。

指定運算子「=」

C語言的指定運算子「=」等號是使用右左結合（right-to-left associativity）執行運算。如下所示：

```
int age;            /* 宣告變數age */
age = 18;           /* 使用指定敘述指定age變數值 */
age = age + 1;      /* 將變數age的值加1後，指定給變數age */
```

上述指定運算子「=」等號不是數學相等。程式碼首先將變數age的值指定成18，此指定運算式和數學相等好像相同，因爲age變數值等於18，可是下一行程式碼，當我們將變數age加1後，右邊運算式是19，不等於左邊18；換一個角度，如果是「指定」，就是將運算結果的值19，指定給左邊的變數age，此時的變數age值是19。

在指定敘述的右邊除了可以是常數值、變數和常數值組成的運算式，也可以是變數組成的運算式，如下所示：

```
age = age + offset;    /* 右邊是運算式 */
```

上述指定運算式的右邊是加法運算式，2個運算元都是變數，我們需要取得變數age和offset的值執行相加後，將它指定成變數age的值。

指定運算式的縮寫表示法

C語言提供多種指定運算式的簡化寫法，可以建立簡潔或稱爲「縮寫」表示的算術、條件或位元運算式，如表4-2所示：

▶ 表4-2

運算子	範例	相當的運算式	說明
=	x = y	N/A	指定敘述
+=	x += y	x = x + y	加法
-=	x -= y	x = x - y	減法
*=	x *= y	x = x * y	乘法
/=	x /= y	x = x / y	除法
%=	x %= y	x = x % y	餘數
<<=	x <<= y	x = x << y	位元左移y位元
>>=	x >>= y	x = x >> y	位元右移y位元
&=	x &= y	x = x & y	位元AND運算
|=	x |= y	x = x | y	位元OR運算
^=	x ^= y	x = x ^ y	位元XOR運算

在C程式使用指定運算子來指定變數值，和將運算式的運算結果指定給變數age後，將變數age的值顯示出來，如下所示：

```
age = 20
age = 23
```

程式內容

```
01: /* 程式範例: Ch4_3.c */
02: #include <stdio.h>
03:
04: int main(void) {
05:     int age, offset = 3;  /* 宣告變數 */
06:     age = 19;          /* 使用指定敘述指定age變數值 */
07:     age = age + 1;    /* 將變數age的值加1後，指定給變數age */
08:     printf("age = %d\n", age);
```

```
09:     age = age + offset; /* 右邊是運算式 */
10:     printf("age = %d\n", age);
11:
12:     return 0;
13: }
```

程式說明

◈ 第5行：宣告整數變數age和offset，並指定變數offset的初值3。

◈ 第6行：使用指定運算子指定變數值，以此例是將變數age指定成值19。

◈ 第7行和第9行：在指定運算式右邊是加法的算術運算式。在第7行是將變數age值加1；第9行加上變數offset的值。

4-4 算術運算子

算術運算子是我們數學上常用的四則運算，即加、減、乘和除法等運算子。不只如此，C語言還提供遞增和遞減運算子來簡化加減法的運算。

主群組運算子是括號，其主要目的是爲了推翻現有運算子的優先順序，以便得到運算式所需的運算結果。

4-4-1 算術運算子

C語言的「算術運算子」（arithmetic operators）可以建立數學的算術運算式（arithmetic expressions）。C語言算術運算子和運算式範例，其說明如表4-3所示：

▶ 表4-3

運算子	說明	運算式範例
-	負號	-6
+	正號	+6
*	乘法	3 * 4 = 12
/	除法	7.0 / 2.0 = 3.5、7 / 2 = 3
%	餘數	7 % 2 = 1
+	加法	5 + 3 = 8
-	減法	5 – 3 = 2

上表算術運算式範例是使用常數值，算術運算子加、減、乘、除和餘數運算子是「二元運算子」（binary operators），需要2個運算元，這些二元運算子是使用左右結合（left-to-right associativity）執行運算。

單運算元運算子（unary operator）

算術運算子的「+」和「-」正負號是單運算元運算子，只需1個運算元，位在運算子之後，如下所示：

```
+5      /* 數值正整數5 */
-x      /* 負變數x的值 */
```

上述程式碼使用+、-正負號表示數值是正數或負數。單運算元運算子是使用右左結合（right-to-left associativity）執行運算。

加法運算子「+」

加法運算子「+」是將運算子前後的2個運算元相加，如下所示：

```
a = 6 + 7;           /* 計算6+7的和後，指定給變數a */
b = c + 5;           /* 計算變數c的值加5後，指定給變數b */
total = x + y + z;  /* 將變數x, y, z的值相加後，指定給變數total */
```

減法運算子「-」

減法運算子「-」是將運算子前後的2個運算元相減，即將之前的運算元減去之後的運算元，如下所示：

```
a = 8 - 2;           /* 計算8-2的值後，指定給變數a */
b = c - 3;           /* 計算變數c的值減3後，指定給變數b */
offset = x - y;      /* 將變數x減變數y的值後，指定給變數offset */
```

乘法運算子「*」

乘法運算子「*」是將運算子前後的2個運算元相乘，如下所示：

```
a = 5 * 2;           /* 計算5*2的值後，指定給變數a */
b = c * 5;           /* 計算變數c的值乘5後，指定給變數b */
result = d * e;      /* 將變數d, e的值相乘後，指定給變數result */
```

除法運算子「/」

除法運算子「/」是將運算子前後的2個運算元相除，也就是將之前的運算元除以之後的運算元，如下所示：

```
a = 7 / 2;         /* 計算7/2的值後，指定給變數a */
b = c / 3;         /* 計算變數c的值除以3後，指定給變數b */
result = x / y;    /* 將變數x, y的值相除後，指定給變數result */
```

除法運算子「/」的運算元如果是int資料型態，此時的除法運算是整數除法，會將小數刪除，所以7 / 2 = 3，不是3.5。

餘數運算子「%」

「%」運算子是整數除法的餘數，2個運算元是整數，可以將之前的運算元除以之後的運算元來得到餘數，所以運算元不能是float和double資料型態，如下所示：

```
a = 9 % 2;         /* 計算9%2的餘數值後，指定給變數a */
b = c % 7;         /* 計算變數c除以7的餘數值後，指定給變數b */
result = y % z;    /* 將變數y, z值相除取得的餘數後，指定給變數result */
```

程式範例 Ch4_4_1.c

在C程式測試上表算術運算子，和指定運算式的運算結果，如下所示：

```
負號運算: -6    = -6
正號運算: +6    = 6
乘法運算: 3 * 4 = 12
除法運算: 7.0 / 2.0 = 3.500000
整數除法: 7 / 2 = 3
餘數運算: 7 % 2 = 1
加法運算: 5 + 3 = 8
減法運算: 5 - 3 = 2
```

程式內容

```
01: /* 程式範例: Ch4_4_1.c */
02: #include <stdio.h>
03:
04: int main(void) {
05:     /* 算術運算子 */
06:     printf("負號運算: -6     = %d\n", -6 );
07:     printf("正號運算: +6     = %d\n", +6 );
08:     printf("乘法運算: 3 * 4 = %d\n", 3*4);
09:     printf("除法運算: 7.0 / 2.0 = %.2f\n",7.0/2.0);
10:     printf("整數除法: 7 / 2 = %d\n", 7/2);
11:     printf("餘數運算: 7 %c 2 = %d\n", '%', 7%2);
12:     printf("加法運算: 5 + 3 = %d\n", 5+3);
13:     printf("減法運算: 5 - 3 = %d\n", 4-3);
14:
15:     return 0;
16: }
```

程式說明

◈ 第6~13行：使用常數值測試算術運算子，可以計算各種算術運算式的計算結果。

4-4-2 遞增和遞減運算子

C語言的遞增和遞減運算子（increment and decrement operators）是一種置於變數之前或之後加1或減1運算式的簡化寫法。

遞增和遞減運算式

遞增和遞減運算子「++」和「--」是位在變數之前或之後來建立運算式，如表4-4所示：

▶ 表4-4

運算子	說明	運算式範例
++	遞增運算	x++、++x
--	遞減運算	y--、--y

表4-4中的遞增和遞減運算子可以置於變數之前或之後，例如：x = x + 1運算式相當於是：

```
x++; 或 ++x;
```

y = y - 1運算式相當於是：

```
y--; 或 --y;
```

上述遞增和遞減運算子在變數之後或之前並不會影響運算結果，都是將變數x加1；變數y減1。如果變數x的值是10，x++或++x的運算結果都是11；變數y是10，y--或--y的運算結果都是9。

在算術或指定運算式使用遞增和遞減運算子

如果遞增和遞減運算子是使用在算術或指定運算式，運算子在運算元之前或之後就有很大的不同，如表4-5所示：

▶ 表4-5

運算子位置	說明
運算子在運算元之前（++x、--y）	先執行運算，才取得運算元的值
運算子在運算元之後（x++、y--）	先取得運算元值，才執行運算

當運算子在前面時，變數值是立刻改變；如果在後面，表示在執行運算式後才會改變。例如：運算子是在運算元之後，如下所示：

```
x = 10;
y = x++;    /* 運算子++是在運算元x之後 */
```

上述程式碼變數x的初始值爲10，x++的運算子在後，所以之後才會改變，y值仍然爲10，x爲11。例如：運算元是在運算子之後，如下所示：

```
x = 10;
y = --x;    /* 運算元x是在運算子--之後 */
```

上述程式碼變數x的初始值爲10，--x的運算子是在前，所以y爲9，x也是9。

程式範例 Ch4_4_2.c

在C程式測試遞增/遞減運算子，分別將運算子置於運算元之前或之後來檢視變數值的變化，如下所示：

```
遞增運算： x = 10 --> x++ = 11
遞減運算： y = 10 --> y-- = 9
x = 11
y = x++ = 10
x = 9
y = --x = 9
```

上述執行結果可以看到遞增/遞減運算式的運算結果。

程式內容

```
01: /* 程式範例: Ch4_4_2.c */
02: #include <stdio.h>
03: 
04: int main(void) {
05:     int x = 10, y = 10;  /* 宣告變數 */
06:     x++;   /* 遞增 */
07:     printf("遞增運算: x = 10 --> x++ = %d\n", x);
08:     y--;   /* 遞減 */
09:     printf("遞減運算: y = 10 --> y-- = %d\n", y);
10:     /* 測試遞增和遞減運算子 */
11:     x = 10;
12:     y = x++;    /* 運算子在後 */
13:     printf("x = %d\n" , x);
14:     printf("y = x++ = %d\n" , y);
15:     x = 10;
16:     y = --x;    /* 運算子在前 */
17:     printf("x = %d\n" , x);
18:     printf("y = --x = %d\n" , y);
19: 
20:     return 0;
21: }
```

程式說明

◈ 第6~18行：測試遞增和遞減運算子。

4-4-3 主群組運算子——括號

ANSI標準的括號稱為主群組運算子（primary grouping operators）。括號的主要目的是為了推翻現有的優先順序。對於複雜的運算式來說，我們可以使用括號改變運算的優先順序。

括號運算式（parenthetical expressions）

當運算式擁有超過2個運算子時，我們才可以使用括號來改變運算順序。例如：一個擁有乘法和加法運算子的算術運算式，如下所示：

```
a = b * c + 10;   /* 沒有括號的算術運算式 */
```

上述運算式的運算順序是先計算b * c後，再加上常數值10，因為乘法優先順序大於加法。如果需要先計算c + 10，我們需要使用括號來改變優先順序，如下所示：

```
a = b * (c + 10);   /* 有括號的算術運算式 */
```

上述運算式的運算順序是先計算c + 10後，再乘以b。

巢狀括號運算式（nested parenthetical expressions）

在運算式的括號中可以擁有其他括號，稱為巢狀括號，此時的運算順序是最內層的括號擁有最高的優先順序，然後是其上一層，直到得到最後的運算結果，如下所示：

```
a = (b * 2) + (c * (d + 10));   /* 巢狀括號運算式 */
```

上述運算式的運算順序是先計算最內層d + 10，然後是上一層(b * 2)和(c * (d + 10))，最後才計算相加的運算結果。

程式範例 Ch4_4_3.c

在C程式建立擁有括號的算術運算式，和計算巢狀括號運算式的結果，如下所示：

```
b = 10  c = 5
b * c + 10 = 60
b * (c + 10) = 150
d = 2
(b * 2) + (c * (d + 10)) = 80
```

程式內容

```
01: /* 程式範例: Ch4_4_3.c */
02: #include <stdio.h>
03:
04: int main(void) {
05:     int a, b, c, d;  /* 宣告變數 */
06:     b = 10;    c = 5;
07:     printf("b = %d  c = %d\n", b, c);
08:     /* 括號運算式 */
09:     a = b * c + 10;
10:     printf("b * c + 10 = %d\n", a);
11:     a = b * (c + 10);
12:     printf("b * (c + 10) = %d\n", a);
13:     /* 巢狀括號運算式 */
14:     d = 2;
15:     printf("d = %d\n", d);
16:     a = (b * 2) + (c * (d + 10));
17:     printf("(b * 2) + (c * (d + 10)) = %d\n", a);
18:
19:    return 0;
20: }
```

程式說明

- 第9行和第11行：分別是沒有括號和擁有括號的算術運算式。
- 第16行：建立巢狀括號的算術運算式。

4-4-4 使用算術運算子建立數學公式

C程式只需使用算術運算子和變數，就可以建立複雜的數學運算式。例如：華氏（fahrenheit）和攝氏（celsius）溫度轉換公式。首先是攝氏轉華氏溫度的公式。如下所示：

```
f = (9.0 * c) / 5.0 + 32.0;    /* 攝氏轉華氏溫度 */
```

華氏轉攝氏溫度的公式，如下所示：

```
c = (5.0 / 9.0 ) * (f - 32);    /* 華氏轉攝氏溫度 */
```

現在，我們可以設計C程式替我們解決數學問題，只需配合C語言標準函數庫的數學函數，不論是統計或工程上的數學問題，都可以自行撰寫C程式來進行計算。

程式範例 Ch4_4_4.c

在C程式輸入溫度後，使用算術運算子建立的數學公式來進行溫度轉換，如下所示：

```
請輸入攝氏溫度=> 45 Enter
攝氏45=華氏113.000000度
請輸入華氏溫度=> 120 Enter
華氏120=攝氏48.888889度
```

上述執行結果顯示各種運算式和溫度轉換的運算結果，輸入的溫度分別為45和120度。

程式內容

```
01: /* 程式範例: Ch4_4_4.c */
02: #include <stdio.h>
03:
04: int main(void) {
05:     int f, c;   /* 宣告變數 */
06:     /* 建立數學公式 */
07:     printf("請輸入攝氏溫度=> ");
08:     scanf("%d", &c);
```

```
09:     printf("攝氏%d=華氏%f度\n",c,(9.0*c)/5.0+32.0);
10:     printf("請輸入華氏溫度=> ");
11:     scanf("%d", &f);
12:     printf("華氏%d=攝氏%f度\n",f,(5.0/9.0)*(f-32));
13:
14:     return 0;
15: }
```

程式說明

◈ 第8~12行：分別輸入攝氏和華氏溫度後，使用數學公式執行溫度轉換。

4-4-5 組合算術與指定運算式

C語言程式敘述的運算式有多種組合，例如：2個指定敘述的指定運算式，其右邊都是加法的算術運算式，如下所示：

```
a = 4 + 5;    /* 加法運算式 */
b = 6 + a;    /* 加法運算式 */
```

上述運算式可以寫成：

```
b = 6 + (a = 4 + 5);    /* 組合2個加法的算術運算式 */
```

上述運算式會先計算括號中的運算式，指定運算子是使用右左結合，所以先計算4+5等於9，然後指定給變數a，接著計算6 + a等於15，最後指定給變數b，所以運算結果變數a的值是9；b是15。

Ch4_4_5.c

在C程式測試算術與指定運算式的組合，我們可以在算術運算式中加上指定運算式，如下所示：

```
a = 9  b = 15
a = 9  b = 15
```

程式內容

```
01: /* 程式範例: Ch4_4_5.c */
02: #include <stdio.h>
03:
04: int main(void) {
05:     int a, b;   /* 宣告變數 */
06:     /* 算術與指定運算式的組合 */
07:     a = 4 + 5;
08:     b = 6 + a;
09:     printf("a = %d  b = %d\n", a, b);
10:     a = b = 0;
11:     b = 6 + (a = 4 + 5);
12:     printf("a = %d  b = %d\n", a, b);
13:
14:     return 0;
15: }
```

程式說明

- 第7~8行：2個指定運算式，在右邊是加法的算術運算式。
- 第10行：多重指定敘述指定變數a和b的初值。
- 第11行：算術與指定運算式的組合，在右邊算術運算式中擁有另一個指定運算式。

4-5 逗號運算子

逗號運算式（comma expression）是使用「,」號連接多個運算式，可以用來執行一序列的算術運算，如下所示：

```
x = (y = 5, y + 2);   /* 逗號運算式，先算y=5，然後是y+2 */
```

上述逗號運算式是使用左右結合（left-to-right associativity）進行運算，運算式依序從左邊的運算元開始一一進行運算，直到最右邊的運算元爲止，最右邊的運算元就是逗號運算式的值。以此例，先運算y=5，然後是5+2，所以最後運算式的值是7。

在實務上，我們可以使用逗號運算式執行一序列的算術運算，如下所示：

```
y = 10;
x = (y = y + 5, y = y / 5, y + 1);  /* 逗號運算式，從左至右依序計算 */
```

上述運算式的結果是x = 4，依序從y=10開始，加5，除以5，最後加1。

程式範例

Ch4_5.c

在C程式建立逗號運算式執行一序列的算術運算，並將運算結果顯示出來，如下所示：

```
執行 x = (y=5,y+2) 運算:
y = 5
x = 7
執行 x=(y=y+5,y=y/5,y+1) 運算:
y = 3
x = 4
```

程式內容

```
01: /* 程式範例: Ch4_5.c */
02: #include <stdio.h>
03:
04: int main(void) {
05:     int x, y;  /* 宣告變數 */
06:     x = (y = 5, y + 2);
07:     printf("執行 x = (y=5,y+2) 運算: \n");
08:     printf("y = %d\n", y);
09:     printf("x = %d\n", x);
10:     y = 10;
11:     x = (y = y + 5, y = y / 5, y + 1);
12:     printf("執行 x=(y=y+5,y=y/5,y+1) 運算: \n");
13:     printf("y = %d\n", y);
14:     printf("x = %d\n", x);
15:
16:     return 0;
17: }
```

程式說明

- 第6行：逗號運算式執行2個運算式的一序列運算。
- 第11行：逗號運算式執行3個運算式的一序列運算。

4-6 資料型態的轉換

「資料型態轉換」（type conversions）是因爲運算式可能擁有多個不同資料型態的變數或常數值。例如：在運算式中同時擁有整數和浮點數的變數或常數值時，就需要執行型態轉換。

資料型態轉換是指轉換變數儲存的資料，而不是變數本身的資料型態。因爲不同型態佔用的位元組數不同，在進行資料型態轉換時，例如：double轉換成float，變數資料有可能損失資料或精確度。

4-6-1 指定敘述的型態轉換

指定敘述的型態轉換規則很簡單，就是將「=」運算子右邊的運算式轉換成和左邊變數相同的資料型態，如下所示：

```
a = b;     /* 指定敘述的型態轉換 */
```

上述指定敘述的變數a和b如果是不同資料型態，變數b的值會自動轉換成變數a的資料型態。C語言基本資料型態的指定敘述型態轉換，其可能的資料損失，如表4-6所示：

▶ 表4-6

變數資料型態	運算式的資料型態	可能的資料損失
signed char	unsigned char	如果值大於127，變數值將為負值
char	short int	高位的8位元
char	int	高位的24位元
char	long int	高位的24位元
short int	int	高位的16位元
int	long int	沒有損失
int	float	損失小數且可能更多
float	double	損失精確度
double	long double	損失精確度

上表是指定敘述型態轉換，從右邊運算式的資料型態轉換成左邊變數資料型態時，所可能產生的資料損失；反過來，若從char轉換成int、float或double資料型態，並不會增加資料的精確度。

如果在上表找不到直接轉換的資料型態，可能需要經過多次轉換。例如：double轉換成short int，就需要從double轉換成float；float轉換成int；到int轉換成short int。

程式範例 Ch4_6_1.c

在C程式宣告字元、整數和浮點數變數，然後分別執行指定敘述的型態轉換，可以看到轉換結果的資料損失，如下所示：

```
c = -12  i = 500
i = 123  d = 123.456000
```

上述執行結果可以看到整數轉換成字元後成為負值；浮點數轉換成整數後，損失了小數。

程式內容

```
01: /* 程式範例: Ch4_6_1.c */
02: #include <stdio.h>
03: 
04: int main(void) {
05:     char c;  /* 宣告變數 */
06:     int i = 500;
07:     double d = 123.456;
08:     /* 指定敘述的型態轉換 */
09:     c = i;
10:     printf("c = %d  i = %d\n", c, i);
11:     i = d;
12:     printf("i = %d  d = %f\n", i, d);
13: 
14:     return 0;
15: }
```

程式說明

- 第9行：int資料型態轉換成char資料型態。
- 第11行：double資料型態轉換成int資料型態。

4-6-2 算術型態轉換

「算術型態轉換」（arithmetic conversions）並不需要特別語法，運算式如果擁有不同型態的運算元，就會將儲存的資料自動轉換成相同資料型態，而且是運算元中範圍大的資料型態。算術型態轉換的順序是型態數值範圍大者比較高，如下所示：

```
long double > double > float > unsigned long > long > unsigned int > int
```

上述型態的轉換順序是指如果2個運算元是不同型態，就會自動轉換成範圍比較大的資料型態。一些轉換範例如表4-7所示：

▶ 表4-7

運算元1	運算元2	自動轉換成
long double	float	long double
double	float	double
float	int	float
long	int	long

如果一個運算元是long，另一個是unsigned int，此時稍有不同，因爲需視long的範圍是否包括unsigned int，如果是，就轉換成long；否則，轉換成unsigned long。

例如：宣告char、int、float和double資料型態的變數c、i、f和d，且指定初值，運算式(c+i)*(f/d)+(i-f)的型態轉換，如圖4-2所示：

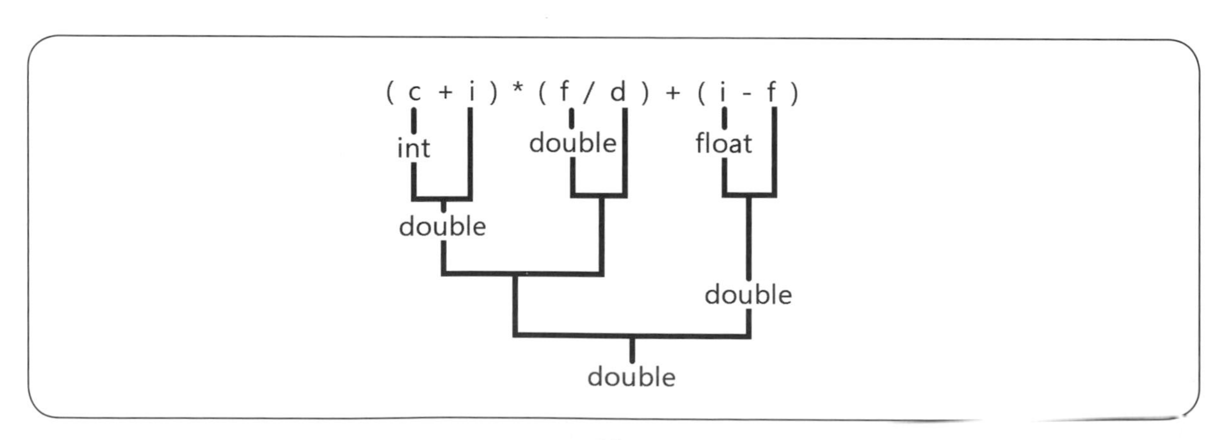

▶ 圖4-2

上述運算式c + i轉換成int；f / d轉換成double；i - f轉換成float。接著是(c+i)*(f/d)轉換成double，最後運算式轉換成double資料型態。

Ch4_6_2.c

在C程式宣告char、int、float和double資料型態變數和指定初值，然後測試算術型態轉換，如下所示：

```
c + i = 600
c + i * f = 7850.000000
(c+i)*(f/d)+(i-f) = 559.291910
```

上述執行結果的第1列是轉換成int，第2列是轉換成float，第3列是轉換成double。

程式內容

```
01: /* 程式範例: Ch4_6_2.c */
02: #include <stdio.h>
03:
04: int main(void) {
05:     char c = 100;  /* 宣告變數 */
06:     int i = 500;
07:     float f = 15.5f;
08:     double d = 124.345;
09:     /* 算術型態轉換 */
10:     printf("c + i = %d\n", c + i);
11:     printf("c + i * f = %f\n", c + i * f);
12:     printf("(c+i)*(f/d)+(i-f) = %f\n", (c+i)*(f/d)+(i-f));
13:
14:     return 0;
15: }
```

程式說明

◈ 第10~12行：測試算術型態轉換。

4-6-3 強迫型態轉換運算子

指定敘述和算術型的型態轉換都會自動進行型態轉換，如果自動轉換結果不是預期的執行結果，我們可以使用C語言的「型態轉換運算子」（cast operator）在運算式強迫轉換資料型態，其基本語法如下所示：

```
(型態名稱) 運算式或變數
```

上述語法可以將運算式或變數強迫轉換成前面括號的型態。請注意！在型態名稱外一定需要括號。

例如：整數和整數的除法27/5，其結果是整數3。如果需要精確到小數點，就不能使用算術型態轉換，而需要強迫將它轉換成浮點數。例如：a=27、b=5，如下所示：

```
r = (float)a / (float)b;    /* 型態迫換成float */
```

上述程式碼將整數變數a和b都強迫轉換成浮點數float。我們也可以只強迫轉換其中之一，然後讓算術型態轉換自動轉換其他運算元，此時27/5的結果是5.4。

程式範例 Ch4_6_3.c

在C程式宣告2個整數變數後，分別計算不轉換和強迫型態轉換成浮點數後的相除結果，如下所示：

```
a = 27  b = 5
r = a / b = 5.000000
r = (float)a / (float)b = 5.400000
```

上述執行結果可以看到，沒有強迫型態轉換時，結果為5；如果有強迫型態轉換，此時的結果是5.4。

程式內容

```
01: /* 程式範例: Ch4_6_3.c */
02: #include <stdio.h>
03:
04: int main(void) {
05:     int a = 27, b = 5;  /* 宣告變數 */
06:     float r;
07:     /* 算術型態轉換 */
08:     printf("a = %d  b = %d\n", a, b);
09:     r = a / b;
10:     printf("r = a / b = %f\n", r);
11:     /* 強迫型態轉換運算子 */
12:     r = (float)a / (float)b;
13:     printf("r = (float)a / (float)b = %f\n", r);
14:
15:     return 0;
16: }
```

程式說明

◈ 第9行：整數除法。

◈ 第12行：浮點數除法。

學習評量

4-1 運算式的基礎

1. 請說明什麼是運算式？C語言的運算式可以分為哪幾種？
2. 如果在同一C運算式擁有多個運算子，請問如何決定其運算順序？
3. 請舉例說明運算子優先順序（precedence）和結合（associativity）？
4. 請問為什麼在C運算式需要使用括號？並且舉例來說明。
5. 運算式是由一序列的__________（operators）和__________（operands）組成，可以在程式中執行所需的運算任務。
6. 請問C語言的運算式依運算元個數可以分成哪三種？

4-2 C 語言的運算子

1. 請問下列C語言各組運算子清單中，哪一個運算子擁有較高的優先順序（請圈起來），如下所示：

   (1) ==、<

   (2) / -

   (3) != 、==

   (4) <=、<

   (5) ++、*
2. 請問下列哪一個C語言的運算子優先順序是最高的（請圈起來）？

   !、%、==、+
3. C語言的__________是單運算元運算子，可以在編譯時期取得指定變數或資料型態佔用記憶體空間的位元組數。
4. 請問下列哪些運算子擁有不同的優先順序，如下所示：

   >、>=、<、<=

4-3 指定運算子

1. 請簡單說明什麼是指定運算式？何謂指定運算式的縮寫表示法？
2. 請寫出下列C運算式的縮寫表示法，如下所示：

   (1) x = x - y

學習評量

(2) x = x * y

(3) x = x / y

(4) x = x % y

4-4 算術運算子

1. 請舉例說明C語言遞增運算式i++和++i的差異為何？
2. 請寫出下列C程式碼片段的執行結果，如下所示：

(1)

```
int i = 1;
i *= 5;
i += 2;
printf("i = %d\n", i);
```

(2)

```
int x = 7;
printf("x = %d\n", ++x);
printf("x = %d\n", x--);
```

(3)

```
int x = 10, y = 20;
x = x % 5;
y = y / 6;
printf("x = %d\n", x);
printf("y = %d\n", y);
```

3. 請試著計算下列C運算式的值，然後寫出變數a~i的值為何？

```
c = 4 + (a = 3 + (b = 4 + 5));
d = 10.0 + 2.0 * 4.0 - 6.0 / 3.0;
e = 10 % 3;
f = 5 + 3 * 6 / 2 + 3;
g = ( 5 + 3 ) * 6 / 2 + 3;
h = 7 * 5 % 12 * 6 / 4
i = (13 % 6 ) / 7 * 8
```

4. 假設變數x的值為10；y的值為41，請分別執行下列C運算式後，寫出變數a~d的值，如下所示：

```
a = x++;
b = ++x;
```

學習評量

```
c = x--;
d = --x;
```

5. 請寫出下列各C運算式的值，如下所示：

   (1) `1 * 2 + 4`
   (2) `7 / 5`
   (3) `10 % 3 * 2 * ( 2 + 5 )`
   (4) `1 + 2 * 3`
   (5) `(1 + 2) * 3`
   (6) `16 +7 * 6 + 9`
   (7) `(13 - 6 ) / 7 + 8`
   (8) `12 - 4 % 6 / 4`

6. 請使用Dev-C++整合開發環境編譯執行下列C程式，然後試著說明程式目的與執行結果，如下所示：

```
#include <stdio.h>
int main(void) {
    int r, area;
    printf("輸入r ==> ");
    scanf("%d", &r);
    area = (int) (3.1415926 * r * r);
    printf("面積 = %d\n", area);
    return 0;
}
```

7. 小明手上有100元，在小7的冰淇淋一個20元，請建立C程式計算小明可以購買幾個冰淇淋。

8. 繼續前一題第7題，因為小明需要留下35元買飲料，請建立C程式計算小明在留下35元後可以購買幾個冰淇淋，剩下多少錢。

9. 現在共有250個蛋，一打是12個，請建立C程式計算250個蛋是幾打，還剩下幾個蛋。

10. 請建立C程式計算下列運算式的值，如下所示：

    (1) $2x^2 - 4x + 1$，x = 3.0、4.0和2/3

學習評量

(2) $a^2 + b$，a = 2.0、4.0和2/3，b = 10.0、5.0和12.0

(3) $3y^2 + 8y + 4$，y = 2.0、4.0和2/3

11. 圓周長的公式是2*PI*r，PI是圓周率3.1415，r是半徑20, 30, 45，請建立C程式使用符號常數定義圓周率後，輸入半徑來計算圓周長。
12. 某人在銀行存入200萬，利率是1.5%，如果每年的利息都繼續存入銀行，請建立C程式計算3年後本金和利息共有多少錢。
13. 如果一元美金可兌換29.8元新台幣，請建立C程式輸入新台幣金額後，計算可兌換的美金是多少。
14. 計算體脂肪BMI值的公式是W/(H*H)，H是身高（公尺），W是體重（公斤），請建立C程式輸入身高和體重後，計算BMI值。
15. 變數a是5，b是10，請建立C程式計算數學運算式(a + b) * (a – b)的值。
16. 停車場每30分鐘30元，不滿30分鐘算停30分鐘，阿忠的車停了4小時40分鐘，請建立C程式計算阿忠需付的停車費。

4-5 逗號運算子

1. 請問什麼是C語言的逗號運算式（comma expression）？
2. 請寫出下列C運算式變數x和y的值，如下所示：

```
x = (y = 10, y = y + 5, y = y / 5, y + 1);
```

4-6 資料型態的轉換

1. 請說明什麼是型態轉換？C語言的型態轉換有哪幾種？
2. 請寫出下列運算式執行運算後的資料型態，如下所示：

(1) `( char + int ) * ( float / double ) + ( int - float )`

(2) `char * double + int * float`

(3) `char + int * float`

3. 當變數a的值為36；b是5時，請問C運算式：r = a / b;的運算結果是__________，r = (float)a / (float)b;的運算結果是__________。

Chapter

05

流程圖與結構化程式開發

本章學習目標

5-1 程式邏輯的基礎

我們使用C語言的主要目的是撰寫程式碼，建立程式，所以需要使用電腦的程式邏輯（program logic）來寫出程式碼，如此，電腦才能執行程式，解決我們的問題。

讀者可能會問，撰寫程式碼執行程式設計（programming）很困難嗎？事實上，如果您可以一步一步詳細列出活動流程、導引問路人到達目的地、走迷宮、從電話簿中找到電話號碼，或從地圖上找出最短路徑，就表示您一定可以撰寫程式碼。

不過，請注意！電腦一點都不聰明，不要被名稱誤導，因爲電腦眞正的名稱應該是「計算機」（computer），它是一台計算能力很好的計算機，並沒有思考能力，更不會舉一反三，所以，我們需要告訴電腦非常詳細的步驟和資訊，絕對不能有模稜兩可的內容，而這就是電腦使用的程式邏輯。

例如：開車從高速公路北上到台北市大安森林公園，在Google地圖顯示圓山交流道至大安森林公園之間的地圖，如圖5-1所示：

▶ 圖5-1

人類的邏輯

對於人類來說，我們只需檢視地圖，即可輕鬆寫下開車從高速公路北上到台北市大安森林公園的步驟，如下所示：

Step 1 中山高速公路向北開。

Step 2 下圓山交流道（建國高架橋）。

Step 3 下建國高架橋（仁愛路）。

Step 4 直行建國南路，在紅綠燈右轉仁愛路。

Step 5 左轉新生南路。

上述步驟告訴人類的話（使用人類的邏輯），這些資訊已經足以讓我們開車到達指定的目的地。

電腦的程式邏輯

如果將上述步驟告訴電腦，電腦一定完全沒有頭緒，不知道如何開車到達目的地，因為電腦一點都不聰明，這些步驟的描述太不明確，我們需要提供更多資訊給電腦（請改用電腦的程式邏輯來思考），才能讓電腦開車到達目的地，如下所示：

1. 從哪裡開始開車（起點）？中山高速公路需向北開幾公里到達圓山交流道？
2. 如何分辨已經到了圓山交流道？如何從交流道下來？
3. 在建國高架橋上開幾公里可以到達仁愛路出口？如何下交流道？
4. 直行建國南路幾公里可以看到紅綠燈？左轉或右轉？
5. 開多少公里可以看到新生南路？如何左轉？接著需要如何開？如何停車？

說明

不對啊！GPS 導航機是一台掌上型電腦，它就很聰明，只需要告知起點和終點，馬上可以規劃路徑幫我們導航。事實上，導航機一點都不聰明，它只是擁有足夠的計算能力，可以從龐大地圖資料提供的道路座標，經過一套人類設計的運算步驟（演算法），找出一條最快或最短的路徑。導航機根本看不懂人類使用的地圖，它只是從一堆數字座標中找出一條可以到達目的地的路徑。

地圖對於導航機來說，只是一堆精確的座標資訊；而不是一張圖形的地圖。這些座標資訊可以用來和GPS座標比對，找出目前地圖上的位置。使用道路的座標資訊運算出導航路徑，因為電腦是一台運算能力很強的計算機，而不是擁有思考能力的大腦，如果沒有提供足夠且明確的資訊，它絕對找不到回家的路。

所以，在撰寫程式碼時，需要告訴電腦非常詳細的動作和步驟順序；如同教導一位小孩做一件他從來沒有做過的事，例如：綁鞋帶、去超商買東西，或使用自動販賣機。因為程式設計是在解決問題，您需要將解決問題的詳細步驟一一寫下來，包含動作和順序（即設計演算法），然後將它轉換成程式碼，以本書為例，是撰寫C程式碼。

5-2 演算法與流程圖

程式設計的最重要工作，是將解決問題的步驟詳細的描述出來，稱為演算法。我們可以直接使用文字內容描述演算法；或使用圖形化的流程圖（flow chart）來表示。

5-2-1 演算法

如同建設公司興建大樓有建築師繪製的藍圖；廚師烹調有食譜；設計師進行服裝設計有設計圖；程式設計也一樣有藍圖，那就是演算法。

認識演算法

「演算法」（algorithms）簡單的說，就是一張食譜（recipe），提供一組一步接著一步（step-by-step）的詳細過程，包含動作和順序，可以將食材烹調成美味的食物。例如：在第1-1節說明的蛋糕製作，製作蛋糕的食譜是一個演算法，如圖5-2所示：

演算法 = 一張食譜 = 一組指令步驟

▶ 圖5-2

電腦科學的演算法是用來描述解決問題的過程，也就是完成一個任務所需的具體步驟和方法。這個步驟是有限的、可行的，而且沒有模稜兩可的情況。

事實上，不只電腦程式，日常生活中所面臨的任何問題或做任何事，爲了解決問題或完成某件事所採取的步驟和方法，就是演算法。演算法的主要特點，如下所示：

1. **良好順序**（well-ordered）：演算法的步驟有清楚的前後順序。
2. **沒有模稜兩可**（unambiguous）：步驟描述明確，沒有過度簡化造成的模稜兩可情況。
3. **有限的**（finiteness）：演算法需要在有限步驟內完成任務。
4. **有效率的運算**（effectively computable）：步驟能夠有效率且成功的執行；換句話說，演算法是可行的，而且可以實作。

設計演算法的步驟

因爲演算法是描述解決問題的步驟，如同蓋房子的藍圖，在眞正實際撰寫程式碼之前，我們需要先設計演算法，其基本步驟如圖5-3所示：

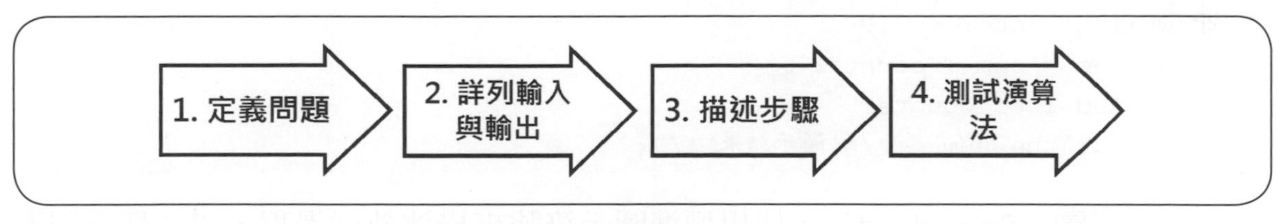

▶ 圖5-3

上述設計演算法的步驟說明，如下所示：

Step 1 定義問題：使用明確和簡潔的詞彙來描述欲解決的問題。

Step 2 詳列輸入與輸出：列出欲解決問題的資料（input）；和經過演算法運算後，需要產生的結果（output）。

Step 3 描述步驟：描述從輸入資料轉換成輸出資訊的步驟。

Step 4 測試演算法：使用測試資料來驗證演算法是否正確。

請注意！因為每一個人的背景、知識和思考模式不同，不同的人針對同一問題，可能分析設計出不同的演算法來解決問題。所以，同一問題的演算法可能不只一個；是多個，而且可能每一個人設計的演算法都不一樣。

因為在演算法的世界沒有標準答案，只有最適合的答案，一個好的演算法需要知識和經驗的累積。對於初學者來說，剛開始只需建立可以解決問題的演算法（可行的演算法），隨著知識和經驗的累積，才會有辦法眞正設計出解決問題最適合的演算法。

演算法的表達方法

因為演算法的表達方法是在描述解決問題的步驟，所以並沒有固定方法，常用的表達方法，如下所示：

1. **文字描述**：直接使用一般語言的文字描述來說明執行步驟。
2. **虛擬碼（pseudo code）**：一種趨近程式語言的描述方法，並沒有固定語法，每一行約可轉換成一行程式碼，如下所示：

```
/* 計算1加到10 */
Let counter = 1
Let sum = 0
while counter <= 10
   sum = sum + counter
   Add 1 to counter
Output the sum      /* 顯示結果 */
```

3. **流程圖（flow chart）**：使用標準圖示符號來描述執行過程，以各種不同形狀的圖示表示不同的操作；箭頭線標示流程執行的方向。

因為一張圖常常勝過千言萬語的描述，圖形比文字更直覺和容易理解，所以對於初學者來說，流程圖是一種最適合描述演算法的工具，事實上，繪出流程圖本身就是一種很好的程式邏輯訓練方法。

5-2-2 流程圖

不同於文字描述或虛擬碼是使用文字內容來表達演算法；流程圖是使用簡單的圖示符號來描述解決問題的步驟。

認識流程圖

對於程式語言來說，流程圖是使用簡單的圖示符號來表示程式邏輯步驟的執行過程，可以提供程式設計者一種跨程式語言的共通語言，作爲與客戶溝通的工具和專案文件。事實上，如果我們可以畫出流程圖的程式執行過程，就一定可以將它轉換成指定的程式語言，以本書爲例，是撰寫成C程式碼。

所以，就算您是一位完全沒有寫過程式碼的初學者，也一樣可以使用流程圖來描述執行過程，以不同形狀的圖示符號表示操作，在之間使用箭頭線標示流程的執行方向，筆者稱它爲「圖形版程式」（對比程式語言的文字版程式）。

在本書提供的fChart流程圖直譯工具，是建立圖形版程式的最佳工具，因爲您不只可以編輯繪製流程圖；更可以執行流程圖來驗證演算法的正確性，完全不用涉及程式語言的語法，就可以輕鬆開始寫程式。

流程圖的符號圖示

目前演算法使用的流程圖是由Herman Goldstine和John von Neumann開發與制定，常用流程圖符號圖示的說明，如表5-1所示：

▶ 表5-1

流程圖的符號圖示	說明
	長方形的【動作符號】（或稱為處理符號）表示處理過程的動作或執行的操作
	橢圓形的【起止符號】代表程式的開始與終止
	菱形的【決策符號】建立條件判斷
	箭頭連接線的【流程符號】是連接圖示的執行順序
	圓形的【連接符號】可以連接多個來源的箭頭線
	【輸入/輸出符號】（或稱為資料符號）表示程式的輸入與輸出

流程圖的繪製原則

一般來說，為了繪製良好的流程圖，一些繪製流程圖的基本原則，如下所示：

1. 流程圖需要使用標準的圖示符號，以方便閱讀、溝通和小組討論。
2. 在每一個流程圖符號的說明文字需力求簡潔、扼要和明確可行。
3. 流程圖只能有一個起點，和至少一個終點。
4. 流程圖的繪製方向是從上而下；從左至右。
5. 決策符號有兩條向外的流程符號；終止符號不允許有向外的流程符號。
6. 流程圖連接線的流程符號應避免交叉或太長，請盡量使用連接符號來連接。

5-2-3 演算法、流程圖與程式設計

基本上，程式設計是從設計演算法開始，然後依據演算法撰寫程式碼來建立可執行的程式，我們可以使用流程圖、文字描述，或虛擬碼，來描述設計的演算法，如圖5-4所示：

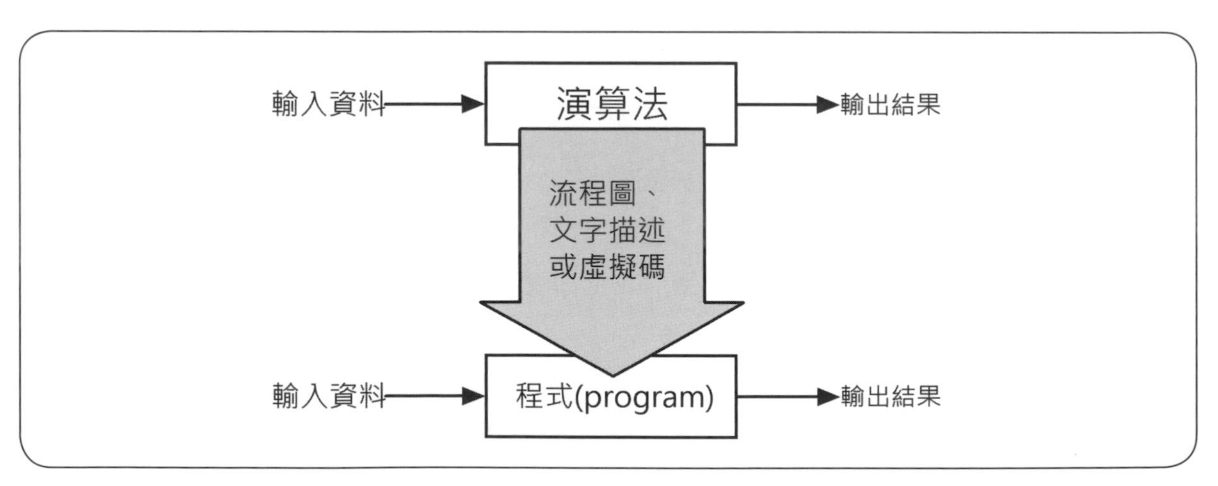

▶ 圖5-4

如上述圖例，當我們將演算法描述的步驟寫成程式語言的程式碼後，即可建立程式，而這就是程式設計。

5-3 fChart流程圖直譯工具

程式設計（programming）是資訊科學一門相當重要的課程，也是數十年來資訊教育上最大的挑戰，有相當多研究證明，從流程圖開始學習程式設計，可以幫助初學者學習程式設計、訓練程式邏輯，和解決問題的能力。因為流程圖是程式語言之間的共通符號，我們只需繪出流程圖，就可以使用各種不同的程式語言來實作流程圖。

fChart流程圖直譯工具是一套流程圖直譯程式，我們不只可以編輯繪製流程圖；還可以使用動畫來完整顯示流程圖的執行過程和結果，輕鬆驗證演算法是否可行，和訓練讀者的程式邏輯。

5-3-1 fChart的安裝與啓動

fChart流程圖直譯教學工具是使用Visual Basic 6.0語言開發的應用程式，在書附光碟是一套綠化版本的應用程式，沒有安裝程式，我們可以直接在Windows作業系統上執行此工具。

安裝fChart

fChart並不需要安裝，只需將相關程式檔案複製至指定資料夾，例如：「C:\FlowChart」資料夾，其中，【FlowProgramming_Edit.exe】是fChart流程圖直譯教學工具的執行檔。

啓動fChart

在複製fChart應用程式的相關檔案後，我們可以在Windows作業系統執行fChart流程圖直譯教學工具，其步驟如下所示：

Step 1 請開啓fChart應用程式所在的「C:\FlowChart」資料夾，如下頁圖5-5所示。

Step 2 請按二下[RunfChart.ext]，就可以啓動fChart流程圖直譯教學工具，如下頁圖5-6所示。

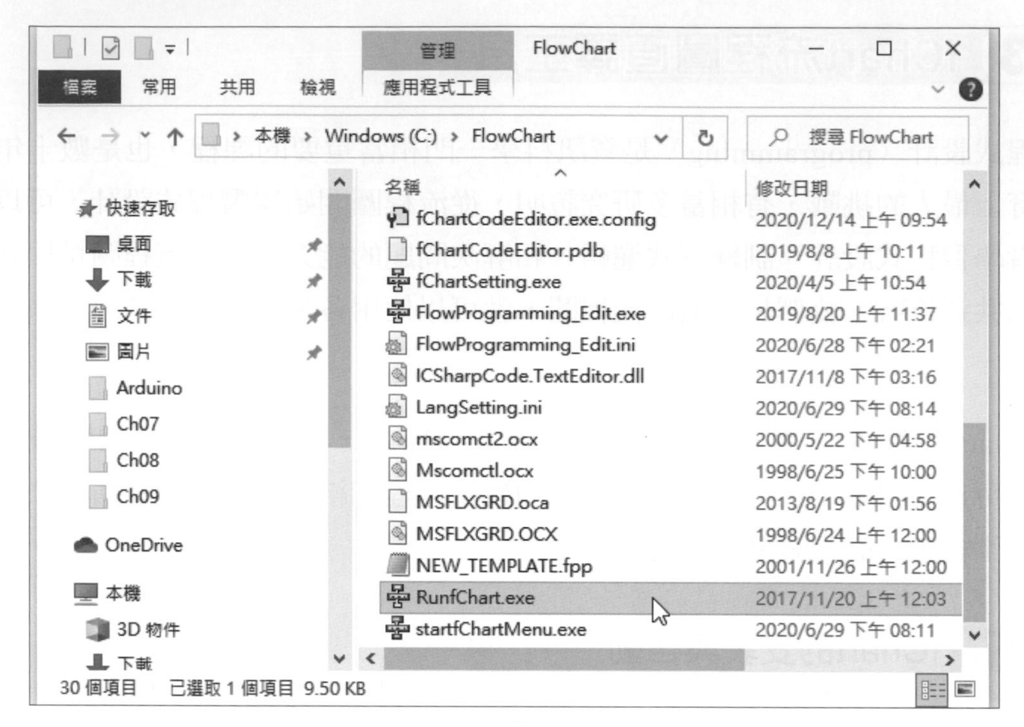

▶ 圖5-5

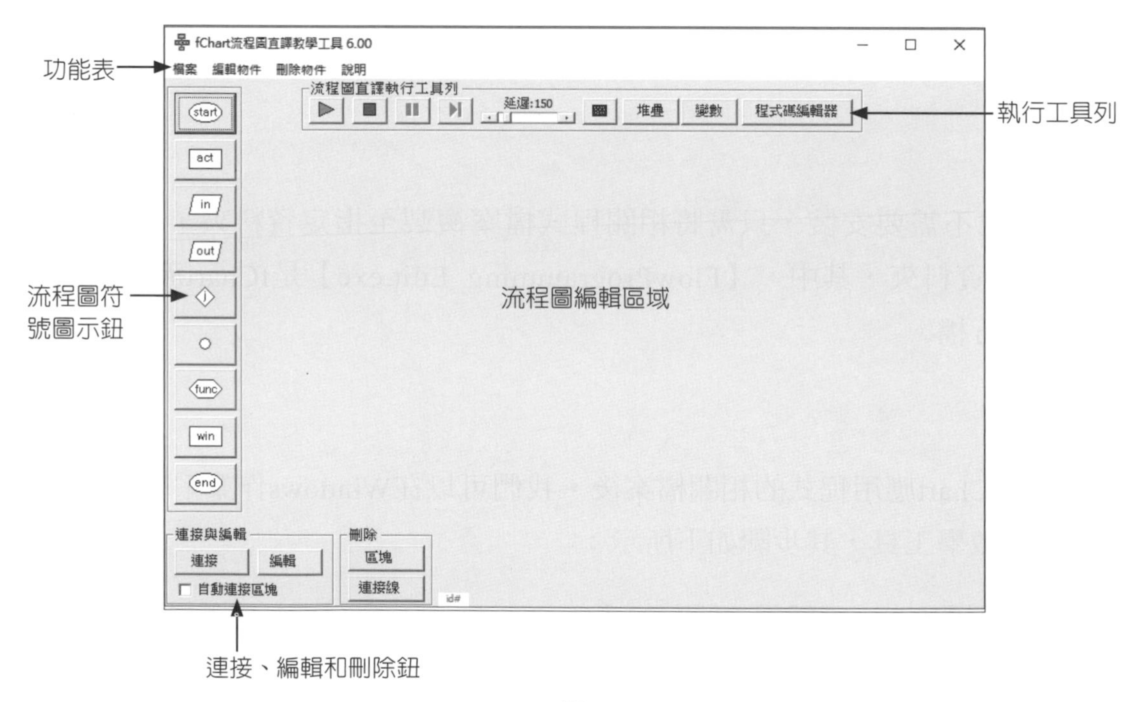

▶ 圖5-6

上述圖例是fChart工具的執行畫面，在上方功能表的下方是執行工具列，可以執行我們編輯繪出的流程圖；左邊是建立流程圖符號圖示的按鈕；下方是連接與編輯，和刪除圖示符號的按鈕；在中間部分是流程圖的編輯區域。

結束fChart請執行「檔案>結束」指令；或按視窗右上角的【X】鈕關閉fChart。

5-3-2 新增與開啟流程圖專案

在說明fChart的基本使用介面後，我們就可以新增流程圖專案；或開啟現存專案來進行流程圖的編輯。

新增與儲存流程圖專案

在fChart新增流程圖專案可以建立一個全新的流程圖，其步驟如下所示：

Step 1 請啟動fChart，執行「檔案>新增流程圖專案」指令，可以看到新增的流程圖，預設加入開始和結束符號，如圖5-7所示。

Step 2 請參考下一節的說明來繪製流程圖，儲存流程圖專案請執行「檔案>儲存流程圖專案」指令，可以看到「另存新檔」對話方塊，如下頁圖5-8。

Step 3 在切換路徑和輸入檔案名稱後，按【存檔】鈕儲存流程圖專案，其副檔名是.fpp。

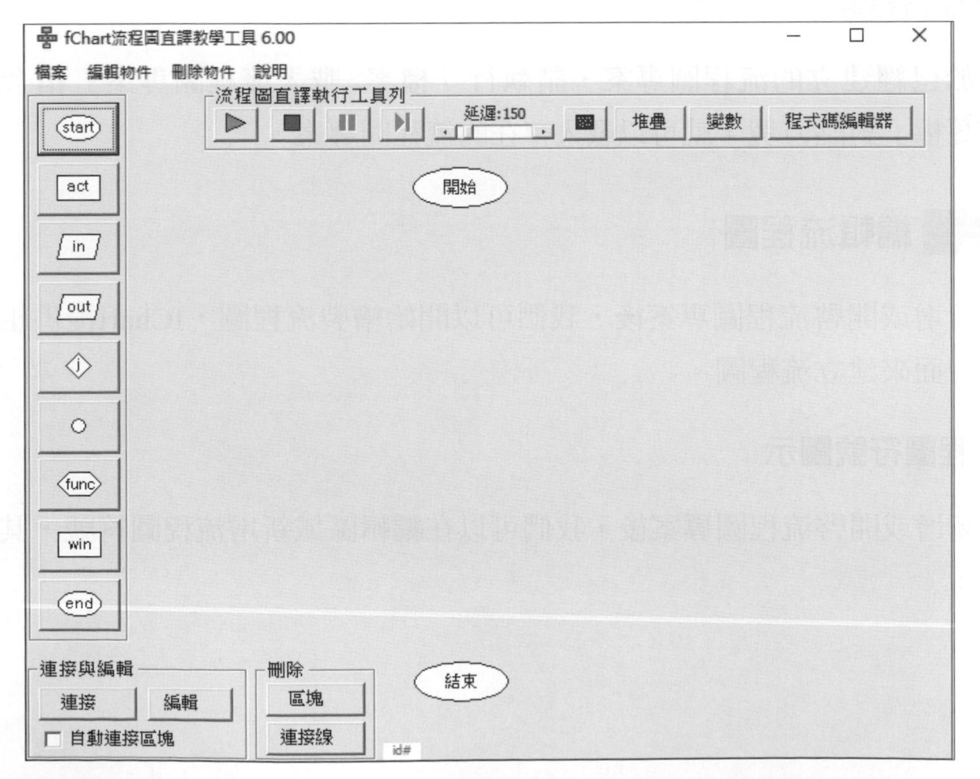

▶ 圖5-7

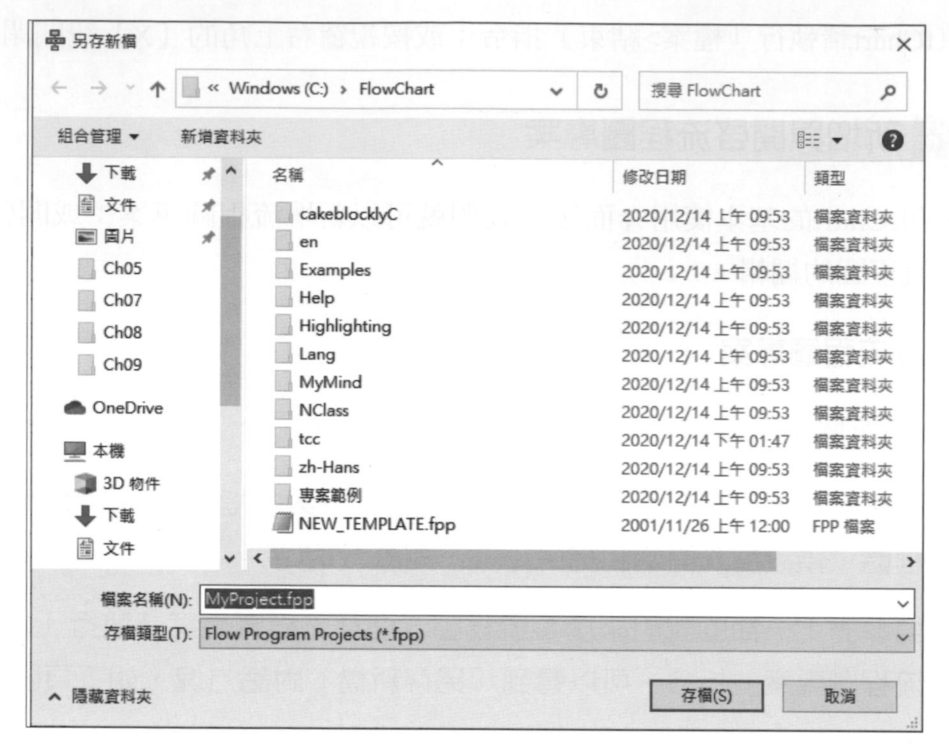

▶ 圖5-8

開啓流程圖專案

對於已經建立的流程圖專案，請執行「檔案>載入流程圖專案」指令，開啓「開啓舊檔」對話方塊，就可以載入存在的流程圖專案。

5-3-3 編輯流程圖

在新增或開啓流程圖專案後，我們可以開始繪製流程圖，fChart提供相當容易的使用介面來建立流程圖。

新增流程圖符號圖示

當新增或開啓流程圖專案後，我們可以在編輯區域新增流程圖符號，其步驟如下所示：

Step 1 在左邊工具列按一下欲新增的流程圖符號，然後移動符號圖示至編輯區域欲插入的位置，如圖5-9所示：

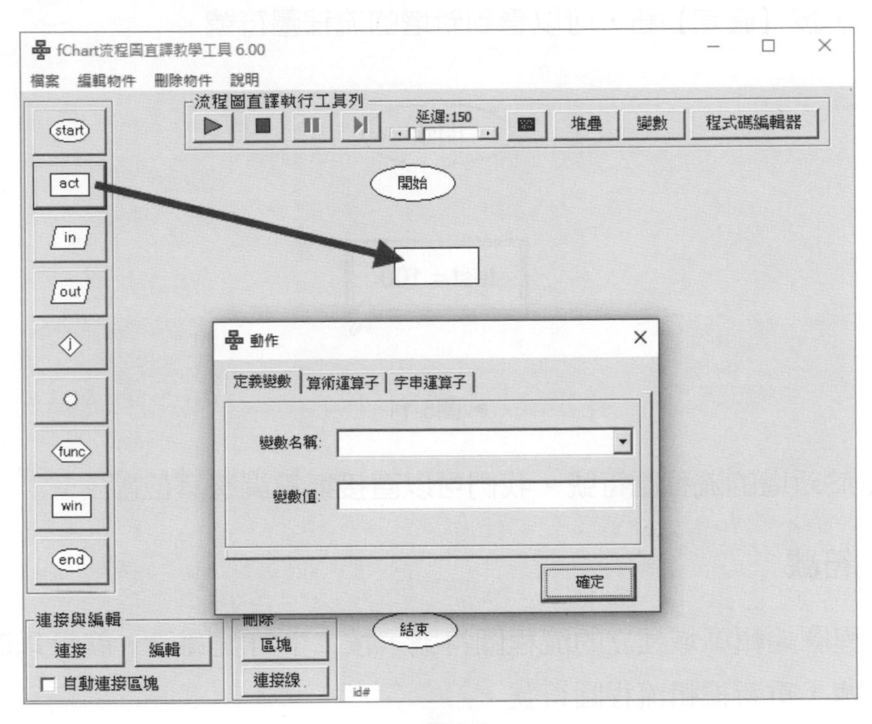

▶ 圖5-9

Step 2 在欲插入位置按一下，可以插入符號圖示和顯示編輯對話方塊，此例是「動作」對話方塊。

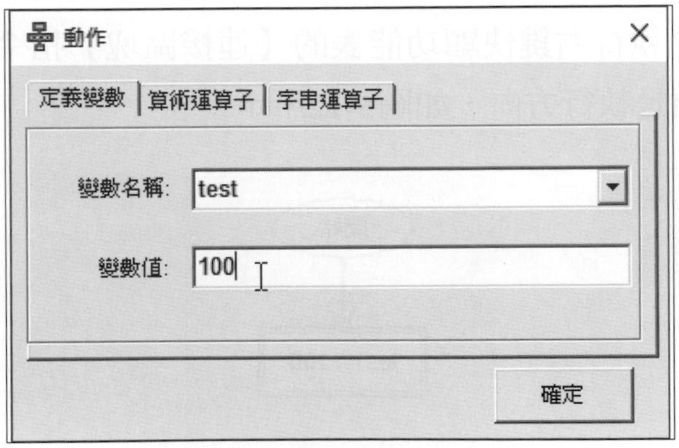

動作
定義變數 | 算術運算子 | 字串運算子
變數名稱: test
變數值: 100
確定

▶ 圖5-10

Step 3 在輸入欲建立的變數名稱（可以選擇存在變數）和值（也可以是其他變數名稱）後，如果是建立運算式，請選上方標籤建立算術或字串運算式，按【確定】鈕，可以看到新增的流程圖符號。

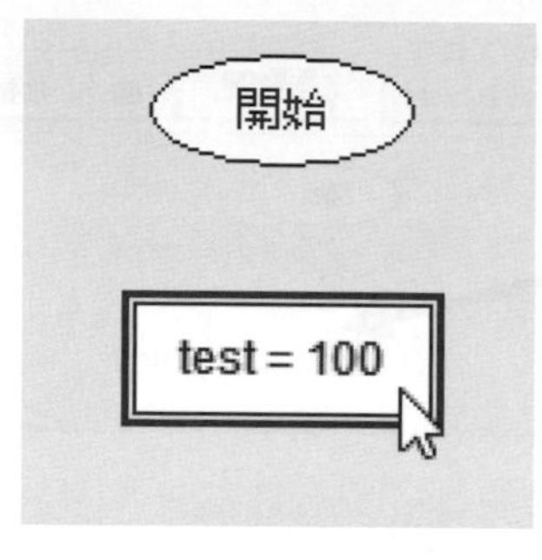

▶ 圖5-11

Step 4 對於新增的流程圖符號，我們可以直接拖拉調整其位置。

編輯流程圖符號

對於流程圖編輯區域建立的流程圖符號，按二下符號圖示，就可以開啓符號的編輯對話方塊，重新編輯流程圖符號。

連接兩個流程圖符號

在fChart連接2個流程圖符號，請在欲連接的2個符號各按一下（順序是先按開始的符號，然後是結束的符號）後，按左下方「連接與編輯」框的【連接】鈕；或在沒有符號的區域，執行右鍵快顯功能表的【連接區塊】指令，可以建立2個符號之間的連接線，箭頭是執行方向，如圖5-12所示：

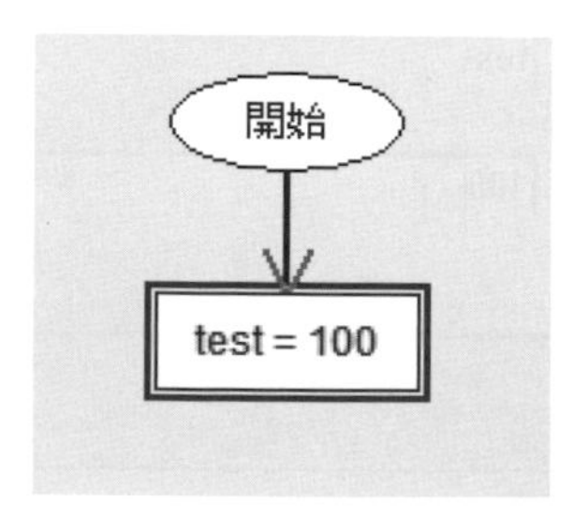

▶ 圖5-12

說明

如果在左下方「連接與編輯」框勾選【自動連接區塊】，在新增符號圖示後，就會自動建立符號之間的連接線，如下圖所示：

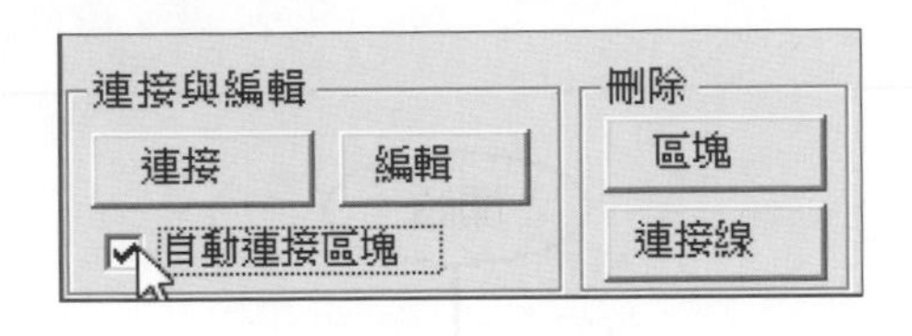

刪除連接線與流程圖符號

刪除連接線時，請分別按一下連接線兩端的流程圖符號（順序沒有關係），然後按左下方「刪除」框的【連接線】鈕刪除之間的連接線；或在沒有符號區域，執行右鍵快顯功能表的【刪除連接線】指令。

當流程圖符號沒有任何連接線時，我們才可以刪除流程圖符號，請按一下欲刪除符號後，按左下方「刪除」框的【區塊】鈕刪除流程圖符號；或在沒有符號區域，執行右鍵快顯功能表的【刪除區塊】指令。

說明

在書附光碟提供教學電影檔和議義，一步一步詳細說明如何使用 fChart 工具建立各種流程控制的流程圖。

5-3-4 fChart流程圖範例

這一節筆者準備使用一些fChart建立的流程圖專案，來說明各種符號圖示的使用，如下所示：

輸出一行文字內容：Ch5_3_4.fpp

Ch5_3_4.fpp專案是第2-2-1節第一個簡單C程式的流程圖，可以輸出一行文字內容，如圖5-13所示：

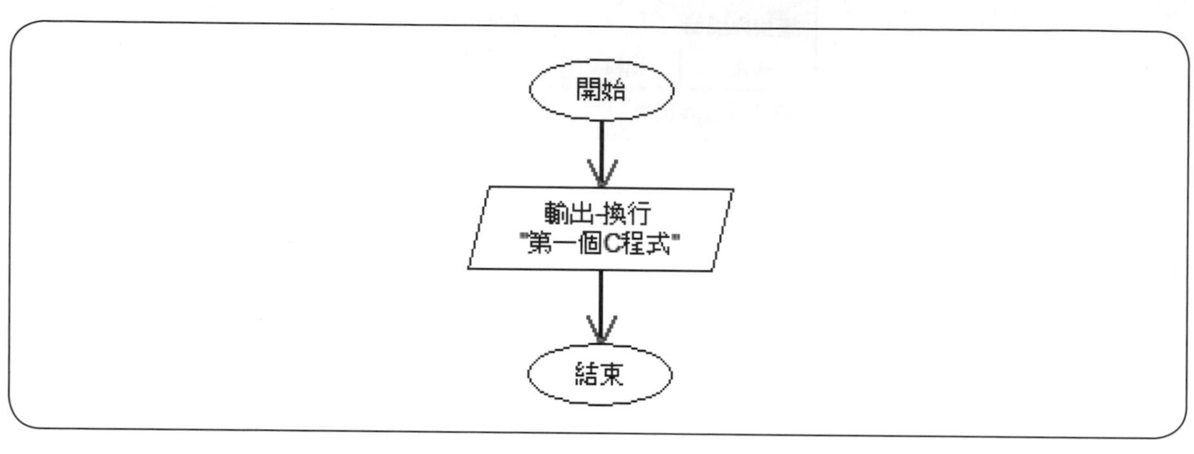

▶ 圖5-13

上述流程圖使用輸出符號顯示一段文字內容，按二下輸出符號，可以看到「輸出」對話方塊。

輸出
訊息文字: 第一個C程式
變數名稱:
不換行
確定

▶ 圖5-14

上述【訊息文字】欄是輸出的字串，在下方可以選擇同時輸出的變數和勾選是否換行。

計算總分：Ch5_3_4a.fpp

Ch5_3_4a.fpp專案是第2-2-2節第二個簡單C程式的流程圖，在輸入兩科成績後，計算2科成績的總分，如圖5-15所示：

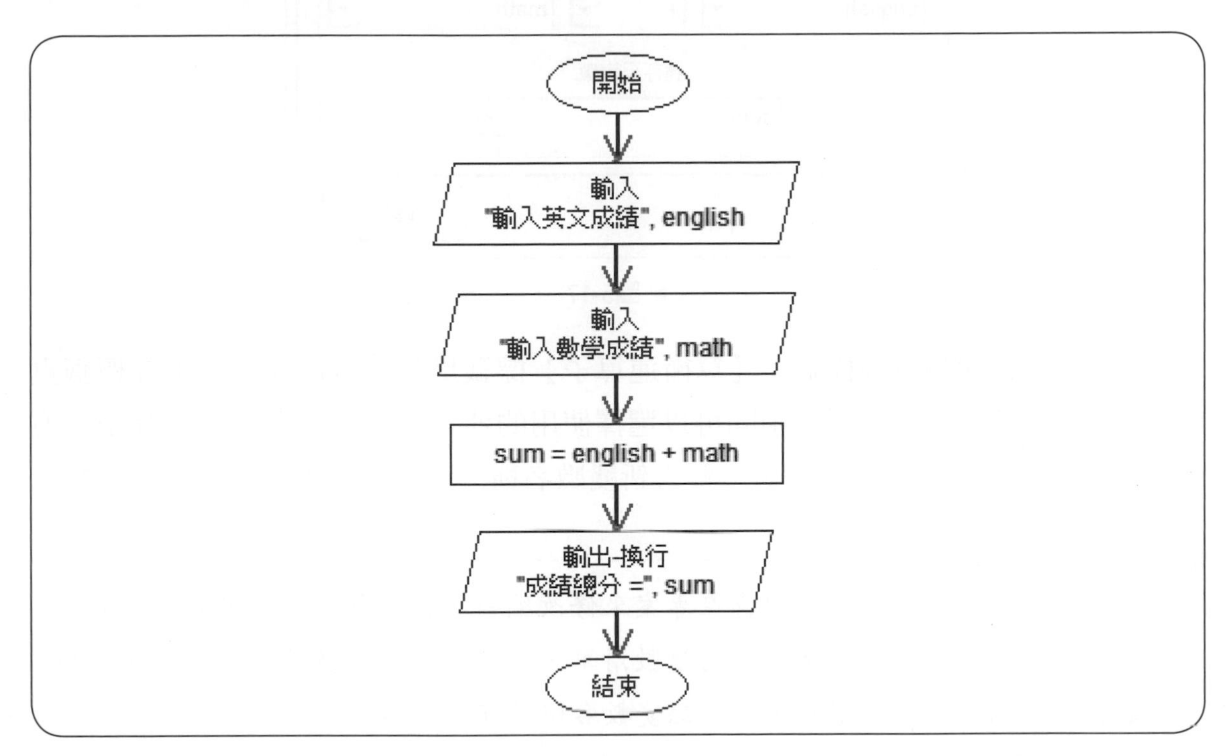

▶ 圖5-15

上述流程圖使用輸入符號輸入2個變數english和math的值，就可以計算成績總分，請按二下輸入符號，可以看到「輸入」對話方塊。

輸入

提示文字: 輸入英文成績

變數名稱: english

確定

▶ 圖5-16

上述【提示文字】是輸入時的提示文字，下方變數名稱可以選擇存在的變數（也可以輸入存在的變數名稱），如果是新變數，請直接輸入變數名稱即可。按二下動作符號，可以看到「動作」對話方塊。

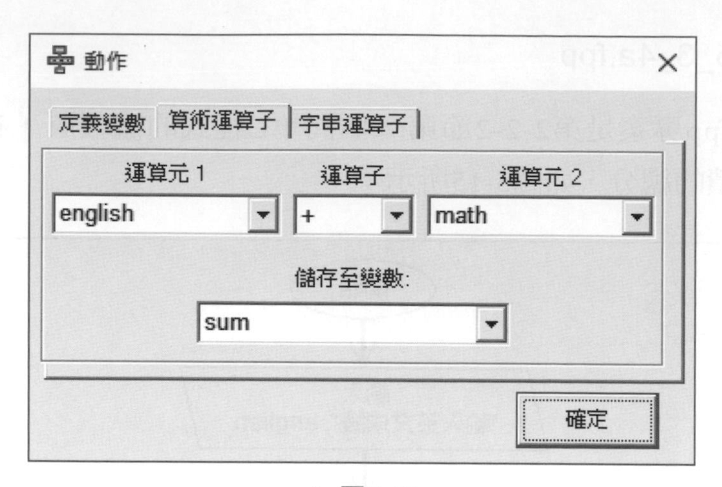

▶ 圖5-17

上述對話方塊有3個標籤：【算術運算子】標籤是建立算術運算式；在標籤頁上方是2個運算元的運算式；中間可以選擇使用的運算子；運算結果是儲存至下方變數；運算元可以選擇存在變數、輸入新變數名稱，或直接輸入數值，例如：2。

說明

請注意！如果 fChart 是開啓存在專案來修改編輯，在運算元或變數的下拉式清單只會顯示開啓專案後才新增的變數清單，已經存在的變數並不會顯示，使用者需要自行輸入變數名稱，請確認變數名稱沒有輸入錯誤。

判斷奇數或偶數：Ch5_3_4b.fpp

Ch5_3_4b.fpp專案的流程圖是判斷奇數或偶數，只需輸入一個正整數，就可以判斷是奇數或偶數，如圖5-18所示：

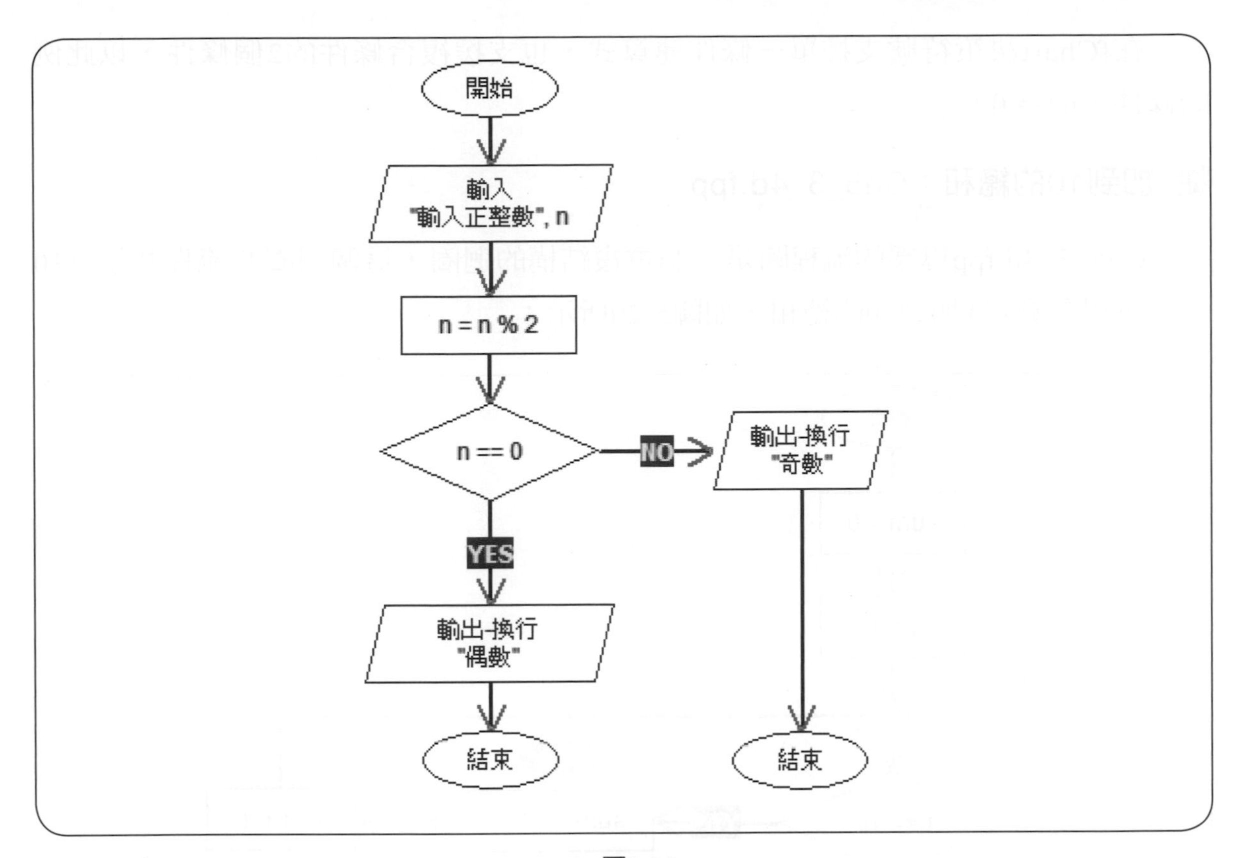

▶ 圖5-18

上述流程圖有1個起始符號；2個終止符號。流程圖首先輸入一個正整數，然後使用餘數運算子計算除以2的餘數值，即變數n；菱形決策符號有2個向外的流程：YES是條件成立；NO是不成立。以此例，條件n == 0的判斷結果如果成立，就是偶數；反之為奇數。

按二下決策符號，可以看到「條件運算式」對話方塊。

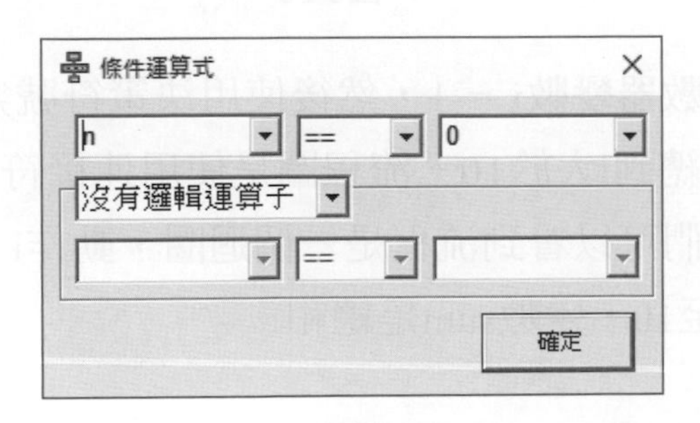

▶ 圖5-19

在fChart決策符號支援單一條件運算式，也支援複合條件的2個條件，以此例的條件是n == 0。

從1加到10的總和：Ch5_3_4d.fpp

Ch5_3_4d.fpp專案的流程圖是一個重複結構的迴圈，這個迴圈的流程共執行10次，可以計算從1加到10的總和，如圖5-20所示：

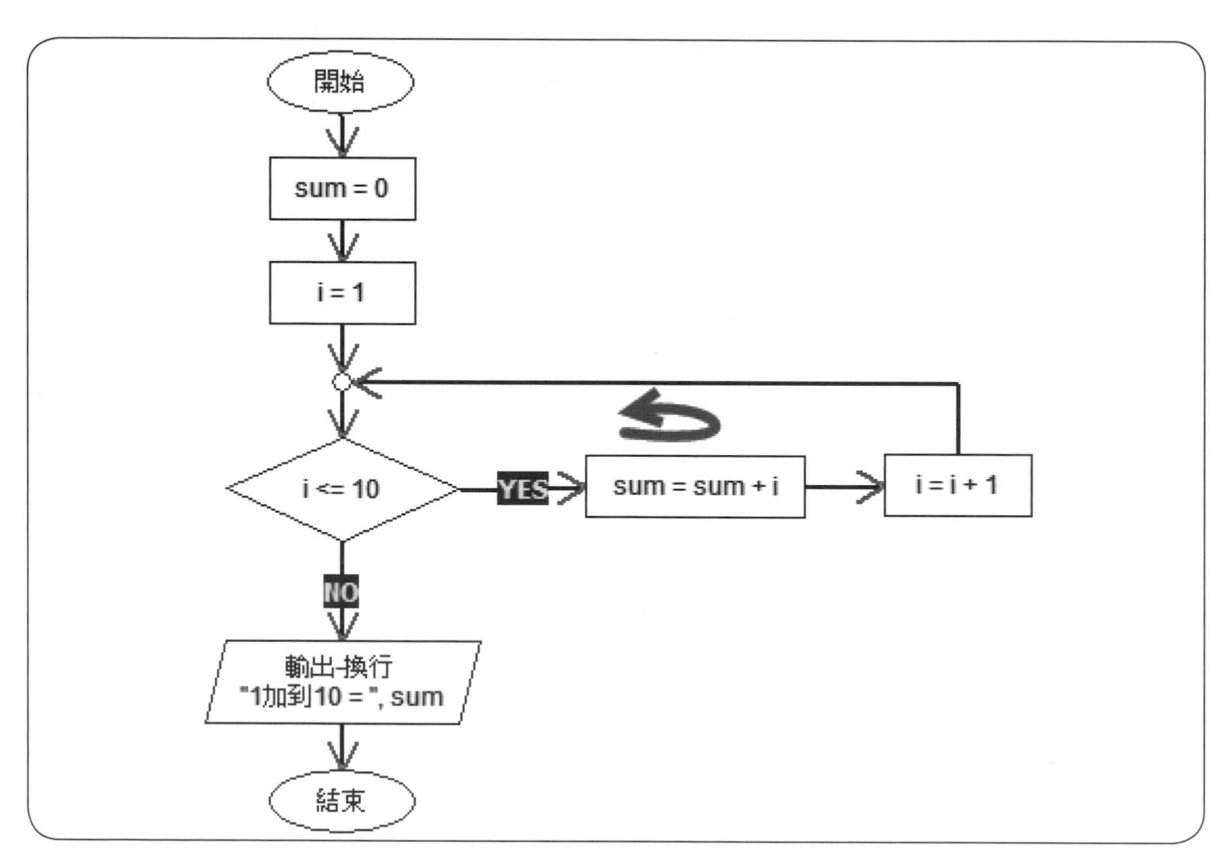

▶ 圖5-20

上述流程圖初始計數器變數i = 1，然後使用決策符號判斷i是否小於等於10，如果是，就重複迴圈加總到i大於10。流程圖是使用連接符號，讓流程符號的箭頭回到決策符號之前，我們可以看到流程是一個迴圈，動作i = i + 1增加計數器變數的值，所以i的值是從1至10，變數sum是總和。

5-3-5 執行fChart流程圖的圖形版程式

對於fChart建立的流程圖專案，我們可以直接執行圖形版程式，在上方執行工具列可以控制流程圖程式的執行，調整執行速度和顯示相關的輔助視窗，如圖5-21所示：

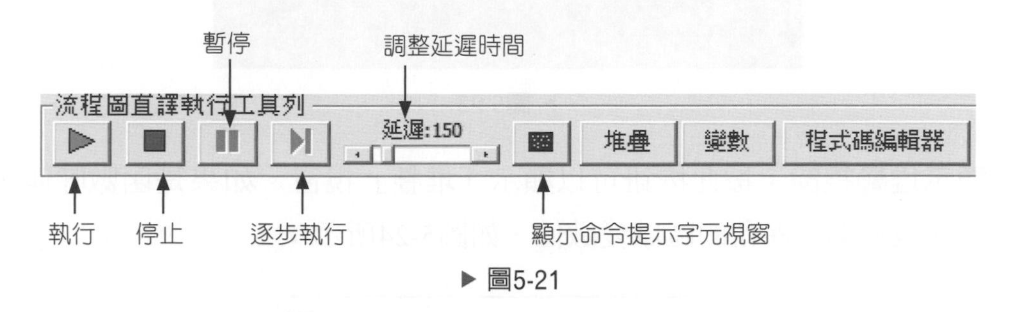

▶ 圖5-21

上述工具列按鈕從左至右的說明，如下所示：

1. **執行**：按下按鈕開始執行流程圖，它是以延遲時間定義的間隔時間來一步一步自動執行流程圖，例如：Ch5_3_4a.fpp，流程圖如果需要輸入資料，就會開啟「命令提示字元」視窗讓使用者輸入資料（在輸入資料後，請按Enter鍵），如圖5-22所示：

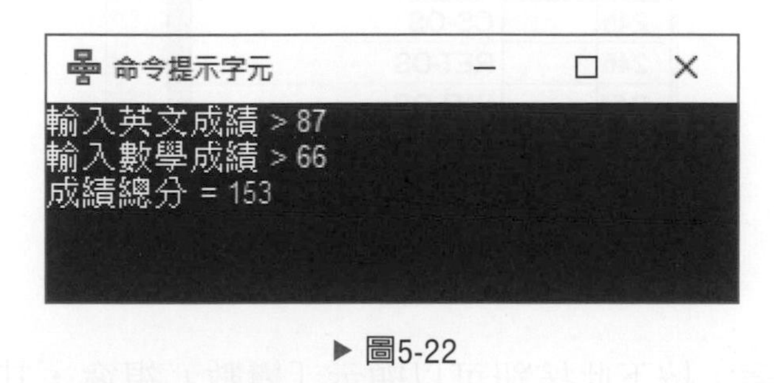

▶ 圖5-22

2. **停止**：按此按鈕停止流程圖的執行。
3. **暫停**：當執行流程圖時，按此按鈕暫停流程圖的執行。
4. **逐步執行**：當我們將延遲時間的捲動軸調整至最大時，就是切換至逐步執行模式，此時按【執行】鈕執行流程圖，就是一次一步來逐步執行流程圖，請重複按此按鈕來執行流程圖的下一步。
5. **調整延遲時間**：使用捲動軸調整執行每一步驟的延遲時間，如果調整至最大，就是切換成逐步執行模式。

6. **顯示命令提示字元視窗**：按下此按鈕可以顯示「命令提示字元」視窗的執行結果，例如：Ch5_3_4.fpp，如圖5-23所示：

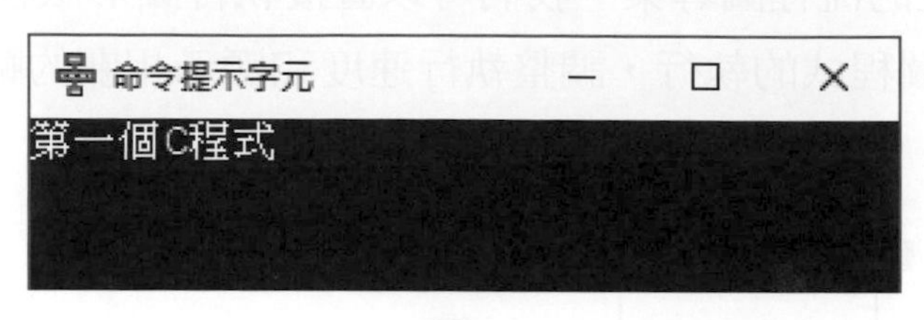

▶ 圖5-23

7. **顯示堆疊視窗**：按此按鈕可以顯示「堆疊」視窗。如果是函數呼叫，就是在此視窗顯示保留的區域變數值，如圖5-24所示：

堆疊

237		?
238		?
239		?
240		?
241		?
242		?
243		?
244		IP-OS
245		CS-OS
246		RET-OS
247		PAR-OS
248		PARAM
249	SP >	?

▶ 圖5-24

8. **顯示變數視窗**：按下此按鈕可以顯示「變數」視窗，其內容是執行過程的各變數值，例如：Ch5_3_4a.fpp，如圖5-25所示：

變數

	RETURN	PARAM	english	math	sum	RET-OS
目前變數值:		PARAM	78	66	144	
之前變數值:		PAR-OS				

▶ 圖5-25

9. **程式碼編輯器**：啓動fChart程式碼編輯器。

5-4 結構化程式開發

結構化程式開發是一種軟體開發方法，它是用來組織和撰寫程式碼的技術，可以幫助我們建立良好品質的程式碼。

5-4-1 結構化程式設計

「結構化程式設計」（structured programming）是使用由上而下設計方法（top-down design）找出解決問題的方法。在進行程式設計時，首先將程式分解成數個主功能；然後一一從各主功能出發，找出下一層的子功能；每一個子功能是由1至多個控制結構組成的程式碼，這些控制結構只有單一進入點和離開點。我們可以使用三種流程控制結構：循序結構（sequential）、選擇結構（selection）和重複結構（iteration）來組合建立出程式碼。

所以，每一個子功能的程式碼是由三種流程控制結構連接的程式碼；也就是從一個控制結構的離開點，連接至另一個控制結構的進入點，結合多個不同流程控制結構來撰寫程式碼。如同小朋友在玩堆積木遊戲，三種控制結構是積木方塊，進入點和離開點是積木方塊上的連接點，透過這些連接點組合出成品。例如：一個循序結構連接1個選擇結構的程式碼，如下頁圖5-26所示：

我們除了可以使用進入點和離開點連接積木外，還可以使用巢狀結構連接流程控制結構。如同積木是一個盒子，可以在盒子中放入其他積木。基本上，結構化程式設計的主要觀念有三項，如下所示：

1. 由上而下設計方法（前述和第8-1節）。
2. 流程控制結構（第5-4-2節、第6章和第7章）。
3. 模組（第8-1節和第14-3節）。

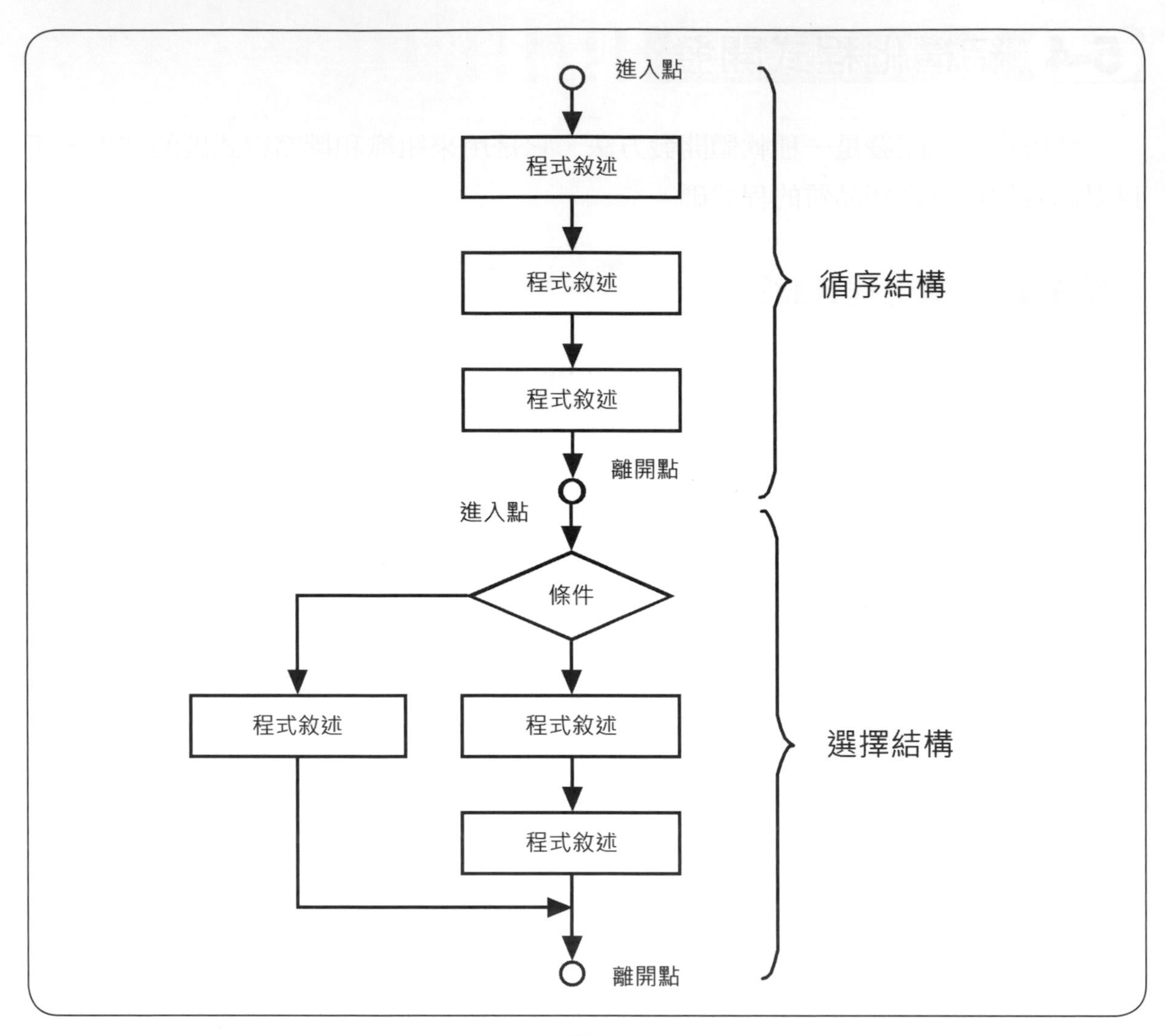

▶ 圖5-26

說明

結構化程式設計強調程式使用三種流程控制結構，避免使用無窮迴圈（不會結束的迴圈）和 goto 敘述。雖然 goto 敘述是一個很好用的敘述，可以無條件跳到程式碼的任何位置，但是亂跳的結果反而增加程式的複雜度，造成閱讀和維護上的困難，在第 7-6 節有進一步的說明。

5-4-2 流程控制結構

程式語言撰寫的程式碼大部分是一行指令接著一行指令循序的執行，但是對於複雜的工作，爲了達成預期的執行結果，我們需要使用「流程控制結構」（control structures）來改變執行順序。

循序結構（sequential）

循序結構是程式預設的執行方式，也就是一個敘述接著一個敘述依序的執行（在流程圖上方和下方的連接符號是控制結構的單一進入點和離開點），例如：計算成績總分Ch5_3_4a.fpp，如表5-2所示：

▶ 表5-2

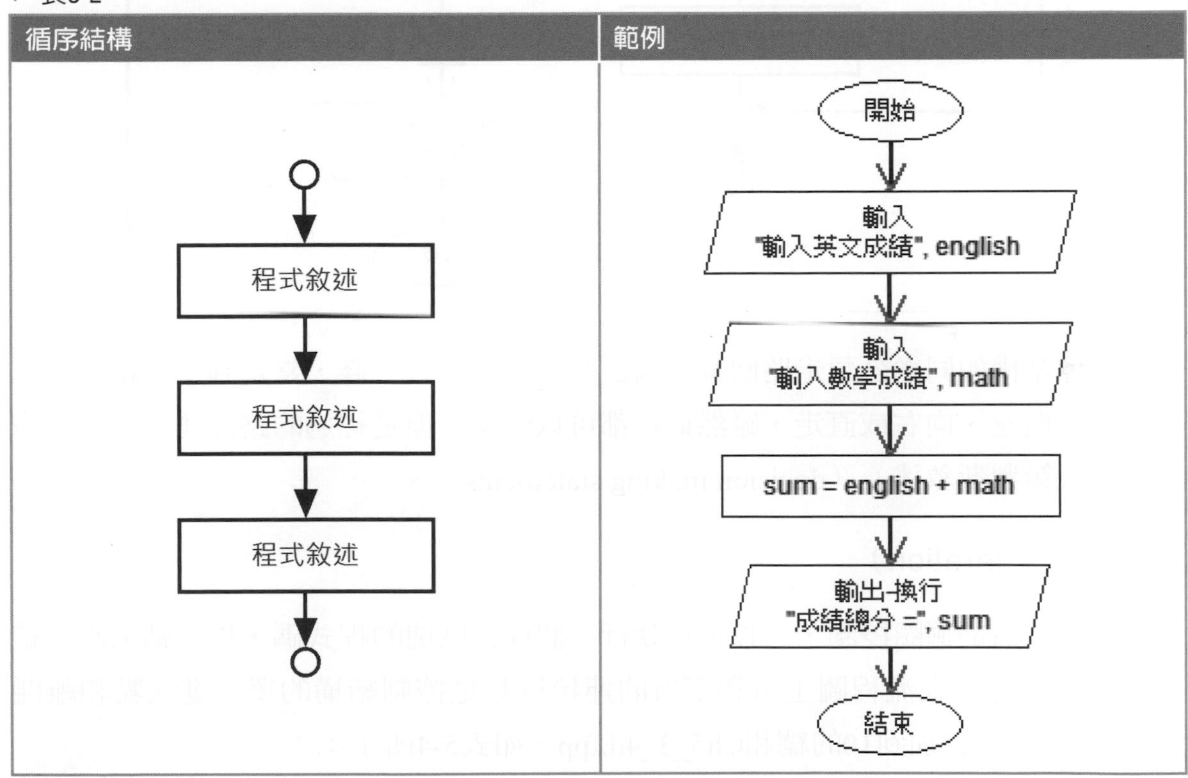

選擇結構（selection）

選擇結構是一種條件判斷，這是一個選擇題，分爲單選、二選一或多選一三種。程式執行順序是依照關係或比較運算式的條件，決定執行哪一個區塊的程式碼（在流程圖上方和下方的連接符號是控制結構的單一進入點和離開點），例如：判斷奇數或偶數的Ch5_3_4b.fpp，如表5-3所示：

▶ 表5-3

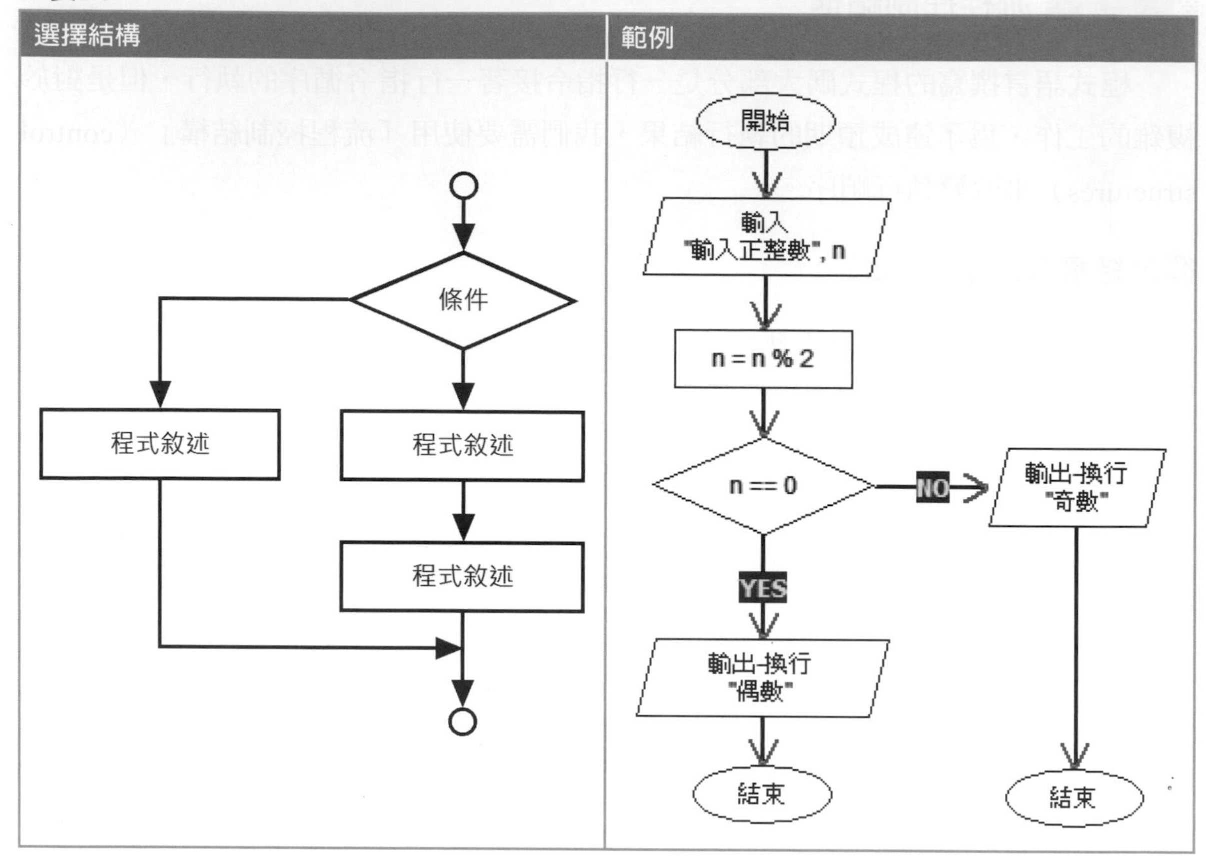

選擇結構如同從公司走路回家，因爲回家的路不只一條，當走到十字路口時，可以決定向左、向右或直走，雖然最終都可以到家，但是經過的路徑並不相同，也稱爲「決策判斷敘述」（decision making statements）。

重複結構（iteration）

重複結構是迴圈控制，可以重複執行一個程式區塊的程式碼，提供結束條件結束迴圈的執行（在流程圖上方和下方的連接符號是控制結構的單一進入點和離開點），例如：從1加到10的總和Ch5_3_4d.fpp，如表5-4所示：

▶ 表5-4

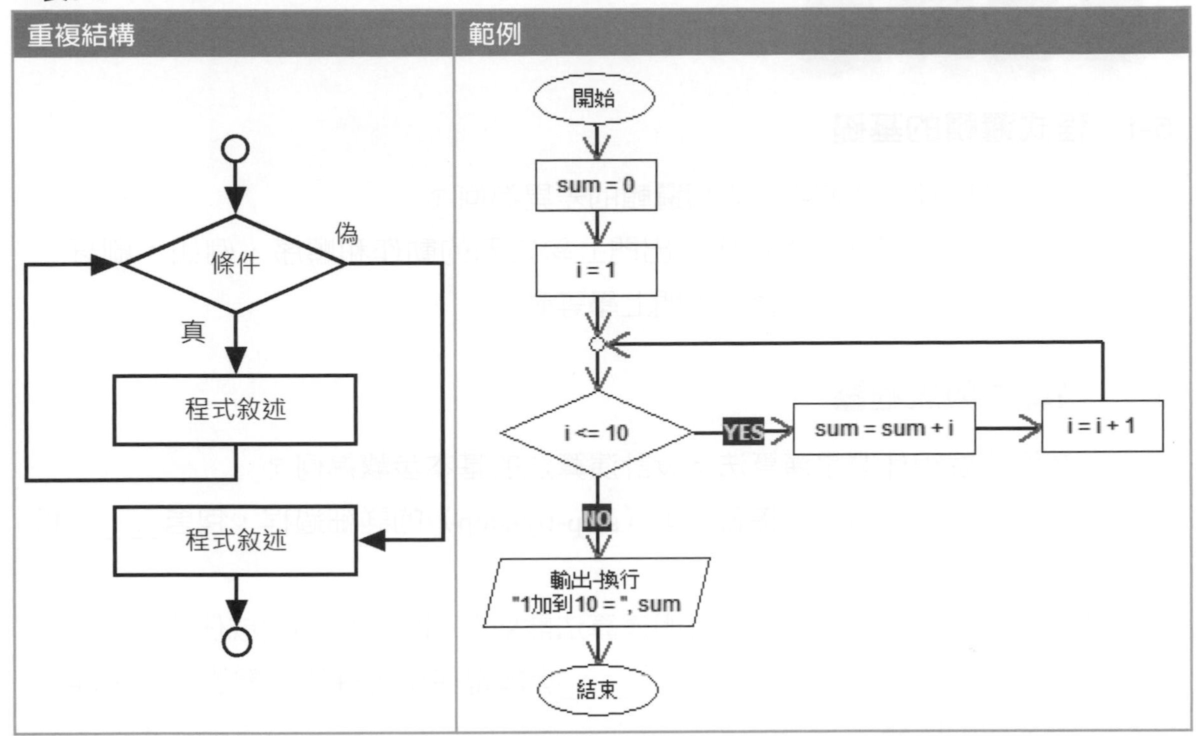

重複結構有如搭乘環狀的捷運系統回家，因爲捷運系統一直環繞著軌道行走，上車後可依不同情況來決定繞幾圈才下車，上車是進入迴圈；下車是離開迴圈回家。

學習評量

5-1 程式邏輯的基礎

1. 請試著比較程式邏輯和人類邏輯的差異為何？
2. 請試著詳細描述早上起床到出門上學之間的動作和順序，例如：刷牙、洗臉、換衣服、吃早餐、出門上學等動作。

5-2 演算法與流程圖

1. 請簡單說明什麼是演算法？設計演算法的基本步驟為何？
2. 演算法提供一組一步接著一步（step-by-step）的詳細過程，包含______和______。
3. 演算法的________特點是說明演算法需要在有限步驟內完成任務。
4. 在設計演算法的步驟中，__________步驟是使用明確和簡潔的詞彙來描述欲解決的問題。
5. 請簡單說明什麼是流程圖？
6. 請試著手繪流程圖的連接符號、輸入/輸出符號和起止符號。
7. 流程圖有_____個起點，和______個終點，其繪製方向是從____而____；從____至_____。
8. 流程圖的__________圖示表示處理過程的動作或執行的操作。
9. 流程圖箭頭連接線的____________圖示是連接各圖示之間的執行順序。
10. 請試著以如下描述文字來用手繪出流程圖，如下所示：
    (1) 如果沒有下雨，就不用拿傘；否則需要拿傘。
    (2) 如果天氣好，就去動物園；否則去天文館。不論去哪裡，最後都要去摩天輪。

5-3 fChart 流程圖直譯工具

1. 請問什麼是fChart流程圖直譯工具？
2. 請修改Ch5_3_4a.fpp的流程圖專案，新增一科電腦成績computer來計算3科的平均成績（解答：Ch5_3_4aAnswer.fpp）。

學習評量

3. 請啟動fChart載入Ch5_3_4c.fpp的流程圖專案後，試著用連接符號圖示來完成流程圖，這個流程圖是計算全班數學成績總分的流程圖（解答：Ch5_3_4cAnswer.fpp）。
4. 請啟動fChart載入Ch5_3_4cAnswer.fpp的流程圖專案，在輸入3位學生的成績88、78、66後，請問成績總分是______________。
5. 請啟動fChart載入Ch5_3_4d.fpp的流程圖專案，在執行流程圖後，請問1加到10的總和為_____________；最後變數i的值為________（提示：按【變數】鈕）。
6. 請使用fChart繪出流程圖來判斷哪一個數字大，流程圖在輸入2個數字後，使用決策符號判斷輸入的哪一個數字大，顯示比較大的數字。
7. 請使用fChart繪出流程圖來計算年齡，其演算法步驟依序是：
   (1) 輸入出生的年份，
   (2) 將今年年份減去出生年份，
   (3) 顯示計算結果的年齡。
8. 請試著使用fChart繪出計算(1 + 2 + ...+ N)/2值的流程圖。

5-4 結構化程式開發

1. 請說明什麼是由上而下設計方法？何謂結構化程式設計？
2. 結構化程式設計是使用三種流程控制結構：__________、___________和_________來組合建立出程式碼。
3. 結構化程式設計的控制結構有___個進入點和___個離開點。
4. 請舉例說明三種流程控制結構？
5. 請試著繪出多個控制結構連接而成的流程圖。第1個是循序結構連接選擇結構，再連接一個重複結構，最後連接一個循序結構，可以建立出符合結構化程式設計的程式結構。

Chapter

06

條件敘述

本章學習目標

6-1 程式區塊
6-2 if敘述與關係邏輯運算子
6-3 二選一條件敘述
6-4 案例研究：判斷遊樂場門票
6-5 多選一條件敘述
6-6 巢狀條件敘述
6-7 案例研究：判斷猜測數字大小

6-1 程式區塊

C語言的條件敘述是使用條件運算式，配合程式區塊建立的決策敘述，可以分為單選（if）、二選一（if/else）或多選一（switch）三種。C語言的條件運算子（?:）類似二選一if/else，可以建立單行程式碼的條件來指定變數值。

程式區塊

在說明條件敘述之前，我們需要先認識程式區塊（blocks）。程式區塊是一種最簡單的結構敘述，其目的是將零到多行程式敘述組合成一個群組，也稱為「複合敘述」（compound statements）。

因為我們可以將整個程式區塊視為是一行程式敘述，以結構化程式設計來說，程式區塊就是最簡單的模組單位，其基本語法如下所示：

```
{    /* 程式區塊開始 */
     程式敘述1;
     程式敘述2;
     …………
     程式敘述n;
}    /* 程式區塊結束 */
```

上述程式區塊是使用"{"和"}"左右大括號包圍的1~n行程式敘述。從"{"左大括號進入，執行完程式敘述後，從"}"右大括號離開。如果在大括號內不含任何程式敘述，稱為「空程式區塊」（empty block），如下所示：

```
{    }
```

使用程式區塊隱藏變數宣告

在C語言的程式區塊不只可以提供群組來編排程式敘述，還可以用來隱藏變數宣告，如下所示：

```
{
    int temp;
    temp = a;
    a = b;
    b = temp;
}
```

上述程式區塊宣告int整數變數temp（C語言變數宣告的位置一定是位在程式區塊開頭），變數temp只能在程式區塊內使用，一旦離開程式區塊，就無法存取變數temp。變數temp稱為程式區塊的區域變數（local to the block）。關於區域變數的進一步說明，請參閱＜第8章：函數＞。

說明

將只有在程式區塊內使用的變數，在程式區塊內宣告，這是一種很好的程式撰寫風格。

程式範例

Ch6_1.c

在C程式的程式區塊宣告2個變數，以便交換這兩個變數值，如下所示：

```
交換變數前: a= 5 b= 10
區塊變數: temp= 5
交換變數後: a= 10 b= 5
```

上述執行結果可以看到變數a和b的值已經交換。

程式內容

```
01: /* 程式範例: Ch6_1.c */
02: #include <stdio.h>
03:
04: int main(void) {
05:     int a = 5, b = 10;   /* 變數宣告 */
06:     printf("交換變數前: a= %d b= %d\n", a, b);
07:     {    /* 在程式區塊交換a和b */
08:          int temp;   /* 在區塊宣告變數 */
09:          temp = a;
10:          a = b;
11:          b = temp;
12:          printf("區塊變數: temp= %d\n", temp);
13:     }
14:     printf("交換變數後: a= %d b= %d\n", a, b);
15:     /* printf("區塊變數: temp= %d\n", temp); */
16:
17:     return 0;
18: }
```

程式說明

◈ 第5行：宣告2個整數變數和指定初值。

◈ 第7~13行：在程式區塊內宣告變數temp來交換變數a和b的值。

如果取消上述第15行的註解，因為變數temp是宣告在程式區塊內，在程式區塊之外並無法存取此變數，所以會造成程式編譯錯誤。

6-2 if敘述與關係邏輯運算子

條件運算式（conditional expressions）是一種複合運算式，每一個運算元是使用關係運算子（relational operators）連接建立的關係運算式。多個關係運算式可以使用邏輯運算子（logical operators）來連接。

6-2-1 if條件敘述與關係運算子

C語言的條件運算式通常是使用在條件敘述和第7章迴圈敘述的判斷條件，可以比較2個運算元之間的關係，例如：「==」是判斷前後2個運算元的值是否相等。

if是否選條件敘述

因為關係運算子建立的運算式就是if條件敘述的判斷條件，所以，我們需要先了解if是否選條件敘述，然後才能正確使用關係運算子來建立條件判斷。

if條件敘述是一種是否執行的單選題，只是決定是否執行程式區塊的程式碼，如果條件運算式的結果不為0（C語言會將非0值的整數或浮點數視為true），就執行括號的程式區塊。在日常生活中，是否選的情況十分常見，我們常常需要判斷氣溫是否有些涼，需要加件衣服；如果下雨需要拿把傘，其基本語法如下所示：

```
if ( 條件運算式 ) {  /* 左大括號與if關鍵字同一行 */
    程式敘述1;        /* 條件成立執行的程式碼 */
    程式敘述2;
    .........
    程式敘述n;
}
```

上述if條件的條件運算式可能是單一關係運算式；或使用邏輯運算子建立的複合運算式。如果條件運算式的結果不等於0，就執行程式區塊的程式碼；如爲0，就不執行程式區塊的程式碼。

條件敘述的左大括號有兩種常見寫法，在本書的左大括號是與if關鍵字位在同一行程式敘述；另一種寫法是將左大括號換行，如下所示：

```
if ( 條件運算式 )
{    /* 條件成立執行的程式碼，左大括號換行 */
     程式敘述1;
     程式敘述2;
     ………
     程式敘述n;
}
```

上述寫法就是第6-1節程式區塊的常用寫法。如果程式區塊的程式敘述只有一行，我們還可以省略程式區塊的左右大括號。例如：判斷數字3是否小於等於4的if條件，如下所示：

```
if ( 3 <= 4 )
    printf("3<=4成立!\n");
```

上述if條件敘述因爲只有一行，所以省略程式區塊的左右大括號。不只如此，我們還可以將它們置於同一行。例如：判斷數字3是否等於4的if條件，如下所示：

```
if ( 3 == 4 ) printf("3==4成立!\n");
```

同樣的，在條件運算式也可以使用變數，例如：絕對值處理是當輸入整數值爲負值時，加上負號改爲正值；如爲正整數就不用處理，如下所示：

```
if ( value < 0 ) {
    value = -value;
}
```

上述if條件敘述是當變數value的值小於0時，就加上負號改爲正值，其流程圖（Ch6_2_1.fpp）如圖6-1所示：

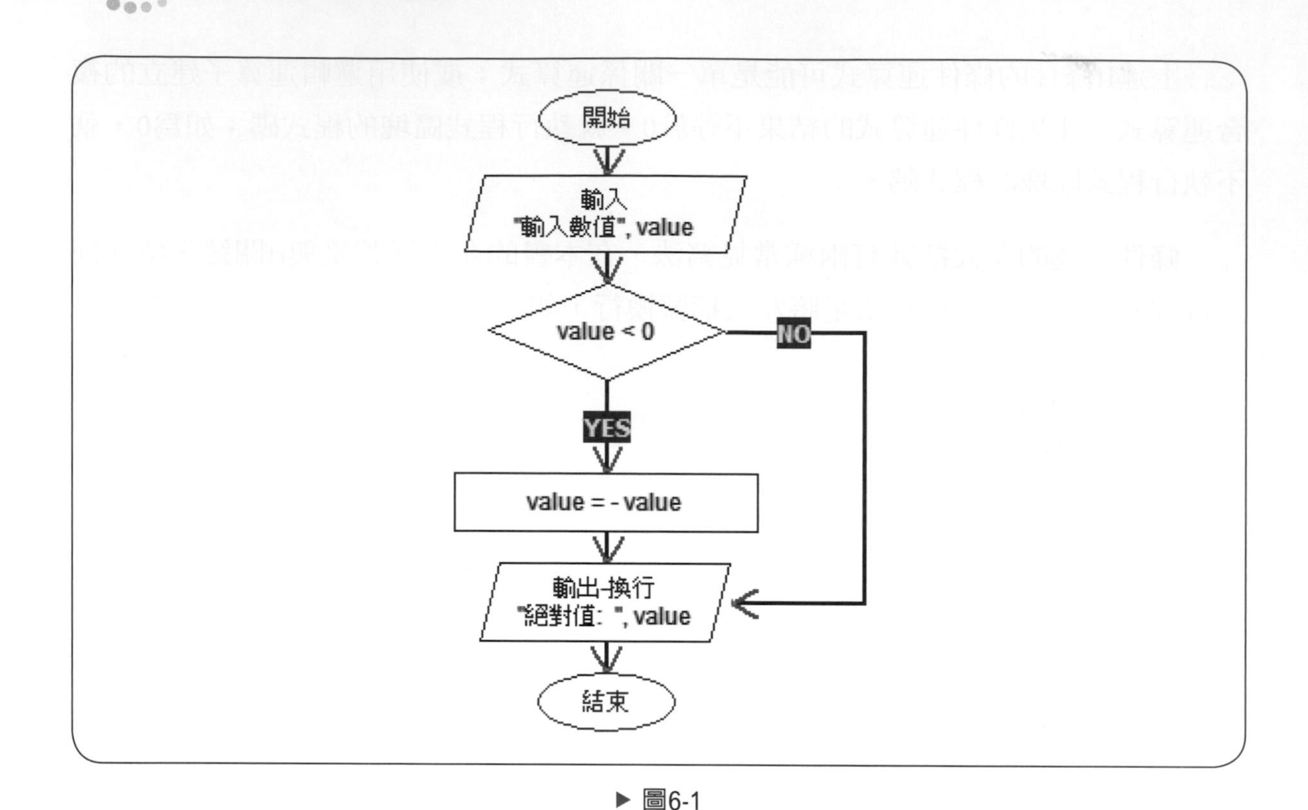

▶ 圖6-1

上述流程圖的判斷條件是value < 0，成立Yes需加上負號-value；No直接輸出輸入值，不做任何處理。

關係運算子

C語言關係運算子的說明與範例，如表6-1所示：

▶ 表6-1

運算子	說明	運算式範例	結果
==	等於	3 == 4	0
!=	不等於	3 != 4	1
<	小於	3 < 4	1
>	大於	3 > 4	0
<=	小於等於	3 <= 4	1
>=	大於等於	3 >= 4	0

在C語言如果關係運算式成立，傳回值是1或0。1或非零值是true真（整數或浮點數都可以，例如：1.5也是true）；否則爲0，即false僞。

程式範例

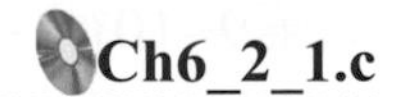
Ch6_2_1.c

在C程式測試數個關係運算式後，輸入一個整數，然後使用if條件敘述判斷是否是負值，如果是，加上負號改為正整數，如下所示：

```
3<=4成立!
非0值是true!
輸入數值 => -5 Enter
絕對值: 5
```

上述執行結果顯示3<=4成立；3==4不成立所以沒有顯示。非0值1是true，所以顯示訊息文字；0是false，所以沒有顯示。在輸入負值-5後，可以顯示絕對值5。

程式內容

```
01: /* 程式範例: Ch6_2_1.c */
02: #include <stdio.h>
03:
04: int main(void) {
05:     int value;          /* 變數宣告 */
06:     if ( 3 <= 4 )       /* 沒有程式區塊的if條件 */
07:         printf("3<=4成立!\n");
08:     if ( 3 == 4 ) printf("3==4成立!\n");
09:     if ( 1 ) printf("非0值是true!\n");
10:     if ( 0 ) printf("0值是false!\n");
11:     /* 絕對值處理 */
12:     printf("輸入數值 => ");
13:     scanf("%d", &value); /* 取得數值 */
14:     if ( value < 0 ){      /* 程式區塊的if條件 */
15:         value = -value;
16:     }
17:     printf("絕對值: %d\n", value);
18:
19:     return 0;
20: }
```

程式說明

- 第6~7行：if條件因為成立，所以執行第7行程式碼顯示訊息文字，這些if條件因為只執行一行程式碼，所以省略大括號。
- 第8行：if條件不成立，所以不會執行之後的printf()函數。

◈ 第9~10行：測試true或false，因為1是非0值為true，所以執行之後的printf()函數；0是false，所以不執行之後的printf()函數。

◈ 第12~13行：輸入一個整數變數value。

◈ 第14~16行：if條件敘述擁有程式區塊，條件是判斷變數值是否小於0，條件成立，就執行第15行加上負號改為正值的絕對值。

6-2-2 if條件敘述與邏輯運算子

邏輯運算子（logical operators）可以連接多個關係運算式來建立複合條件的運算式，如下所示：

```
a > b && a > 1
```

上述條件運算式的「&&」是邏輯運算子AND；2個運算元是關係運算式a > b和a > 1；邏輯運算子是使用左右結合（left-to-right associativity）進行運算，先執行a > b的運算，然後才是a > 1的運算。

邏輯運算子

C語言邏輯運算子的範例和說明，如表6-2所示：

▶ 表6-2

運算子	範例	說明
!	! op	NOT運算，傳回運算元相反的值，true成false；false成true
&&	op1 && op2	AND運算，連接的2個運算元都為true，運算式為true
||	op1 || op2	OR運算，連接的2個運算元，任一個為ture，運算式為true

上表true是1；false爲0。C語言會將非0值的整數或浮點數視爲true；值0爲false。邏輯運算子的眞假值表，如表6-3所示：

▶ 表6-3

op1	op2	!op1	op1 && op2	op1 || op2
0	0	1	0	0
0	1	1	0	1
1	0	0	0	1
1	1	0	1	1

複雜的算術、關係和邏輯運算式

如果關係和邏輯運算式比較複雜，同時包含算術、關係和邏輯等多種運算子時，這些運算子的優先順序，如下所示：

```
算術運算子 > 關係運算子 > 邏輯運算子
```

所以，如果有算術運算子，我們需要先運算後，才和關係運算子進行比較；最後使用邏輯運算子連接起來（底線是需要先運算的運算子），如下所示：

範例一	範例二
8 + 5 > 10 % 3 = 13 > 1 = true	((9 % 4) > 2) && (8 >= 3) = (1 > 2) && (8 >= 3) = false && true = false

邏輯運算子建立的複合條件

如果if條件敘述的條件判斷比較複雜，我們可以使用邏輯運算子連接多個條件來建立複合條件。

1. **「&&」運算子建立的複合條件**：如果數值範圍規定是在-50~100之間的整數，我們可以使用「&&」運算子建立複合條件來判斷數值範圍。流程圖如下頁表6-4所示。

2. **「||」運算子建立的複合條件**：如果身高小於50公分；或身高大於200公分就不符合身高條件，我們可以使用「||」運算子建立複合條件來判斷身高是否不符。如下頁表6-5所示。

▶ 表6-4

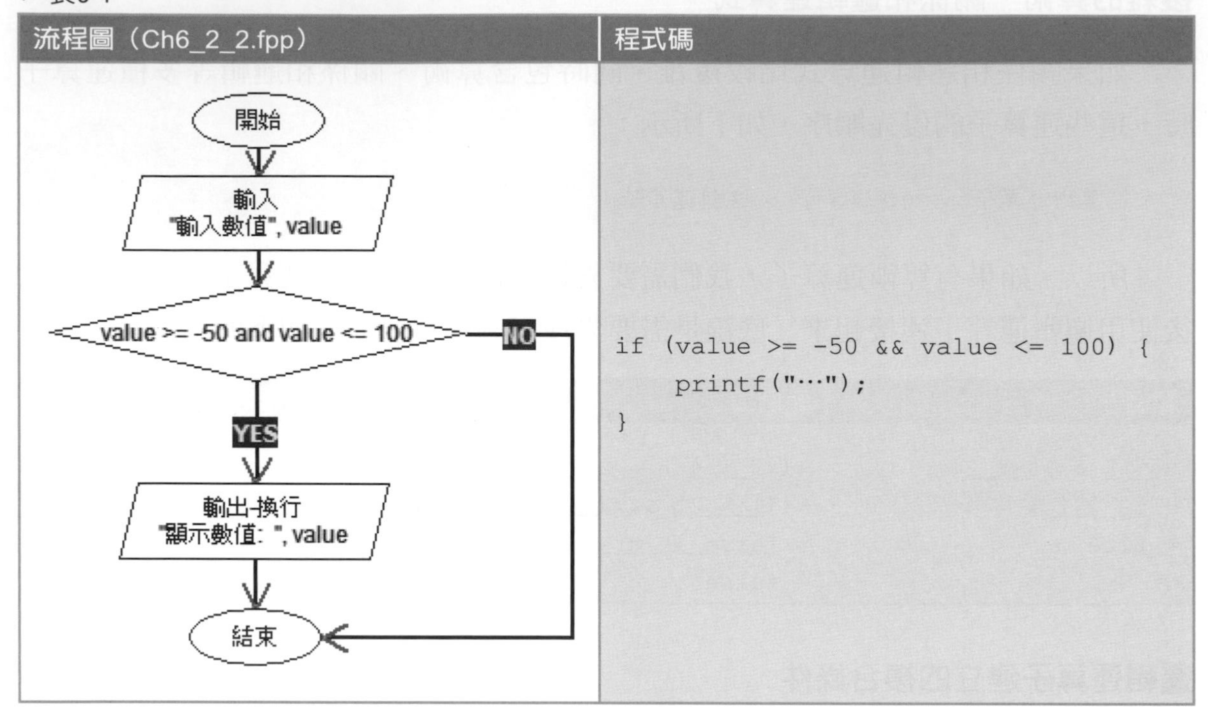


```
if (value >= -50 && value <= 100) {
    printf("…");
}
```

▶ 表6-5

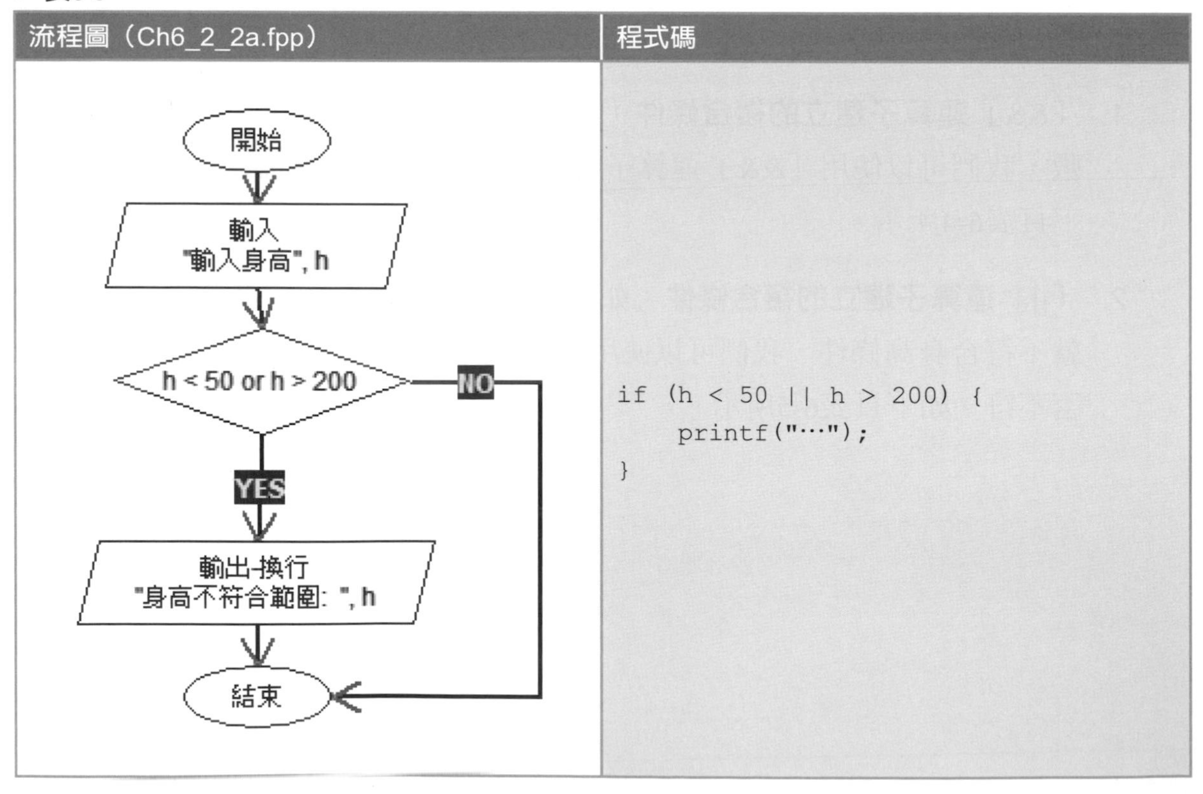


```
if (h < 50 || h > 200) {
    printf("…");
}
```

程式範例

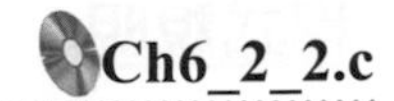

在C程式測試前述2個複雜算術、關係和邏輯運算式後，輸入數值判斷是否是在範圍內，然後輸入身高判斷是否不符合範圍，如下所示：

```
8 + 5 > 10 % 3成立!
輸入數值 => 65 Enter
顯示數值: 65
輸入身高 => 45 Enter
身高不符合範圍: 45
```

上述執行結果可以看到第1個8 + 5 > 10 % 3運算式成立，在輸入數值後，因為是在-50~100之間，所以顯示輸入值65；身高不符合範圍為小於50，或大於200，條件成立，所以顯示身高45。

程式內容

```
01: /* 程式範例: Ch6_2_2.c */
02: #include <stdio.h>
03:
04: int main(void) {
05:     int value, h;    /* 變數宣告 */
06:     if ( 8 + 5 > 10 % 3 )    /* 沒有程式區塊的if條件 */
07:         printf("8 + 5 > 10 %% 3成立!\n");
08:     if ( (( 9 % 4 ) > 2) && (8 >= 3) )
09:         printf("(( 9 %% 4 ) > 2) && (8 >= 3)成立!\n");
10:     printf("輸入數值 => ");
11:     scanf("%d", &value); /* 取得數值 */
12:     if (value >= -50 && value <= 100) { /* && 運算子 */
13:         printf("顯示數值: %d\n", value);
14:     }
15:     printf("輸入身高 => ");
16:     scanf("%d", &h); /* 取得數值 */
17:     if (h < 50 || h > 200) {    /* || 運算子 */
18:         printf("身高不符合範圍: %d\n", h);
19:     }
20:
21:     return 0;
22: }
```

程式說明

- 第6~7行：if條件是8 + 5 > 10 % 3，因為成立，所以執行第7行程式碼顯示訊息文字。
- 第8~9行：if條件是((9 % 4) > 2) && (8 >= 3)，因為不成立，所以不執行第9行程式碼。
- 第10~14行：在輸入數值後，第12~14行的if條件敘述判斷是否在範圍內，成立就顯示輸入的值。
- 第15~19行：在輸入身高後，第17~19行的if條件敘述判斷是否條件成立，成立就顯示輸入身高不在範圍內。

6-3 二選一條件敘述

單選if條件敘述在第6-2節已經說明過；這一節將介紹二選一的if/else條件敘述和?:條件運算子；在第6-4節說明多選一條件敘述。

6-3-1 if/else二選一條件敘述

在日常生活的二選一條件敘述是一種二分法，可以將一個集合分成二種互斥的群組：超過60分屬於成績及格群組；反之爲不及格群組。身高超過120公分是購買全票的群組；反之是購買半票的群組。

在第6-2節的if條件敘述只能選擇執行或不執行程式區塊的單一選擇。更進一步，如果是排它情況的兩個程式區塊，只能二選一，我們可以加上else關鍵字，其基本語法如下所示：

```
if ( 條件運算式 ) {
     程式敘述1;    /* 條件成立執行的程式碼 */
     程式敘述2;
     .........
     程式敘述n;
}
else {
     程式敘述1;    /* 條件不成立執行的程式碼 */
     程式敘述2;
     .........
     程式敘述n;
}
```

如果if條件運算式爲true（即不等於0），就執行if至else之間程式區塊的程式敘述；false（等於0）就執行else之後程式區塊的程式敘述。例如：判斷手上的錢是否足以購買一包25元大乖乖的if/else條件敘述，如下所示：

```
if ( money >= 25 ) {
    printf("可買一包, 剩%d塊錢\n", money-25);
}
else {
    printf("不夠買一包, 還差%d塊錢\n", 25-money);
}
```

上述程式碼因爲錢夠不夠有排它性，超過25元是夠；25元以下是不夠，只會執行其中一個程式區塊，其流程圖（Ch6_3_1.fpp）如下所示：

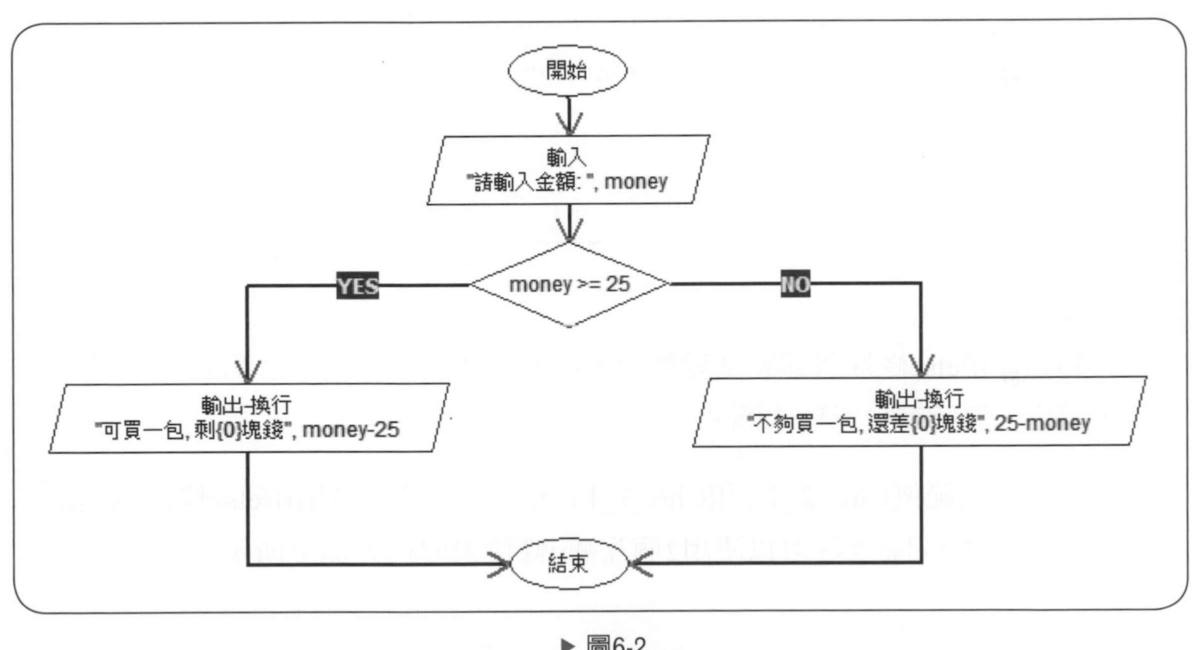

▶ 圖6-2

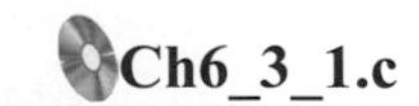

在C程式輸入變數的手上的金額後，使用if/else條件敘述判斷是否可以購買一包大乖乖，如下所示：

```
請輸入金額 => 30 Enter
可買一包, 剩5塊錢
```

上述執行結果輸入變數money的金額是30元，所以顯示可買一包，剩5塊錢；如果輸入金額小於25元，就顯示無法買和差多少錢。

程式內容

```
01: /* 程式範例: Ch6_3_1.c */
02: #include <stdio.h>
03:
04: int main(void) {
05:     int money;    /* 變數宣告 */
06:     printf("請輸入金額 => ");
07:     scanf("%d", &money); /* 取得金額 */
08:     if ( money >= 25 ) { /* if/else條件敘述 */
09:         printf("可買一包, 剩%d塊錢\n", money-25);
10:     }
11:     else {
12:         printf("不夠買一包, 還差%d塊錢\n", 25-money);
13:     }
14:
15:     return 0;
16: }
```

程式說明

◈ 第8~13行：if/else條件敘述判斷變數值，如果條件成立，就執行第9行顯示字串內容，反之，執行第12行程式碼。

在比較程式範例Ch6_2_1.c和Ch6_3_1.c後，讀者可以看出if/else條件敘述是二選一條件，一個if/else條件可以使用2個互補if條件來取代，如下所示：

```
if ( money >= 25 ) {
    printf("可買一包, 剩%d塊錢\n", money-25);
}
if ( money < 25 ) {
    printf("不夠買一包, 還差%d塊錢\n", 25-money);
}
```

上述2個if條件敘述的條件運算式為互補條件，所以2個if條件判斷和本節程式範例完全相同。不過，因為需要2次比較，其執行效率比if/else的一次比較來的差。

6-3-2 ?:條件運算子

C語言提供「條件運算式」（conditional expressions），可以使用條件運算子「?:」在指定敘述以條件來指定變數值，其基本語法如下所示：

```
變數 = ( 條件運算式 ) ? 變數值1 : 變數值2;
```

上述指定敘述的「=」號右邊是條件運算式，其功能如同if/else條件，使用「?」符號代替if；「:」符號代替else，如果條件成立，就將變數指定成變數值1；否則就是變數值2。例如：12/24制的時間轉換運算式，如下所示：

```
hour = (hour >= 12) ? hour-12 : hour;
```

上述程式碼使用條件敘述運算子指定變數hour的值，如果條件爲true（即不等於0），hour變數值爲hour-12；false（等於0）就是hour。其流程圖與上一節if/else相似，筆者就不重複說明。

程式範例　Ch6_3_2.c

在C程式輸入小時後，使用「?:」條件運算式判斷時間是上午還是下午，並且將24小時制改為12小時制，如下所示：

```
輸入24小時制的小時數 => 20 Enter
目前時間爲: 8 P
```

上述執行結果輸入24小時制的20，所以顯示為下午8點的12小時制。

程式內容

```
01: /* 程式範例: Ch6_3_2.c */
02: #include <stdio.h>
03: 
04: int main(void) {
05:     char m;    /* 變數宣告 */
06:     int hour;
07:     printf("輸入24小時制的小時數 => ");
08:     scanf("%d", &hour);    /* 輸入小時數 */
09:     m = (hour >= 12) ? 'P' : 'A'; /* 條件運算子 */
10:     hour = (hour >= 12) ? hour-12 : hour;
```

```
11:     printf("目前時間為: %d %c\n", hour, m);
12:
13:     return 0;
14: }
```

程式說明

◈ 第5~6行：宣告char和整數變數hour。

◈ 第9行：條件運算式判斷時間是12小時制的上午或下午。

◈ 第10行：條件運算式在判斷變數值後，將24小時制改為12小時制。

6-4 案例研究：判斷遊樂場門票

爲了完整說明C程式的開發過程，筆者準備使用一些案例研究來實作第2-1節程式設計的基本步驟。在本節的案例研究是if/else二選一條件敘述的應用，可以判斷購買哪一種遊樂場門票。

步驟一：定義問題

問題描述

遊樂場門票是使用身高決定購買半票或全票，身高超過120公分購買全票；小於120公分購買半票。請建立判斷門票種類的C程式，只需輸入身高，就可以判斷需要購買半票或全票。

定義問題

從問題描述可以看出輸入是身高；輸出是顯示購買半票或全票。

步驟二：擬定解題演算法

解題構思

因爲需要購買半票或全票的門檻是120公分，輸入的身高值不是超過就是少於，所以將集合分成二種互斥群組，使用的是二選一條件敘述。

解題演算法

依據解題構思找出的解題方法，我們可以寫出演算法的步驟，如下所示：

Step 1 輸入身高變數height。

Step 2 判斷身高變數height是否超過120公分：

2-1：超過，顯示購買全票。

2-2：沒有超過，顯示購買半票。

請依據上述分析結果的步驟繪出流程圖（Ch6_4.fpp），如圖6-3所示：

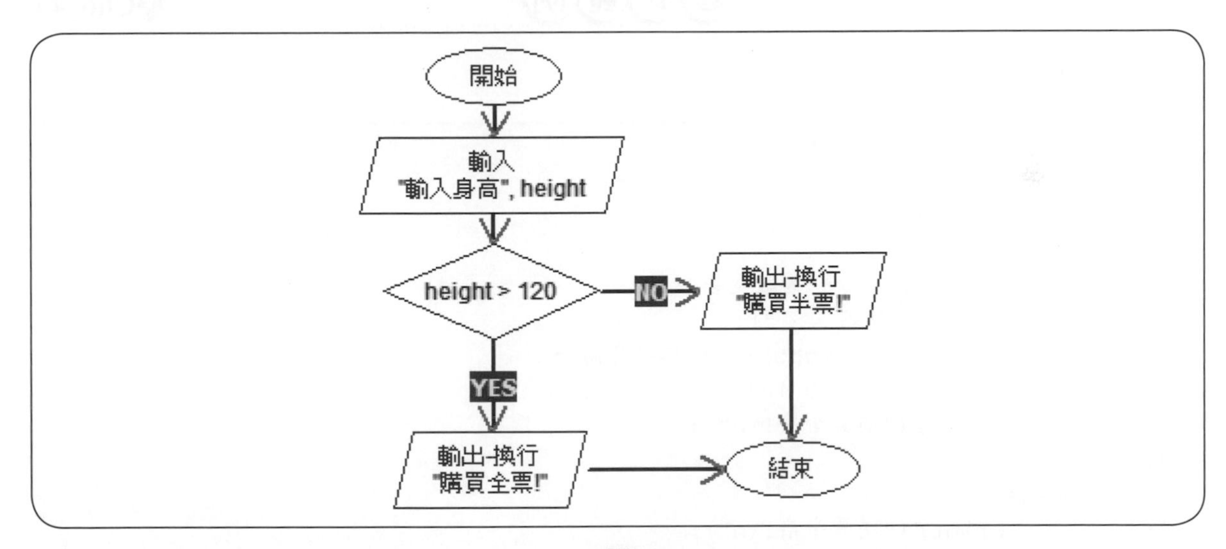

▶ 圖6-3

上述流程圖的判斷條件是height > 120，成立YES顯示購買全票；否則NO購買半票。

步驟三：撰寫程式碼

當條件敘述是排它的兩種情況，只能二選一時，我們可以使用if/else二選一條件敘述建立條件判斷的程式碼。

將流程圖轉換成C程式碼

從前述流程圖可以看出，在輸入和取得使用者輸入的身高變數height後，可以使用if/else條件敘述，以身高決定購買半票或全票，如下所示：

```
if ( height > 120 ) {
    printf("購買全票!\n");
}
else {
    printf("購買半票!\n");
}
```

上述程式碼是將流程圖的決策符號轉換成if/else條件敘述，因為身高有排它性，不是超過120公分；就是低於120公分，可以依互斥條件來顯示購買全票或半票。

程式範例 

程式內容

```
01: /* 程式範例: Ch6_4.c */
02: #include <stdio.h>
03:
04: int main(void) {
05:     int height;    /* 變數宣告 */
06:     printf("輸入身高 => ");
07:     scanf("%d", &height); /* 取得身高 */
08:     if ( height > 120 ) {
09:         printf("購買全票!\n");
10:     }
11:     else {
12:         printf("購買半票!\n");
13:     }
14:
15:     return 0;
16: }
```

程式說明

◈ 第6~7行：使用scanf()函數取得整數值的身高。

◈ 第8~13行：if/else條件敘述判斷身高，可以顯示購買全票或半票。

步驟四：測試執行與除錯

現在，我們可以使用Dev-C++測試C程式的執行與除錯。這個C程式是一個判斷遊樂場門票種類的小程式，在輸入身高後，使用if/else條件敘述判斷需要購買全票或半票，如下所示：

```
輸入身高 => 175 Enter
購買全票!
```

在輸入參觀者身高175後，顯示需要購買全票。如果輸入100，可以看到顯示購買半票，如下所示：

```
輸入身高 => 100 Enter
購買半票!
```

6-5 多選一條件敘述

在日常生活中的多選一條件判斷也十分常見，我們常常需要決定牛排需幾分熟、中午準備享用哪一種便當，和去超商購買哪一種茶飲料等。

多選一條件敘述可以依照多個條件判斷來決定執行多個程式區塊中的哪一個，在C語言有兩種寫法來建立多選一條件敘述。

6-5-1 if/else if多選一條件敘述

C語言的第一種多選一條件敘述是if/else條件擴充的條件敘述，只需重複使用if/else條件建立if/else if條件敘述，即可建立多選一條件敘述。其基本語法如下所示：

```
if ( 條件運算式1 ) {
    程式敘述1;    /* 條件運算式1成立執行的程式碼 */
    程式敘述2;    /* 否則執行else if程式敘述 */
    ………
    程式敘述n;
}
else if ( 條件運算式2 ) {
        程式敘述1;    /* 條件運算式2成立執行的程式碼 */
        程式敘述2;
        ………
        程式敘述n;
    }
```

如果if的條件運算式1為true，就執行if至else之間的程式區塊的程式敘述；false（等於0）就執行else if之後的下一個條件運算式的判斷。例如：使用if/else if多選一條件敘述建立購買麥當勞冰品的條件判斷，如下所示：

```
if ( money >= 55 ) {
    printf("OREO冰旋風!\n");
}
else if ( money >= 30 ) {
       printf("大蛋捲冰淇淋!\n");
    }
else if ( money >= 18 ) {
            printf("小蛋捲冰淇淋!\n");
        }
        else {
            printf("一杯冰開水!\n");
        }
```

上述if/else/if條件是一種巢狀條件，從上而下如同階梯一般，一次判斷一個if條件，如果為true（非0值），就執行程式區塊，和結束整個多選一條件敘述；如果為false（等於0），就重複使用if/else條件再進行下一次判斷，其流程圖（Ch6_5_1.fpp）如下圖所示：

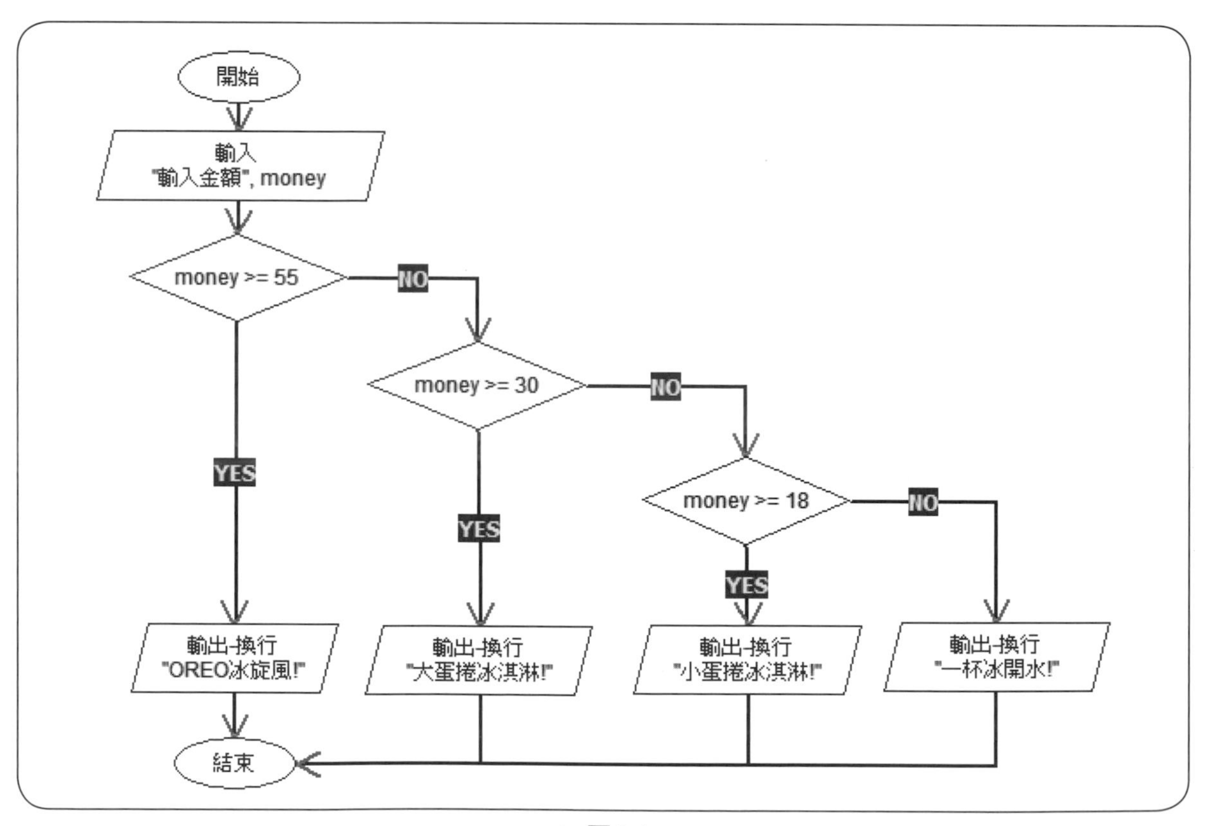

▶ 圖6-4

上述流程圖的判斷條件依序是money >= 55、money >= 30和money >= 18。

程式範例

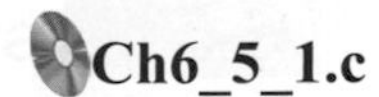

在C程式建立多選一條件來判斷手上的錢可以購買哪一種麥當勞冰品（儘可能將錢花完），在輸入金額後，判斷可購買哪種冰品，如下所示：

```
輸入金額 => 35 Enter
大蛋捲冰淇淋!
```

上述執行結果輸入35元，顯示可購買大蛋捲冰淇淋。

程式內容

```
01: /* 程式範例: Ch6_5_1.c */
02: #include <stdio.h>
03:
04: int main(void) {
05:     int money;   /* 變數宣告 */
06:     printf("輸入金額 => ");
07:     scanf("%d", &money);     /* 取得輸入的金額 */
08:     /* if/else/if多選一條件敘述 */
09:     if ( money >= 55 ) {
10:         printf("OREO冰旋風!\n");
11:     }
12:     else if ( money >= 30 ) {
13:             printf("大蛋捲冰淇淋!\n");
14:         }
15:         else if ( money >= 18 ) {
16:                 printf("小蛋捲冰淇淋!\n");
17:             }
18:             else {
19:                 printf("一杯冰開水!\n");
20:             }
21:
22:     return 0;
23: }
```

程式說明

◈ 第9~20行：if/else/if條件敘述，使用輸入金額來判斷可以購買哪一種冰品。

6-5-2 switch多選一條件敘述

在if/else if多選一條件敘述擁有多個條件判斷，當擁有4、5個或更多條件時，if/else if條件很容易產生混淆且很難閱讀，所以C語言提供switch多選一條件敘述來簡化if/else if多選一條件敘述。

C語言switch多選一條件敘述架構，類似第6-3-1節最後改為數個互補的if條件，只需依照符合條件，就可以執行不同程式區塊的程式碼，其基本語法如下所示：

```
switch ( 運算式 ) {
    case 常數值1:           /* 如果運算式值等於常數值1 */
       程式敘述1~n;         /* 執行break敘述前的程式碼 */
       break;
    case 常數值2:           /* 如果運算式值等於常數值2 */
       程式敘述1~n;         /* 執行break敘述前的程式碼 */
       break;
    .........
    case 常數值n:           /* 如果運算式值等於常數值n */
       程式敘述1~n;         /* 執行break敘述前的程式碼 */
       break;
    default:                /* 如果運算式值沒有符合的常數值 */
       程式敘述1~n;         /* 執行之後的程式碼 */
}
```

上述switch條件只擁有一個運算式，每一個case條件的比較相當於「==」運算子，如果符合，就執行break敘述前的程式碼，每一個條件需要使用break敘述來跳出switch條件敘述。

最後的default敘述並非必要元素，這是一個例外條件，如果case條件都沒有符合，就執行default之後的程式敘述。switch條件敘述的注意事項，如下所示：

1. switch條件只支援「==」運算子，並不支援其他關係運算子，每一個case條件是一個「==」運算子。

2. 在同一switch條件敘述中，每一個case條件的常數值不能相同。

例如：使用switch條件判斷GPA成績轉換的分數範圍，如下所示：

```
switch ( GPA ) {
    case 'A': printf("成績範圍超過80分\n");
              break;
    case 'B': printf("成績範圍70~79分\n");
              break;
    case 'C': printf("成績範圍60~69分\n");
              break;
    default:  printf("成績不及格\n");
              break;
}
```

上述程式碼比較使用者輸入的GPA成績值'A'、'B'或'C'，以便顯示不同的成績範圍。在流程圖（Ch6_5_2.fpp）是使用ASCII碼值65、66和67來代表A、B和C，如圖6-5所示：

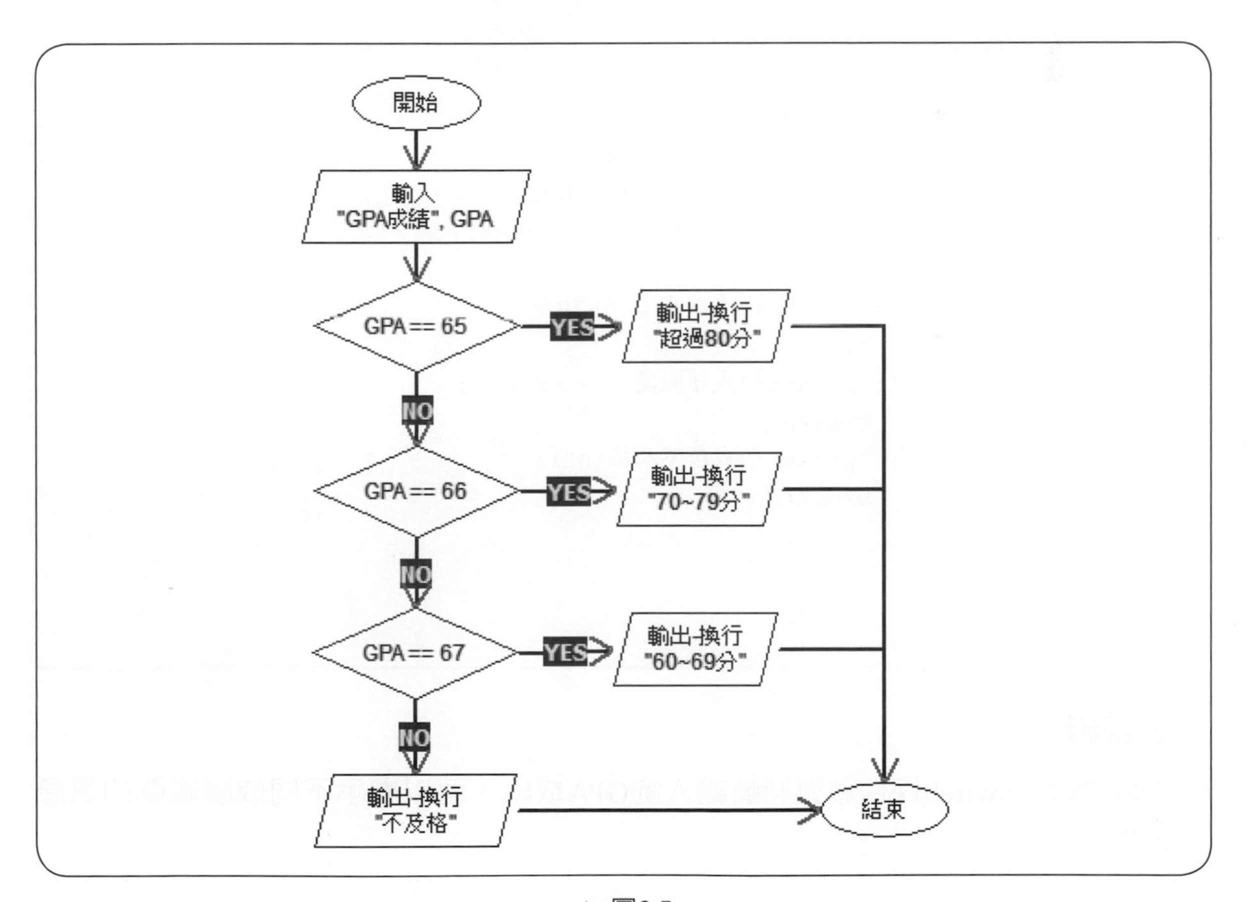

▶ 圖6-5

程式範例

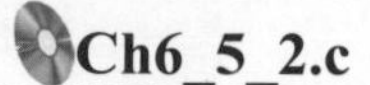

Ch6_5_2.c

在C程式輸入GPA成績後，使用switch條件敘述判斷成績，來顯示分數的範圍，如下所示：

```
請輸入GPA成績 ==> C Enter
成績範圍60~69分
```

上述執行結果輸入C，所以顯示分數的範圍是60~69分。

程式內容

```
01: /* 程式範例: Ch6_5_2.c */
02: #include <stdio.h>
03:
04: int main(void) {
05:     char GPA;    /* 變數宣告 */
06:     printf("請輸入GPA成績 ==> ");
07:     scanf("%c", &GPA);    /* 讀入成績 */
08:     switch ( GPA ) {    /* switch 條件敘述 */
09:         case 'A': printf("成績範圍超過80分\n");
10:                   break;
11:         case 'B': printf("成績範圍70~79分\n");
12:                   break;
13:         case 'C': printf("成績範圍60~69分\n");
14:                   break;
15:         default:  printf("成績不及格\n");
16:                   break;
17:     }
18:
19:     return 0;
20: }
```

程式說明

◊ 第8~17行：switch條件敘述判斷輸入的GPA成績，可以顯示不同成績範圍的訊息文字。

6-6 巢狀條件敘述

在條件敘述中如果擁有其他條件敘述，如同大盒子中的小盒子，此種程式架構稱爲「巢狀條件敘述」，例如：在if/else和switch條件敘述中可以擁有其他if/else或switch條件敘述。

對於if/else的巢狀條件敘述，因爲有多組成對的if/else條件敘述，if與else的配對問題需要十分注意，不然有可能造成完全不同的執行結果。

6-6-1 if/else巢狀條件敘述

在if/else條件敘述的程式區塊可以擁有其他if/else條件敘述。例如：使用巢狀條件敘述判斷3個變數中，哪一個變數值最大，如下所示：

```
if (a > b && a > c) {
    printf("變數 a 最大!\n");
}
else {
    if (b > c) {
        printf("變數 b 最大!\n");
    }
    else {
        printf("變數 c 最大!\n");
    }
}
```

上述if/else條件敘述的else程式區塊擁有另一個if/else條件敘述。首先判斷變數a是否是最大，如果不是，再判斷變數b和c中哪一個值最大，其流程圖（Ch6_6_1.fpp）如圖6-6所示：

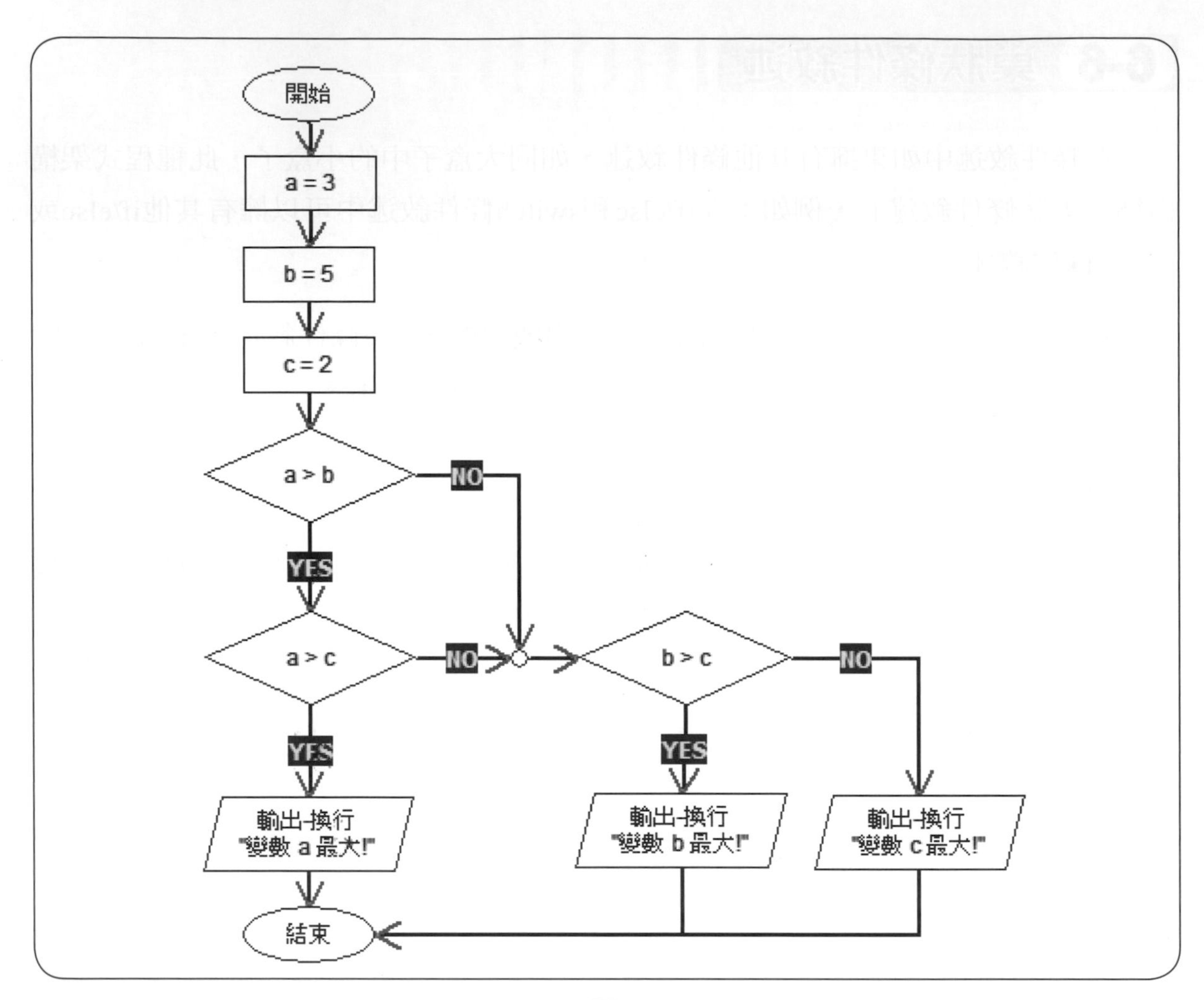

▶ 圖6-6

上述圖例因為fChart工具的決策符號只支援單一條件，繪製複合條件a > b && a > c需要同時使用2個決策符號，即最左邊垂直的2個決策符號。

程式範例 Ch6_6_1.c

在C程式使用巢狀條件敘述判斷3個變數值a、b和c中，哪一個變數值是最大的，如下所示：

```
變數 b 最大!
```

程式內容

```
01: /* 程式範例: Ch6_6_1.c */
02: #include <stdio.h>
03:
04: int main(void) {
05:     int a = 3;   /* 變數宣告 */
06:     int b = 5;
07:     int c = 2;
08:     if (a > b && a > c){
09:         printf("變數 a 最大!\n");
10:     }
11:     else {
12:         if (b > c){
13:             printf("變數 b 最大!\n");
14:         }
15:         else {
16:             printf("變數 c 最大!\n");
17:         }
18:     }
19:
20:     return 0;
21: }
```

程式說明

◈ 第8~18行：使用if/else巢狀條件敘述判斷變數a、b和c的值，可以判斷哪一個變數值最大。

6-6-2 switch和if/else巢狀條件敘述

在switch多選一條件敘述的每一個case條件，也可以是另一個switch或if/else條件。我們可以結合switch和if/else條件敘述來建立巢狀條件敘述，如下所示：

```
switch ( choice ) {
   case 1: if ( grade >= 80 )
                printf("學生成績:A\n");
           else if ( grade >= 70 )
                    printf("學生成績:B\n");
                else if ( grade >= 60 )
                ……
           break;
```

```
    case 2: if ( grade >= 60)
                printf("成績及格!\n");
            else
                printf("成績不及格!\n");
            break;
    case 3: grade += 10;
                printf("加分後成績: %d!\n", grade);
            break;
    ……
    default:  printf("輸入成績: %d!\n", grade);
              break;
}
```

程式範例 Ch6_6_2.c

在C程式輸入成績後，可以顯示一個選單，然後使用switch條件敘述判斷使用者的選擇，以便顯示轉換的GPA成績、判斷是否及格，和加減分數來調整成績，如下所示：

```
請輸入成績 ==> 78 Enter
[1]GPA成績
[2]是否及格
[3]成績加分
[4]成績扣分
==> 1 Enter
學生成績:B
```

上述執行結果輸入成績78後，選功能1，可以顯示GPA成績為B。

程式內容

```
01: /* 程式範例: Ch6_6_2.c */
02: #include <stdio.h>
03:
04: int main(void) {
05:     int choice, grade;  /* 變數宣告 */
06:     printf("請輸入成績 ==> ");
07:     scanf("%d", &grade);    /* 讀入成績 */
08:     /* 顯示文字模式的選單 */
09:     printf("[1]GPA成績\n[2]是否及格\n");
10:     printf("[3]成績加分\n[4]成績扣分\n==> ");
```

```
11:     scanf("%d", &choice);    /* 讀入選項 */
12:     /* switch 條件敘述 */
13:     switch ( choice ) {
14:         case 1: if ( grade >= 80 )
15:                    printf("學生成績:A\n");
16:                 else if ( grade >= 70 )
17:                        printf("學生成績:B\n");
18:                     else if ( grade >= 60 )
19:                            printf("學生成績:C\n");
20:                         else
21:                            printf("學生成績:D\n");
22:                 break;
23:         case 2: if ( grade >= 60 )
24:                    printf("成績及格!\n");
25:                 else
26:                    printf("成績不及格!\n");
27:                 break;
28:         case 3: grade += 10;
29:                 printf("加分後成績: %d!\n", grade);
30:                 break;
31:         case 4: grade -= 10;
32:                 printf("扣分後成績: %d!\n", grade);
33:                 break;
34:         default:  printf("輸入成績: %d!\n", grade);
35:                   break;
36:     }
37:
38:     return 0;
39: }
```

程式說明

◈ 第13~36行：switch條件敘述判斷使用者的選擇來執行所需的功能。

◈ 第14~21行：case條件是另一個if/else if多選一條件敘述，可以將輸入成績轉換成GPA成績。

◈ 第23~26行：case條件是另一個if/else二選一條件敘述，可以判斷成績是否及格。

6-6-3 if與else的配對問題

對於多層if/else巢狀條件敘述來說，因爲有多組成對if/else條件敘述，如果沒有使用大括號標示程式區塊，if與else關鍵字的配對問題就需十分注意，不然有可能造成完全不同的執行結果。

if與else關鍵字的配對原則

if與else關鍵字的配對原則很簡單，如果沒有大括號，else關鍵字是和它最近的上一個if關鍵字來配對，例如：刪除第6-5-1節if/else if多選一條件敘述的左右大括號，如下所示：

```
if ( grade >= 80 )
    printf("甲等!\n");
else  if ( grade >= 70 )
          printf("乙等!\n");
      else  if ( grade >= 60 )
                printf("丙等!\n");
            else
                printf("丁等!\n");
```

上述程式碼顯示if和else之間的配對，因爲有縮排，我們很容易可以看出哪一個else關鍵字配哪一個if關鍵字。

if與else關鍵字的配對與大括號

如果if/else條件都沒有左右大括號，其配對原則如前所述；若在if和else關鍵字之間有大括號的巢狀條件敘述，此時，有沒有使用大括號會有完全不同的執行結果，如表6-6所示：

▶ 表6-6

沒有左右大括號	有左右大括號

if (value >= 0)
    if (value <=5)
        printf("值在0~5之間!\n");
    else
        printf("值大於5!\n");
	if (value >= 0) {
	    if (value <=5)
	        printf("值在0~5之間!\n");
	}
	else
	    printf("值小於0!\n");

上述表格左邊沒有大括號，所以else關鍵字是與最近的if關鍵字配對，在巢狀條件敘述的外層是if條件敘述；內層是if/else條件敘述。右邊的巢狀條件敘述有使用大括號標示程式區塊，所以else關鍵字是和第1個if關鍵字配對，巢狀條件敘述的外層是if/else條件敘述，在if和else之間有內層的if條件敘述。

如果變數value的值是5，左邊和右邊都顯示"值在0~5之間!"；如果值是6，左邊顯示"值大於5!"；右邊什麼都不會顯示。請注意！在建立多層if/else巢狀條件敘述時，請務必再次檢視if和else關鍵字的配對是否有誤；或直接在每一層加上程式區塊的大括號來避免配對產生錯誤。

程式範例

Ch6_6_3.c

在C程式建立兩個巢狀條件敘述，一個有大括號；一個沒有。可以測試if與else的配對問題，如下所示：

```
請輸入1~10的值 ==> 5 Enter
值在0~5之間!
值在0~5之間!
```

上述執行結果是輸入5，所以是否有大括號的執行結果都相同；如果輸入6，可以看到只顯示一個訊息文字，如下所示：

```
請輸入1~10的值 ==> 6 Enter
值大於5!
```

程式內容

```
01: /* 程式範例: Ch6_6_3.c */
02: #include <stdio.h>
03:
04: int main(void) {
05:     int value;  /* 變數宣告 */
06:     printf("請輸入1~10的值 ==> ");
07:     scanf("%d", &value);   /* 讀入值 */
08:     /* 沒有大括號的巢狀條件敘述 */
09:     if (value >= 0)
10:         if (value <=5)
11:             printf("值在0~5之間!\n");
```

```
12:         else
13:             printf("值大於5!\n");
14:     /* 有大括號的巢狀條件敘述 */
15:     if (value >= 0) {
16:         if (value <=5)
17:             printf("值在0~5之間!\n");
18:     }
19:     else
20:         printf("值小於0!\n");
21:
22:     return 0;
23: }
```

程式說明

◈ 第9~13行：在if條件敘述之中擁有if/else的巢狀條件敘述，而且沒有使用大括號。

◈ 第15~20行：在if/else條件敘述之中擁有if的巢狀條件敘述，在外層有使用大括號。

6-7 案例研究：判斷猜測數字大小

本節案例研究是巢狀條件敘述的應用，可以判斷使用者輸入的數字太大、太小或猜中，它就是第7章猜數字遊戲的數字判斷部分。

步驟一：定義問題

問題描述

請建立C程式判斷猜測數字的大小，程式可以讓使用者輸入1~100之間整數的數字，然後顯示猜測的數字是太大、太小或猜中。

定義問題

從問題描述可以看出輸入是1~100之間的數字；輸出是太大、太小或猜中。

步驟二：擬定解題演算法

解題構思

在取得輸入的猜測值後，我們需要使用條件敘述檢查是否猜中，如果沒有猜中，還需要使用另一個條件敘述判斷是太大或太小，所以，在第一層條件中還擁有另一層條件，使用的是巢狀條件敘述。

解題演算法

依據解題構思找出的解題方法，我們可以寫出演算法的步驟，如下所示：

Step 1 輸入猜測變數guess。

Step 2 判斷是否guess==target：

2-1 成立，顯示猜中。

2-2 不成立，再執行guess > target比較：

2-2-1 成立，顯示太大。

2-2-2 不成立，顯示太小。

請依據上述分析結果的步驟繪出流程圖（Ch6_7.fpp），如圖6-7所示：

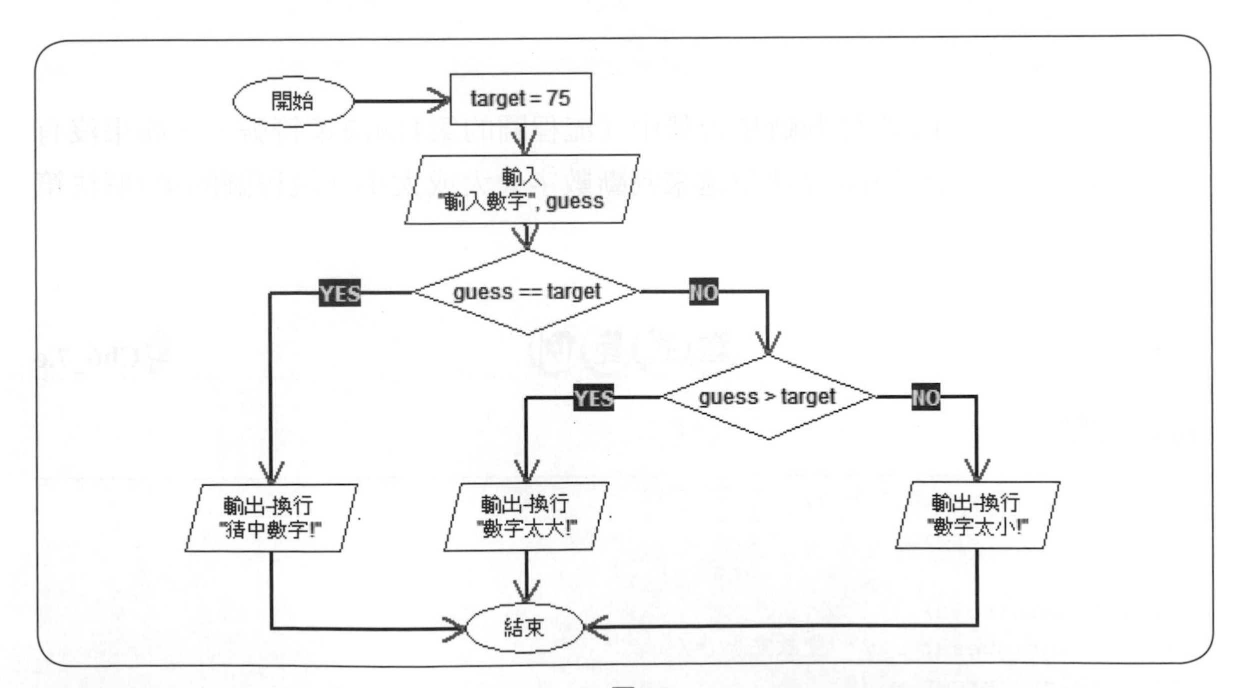

▶ 圖6-7

上述流程圖的判斷條件有兩層：第一層是guess == target；第二層是guess > target。

步驟三：撰寫程式碼

C語言的條件敘述可以有很多層，在if/else條件敘述的程式區塊中，可以擁有另一個if/else條件敘述。

將流程圖轉換成C程式碼

從前述流程圖可以看出，在if/else條件敘述的第2個程式區塊擁有另一個if/else條件敘述，可以判斷數字太大或太小，如下所示：

```
if ( guess == target ) {
    printf("猜中數字!\n");
}
else {
    if ( guess > target ) {
        printf("數字太大!\n");
    }
    else {
        printf("數字太小!\n");
    }
}
```

上述第1層if/else條件判斷是否猜中（流程圖的第1個決策符號），如果沒有猜中，就使用第2層if/else條件敘述來判斷數字太大或太小（流程圖的第2個決策符號）。

程式範例 

程式內容

```
01: /* 程式範例: Ch6_7.c */
02: #include <stdio.h>
03:
04: int main(void) {
05:     int guess;    /* 變數宣告 */
06:     int target = 75;
```

```
07:     printf("輸入數字 => ");
08:     scanf("%d", &guess); /* 取得數字 */
09:     if ( guess == target ) {
10:         printf("猜中數字!\n");
11:     }
12:     else {
13:         if ( guess > target ) {
14:             printf("數字太大!\n");
15:         }
16:         else {
17:             printf("數字太小!\n");
18:         }
19:     }
20:
21:     return 0;
22: }
```

程式說明

- 第7~8行：取得使用者輸入的猜測數字。
- 第9~19行：第一層if/else條件敘述是判斷是否猜中數字。
- 第13~18行：第二層if/else條件敘述是判斷太大或太小。

因爲if/else if條件敘述的條件是互補的，我們可以改爲互補條件的數個if條件來取代，如下所示：

```
if ( guess == target )
   printf("猜中數字!\n");
if ( guess > target )
   printf("數字太大!\n");
if ( guess < target )
   printf("數字太小!\n");
```

上述3個if條件敘述的條件運算式是互補的，其功能和本節程式範例完全相同。

步驟四：測試執行與除錯

現在，我們可以使用Dev-C++測試C程式的執行與除錯。這個C程式是判斷猜測數字大小的程式，在輸入數字後，使用巢狀條件判斷數字太大、太小或猜中數字，如下所示：

```
輸入數字 => 90 Enter
數字太大!
```

在輸入猜測數字90後，可以看到顯示猜測數字太大。如果輸入50，顯示猜測數字太小，如下所示：

```
輸入數字 => 50 Enter
數字太小!
```

如果輸入75，可以看到猜中數字，如下所示：

```
輸入數字 => 75 Enter
猜中數字!
```

學習評量

6-1 程式區塊

1. 請問什麼是程式區塊？
2. 請舉例說明如何使用程式區塊隱藏C語言的變數宣告？

6-2 if 敘述與關係邏輯運算子

1. 請寫出下列C語言條件運算式的值為true或false，如下所示：

   (a) `6 != 6`
   (b) `5 == 2 || 5 > 3`
   (c) `!(6 < 6)`
   (d) `10 > 5 && 8 < 5`
   (e) `(2 > 9) || (3 < 8)`
   (f) `(( 9 % 4 ) > 2) && (8 < 3)`
   (g) `!((1 != 2) || (5 - 4))`
   (h) `! 50 > 60 && 10 > 5`

2. 請寫出下列C語言條件運算式的值為true或false，如下所示：

   (1)`2 + 3 == 5`　(2)`36 < 6 * 5`　(3)`8 + 1 >= 3 * 3`
   (4)`2 + 1 == (3 + 9) / 4`　(5)`12 <= 2 + 3 * 2`　(6)`2 * 2 + 5 != (2 + 1) * 3`
   (7)`5 == 5`　(8)`4 != 3`　(9)`10 >= 2 && 5 == 5`

3. 如果變數x = 5、y = 6和z = 2，請問下列哪些if條件為true；哪些為false，如下所示：

```
if ( x == 4 ) {    }
if ( y >= 5 ) {    }
if ( x != y - z ) {    }
if ( z = 1 ) {    }
if ( y ) {    }
```

4. 如果A=-1; B=0; C=1;，請寫出下列條件和邏輯運算式的值，如下所示：

```
A > B && C > B
A < B || C < B
(B - C) == (B - A)
(A - B) != (B - C)
```

學習評量

5. 請寫出C語言的if條件敘述，只有在變數s等於6時才顯示"變數值等於6"的訊息文字。
6. 請寫出if條件敘述判斷年齡大於18歲是成人，但不是年長者，即年齡不超過65歲。
7. 請寫出2個if條件敘述，y的初值為10，第1個是當x值範圍在18~65之間時，將變數x的值指定給變數y；第2個是當y值等於10時，將y值加150。
8. 請寫出下列C程式片段的輸出結果，如下所示：

   (1)

```
i = 5; j = 0;
if ( i == 5) j = 5;
if ( i = 3) j = 2;
printf("j= %d\n", j);
```

   (2)

```
int depth = 10 ;
if ( depth >= 10 ) {
    printf("危險: ");
    printf("水太深.\n");
}
```

9. 請啟動fChart繪出判斷輸入年齡（age）是否成年的流程圖，年齡大於等於18顯示"已經成年!"，然後完成判斷是否成年的C程式碼片段，如下所示：

```
if (__________) {
  __________;
}
```

10. 目前商店正在周年慶折扣，消費者消費滿1000元有9折折扣，請建立C程式輸入消費額為900、2500和3300元時的付款金額？
11. 請建立C程式輸入一個整數num，可以判斷輸入整數是奇數或偶數？
12. 請設計C程式輸入1個字元，可以分別判斷字元是0-9數字，字元是a-z,A-Z英文字母（提示：使用附錄B-2的字元檢查函數）。

學習評量

6-3 二選一條件敘述

1. C語言條件運算子「?:」相當於是__________條件敘述。在C程式如果需要建立條件敘述判斷成績及格或不及格，使用__________條件敘述是最佳的選擇。
2. 請寫出下列C程式片段的執行結果，如下所示：

```
x = 7; y = 5; z = 4;
if (x > y) {
    if (y > z) printf("x= %d\n", x);
}
else {
    printf("y= %d\n", y);
}
printf("z= %d\n", z);
```

3. 請寫出C程式片段執行結果的變數x的值為何，如下所示：

```
x = 0;  y = 2;
if (x > y) {
    x = x + 2;
}
else {
    x = x + 1;
}
x = x + y;
```

4. 請寫出下列C程式片段的輸出結果，如下所示：

```
int sum = 8 + 1 + 2 + 7;
if ( sum < 20 ) printf("太小\n");
else            printf("太大\n");
```

5. 請啓動fChart繪出判斷輸入數字（num）是否大於0的流程圖，大於0顯示"數字大於0!"；反之顯示"數字小於等於0!"。
6. 請繼續前一題第5題，完成判斷數字是否大於0的C程式碼，如下所示：

```
if __________ {
    printf("__________");
}
else {
    printf("__________");
}
```

學習評量

7. 如果年齡大於等於18，顯示"擁有投票權"；小於18顯示"沒有投票權"，請完成下列C程式片段，如下所示：

```
if _____
    printf("擁有投票權\n");
____
    ___________________
```

8. 便利商店每小時薪水超過180元是高時薪，請寫出條件判斷的C程式碼，當超過時，顯示"高時薪"訊息文字；否則顯示"低時薪"。
9. 請寫出if條件敘述，當x值的範圍是在1~20之間時，將變數x的值指定給變數y；否則y的值為50。
10. 請建立C程式輸入整數的體重（weight），如果體重大於80公斤，顯示"體重過重!"訊息文字；否則顯示"體重正常"。
11. 請建立C程式輸入整數的體重（weight）和身高（height），如果體重大於80公斤，且身高小於170公分，顯示"體重過重!"訊息文字；否則顯示"體重正常"。
12. 請建立C程式輸入月份天數判斷是大月或小月，天數等於31天是大月；反之是小月。
13. 請撰寫C程式來計算網路購物的運費，基本物流處理費199元；1~5公斤，每公斤30元；超過5公斤，每一公斤為20元。分別輸入購物重量為3.5、10、25公斤，請計算和顯示購物所需的運費+物流處理費？
14. 請建立C程式計算計程車的車資，只需輸入里程數就可以計算車資，里程數在1500公尺內是80元，每多跑500公尺加5元；如果不足500公尺以500公尺計。
15. 請將本節第10題改用條件運算子來建立C程式。
16. 請將本節第11題改用條件運算子來建立C程式。

6-5 多選一條件敘述

1. 在C程式如果需要依不同年齡範圍決定門票是半票、全票或敬老票，C語言的_______條件敘述是最佳選擇。

學習評量

2. 請寫出下列C程式片段執行結果的變數y值，如下所示：

```
x = 15; y = 0;
if (x < 10)          y = 1;
else if (x < 20)  y = 2;
else if (x > 30)  y = 3;
else              y = 4;
printf("y= %d\n", y);
```

3. 請問執行下列C程式片段後，變數A和B的值為何（參考fChart流程圖專案：Ch6_8a.fpp），如下所示：

```
A = 5; B = 10;
if (A % 2 == 0) {
    A = A + 1;
}
else If (B % 2 == 0) {
    B = B + 2;
}
else {
    A = A + 2;
    B = B + 1;
}
```

4. 請問執行下列C程式片段後，變數A和B的值為何（參考fChart流程圖專案：Ch6_8b.fpp），如下所示：

```
A = 3;
switch (A) {
   case 1 : B = A:
   case 3 : B = A * A;
   case 5 : B = A * A * A;
}
```

5. 請建立C程式的百貨公司打折程式，輸入消費金額後，超過3000元打7折；超過5000元打6折；超過10000元打55折，可以顯示打折後的金額。
6. 請建立C程式使用if/else if多選一條件敘述檢查動物園的門票，120公分下免費；120~150公分半價；150公分以上為全票。
7. 請建立C程式輸入月份（1~12），可以判斷月份所屬季節（3-5月是春季，6-8月是夏季，9-11月是秋季，12-2月是冬季）。

學習評量

8. 請繼續本節第6題，將if/else if多選一條件敘述改為互補條件的數個if條件來取代。

6-6 巢狀條件敘述

1. 請將下列巢狀if條件敘述改為單一if條件敘述，此時的條件是使用邏輯運算子連接多個條件，如下所示：

```
if ( height > 20 ) {
    if ( width >= 50 )
        printf("尺寸不合!\n");
}
```

2. 年齡（age）小於等於12歲稱為兒童；小於20歲稱為青少年；大於等於20歲稱為成年人。請完成下列C程式碼，依年齡判斷屬於哪一個年齡層，如下所示：

```
if (age <= ______) {
    printf(_______);
}
else {
    if (__________) {
        printf("青少年\n");
    }
    else {
        printf(_________)___
    }
}
```

3. 現在有a、b和c共3個變數，請建立C程式輸入3個變數值，然後判斷輸入的哪一個變數值最小。
4. 請建立C程式輸入0~100之間的整數值，首先判斷輸入值是大於50或小於等於50，如果大於50；再判斷是大於75或小於等於75，如果小於等於50；再判斷是大於25或小於等於25，可以顯示輸入值是位在100以25等分成四個區間的哪一個。

Chapter

07

迴圈結構

本章學習目標

7-1 for計數迴圈

C語言的for迴圈可以重複執行程式區塊固定次數，稱為「計數迴圈」（counting loop）。在實務上，如果已經明確知道迴圈會執行幾次時，稱為「明確重複」（definite repetition），就是使用for計數迴圈來實作。

for迴圈的語法

在for迴圈中，程式敘述本身擁有計數器變數，或稱為控制變數（control variable）。計數器變數每次增加或減少一個固定值，直到到達迴圈的結束條件為止。其基本語法如下所示：

```
for ( 初始計數器變數 ; 條件運算式 ; 計數器變數更新 ) {
    程式敘述1;
    程式敘述2;
    …………
    程式敘述n;
}
```

上述語法是使用for關鍵字開始，之後是括號，然後接著程式區塊的左右大括號。如果for迴圈只執行一行程式碼，如同條件敘述，我們可以省略左右大括號，如下所示：

```
for ( 初始計數器變數 ; 條件運算式 ; 計數器變數更新 )
    程式敘述;
```

上述for迴圈只執行1行程式碼。請注意！在迴圈「)」右括號之後不可加上「;」分號。如果有「;」分號，並不會有錯誤，for迴圈仍然會執行，只是不會執行任何程式碼，因為迴圈根本沒有程式碼，只是一個空迴圈。

for迴圈的執行次數是從括號初始計數器變數的值開始，執行計數器變數更新到結束條件為止。在括號中至少有3個運算式：第1個和第3個運算式是指定敘述或函數呼叫；中間第2個運算式是結束迴圈的條件運算式。

7-1-1 遞增的for計數迴圈

遞增的for計數迴圈是使用計數器變數來控制迴圈的執行，從一個值逐次增量執行到另一個值爲止。例如：計算1加到變數max的總和，每次增加1，如下所示：

```
for ( i = 1; i <= max; i++ ) {
    printf("|%d|", i);
    sum += i;
}
```

上述迴圈可以計算從1加到max的總和，加總運算式是sum += i;。for迴圈括號部分的詳細說明，如圖7-1所示：

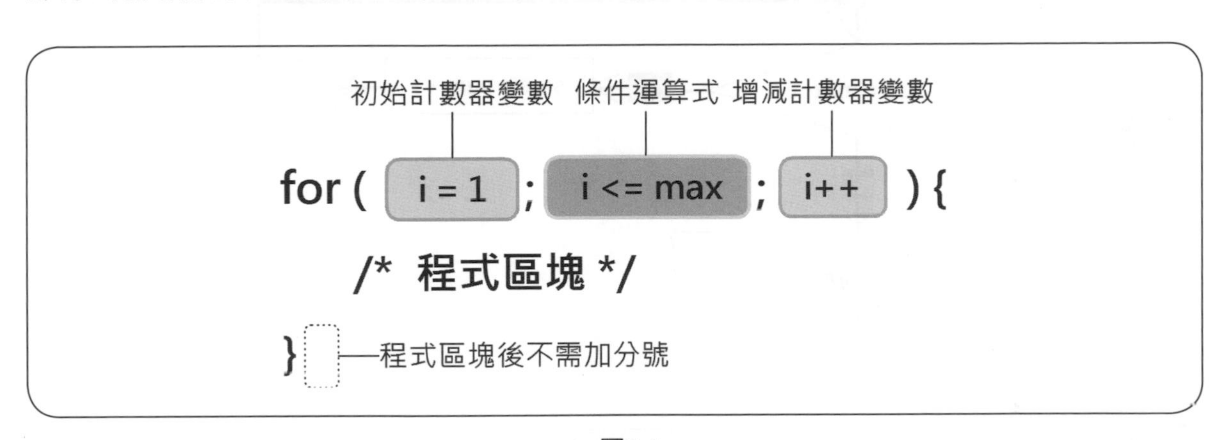

▶ 圖7-1

在上述for迴圈的括號中使用「;」符號分成三個部分，如下所示：

1. i = 1：這部分是第1次進入for迴圈時執行的程式碼，通常是用來初始計數器變數i的值。

2. i <= max：此部分的條件運算式是迴圈的結束條件，每次執行for迴圈前都會檢查一次，以便決定是否繼續執行迴圈。以此例是當i > max條件成立時結束迴圈執行；當i <= max成立時，就繼續執行下一次迴圈。

3. i++：此部分是在每執行完1次for迴圈程式區塊後執行，可以更改計數器變數的值來逐漸接近結束條件，i++是遞增1（也可以是遞減1或增減其他固定值），變數i的值每執行完1次，迴圈就遞增1，變數值依序從1、2、3、4、…、至max，共可執行max次迴圈。

遞增for計數迴圈的流程圖（Ch7_1_1.fpp），如圖7-2所示：

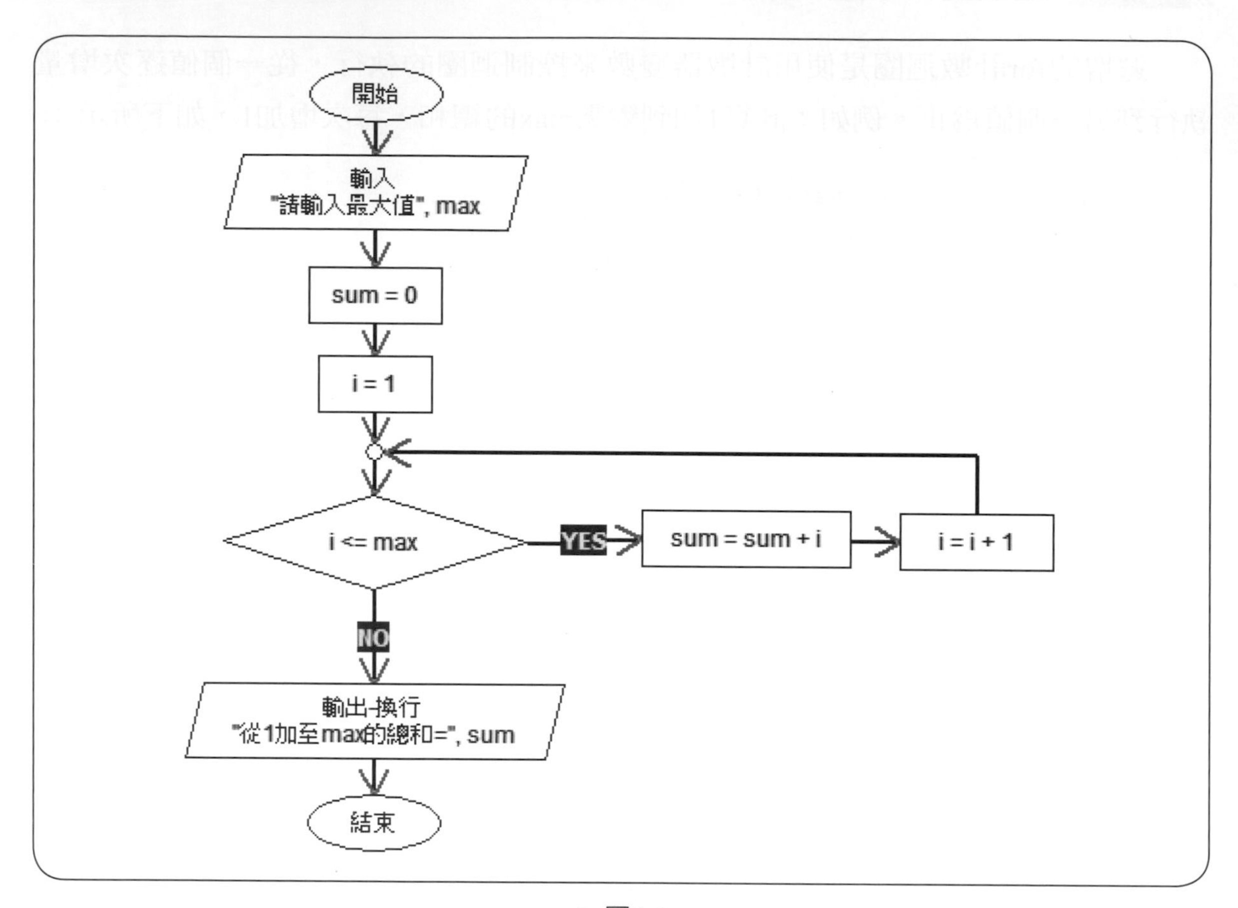

▶ 圖7-2

上述流程圖條件是i <= max，條件成立執行迴圈；不成立結束迴圈執行。請注意！fChart繪出的流程圖沒有區分是否是計數迴圈。實務上，我們會繪成水平方向的迴圈來表示是計數迴圈；垂直方向是第7-2節的條件迴圈。

程式範例 Ch7_1_1.c

在C程式輸入變數max的值後，使用遞增for計數迴圈計算1加到max的總和，如下所示：

```
請輸入最大值 => 10 Enter
|1||2||3||4||5||6||7||8||9||10| ==>從1加到10的總和=55
```

上述執行結果可以看到輸入最大值10後，使用遞增for計數迴圈計算1加到10的總和。

程式內容

```
01: /* 程式範例: Ch7_1_1.c */
02: #include <stdio.h>
03:
04: int main(void) {
05:     int i, max, sum = 0; /* 變數宣告 */
06:     printf("請輸入最大值 => ");
07:     scanf("%d", &max);    /* 讀入最大值 */
08:     /* for遞增迴圈敘述 */
09:     for ( i = 1; i <= max; i++ ) {
10:         printf("|%d|", i);
11:         sum += i;
12:     }
13:     printf(" ==>從1加到%d的總和=%d\n", max, sum);
14:
15:     return 0;
16: }
```

程式說明

◈ 第9~12行：for遞增迴圈計算1加到max的總和，計數器為i++。例如：使用for遞增迴圈從1加至10每次執行迴圈的變數值變化，如下表所示：

▶ 表7-1

變數i值	變數sum值	計算sum += i後的sum值
1	0	1
2	1	3
3	3	6
4	6	10
5	10	15
6	15	21
7	21	28
8	28	36
9	36	45
10	45	55

7-1-2 遞減的for計數迴圈

遞減的for計數迴圈和遞增for計數迴圈相反，for迴圈是從max到1，計數器是使用i--表示每次遞減1，如下所示：

```
for ( i = max; i >= 1; i-- ) {
    printf("|%d|", i);
    sum += i;
}
```

上述迴圈因為增量是遞減，所以從max加到1計算其總和。遞減for計數迴圈的流程圖（Ch7_1_2.fpp），如圖7-3所示：

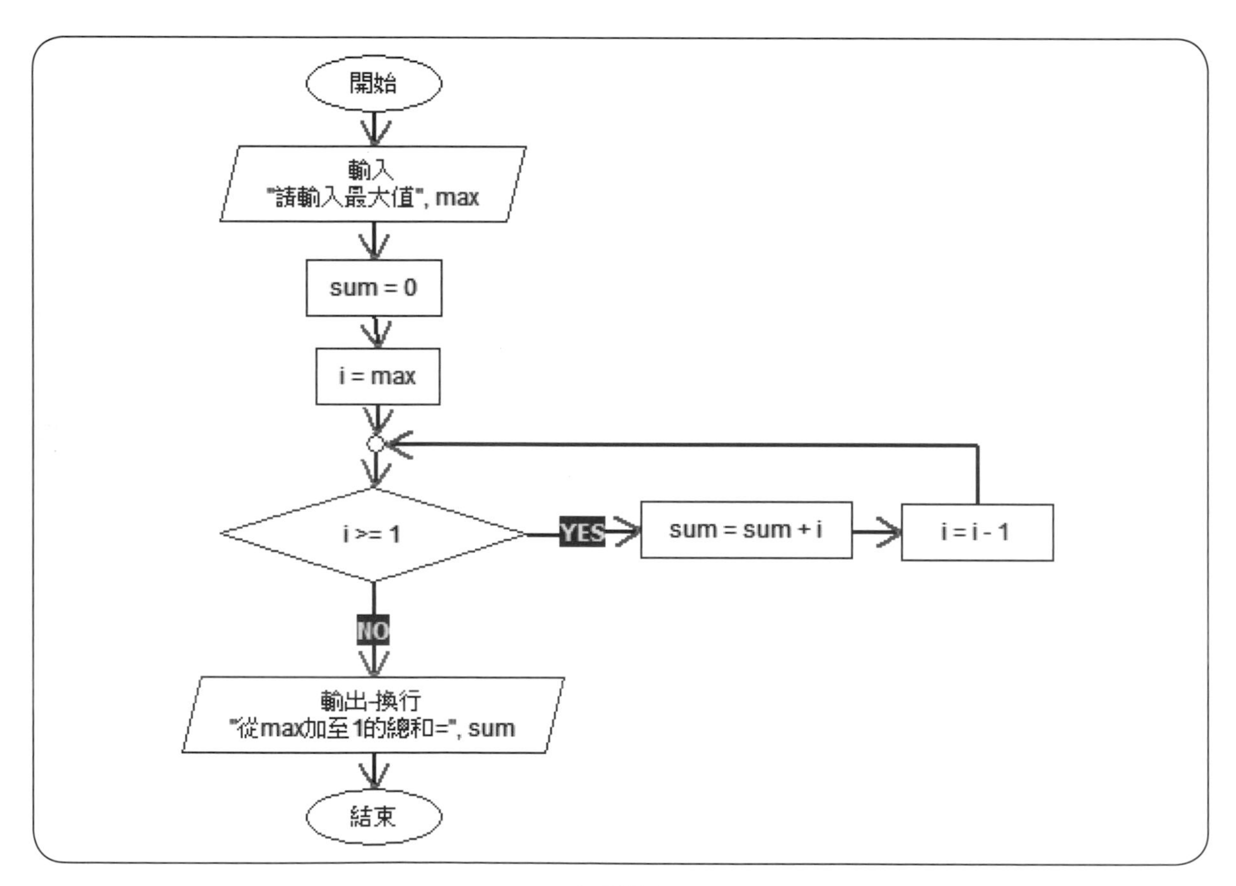

▶ 圖7-3

上述流程圖條件是i >= 1，條件成立執行迴圈；不成立結束迴圈的執行。

在for迴圈括號的第一和第三部分都允許同時指定多個變數初值、呼叫函數，或更新多個計數器變數。如果有多個運算式、初值和函數呼叫，請分別使用「,」逗號分隔，如下所示：

```
for ( i = max, j = 1, sum = 0; i >= 1;
                  i--, j++, printf("\n") ) {
    printf("|%d-%d|", i, j);
    sum += i;
    sum += j;
}
```

上述迴圈的變數i是從max到1；變數j是從1到max，同時初始變數sum，最後使用printf()函數換行來顯示變數i和j的值。

程式範例　Ch7_1_2.c

在C程式輸入變數max值後，使用遞減for計數迴圈計算max加到1的總和，同時在for迴圈語法的括號初始和更新變數值，如下所示：

```
請輸入最大值 => 10 Enter
|10||9||8||7||6||5||4||3||2||1| ==>從10加到1的總和=55
|10-1|
|9-2|
|8-3|
|7-4|
|6-5|
|5-6|
|4-7|
|3-8|
|2-9|
|1-10|
 ==>總和=110
```

上述執行結果可以看到輸入最大值10後，使用遞減for計數迴圈計算10加到1的總和。下方顯示for迴圈初始和更新變數值，分別是從1到10和10到1，所以總和是55 + 55 = 110。

程式內容

```
01: /* 程式範例: Ch7_1_2.c */
02: #include <stdio.h>
03: 
04: int main(void) {
05:     int i, j, max, sum = 0; /* 變數宣告 */
06:     printf("請輸入最大值 => ");
```

```
07:     scanf("%d", &max);    /* 讀入最大值 */
08:     /* for遞減迴圈敘述 */
09:     for ( i = max; i >= 1; i-- ) {
10:         printf("|%d|", i);
11:         sum += i;
12:     }
13:     printf(" ==>從%d加到1的總和=%d\n", max, sum);
14:     /* 在for迴圈語法初始和更新變數值 */
15:     for ( i = max, j = 1, sum = 0; i >= 1;
16:                        i--, j++, printf("\n") ) {
17:         printf("|%d-%d|", i, j);
18:         sum += i;
19:         sum += j;
20:     }
21:     printf(" ==>總和=%d\n", sum);
22:
23:     return 0;
24: }
```

程式說明

◈ 第9~12行：for迴圈計算max加到1，計數器為i--。例如：使用for遞減迴圈從10加至1每次執行迴圈的變數值變化，如下表所示：

▶ 表7-2

變數i值	變數sum值	計算sum += i後的sum值
10	0	10
9	10	19
8	19	27
7	27	34
6	34	40
5	40	45
4	45	49
3	49	52
2	52	54
1	54	55

◈ 第15~20行：在for迴圈同時使用2個計數器變數i和j，一為遞增；一為遞減。並在for迴圈第1部分初始sum變數值，第3部分使用printf()函數換行。

7-1-3 for計數迴圈的應用

for計數迴圈的用途很多，對於需要固定量遞增或遞減的重複計算問題，都可以使用for計數迴圈來實作。

攝氏-華氏溫度對照表

我們可以使用for計數迴圈遞增溫度來建立攝氏-華氏溫度對照表，攝氏轉華氏溫度的公式，如下所示：

```
f = (9.0 * c) / 5.0 + 32.0;
```

在C程式只需使用上述公式加上for迴圈，就可以從攝氏溫度100到400度，每次增加20度來顯示溫度對照表。其流程圖和for迴圈程式碼，如表7-3所示：

▶ 表7-3

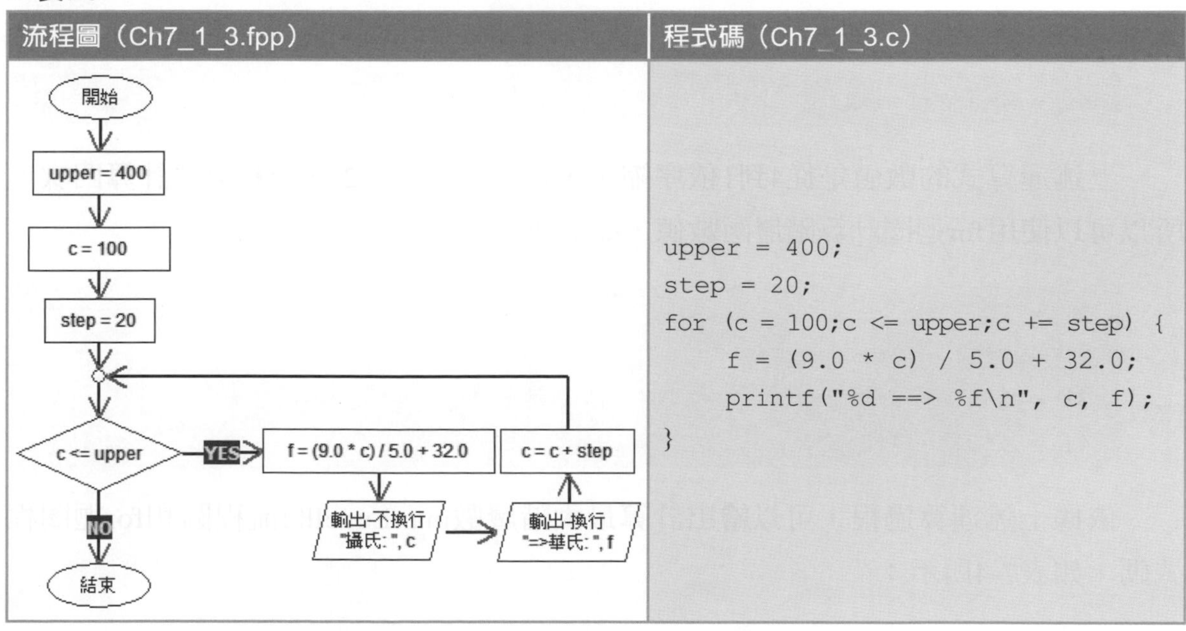


```
upper = 400;
step = 20;
for (c = 100;c <= upper;c += step) {
    f = (9.0 * c) / 5.0 + 32.0;
    printf("%d ==> %f\n", c, f);
}
```

階層函數n!

數學階層函數n!的定義，如圖7-4所示：

$$n! = \begin{cases} 1 & n=0 \\ n*(n-1)*(n-2)*...*1 & n>0 \end{cases}$$

▶ 圖7-4

上述是階層函數n!的定義，如果n=0時是1；否則計算n*(n-1)*(n-2)*…*1的值。現在我們準備計算4!的值，從上述階層函數n!的定義，因爲n>0，所以使用n!定義的第二條計算階層函數4!的值，如下所示：

```
4! = 4*3*2*1 = 24
```

上述運算式的數值是從4到1依序縮小，依序計算1!、2!、3!和4!共計算四次，所以可以使用for迴圈計算階層函數值，如下所示：

```
1! = 1
2! = 2*1! = 2*1
3! = 3*2! = 3*2*1
4! = 4*3! = 4*3*2*1
```

依據上述運算過程，可以繪出計算最大階層數maxLevel的流程圖和for迴圈程式碼，如表7-4所示：

▶ 表7-4

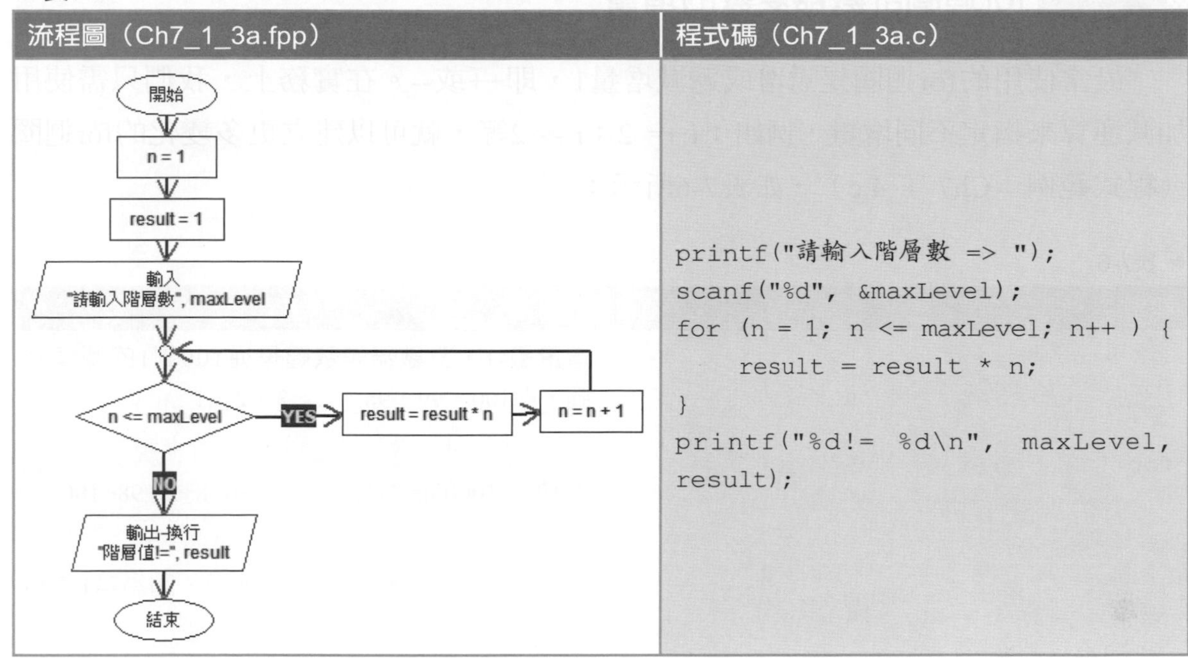

流程圖（Ch7_1_3a.fpp）	程式碼（Ch7_1_3a.c）


```
printf("請輸入階層數 => ");
scanf("%d", &maxLevel);
for (n = 1; n <= maxLevel; n++ ) {
    result = result * n;
}
printf("%d!= %d\n", maxLevel,
result);
```

本利和計算程式

在C程式計算5萬元5年複利12%的本利和，因爲固定5年，所以使用for迴圈計算複利的本利和，每一年利息的計算公式，如下所示：

```
年息 = 本金 * 年利率
```

依據上述公式，可以繪出流程圖和撰寫for迴圈的程式碼，如表7-5所示：

▶ 表7-5

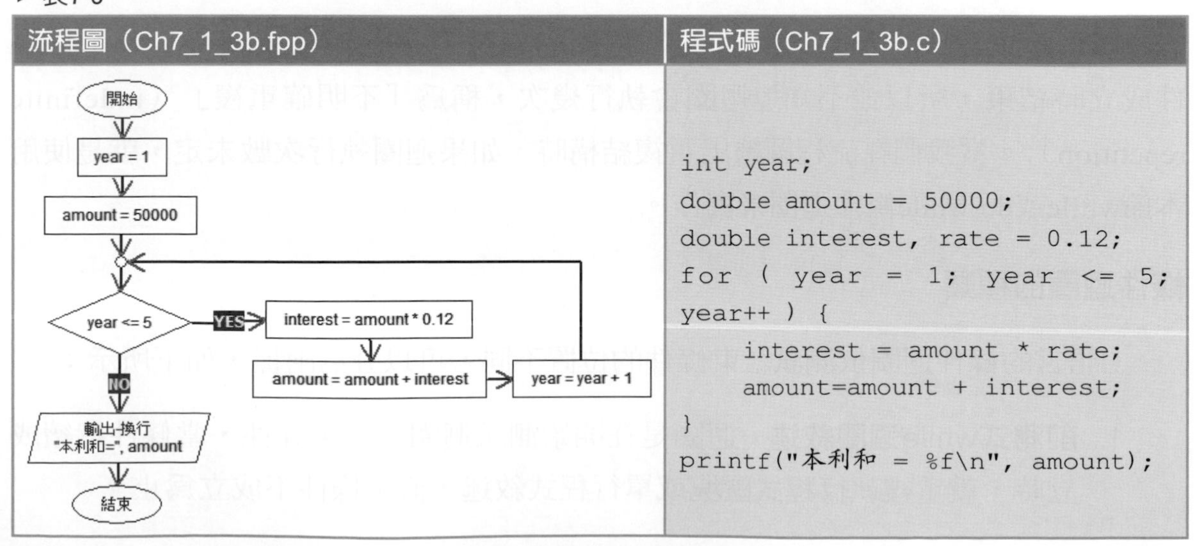

流程圖（Ch7_1_3b.fpp）	程式碼（Ch7_1_3b.c）


```
int year;
double amount = 50000;
double interest, rate = 0.12;
for ( year = 1; year <= 5;
year++ ) {
    interest = amount * rate;
    amount=amount + interest;
}
printf("本利和 = %f\n", amount);
```

7-1-4 for迴圈計數器變數的增量

最常使用的for迴圈是遞增或遞減增量1，即++或--。在實務上，我們只需使用加減運算來指定不同增量，例如：i += 2；i -= 2等，就可以建立更多變化的for迴圈（程式範例：Ch7_1_4.c），如表7-6所示：

▶ 表7-6

範例	說明
`for ( i = 100; i >= 1; i-- ) { … }`	增量是-1，計數器變數值是從100到1的遞減迴圈，即100、99、98、...、3、2、1

`for ( i = 2; i <= 100; i += 2 ) {`
`   sum = sum + i;`
`}`
	從2加到100的偶數和，即2+4+6+8+...+98+100

`for ( i = 3; i >= 20; i = i - 2 ) { … }`	增量是-2，並不會進入計數迴圈，因為第1次判斷的計數器變數就小於20
`for ( i = 2; i <= 17; i += 3 ) { ... }`	增量是3，計數器變數值是從2到17的遞增迴圈，即2、5、8、11、14、17
`for ( i = 17; i <= 2; i += 3 ) { ... }`	增量是3，並不會進入計數迴圈，因為第1次判斷的計數器變數就大於2
`for ( i = 44; i >= 11; i = i -11 ) { ... }`	增量是-11，計數器變數值是從44到11的遞減迴圈，即44、33、22、11

7-2 條件迴圈

條件迴圈是使用警示值條件控制迴圈的執行，迴圈會重複執行至警示值條件成立時結束，所以並不知道迴圈會執行幾次，稱為「不明確重複」（indefinite repetition）。當我們在流程圖繪出重複結構時，如果迴圈執行次數未定，就是使用本節while或do/while條件迴圈來實作。

條件迴圈的種類

C語言的條件迴圈依測試結束條件的位置不同，可以分為兩種，如下所示：

1. **前測式while迴圈敘述**：迴圈是在開始測試迴圈的結束條件，當條件持續成立時，就重複執行程式區塊或單行程式敘述，直至條件不成立為止。

2. **後測式do/while迴圈敘述**：迴圈是在結尾測試迴圈的結束條件，如果條件成立才執行下一次迴圈，而且持續執行到條件不成立為止，因為是在結尾測試，所以迴圈至少會執行1次。

在本節使用的程式範例是修改自第7-1-3節，讀者可以比較其差異來了解何種情況使用for計數迴圈；何時使用while和do/while條件迴圈。並且在第7-2-3節我們將說明如何將for迴圈改成while迴圈，也就是建立while迴圈版的計數迴圈。

7-2-1 前測式while迴圈敘述

前測式while迴圈敘述不同於for迴圈，我們需要在程式區塊自行處理條件值的更改。while迴圈是在程式區塊的開頭檢查結束條件，如果條件為true（不等於0），才允許進入迴圈執行，如果一直為true，就持續重複執行迴圈，直到條件false為止。其基本語法如下所示：

```
while ( 條件運算式 ) {
    程式敘述1;
    程式敘述2;
    …………
    程式敘述n;
}
```

上述語法是使用while關鍵字開始，之後是括號的條件運算式，然後接著左右大括號的程式區塊，因為是程式區塊，所以在右大括號之後不需「;」分號。如果while迴圈只執行一行程式碼，我們可以省略左右大括號。

while迴圈的執行次數是直到條件運算式為false（等於0）為止。請注意！在程式區塊中一定有程式敘述用來更改條件值到達結束條件，以便結束迴圈的執行；不然，就會造成無窮迴圈，迴圈永遠不會結束。

例如：計算階層函數n!值大於輸入值的最小n值和n!值，因為迴圈執行次數需視使用者輸入的最大值而定，所以，計算階層函數值的迴圈執行次數未定，我們是使用警示值條件迴圈來執行計算，而不是第7-1-1節的for計數迴圈，如下所示：

```
while ( result <= maxValue ) {
    result = result * n;
    n = n + 1;
}
n = n - 1;
```

上述變數n和result的初值為1，while迴圈的變數n是從1、2、3、4....相乘，計算階層函數值是否大於maxValue，當條件成立結束迴圈，因為最後一次迴圈已經將n加1，所以迴圈結束後的n值需減1，其流程圖（Ch7_2_1.fpp）如圖7-5所示：

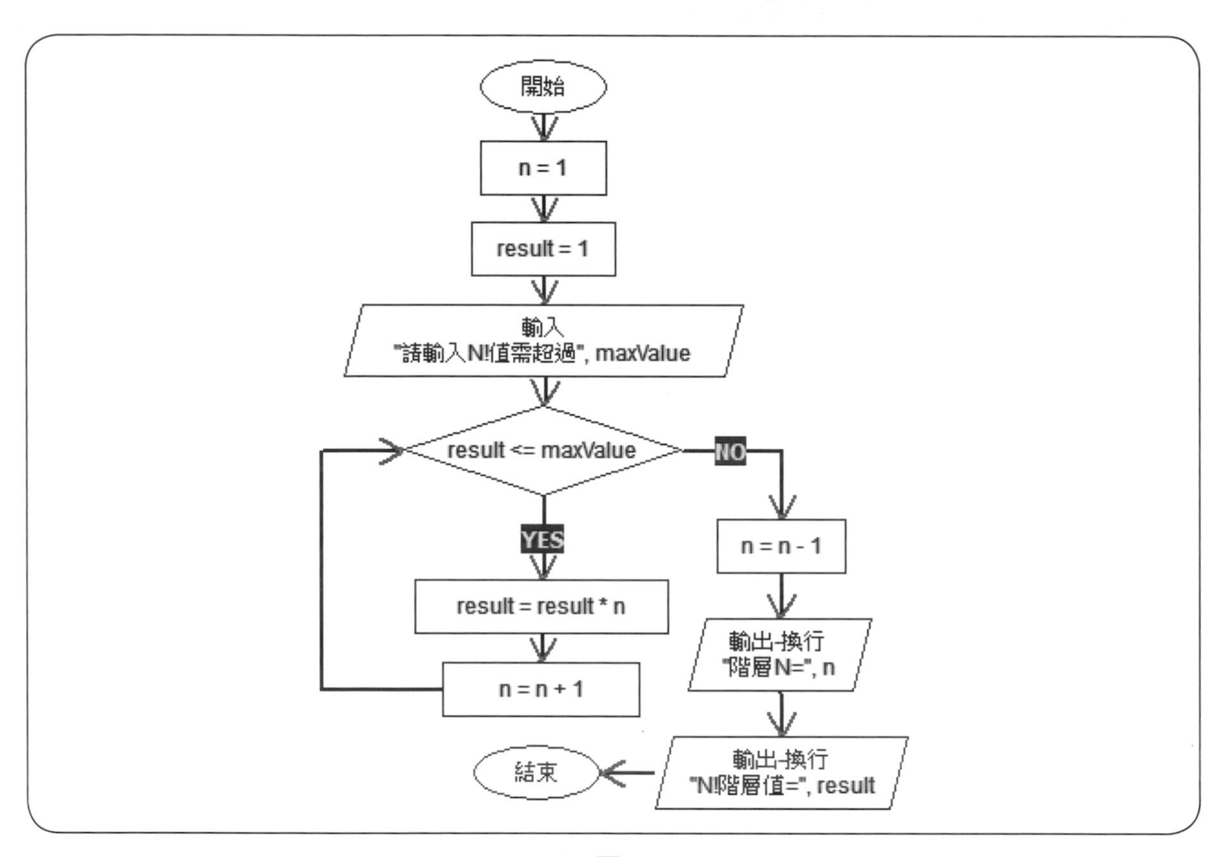

▶ 圖7-5

說明

while 迴圈和下一節的 do/while 迴圈因為沒有預設計數器變數，如果程式區塊沒有任何程式敘述可以將 while 結束條件變成 false，就會持續 true，造成無窮迴圈，不會停止重複結構的執行（詳見第 7-3-2 節的說明）。讀者在使用時請務必小心！

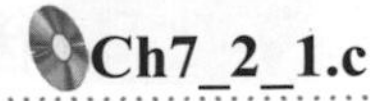

程式範例　Ch7_2_1.c

在C程式輸入一個數值後，可以計算階層函數n!值大於此值的最小n值和n!值，如下所示：

```
請輸入N!階層值需超過 => 100 Enter
5!= 120
```

程式內容

```
01: /* 程式範例: Ch7_2_1.c */
02: #include <stdio.h>
03:
04: int main(void) {
05:     int maxValue;   /* 變數宣告 */
06:     int n = 1;
07:     int result = 1;
08:     printf("請輸入N!階層值需超過 => ");
09:     scanf("%d", &maxValue);    /* 讀入最大階層值 */
10:     /* while迴圈敘述 */
11:     while (result <= maxValue){
12:         result = result * n;
13:         n = n + 1;   /* while迴圈的計數器 */
14:     }
15:     n = n - 1;
16:     printf("%d!= %d\n", n, result);
17:
18:     return 0;
19: }
```

程式說明

◈ 第11~14行：while迴圈計算階層函數n!的值，在第12行計算各階層的值。第13行將計數器變數n加1，迴圈的結束條件是階層函數值大於輸入值maxValue，改變變數n的值，可以讓計算結果逐次到達結束條件，此變數的功能如同for迴圈的計數器變數，用來控制迴圈的執行。

◈ 第15行：因為在while迴圈的最後一次已經將n加1，所以需將它減1，才是最小n!的n值。

7-2-2 後測式do/while迴圈敘述

後測式do/while和while迴圈的主要差異是在迴圈結尾檢查結束條件，因爲會先執行程式區塊的程式碼後才測試條件，所以do/while迴圈的程式區塊至少會執行一次，其基本語法如下所示：

```
do {
    程式敘述1;
    程式敘述2;
    …………
    程式敘述n;
} while ( 條件運算式 );
```

上述語法是使用do關鍵字開始，之後是左右大括號的程式區塊，然後接著while關鍵字和括號的條件運算式。請注意！因爲是程式敘述，所以在括號後需加上「;」分號。

如果do/while迴圈只執行一行程式碼，我們可以省略左右大括號。在實務上，並不建議省略左右大括號，否則很容易和while迴圈產生混淆，因爲最後while關鍵字如果沒有之前的右大括號，就像是一個空的while迴圈。

do/while迴圈的執行次數是持續執行，直到條件運算式爲false（等於0）爲止。例如：使用do/while迴圈計算1萬元複利12%時，我們需要存幾年本利和才會超過2萬元，如下所示：

```
year = 0;
amount = 10000;
rate = 0.12;
do {
    interest = amount * rate;
    amount = amount + interest;
    year = year + 1;
} while ( amount < 20000 );
```

上述do/while迴圈在第1次執行時是直到迴圈結尾才檢查while條件是否爲true，如爲true就繼續執行下一次迴圈；false結束迴圈的執行。其流程圖（Ch7_2_2.fpp）如圖7-6所示：

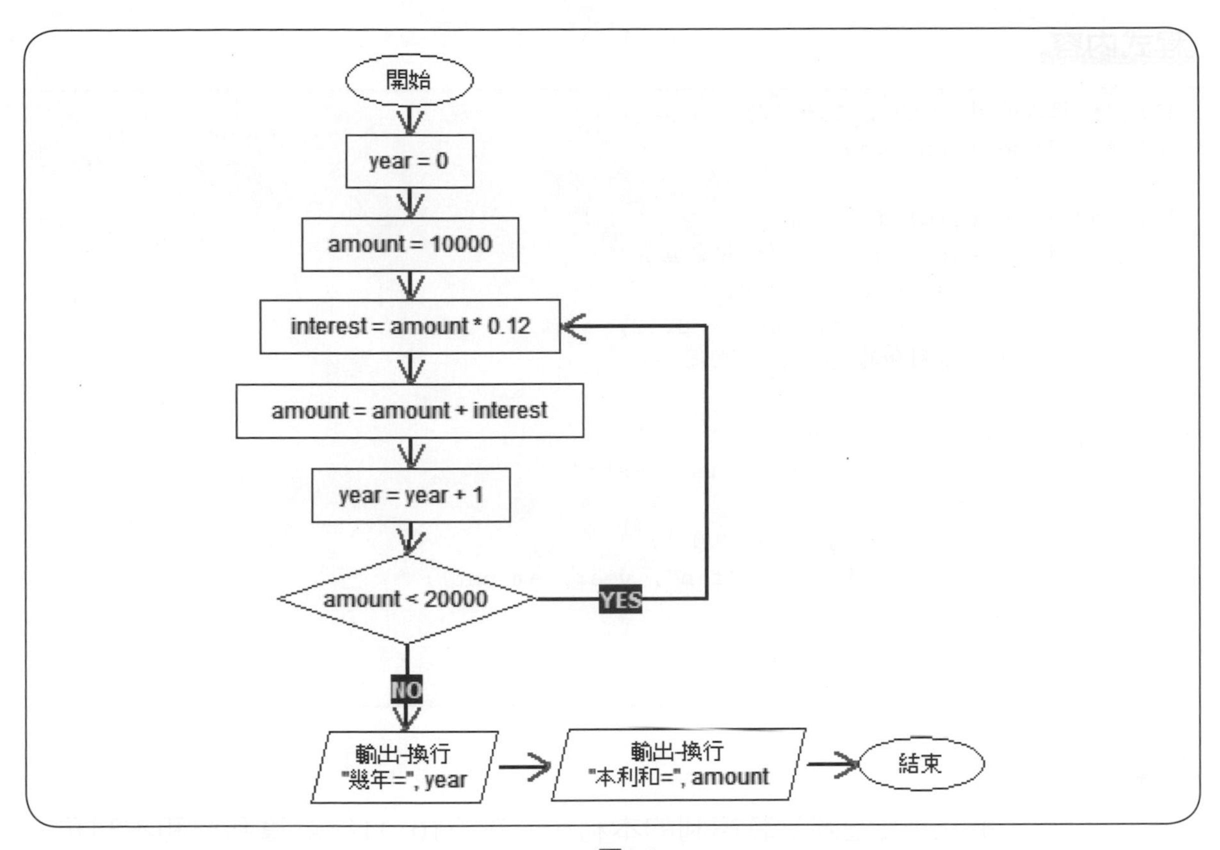

▶ 圖7-6

上述流程圖條件amount < 20000是迴圈的進入條件（開始執行第2次迴圈），當條件true時進入迴圈，變數year單純只是計算迴圈共執行幾次，即所需年數，每執行一次就加1（因爲year變數的初値爲0，所以不像第7-2-1節需要在結束迴圈後減1），直到amount >= 20000成立爲止。

Ch7_2_2.c

在C程式使用do/while迴圈計算1萬元複利12%時，我們需要存幾年本利和才會超過2萬元，如下所示：

```
7年 本利和 = 22106.814074
```

程式內容

```
01: /* 程式範例: Ch7_2_2.c */
02: #include <stdio.h>
03:
04: int main(void) {
05:     int year = 0;       /* 變數宣告 */
06:     double amount = 10000;
07:     double interest, rate = 0.12;
08:     /* 計算本利和的do/while迴圈 */
09:     do {
10:         interest = amount * rate;
11:         amount = amount + interest;
12:         year = year + 1;
13:     } while ( amount < 20000 );
14:     printf("%d年 本利和 = %f\n", year, amount);
15:
16:     return 0;
17: }
```

程式說明

◈ 第9~13行：do/while迴圈計算複利的本利和。在第10~11行計算利息和本利和。第12行將所需年數加一。while迴圈的結束條件是amount >= 20000。

7-2-3 將for計數迴圈改成while迴圈

C語言的for計數迴圈可以說是一種特殊版本的while迴圈，我們可以輕易將for迴圈改成while迴圈的版本，也就是使用while迴圈來實作計數迴圈。

因為while迴圈不像for迴圈程式敘述本身擁有計數器變數，我們需要自行在while程式區塊處理計數器變數值的增減來到達迴圈的結束條件，其執行流程如下所示：

Step 1 在進入while迴圈之前需要自行指定計數器變數的初值。

Step 2 在while迴圈判斷結束條件是否成立，如為true，就繼續執行迴圈的程式區塊；不成立（false）時，結束迴圈的執行。

Step 3 在迴圈程式區塊需要自行使用程式碼增減計數器變數值，然後回到Step 2測試是否繼續執行迴圈。

原始for迴圈

在第7-1-3節是使用for迴圈顯示溫度對照表，我們準備將此for迴圈改爲while迴圈，如下所示：

```
upper = 400;
step = 20;
for ( c = 100; c <= upper; c += step ) {
    f = (9.0 * c) / 5.0 + 32.0;
    printf("%d    %.2f\n", c, f);
}
```

將for迴圈改為while迴圈

在for迴圈括號第二部分的c <= upper終止條件就是while迴圈的結束條件，更新計數器變數c是while迴圈的計數器變數，如下所示：

```
c = lower = 100;    /* 指定初值 */
upper = 400;
step = 20;
while ( c <= upper ) {    /* 結束條件 */
   f = (9.0 * c) / 5.0 + 32.0;
   printf("%d    %.2f\n", c, f);
   c += step;   /* 增減計數器變數值 */
}
```

上述程式碼使用變數c作爲計數器變數，每次增加step變數值的量，攝氏溫度是從100~400度，然後使用while迴圈計算轉換後的華氏溫度。for迴圈與while迴圈的轉換說明圖例，如圖7-7所示：

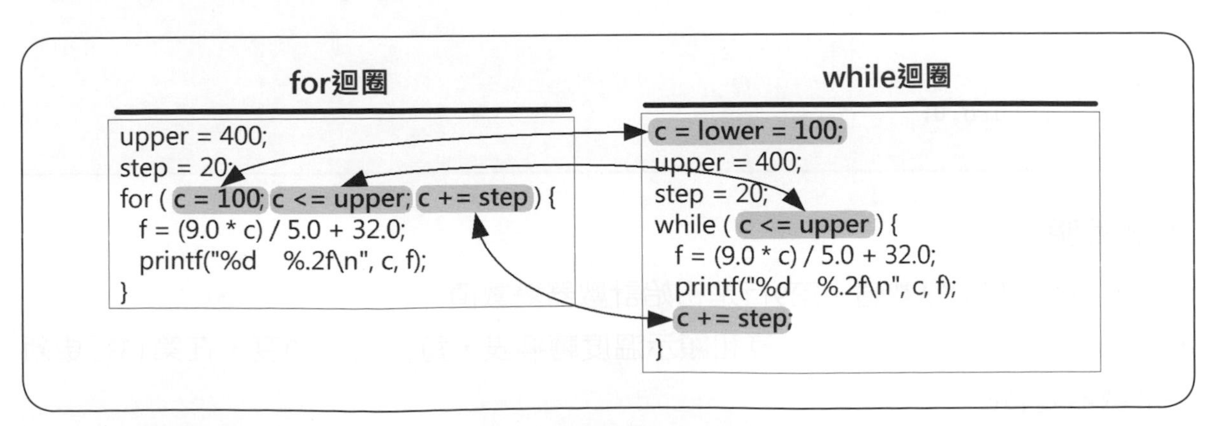

▶ 圖7-7

程式範例

Ch7_2_3.c

這個C程式是修改自Ch7_1_3.c，改用while迴圈計算攝氏轉成華氏溫度的轉換表，如下所示：

```
100    212.000000
120    248.000000
140    284.000000
160    320.000000
180    356.000000
200    392.000000
220    428.000000
240    464.000000
260    500.000000
          ⋮
400    752.000000
```

程式內容

```
01: /* 程式範例: Ch7_2_3.c */
02: #include <stdio.h>
03:
04: int main(void) {
05:     int c, lower, upper, step;   /* 變數宣告 */
06:     float f;
07:     c = lower = 100;
08:     upper = 400;
09:     step = 20;
10:     while ( c <= upper ) {
11:         f = (9.0 * c) / 5.0 + 32.0;
12:         printf("%d    %f\n", c, f);
13:         c += step;
14:     }
15:
16:     return 0;
17: }
```

程式說明

- 第7~9行：初始變數值。第9行是初始計數器變數值。
- 第10~14行：在while迴圈計算和顯示溫度轉換表，每次增加20度，在第13行更新計數器變數c。

while和do/while迴圈只需初始計數器變數，和在迴圈程式區塊自行維護計數器變數的增減，就可以實作for計數迴圈的功能（程式範例：Ch7_2_3a.c），如下表所示：

▶ 表7-7

範例	說明

sum = 0; i = 1;
while (i < 10) {
   sum += i;
   i = i + 1;
}
	計數器變數i的初值是1；增量是1（i = i + 1），可以計算1+2+3+...+9的值，因為條件是< 10，所以只到9

sum = 0; i = 3;
while (i <= 12) {
   sum += i;
   i = i + 3;
}
	計數器變數i的初值是3；增量是3，可以計算3+6+9+12的值，當i值為15時結束迴圈

sum = 0; i = 2;
do {
   sum += i;
   i = i + 2;
} while (i > 6);
	計數器變數i的初值是2；增量是2，因為第1次執行的條件就不成立，但是，因為是後測式迴圈，所以仍會執行1次，sum的值為2

sum = 0; i = 2;
do {
   sum += i;
   i = i + 2;
} while (i <= 6);
	計數器變數i的初值是2；增量是2，條件是直到i > 6為止，可以計算2+4+6的值，因為是後測式迴圈，所以直到i = 8時才結束迴圈

7-3 巢狀迴圈與無窮迴圈

巢狀迴圈是在迴圈中擁有其他迴圈。例如：在for迴圈擁有for、while和do/while迴圈；在while迴圈之中擁有for、while和do/while迴圈等。

7-3-1 巢狀迴圈

在C語言的巢狀迴圈可以有二或二層以上。例如：在for迴圈中擁有while迴圈，如下所示：

```
for ( i = 1; i <= 9; i++ ) {
    j = 1;
    while ( j <= 9 ) {
        printf("%d*%d=%2d ", i, j, i*j);
        j++;
    }
}
```

上述迴圈共有兩層：第一層for迴圈執行9次；第二層while迴圈也是執行9次，兩層迴圈共執行81次，其執行過程的變數值，如表7-8所示：

▶ 表7-8

第一層迴圈的i值	第二層迴圈的j值									離開迴圈的i值
1	1	2	3	4	5	6	7	8	9	1
2	1	2	3	4	5	6	7	8	9	2
3	1	2	3	4	5	6	7	8	9	3
…………										
9	1	2	3	4	5	6	7	8	9	9

上述表格的每一列代表執行一次第一層迴圈，共有9次。第一次迴圈的變數i爲1；第二層迴圈的每1個儲存格代表執行一次迴圈，共9次，j的值爲1~9，離開第二層迴圈後的變數i仍然爲1，依序執行第一層迴圈，i的值爲2~9，而且每次j都會執行9次，所以共執行81次。其流程圖（Ch7_3_1.fpp）如圖7-8所示：

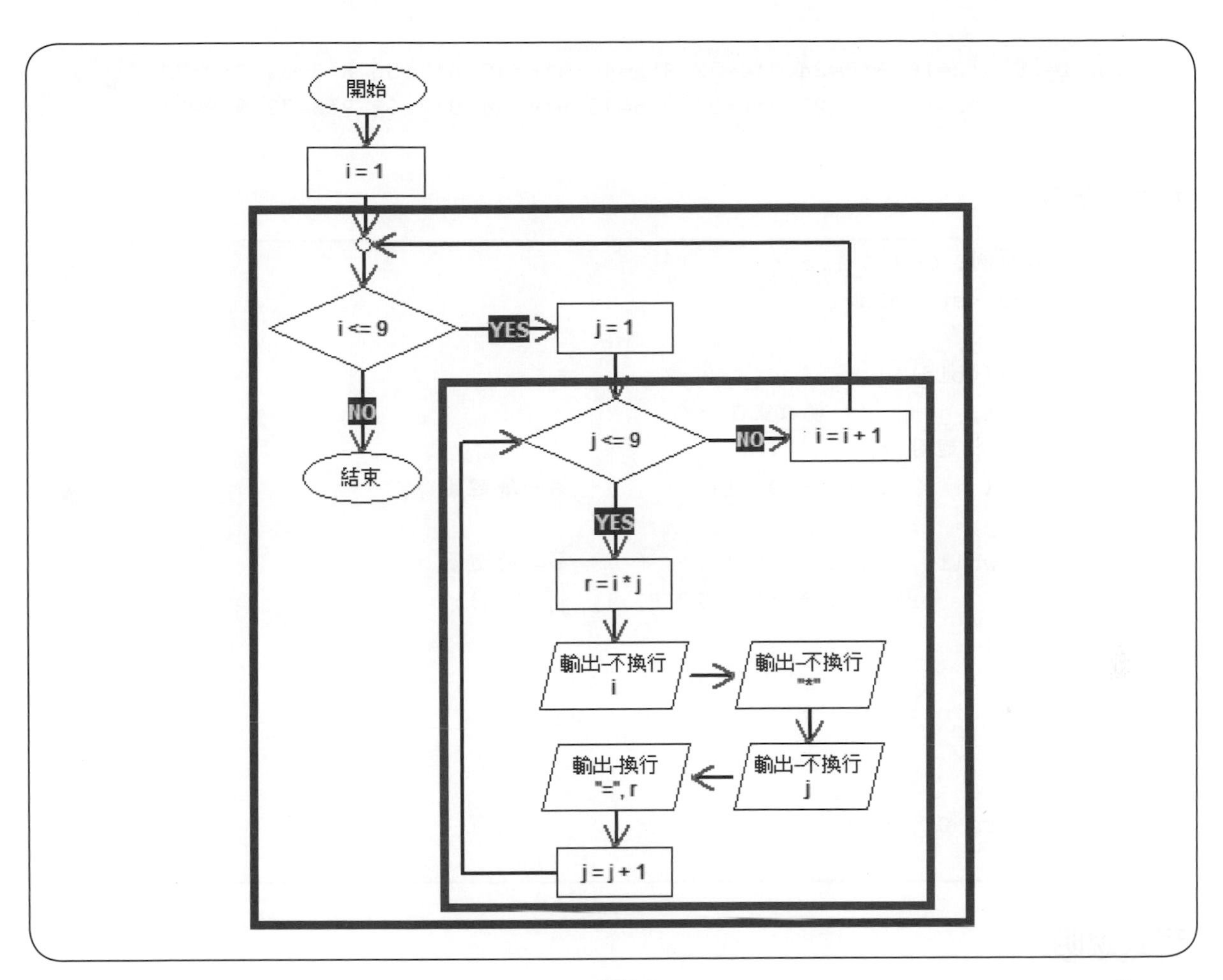

▶ 圖7-8

上述流程圖i <= 9決策符號建立的是外層迴圈的結束條件；j <= 9決策符號建立的是內層迴圈的結束條件。

Ch7_3_1.c

在C程式使用for和while兩層巢狀迴圈顯示九九乘法表，如下所示：

```
1*1= 1 1*2= 2 1*3= 3 1*4= 4 1*5= 5 1*6= 6 1*7= 7 1*8= 8 1*9= 9
2*1= 2 2*2= 4 2*3= 6 2*4= 8 2*5=10 2*6=12 2*7=14 2*8=16 2*9=18
3*1= 3 3*2= 6 3*3= 9 3*4=12 3*5=15 3*6=18 3*7=21 3*8=24 3*9=27
4*1= 4 4*2= 8 4*3=12 4*4=16 4*5=20 4*6=24 4*7=28 4*8=32 4*9=36
5*1= 5 5*2=10 5*3=15 5*4=20 5*5=25 5*6=30 5*7=35 5*8=40 5*9=45
6*1= 6 6*2=12 6*3=18 6*4=24 6*5=30 6*6=36 6*7=42 6*8=48 6*9=54
7*1= 7 7*2=14 7*3=21 7*4=28 7*5=35 7*6=42 7*7=49 7*8=56 7*9=63
```

```
8*1= 8 8*2=16 8*3=24 8*4=32 8*5=40 8*6=48 8*7=56 8*8=64 8*9=72
9*1= 9 9*2=18 9*3=27 9*4=36 9*5=45 9*6=54 9*7=63 9*8=72 9*9=81
```

程式內容

```
01: /* 程式範例: Ch7_3_1.c */
02: #include <stdio.h>
03:
04: int main(void) {
05:     int i, j;    /* 變數宣告 */
06:     /* 巢狀迴圈 */
07:     for ( i = 1; i <= 9; i++ ) { /* 第一層迴圈 */
08:         j = 1;
09:         while ( j <= 9 ) {       /* 第二層迴圈 */
10:             printf("%d*%d=%2d ", i, j, i*j);
11:             j++;
12:         }
13:         printf("\n");
14:     }
15:
16:     return 0;
17: }
```

程式說明

- 第7~14行：兩層巢狀迴圈的第一層for迴圈。
- 第9~12行：第二層while迴圈，在第10行使用第一層的i和第二層的j變數值顯示和計算九九乘法表的值。格式字元%2d只顯示整數值的2個位數。

在上述第一層for迴圈的計數器變數i值為1時，第二層while迴圈的變數j為1到9，可以顯示執行結果，如下所示：

```
1*1=1
1*2=2
…
1*9=9
```

當第一層迴圈執行第二次時，i值為2，第二層迴圈仍然為1到9，此時顯示的執行結果，如下所示：

```
2*1=2
2*2=4
…
2*9=18
```

繼續第一層迴圈，i值依序為3到9，就可以建立完整的九九乘法表。

7-3-2 無窮迴圈

無窮迴圈（endless loops）是指迴圈不會結束，它會無止境的一直重複執行迴圈的程式區塊。

for無窮迴圈

for迴圈括號內的3個運算式如果都是空的，如下所示：

```
for( ; ; ) {
    ……
}
```

上述for迴圈因爲沒有結束條件，預設爲true，for迴圈會持續重複執行，永遠不會跳出for迴圈，這是一個無窮迴圈。

while無窮迴圈

while或do/while無窮迴圈通常都是因爲計數器變數或結束條件出了問題。例如：修改自第7-2-1節的while迴圈，輸入maxValue值是100（程式範例：Ch7_3_2.c），如下所示：

```
result = 1;
n = 1;
while (result <= maxValue) {
    result = result * n;
    printf("n = %d\n", n);
}
```

上述while迴圈的程式區塊少了n = n + 1;，所以n值永遠爲1。result的計算結果也是1，永遠不會大於輸入值maxValue，所以造成無窮迴圈。在Dev-C++是按 Ctrl+C 鍵來中斷無窮迴圈的執行。

do/while無窮迴圈

如果是警示値結束條件出了問題，一樣也會造成無窮迴圈。例如：修改自第7-2-2節的do/while迴圈（程式範例：Ch7_3_2a.c），如下所示：

```
int year = 0;
double amount = 10000;
double interest, rate = 0.12;
do {
    interest = amount * rate;
    amount = amount + interest;
    printf("amount = %f\n", amount);
    year = year + 1;
} while ( amount > 2000 );
```

上述while結束條件永遠爲true（amount一定大於2000），所以造成無窮迴圈不會結束。

7-4 中斷與繼續迴圈

C語言提供return、break、continue和goto跳躍敘述。return可以跳出函數；goto可以跳到任何位置；break和continue可以中斷和繼續迴圈的執行，也就是跳出迴圈。

7-4-1 break敘述

C語言的break敘述有兩個用途：一是中止switch條件的case敘述；另一個用途是強迫終止for、while和do/while迴圈的執行。

雖然迴圈敘述可以在開頭或結尾測試結束條件，但有時我們需要在迴圈中測試結束條件。break敘述就是使用在迴圈中的條件測試，如同switch條件敘述使用break敘述跳出程式區塊一般，如下所示：

```
do {
    printf("|%d|", i);
    i++;
    if ( i > 5 ) break;
} while ( 1 );
```

上述do/while迴圈是一個無窮迴圈，在迴圈中使用if條件敘述進行測試，當i > 5時就執行break敘述跳出迴圈，它是跳至do/while之後的程式敘述，可以顯示數字1到5。其流程圖（Ch7_4_1.fpp）如圖7-9所示：

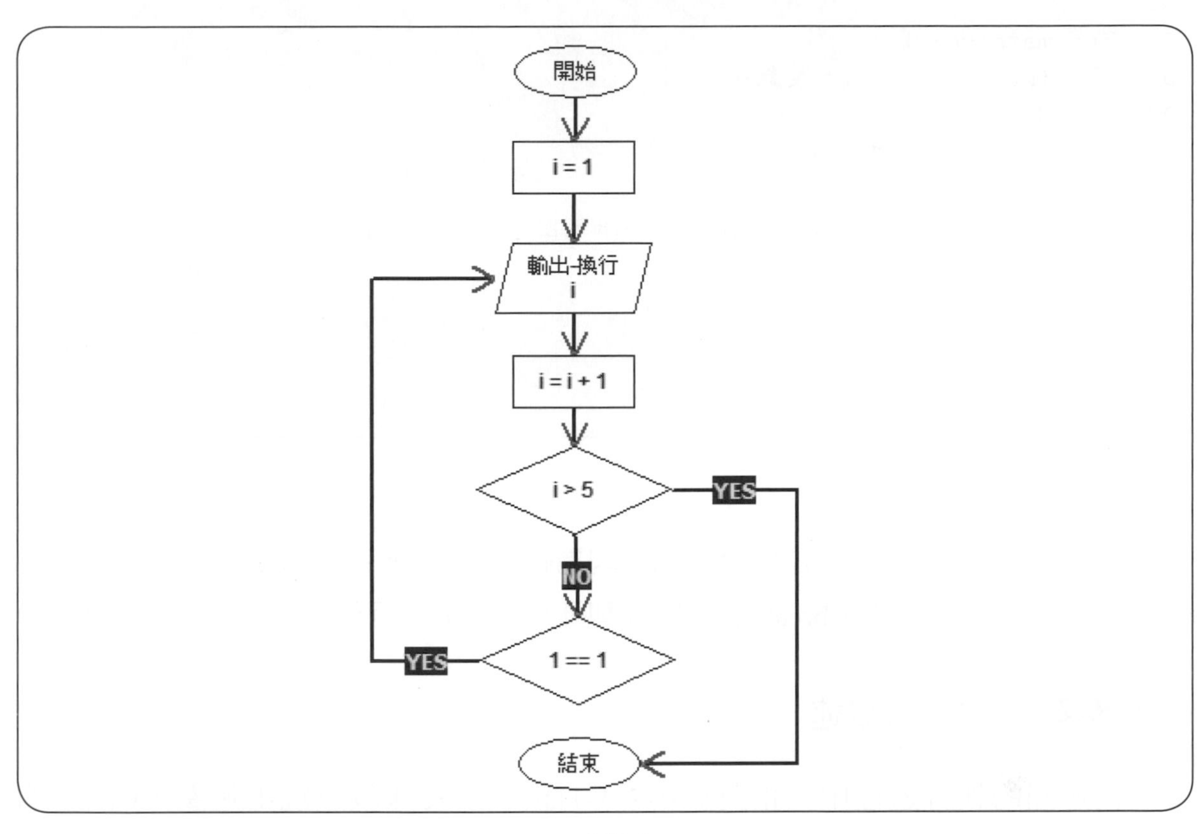

▶ 圖7-9

上述流程圖的決策符號1 == 1條件爲true，所以建立的是無窮迴圈。迴圈是使用i > 5決策符號跳出迴圈，即C語言的break敘述。

Ch7_4_1.c

在C程式使用do/while迴圈配合break敘述，只顯示數字1到5，如下所示：

```
|1||2||3||4||5|
```

程式內容

```
01: /* 程式範例: Ch7_4_1.c */
02: #include <stdio.h>
03:
04: int main(void) {
05:     int i = 1;    /* 變數宣告 */
06:     do {
07:         printf("|%d|", i);
08:         i++;
09:         if ( i > 5 ) break; /* 跳出迴圈 */
10:     } while ( 1 );
11:     printf("\n");
12:
13:     return 0;
14: }
```

程式說明

◈ 第6~10行：do/while迴圈是無窮迴圈，因為結束條件1永遠為true。

◈ 第9行：if條件敘述使用break敘述跳出迴圈，執行第11行程式碼。

7-4-2 continue敘述

在迴圈的執行過程中，相對於第7-4-1節使用break敘述跳出迴圈，C語言的continue敘述可以馬上繼續執行下一次迴圈，而不執行程式區塊中位在continue敘述之後的程式碼。如果使用在for迴圈，一樣會更新計數器變數，如下所示：

```
for ( i = 1; i <= 6; i++ ) {
    if ( (i % 2) == 0 )
        continue;
    printf("|%d|", i);
}
```

上述程式碼的if條件敘述是當計數器變數i爲偶數時，就使用continue敘述馬上繼續執行下一次迴圈，而不執行之後的printf()函數，即馬上更新計數器變數i加1後，從頭開始執行for迴圈，所以迴圈只會顯示1到6的奇數。其流程圖（Ch7_4_2.fpp）如圖7-10所示：

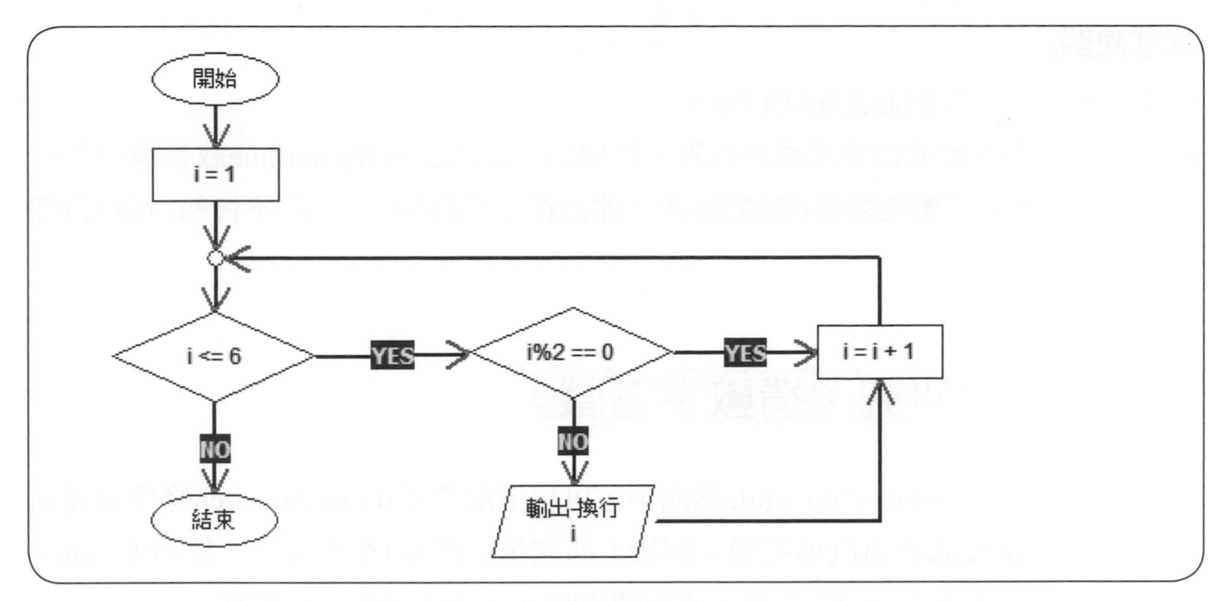

▶ 圖7-10

Ch7_4_2.c

在C程式使用for迴圈配合continue敘述，只顯示1到6中的奇數，如下所示：

```
|1||3||5|
```

程式內容

```
01: /* 程式範例: Ch7_4_2.c */
02: #include <stdio.h>
03:
04: int main(void) {
05:     int i = 1;   /* 變數宣告 */
06:     for ( i = 1; i <= 6; i++ ) {
07:         /* 繼續迴圈 */
08:         if ( (i % 2) == 0 ) continue;
09:         printf("|%d|", i);
10:     }
11:     printf("\n");
12:
13:     return 0;
14: }
```

程式說明

◈ 第6~10行：for計數迴圈是從1到6。

◈ 第8行：if條件敘述檢查是否為偶數，如果是，就馬上使用continue敘述執行下一次迴圈，即將計數器變數i的值加1後，開始從頭執行第6行，而不會執行第9行的程式碼。

7-5 案例研究：猜數字遊戲

C語言在for、while和do/while迴圈中，可以搭配使用if/else或switch條件敘述執行條件判斷和break敘述跳出迴圈。例如：擴充第6-7節的案例研究，使用do/while迴圈和break敘述建立猜數字遊戲，直到猜中數字才跳出迴圈結束遊戲。

步驟一：定義問題

問題描述

請建立C程式的猜數字遊戲，使用亂數取得1~100間的整數，當使用者輸入整數的數字後，就會顯示數字太大或太小，直到使用者猜中數字才結束程式的執行。

定義問題

從問題描述可以看出重複輸入的是1~100之間的數字，輸出是太大、太小或猜中，程式直到猜中數字才結束程式的執行。

步驟二：擬定解題演算法

解題構思

在取得輸入的猜測值後，可以使用條件敘述檢查是否猜中；如果沒有猜中，再使用另一個條件敘述判斷太大或太小，因爲第一層條件中還擁有另一層條件，所以是使用巢狀條件敘述。

因爲數字需要猜很多次，而且並不知有多少次，所以程式是使用無窮迴圈進行遊戲，直到猜中數字才中斷迴圈的執行。

解題演算法

依據解題構思找出的解題方法，我們可以寫出演算法的步驟，如下所示：

Step 1 使用迴圈進行猜數字遊戲。

1-1：輸入猜測變數guess。

1-2：判斷是否guess==target：

1-2-1：成立，顯示猜中後跳出迴圈至Step 2。

1-2-2：不成立，判斷是否guess > target：

1-2-2-1：成立，顯示太大後繼續迴圈。

1-2-2-2：不成立，顯示太小後繼續迴圈。

Step 2 顯示猜中數字後，結束程式。

請依據上述分析結果的步驟繪出流程圖（Ch7_5.fpp），如圖7-11所示：

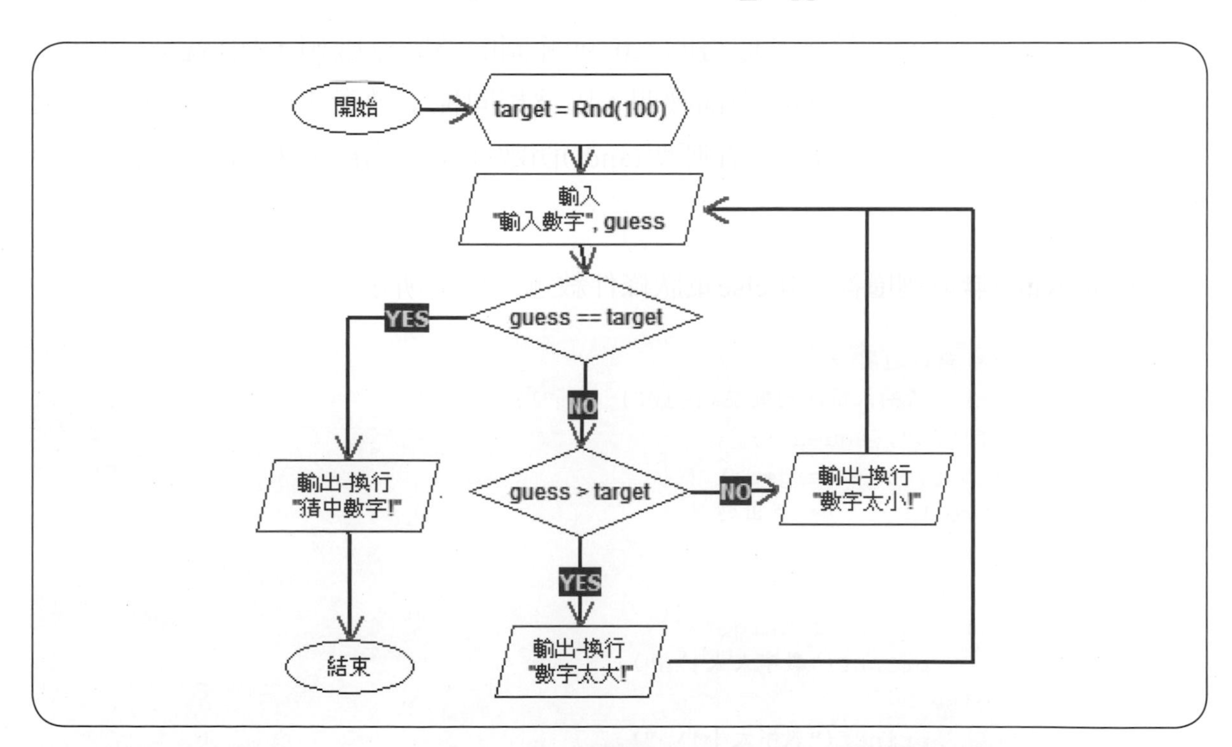

▶ 圖7-11

上述流程圖呼叫Rnd()函數，取得1~100之間的亂數值後，開始進行遊戲。迴圈開頭和結束都沒有終止條件，所以是無窮迴圈。我們是在中間使用guess == target條件判斷是否中斷迴圈。遊戲可以進行到猜中數字，結束迴圈爲止。

步驟三：撰寫程式碼

C語言do/while無窮迴圈可以使用break敘述中斷迴圈的執行。在if/else條件敘述判斷是否猜中的程式區塊中，擁有另一個if/else條件敘述判斷輸入數字是太大或太小。

將流程圖轉換成C程式碼

從前述流程圖可以看出，我們首先需要取得欲猜測值的亂數值，在C語言標準函數庫的rand()函數可以產生亂數值範圍0到RAND_MAX常數，如果需要取得指定範圍，可以使用餘數運算子，如下所示：

```
srand(10);   /* 指定亂數種子 */
target = (rand() % 100) + 1; /* 產生1~100 */
```

上述程式碼是100的餘數，取得的是0~99範圍的整數亂數值，加1就是1~100。srand()函數需要在呼叫rand()函數前呼叫，因為相同種子數產生的亂數序列是相同的，為了產生不同序列的亂數，在呼叫rand()函數前請使用srand()函數指定不同參數的種子數。

在do/while無窮迴圈擁有if/else巢狀條件敘述，如下所示：

```
do {    /* 無窮迴圈 */
    printf("請輸入猜測的數字(1~100) => ");
    scanf("%d", &guess);
    if ( guess == target ) {
        break;     /* 跳出迴圈 */
    }
    else {
        if ( guess > target )
            printf("數字太大!\n");
        else
            printf("數字太小!\n");
    }
} while ( 1 );
```

上述if/else條件敘述的第1個程式區塊是猜中數字，使用break敘述跳出迴圈；在第2個程式區塊擁有另一個if/else條件敘述，可以判斷數字太大或太小。

程式範例

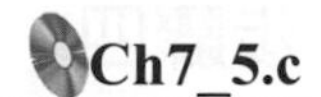
Ch7_5.c

程式內容

```
01: /* 程式範例: Ch7_5.c */
02: #include <stdio.h>
03:
04: int main(void) {
05:     int target,guess;  /* 變數宣告 */
06:     srand(10);  /* 指定亂數種子 */
07:     target = (rand() % 100) + 1; /* 產生1~100 */
08:     /* do while迴圈敘述 */
09:     do {    /* 無窮迴圈 */
10:         printf("請輸入猜測的數字(1~100) => ");
11:         scanf("%d", &guess);    /* 取得輸入的數字 */
12:         /* 巢狀條件敘述 */
13:         if ( guess == target ) {
14:             break;    /* 跳出迴圈 */
15:         }
16:         else {
17:             if ( guess > target )
18:                 printf("數字太大!\n");
19:             else
20:                 printf("數字太小!\n");
21:         }
22:     } while ( 1 );
23:     printf("猜中數字: %d\n", target);
24:
25:     return 0;
26: }
```

程式說明

- 第6~7行：使用亂數函數取得1~100間的值。
- 第9~22行：do/while無窮迴圈在第10~11行取得使用者輸入的數字。第13~21行的if/else條件敘述判斷是否猜中數字，如果猜中，使用break敘述跳出迴圈。在第17~20行的if/else條件敘述判斷猜測的數字是太大或太小。

步驟四：測試執行與除錯

現在，我們可以使用Dev-C++測試C程式的執行與除錯。這個C程式是簡單的猜數字遊戲，在輸入數字後，可以顯示數字太大或太小，直到猜中數字爲止，如下所示：

```
請輸入猜測的數字(1~100) => 50 Enter
數字太小!
請輸入猜測的數字(1~100) => 75 Enter
數字太大!
請輸入猜測的數字(1~100) => 71 Enter
數字太小!
請輸入猜測的數字(1~100) => 72 Enter
猜中數字: 72
```

上述執行結果是猜數字遊戲的執行過程，可以看到最後猜中數字爲72。

7-6 goto敘述和標籤

結構化程式開發強調在程式中避免使用無窮迴圈和goto敘述，因爲goto敘述會造成程式碼閱讀和維護上的困難。事實上，任何goto敘述一定可以改寫成沒有goto敘述的版本。

7-6-1 C語言的goto敘述

在撰寫C程式時，原則上並不需要使用goto敘述，不過，仍然有一些特殊情況可以考慮使用goto敘述，最常見的應用是跳出多重巢狀迴圈，因爲執行break敘述只能跳出一層迴圈，如果需要馬上跳出整個巢狀迴圈，就可以考慮使用goto敘述，如下所示：

```
for ( i = 1; i <= 9; i++ ) {
    j = 1;
    while ( j <= 9 ) {
        printf("%d*%d=%2d ", i, j, i*j);
        if ( a == i && b == j )
            goto found;
        j++;
```

```
    }
    printf("\n");
}
found:
```

上述程式碼使用goto敘述跳出兩層巢狀迴圈，在goto敘述後是標籤名稱，這是goto敘述跳出的目標位置，在C語言的標籤寫法和變數相同，只是在之後加上「:」冒號，即found:。

程式範例　Ch7_6_1.c

在C程式使用goto敘述跳出兩層巢狀迴圈，所以只顯示部分九九乘法表，如下所示：

```
1*1= 1 1*2= 2 1*3= 3 1*4= 4 1*5= 5 1*6= 6 1*7= 7 1*8= 8 1*9= 9
2*1= 2 2*2= 4 2*3= 6 2*4= 8 2*5=10 2*6=12 2*7=14 2*8=16 2*9=18
3*1= 3 3*2= 6 3*3= 9 3*4=12
```

上述執行結果可以看到九九乘法表只顯示到3*4。

程式內容

```
01: /* 程式範例: Ch7_6_1.c */
02: #include <stdio.h>
03:
04: int main(void) {
05:     int i, j, a = 3, b = 4; /* 變數宣告 */
06:     for ( i = 1; i <= 9; i++ ) { /* 巢狀迴圈 */
07:         j = 1;
08:         while ( j <= 9 ) { /* 第二層迴圈 */
09:             printf("%d*%d=%2d ", i, j, i*j);
10:             if ( a == i && b == j )
11:                 goto found;   /* goto敘述 */
12:             j++;
13:         }
14:        printf("\n");
15:     }
16:     found:     /* 標籤 */
17:     printf("\n");
18:
19:     return 0;
20: }
```

程式說明

◈ 第10~11行：if條件敘述如果成立，就執行第11行的goto敘述跳出迴圈到標籤found:，即跳至第16行來執行程式碼。

◈ 第16行：標籤found:。

另一種goto敘述在巢狀迴圈的常見應用是錯誤處理。當巢狀迴圈產生程式本身可以處理的錯誤時，我們可以使用goto敘述馬上跳到錯誤處理程式碼來簡化程式的錯誤處理。

7-6-2 改為沒有goto敘述版本

C程式並不建議使用goto敘述，因爲所有goto敘述都可以改爲沒有goto敘述的版本。例如：第7-6-1節是使用goto敘述跳出迴圈，我們可以改在每一層迴圈都重複測試條件、使用額外變數來跳出每一層迴圈，如下所示：

```
found = 0;
for ( i = 1; i <= 9 && !found; i++ ) {
    j = 1;
    while ( j <= 9 && !found ) {
        printf("%d*%d=%2d ", i, j, i*j);
        if ( a == i && b == j )
            found = 1;
        j++;
    }
    if ( !found ) printf("\n");
}
if ( found ) printf("\n");
```

上述二層巢狀迴圈沒有使用goto敘述，在每一層迴圈都測試條件!found。新增的found變數十分重要，它是整個程式能夠正確執行的關鍵，決定巢狀迴圈是否結束，在功能上如同一面旗子標示程式執行方向，即稱爲「旗標」（flag）的關鍵變數。

說明

再次建議讀者，能夠不用，就盡量避免在C程式使用goto敘述。因爲撰寫小程式時，goto敘述十分好用；但如果建立大型程式，goto敘述會造成程式維護上的大麻煩。

程式範例 Ch7_6_2.c

這個C程式是修改自Ch7_6_1.c，改為沒有goto敘述來顯示部分九九乘法表，如下所示：

```
1*1= 1 1*2= 2 1*3= 3 1*4= 4 1*5= 5 1*6= 6 1*7= 7 1*8= 8 1*9= 9
2*1= 2 2*2= 4 2*3= 6 2*4= 8 2*5=10 2*6=12 2*7=14 2*8=16 2*9=18
3*1= 3 3*2= 6 3*3= 9 3*4=12
```

程式內容

```
01: /* 程式範例: Ch7_6_2.c */
02: #include <stdio.h>
03:
04: int main(void) {
05:     int i, j, found, a = 3, b = 4;  /* 變數宣告 */
06:     /* 巢狀迴圈 */
07:     found = 0;
08:     for ( i = 1; i <= 9 && !found; i++ ) {
09:         j = 1;
10:         while ( j <= 9 && !found ) {
11:             printf("%d*%d=%2d ", i, j, i*j);
12:             if ( a == i && b == j )
13:                 found = 1;
14:             j++;
15:         }
16:         if ( !found ) printf("\n");
17:     }
18:     if ( found ) printf("\n");
19:
20:     return 0;
21: }
```

程式說明

- 第8~17行：巢狀迴圈外層是for迴圈；內層是while迴圈，在每一層迴圈開頭都測試found變數值的條件。
- 第12~13行：if條件敘述如果成立，在第13行將found變數設為1，表示需要跳出2層巢狀迴圈。

學習評量

7-1 for 計數迴圈

1. for (i = 1; i <= 10; i+=2) total+=i;迴圈計算結果的total值是__________。
2. for (i = 1; i <= 10; i+= 3)迴圈共會執行_____次。
3. 請寫出下列for迴圈的執行結果，如下所示：

(1)
```
for ( a = 0; a < 100; a++);
printf("%d", a);
```
(2)
```
for (c = 2; c < 10; c+=3 )
printf("%d", c);
```
(3)
```
for (x = 0; x < 10; x++) {
   for (y = 5; y > 0; y--)
      printf("X");
   printf("\n");
}
```

4. 請寫出下列C程式片段的輸出結果，如下所示：

(1)
```
int c;
for ( c = 65; c < 91; c++ )
   printf("%c", c);
```
(2)
```
int x, y;
for ( x = 0; x < 10; x++, printf("\n") )
   for ( y = 0; y < 10; y++ )
      printf("X");
```
(3)
```
int total = 0;
for (i = 1; i <= 10; i++) {
   if ((i % 2) != 0) {
      total += i;
      printf("%d\n", i);
   }
   else {
      total--;
   }
}
printf("總和: %d\n", total);
```

5. 請指出下列for迴圈程式片段的錯誤，如下所示：

```
int x;
for ( x = 1; x <= 10; x++ );
   printf("%d\n", x);
```

學習評量

6. 請寫出下列for迴圈程式片段的輸出結果，如下所示：

```
int total = 0;
for (i = 1; i <= 10; i++) {
    if ((i % 2) == 0) {
        total += i;
        printf("%d\n", i);
    }
    else  total--;
}
printf("%d\n", total);
```

7. 請撰寫C程式執行從1到100的迴圈，但只顯示45~70之間的奇數，和計算其總和。
8. 請建立C程式依序顯示1~20的數值和其平方，每一數值成一行，如下所示：

```
1    1
2    4
3    9
………
```

9. 請建立C程式使用for迴圈從3到120顯示3的倍數，例如：3、6、9、12、15、18、21…。
10. 請建立C程式使用for迴圈，從1到100之間，顯示可以同時被3和9整除的所有整數，並且計算其總和。
11. 請建立C程式輸入正整數後，顯示其所有因數的清單。例如：輸入12顯示1、2、3、4、6、12。
12. 請使用for迴圈計算下列數學運算式的值，如下所示：

    1+1/2+1/3+1/4~+1/n　n=67

    1*1+2*2+3*3~+n*n　　n=34
13. 完美數（perfect number）是指一個整數剛好是其所有因數的和，例如：6=1+2+3，所以6是完美數。請試著撰寫C程式，找出1~500之間的完美數。
14. 小明存了200000元準備購買年配息5%的債券，期限是5年，請建立C程式使用for迴圈計算小明可以得到的利息總和。

學習評量

7-2 條件迴圈

1. C語言的__________迴圈是在結尾進行條件檢查，這種迴圈可以保證執行_____次。
2. 請寫出下列C程式片段執行結果輸出的值，如下所示：

   (1)

```
t = 0; i = 1;
while (i <= 100) {
    t = t + i;
    i = i + 1;
}
t = t + i;
printf("%d\n", t);
```

   (2)

```
int n = 1;
while (n <= 64) {
    n = 2*n;
    printf("%d\n", n);
}
```

3. 請使用圖例說明如何將for迴圈改為while迴圈？
4. 請試著使用while迴圈建立計數迴圈，可以顯示1~150之間的偶數，和計算其總和。
5. 請建立C程式使用while迴圈計算複利的本利和，在輸入金額後，計算5年複利8%的本利和。
6. 請建立C程式輸入繩索長度，例如：100後，使用while迴圈計算繩索需要對折幾次才會小於20公分？
7. 請建立C程式使用while迴圈顯示費氏數列：1、1、2、3、5、8、13，除第1和第2個數字為1外，每一個數字都是前2個數字的和。
8. 請建立C程式使用while迴圈來解雞兔同籠問題，目前只知道在籠子中共有40隻雞或兔，總共有100隻腳，請問雞兔各有多少隻？

學習評量

9. 請建立C程式，使用while迴圈顯示星號的三角形，如下圖所示：

```
*
**
***
****
*****
```

10. 微波爐建議的加熱時間是當加熱2項食物時，增加50%的加熱時間；3項時就需一倍的加熱時間。請設計C程式使用while迴圈計算當加熱1個包子需時30秒；加熱2、3、4、5、6個包子的建議時間？
11. 請建立C程式輸入正整數n後，使用do/while迴圈計算1+3+5+7+…+n的總和。
12. 請建立C程式輸入最大值max_value後，使用do/while迴圈計算2+4+6+…+n總和大於等於max_value值的最小n值。

7-3 巢狀迴圈與無窮迴圈

1. 請使用for、while或do/while迴圈的各種不同組合建立兩層巢狀迴圈顯示九九乘法表。
2. 請指出下列while迴圈程式片段的錯誤，如下所示：

```
int c = 0;
while ( c <= 65 ) {
    printf("%d", c);
}
```

3. 請建立C程式使用巢狀迴圈顯示下列的數字三角形，如下所示：

```
1
22
333
4444
55555
```

4. 請建立C程式使用巢狀迴圈顯示下列的數字三角形，如下所示：

```
1
12
123
1234
12345
```

學習評量

7-4 中斷與繼續迴圈

1. C語言可以使用______敘述中斷for、while和do/while迴圈的執行。在for、while和do/while迴圈的執行過程中，可以使用_________敘述馬上繼續執行下一次迴圈。
2. 請建立C程式使用break敘述計算使用者輸入所有數值的平均值，使用者可以持續輸入數值直到負值，就顯示不含最後負值的平均值。
3. 請建立C程式輸入4個整數值後，計算輸入值的乘積。如果輸入值是0，就跳過此數字，只乘不為0的輸入值。
4. 請建立C程式使用continue敘述找出1~100之間，所有可以被2和3整數，但不被12整除的數字清單。

7-6 goto 敘述和標籤

1. 請問C程式使用goto敘述和標籤的時機為何？
2. 請試著使用goto敘述建立C程式，可以計算1~100之間的偶數和。
3. 請試著使用goto敘述建立C程式，如果輸入的數字範圍不是1~10，就重複輸入。

綜合練習

1. 請試著依據fChart流程圖來執行流程後，寫出變數a的值（fChart流程圖專案：Ch7_7a.fpp）和試著寫出C程式，如右圖所示：

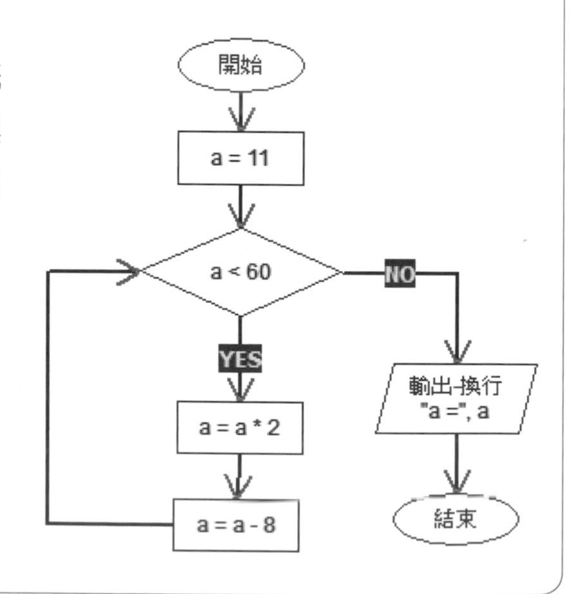

學習評量

2. 請試著依據fChart流程圖來執行流程後，寫出變數j的值（fChart流程圖專案：Ch7_7b.fpp）和試著寫出C程式，如下圖所示：

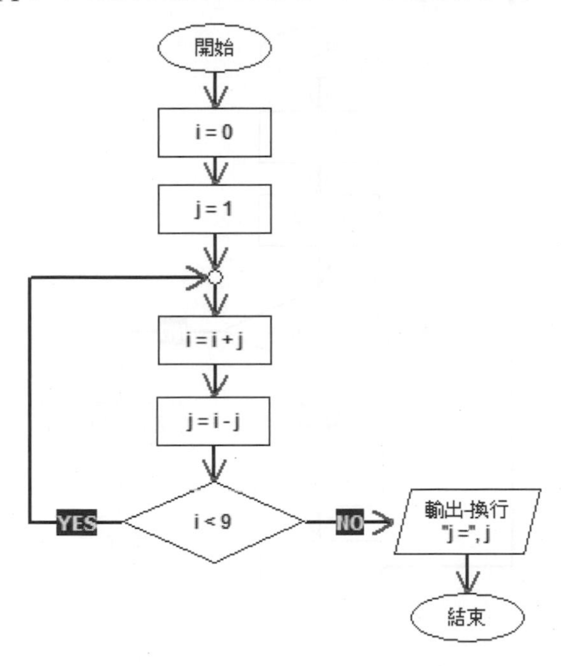

3. 請試著依據fChart流程圖來執行流程後，寫出變數B的值（fChart流程圖專案：Ch7_7c.fpp）和試著寫出C程式，如下圖所示：

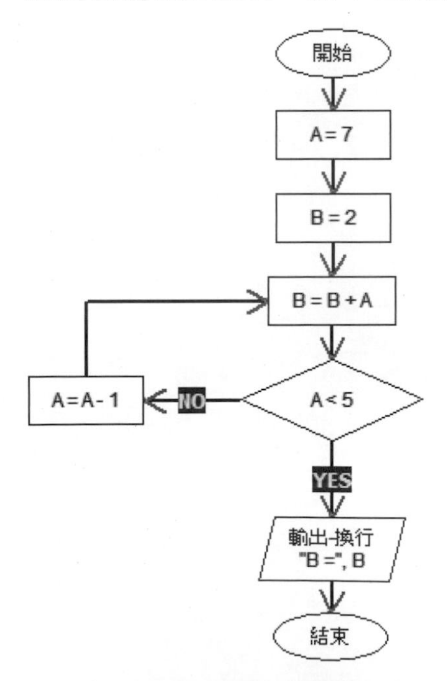

學習評量

4. 請試著依據fChart流程圖來執行流程後，寫出變數A的值（fChart流程圖專案：Ch7_7d.fpp）和試著寫出C程式，如下圖所示：

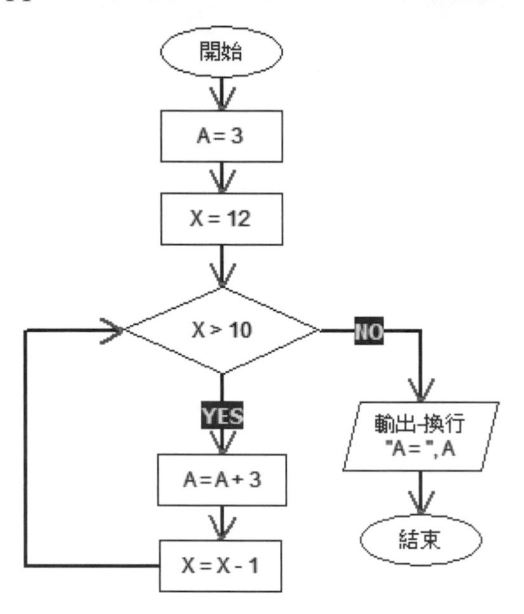

Chapter

08

函數

本章學習目標

8-1 再談由上而下設計方法

目前軟體系統或應用程式的功能都十分強大，每一種軟體系統或應用程式都需要大量人力參與設計，因此，將一個大型工作分割成一個個小型工作，然後再分別完成，就成為一項非常重要的工作。

由上而下設計方法（top-down design）主要是使用程序或函數為單位來切割工作。這是一種循序漸進了解問題的方法。筆者準備使用一個實例來說明工作分割的過程。例如：繪出一間房屋圖形的工作，如圖8-1所示：

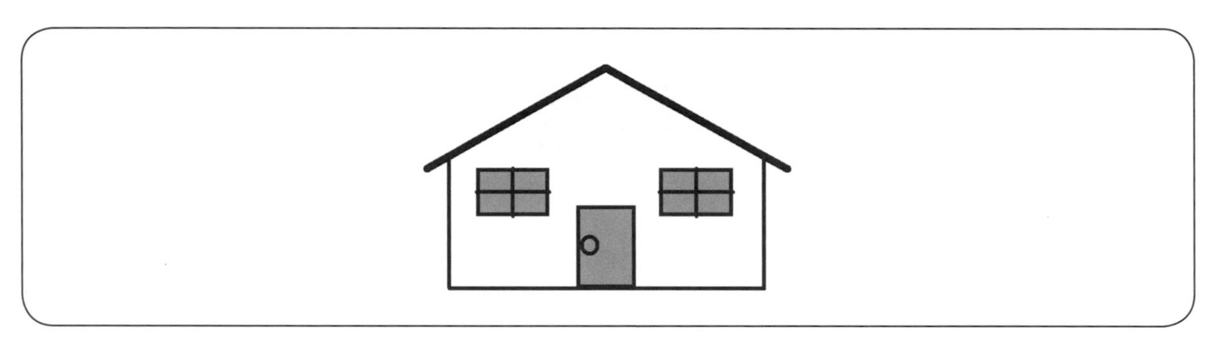

▶ 圖8-1

上述房屋圖形的繪圖工作不是一筆畫就可以完成，所以，我們可以分割成多個小工作來分別繪製，使用由上而下設計方法來完成整個繪圖工作。

步驟一：

整個房屋的繪圖工作可以粗分成三個子工作，如下所示：

1. 繪出屋頂和外框。

2. 繪出窗戶。

3. 繪出門。

依據上述工作分割，我們可以建立各問題之間的模組架構，如圖8-2所示：

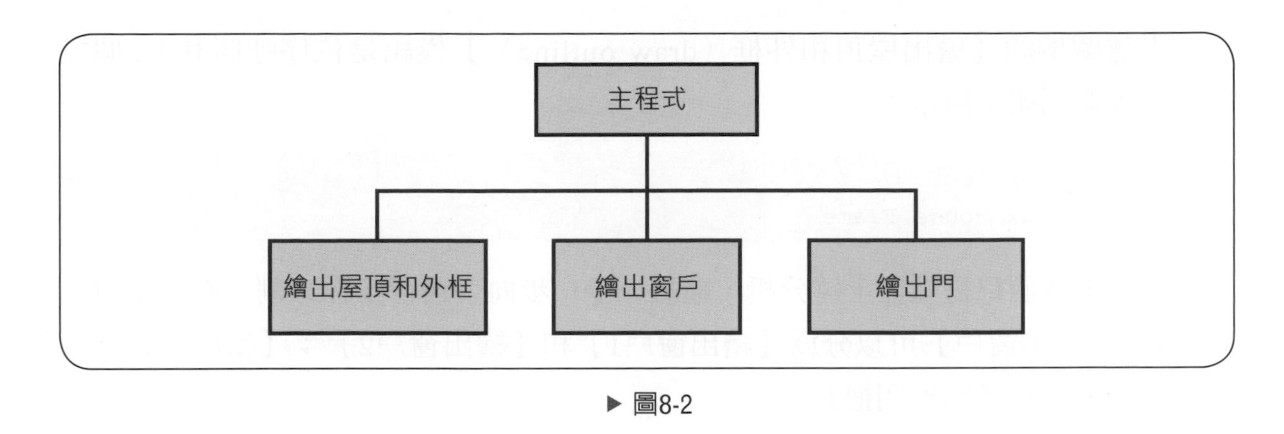

▶ 圖8-2

在上述圖例的【主程式】分別呼叫這些模組，其虛擬碼如下所示：

```
Call Draw Outline
Call Draw Windows
Call Draw Door
```

步驟二：

接著針對第一個子工作【繪出屋頂和外框】（draw outline），我們可以再次進行分割，分成二個下一層的孫工作，如下所示：

1-1. 繪出屋頂。

1-2. 繪出房屋的外框。

依據上述分割，我們可以建立下一層問題之間的模組架構，如圖8-3所示：

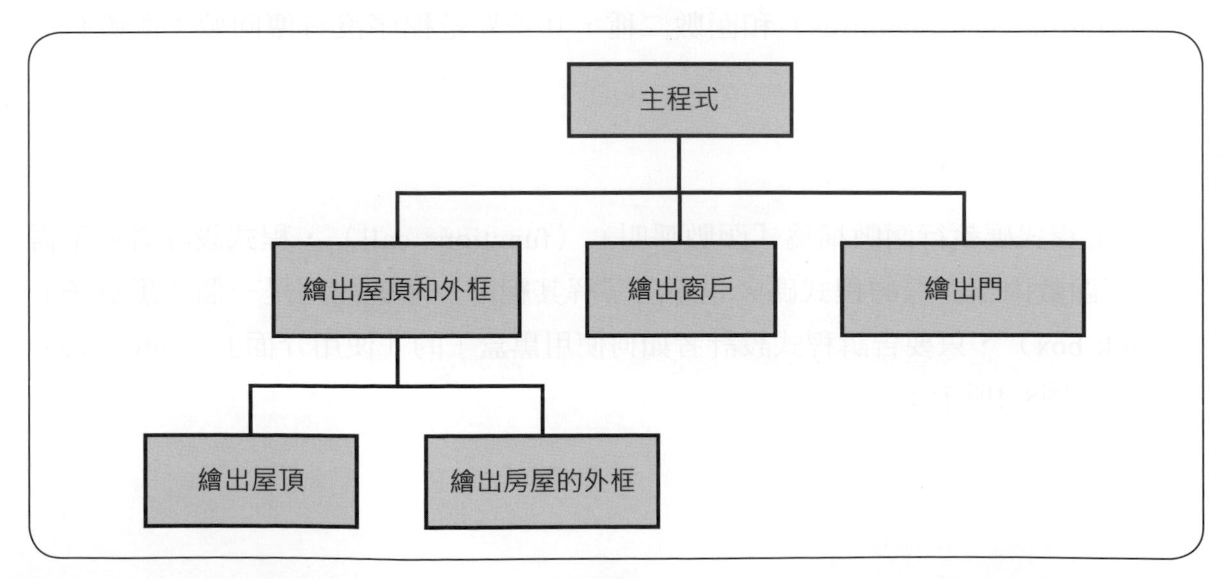

▶ 圖8-3

上述圖例的【繪出屋頂和外框（draw outline）】模組是依序呼叫其下2個模組，其虛擬碼如下所示：

```
Call Draw Roof
Call Draw House Frame
```

現在，我們只需重複上述分析，繼續一步一步向下進行工作分割。例如：窗戶有2個，【繪出窗戶】可以分為【繪出窗戶1】和【繪出窗戶2】；【繪出門】分為【繪出門框】和【繪出門把】。

最後，當將問題分割成一個個小問題後，每一個小問題是一個C語言函數，只需完成這些函數，即可解決整個房屋繪圖的問題。

8-2 建立C語言的函數

C語言的模組單位是「函數」（functions）。函數是一個獨立程式單元，可以將大工作分割成一個個小型工作，我們可以重複使用之前建立的函數，或直接呼叫C語言標準函數庫的函數。

8-2-1 函數是一個黑盒子

在C語言的獨立程式單位稱為函數，有些程式語言還進一步分成程序（subroutines或procedures）和函數二種，其差異是程序沒有傳回值；函數有傳回值。

函數是一個黑盒子

在C程式碼執行函數稱為「函數呼叫」（functions call），程式設計者並不需要了解函數內部實際的程式碼，也不用了解其細節。函數如同是一個「黑盒子」（black box），只要告訴程式設計者如何使用黑盒子的「使用介面」（interface）即可，如圖8-4所示：

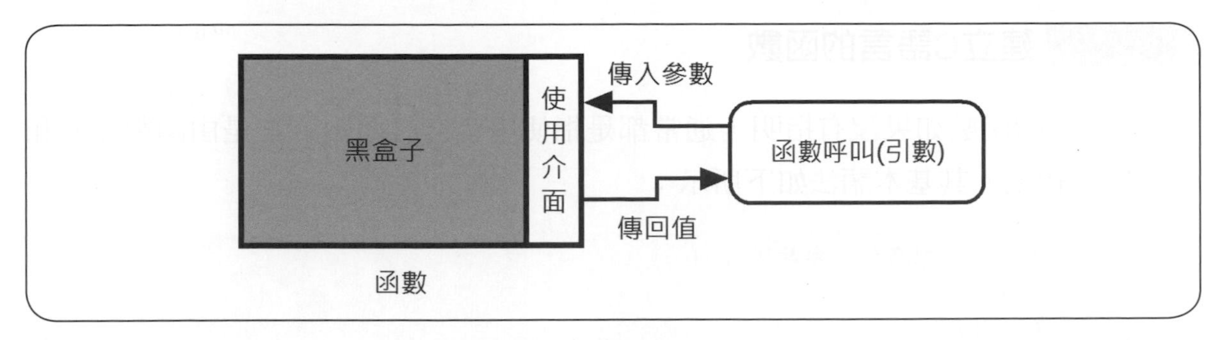

▶ 圖8-4

上述圖例可以看出呼叫函數（內含引數的參數值）只需知道函數需要傳入哪些參數，然後從函數取得什麼傳回值，這是函數與外部溝通的使用介面。實際函數內容的程式碼是隱藏在使用介面之後，函數實際內容的程式碼撰寫稱為「實作」（implementations）。

在使用程式語言撰寫函數時，有一些規則可供參考，如下所示：

1. 函數的使用介面需要直接、良好定義和容易了解。
2. 在使用函數時，並不需要知道任何有關內部實作的問題，唯一需要知道的是如何呼叫它的使用介面。
3. 在實作程序時，並不用考量或知道到底是誰需要使用此函數，只需滿足使用介面定義的輸入參數和傳回值即可。

函數的「語法」（syntax）說明函數需要傳入何種資料型態的「參數」（parameters）和傳回值。「語意」（semantic）指出函數可以做什麼事？在撰寫函數時，我們需要了解函數的語法規則；呼叫函數時需要了解其語意規則，才能正確的呼叫函數。

C語言的函數種類

C語言的函數主要分為兩種，其說明如下所示：

1. **函數庫函數**（library functions）：C語言標準函數庫提供的函數，進一步說明請參閱＜附錄B：C語言的標準函數庫＞。
2. **使用者自訂函數**（user defined functions）：使用者自行建立的C函數，本章內容主要說明如何建立使用者自訂函數。

8-2-2 建立C語言的函數

C語言的函數如果沒有指明，通常都是指使用者自訂函數。它是由函數標頭和程式區塊組成。其基本語法如下所示：

```
傳回值型態 函數名稱( 參數列 ) {
    程式敘述1;
    程式敘述2;
    ……
    程式敘述n;
    return 傳回值;
}
```

上述函數分成兩大部分：第1行是函數標頭（function header），在之後的大括號是函數程式區塊（function block）。

在函數標頭的傳回值型態是函數傳回值的資料型態，函數名稱如同變數命名，是由程式設計者自行命名。在函數程式區塊中使用return敘述傳回函數值，和結束函數執行。

函數的參數（parameters）是函數的使用介面，如果沒有參數，就是一個空括號，或是void。傳回值型態如果是void，表示函數沒有傳回值；如果省略傳回值型態，預設型態是int整數。

建立C語言的函數

在C程式建立沒有參數列和傳回值的printMsg()函數，如下所示：

```
void printMsg(void) {
    printf("歡迎學習C程式設計!\n");
}
```

上述函數傳回值的資料型態爲void，表示沒有傳回值。在大括號內是函數的程式區塊，因爲沒有使用return敘述，所以函數是執行到程式區塊的"}"右大括號爲止。

函數名稱爲printMsg，在名稱後的括號中可以定義傳入的參數列，如果函數沒有參數，括號可以使用void表示沒有參數，或使用空括號。

函數呼叫

在C程式碼呼叫函數需要使用函數名稱和括號中的引數列，其基本語法如下所示：

```
函數名稱( 引數列 );
```

上述語法的函數如果有參數，在呼叫時需要加上傳入的參數值，稱為「引數」（arguments，或通稱「參數」）。因為前述函數printMsg()沒有傳回值和參數列，所以呼叫函數只需使用函數名稱和空括號即可，如下所示：

```
printMsg();
```

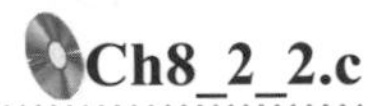

在C程式建立printMsg()和sum2Ten()兩個函數。第2個函數是修改自for迴圈的程式區塊，可以從1加至10，如下所示：

```
歡迎學習C程式設計!
從1到10 = 55
```

上述執行結果顯示文字內容，和1加到10的總和55。

程式內容

```
01: /* 程式範例: Ch8_2_2.c */
02: #include <stdio.h>
03:
04: /* 函數: 顯示訊息 */
05: void printMsg(void) {
06:     printf("歡迎學習C程式設計!\n");
07: }
08: /* 函數: 顯示1加到10的總和 */
09: void sum2Ten(void) {
10:     int i, total = 0;    /* 變數宣告 */
11:     for ( i = 1; i <= 10; i++ ) { /* for迴圈敘述 */
12:         total += i;
13:     }
14:     printf("從1到10 = %d\n", total);
15: }
```

```
16: /* 主程式 */
17: int main(void) {
18:     printMsg();    /* 函數呼叫 */
19:     sum2Ten();
20:
21:     return 0;
22: }
```

程式說明

- 第5~7行：printMsg()函數可以顯示一段字串的文字內容。
- 第9~15行：sum2Ten()函數使用for迴圈計算1加到10，此函數是將for迴圈程式區塊改頭換面成為函數。
- 第18~19行：呼叫printMsg()和sum2Ten()函數。

函數的執行過程

現在讓我們來看一看函數呼叫的實際執行過程。C程式的進入點是主程式main()函數，在執行主程式第18行呼叫printMsg()函數，程式會更改程式碼的執行順序，跳到執行第5~7行的函數程式區塊，在執行完後返回主程式繼續執行之後的程式碼，如圖8-5所示：

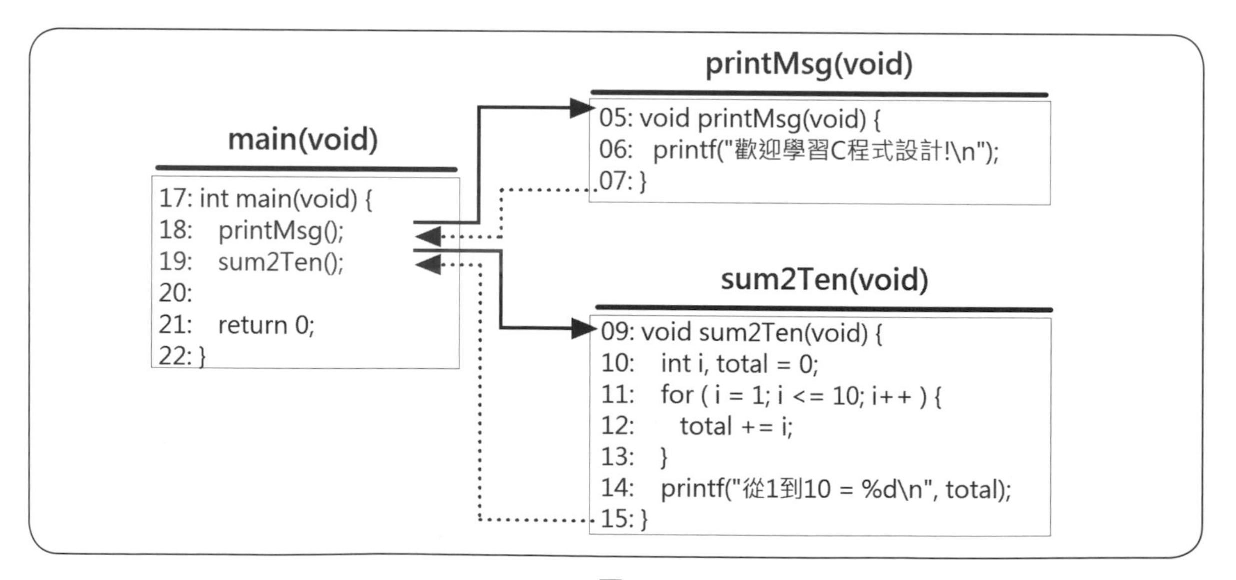

▶ 圖8-5

接著在上述第19行呼叫另一個sum2Ten()函數，所以跳到第9~15行執行程式區塊來計算1加到10；在執行完函數程式碼後，再度返回主程式執行第21行程式碼，直到執行完主程式main()函數爲止。

8-2-3 函數的原型宣告與定義

ANSI-C語言的函數結構分爲「宣告」（declaration）和「定義」（definition）兩個部分。程式範例Ch8_2_2.c的函數程式區塊是實際的函數定義，並沒有原型宣告，因爲呼叫函數的程式碼是位在定義之後，所以C函數可以不用預先宣告。

函數原型宣告的基本語法

對於良好撰寫風格的C程式碼來說，函數一定要在使用前進行宣告，函數原型宣告的位置是位在含括檔之後，main()函數之前，其基本語法如下所示：

```
傳回值型態 函數名稱( 參數列 );
```

上述傳回值型態是函數傳回值的資料型態，參數列是各參數的資料型態或加上參數名稱（可以不加上參數名稱，只有型態），最後，記得需要加上「;」符號。

沒有參數列和傳回值的函數原型宣告

C函數如果沒有參數列和傳回值，都是使用void表示（空白也可以，不過，有些編譯器會顯示警告訊息）。例如：上一節printMsg()函數的原型宣告，如圖8-6所示：

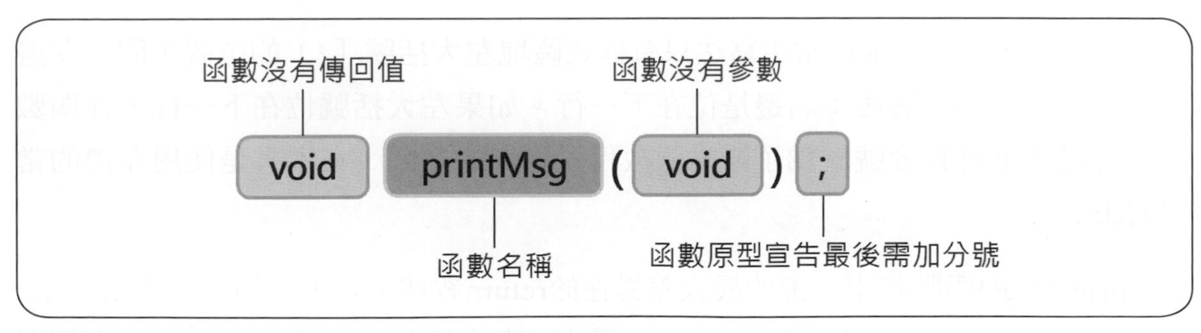

▶ 圖8-6

如果需要，我們可以在同一行程式敘述宣告多個函數原型，只需使用「,」逗號分隔即可，如下所示：

```
void printMsg(void) , sum2Ten(void);
```

函數的定義

函數的定義是實作的程式碼，可以位在程式碼檔案的任何位置。如果函數定義位在主程式main()函數之前，例如：第8-2-2節的範例，程式可以沒有函數原型宣告。因為本書範例程式的函數定義大都位在main()函數之後，所以需要在程式開頭加上函數原型宣告。

函數的定義是由函數標頭（function header），和之後大括號的程式區塊（function block）所組成，例如：printMsg()函數的定義，如圖8-7所示：

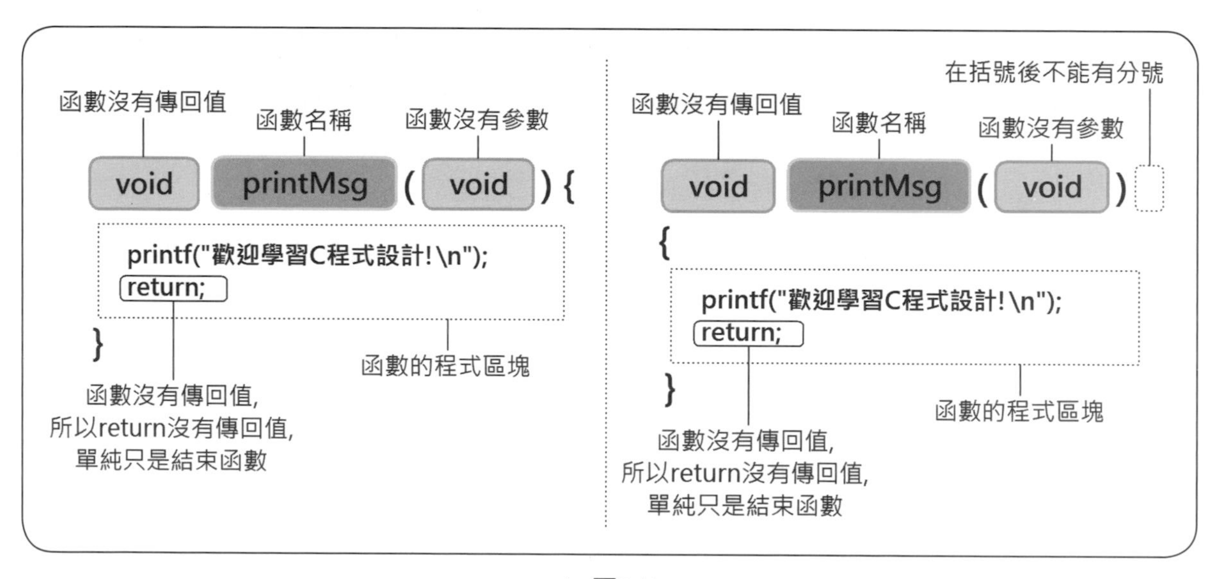

▶ 圖8-7

上述函數定義的兩種常用寫法只有程式區塊左大括號「{」的位置不同。左邊是位在函數標頭的最後；右邊是位在下一行。如果左大括號位在下一行，在函數標頭的最後不可有分號。為了節省函數程式區塊的空間，在本書是使用左邊的常用寫法。

printMsg()函數和上一節的最大差異在於return敘述。在上一節沒有使用return敘述，所以函數是執行至右大括號「}」為止；在本節有return敘述，因為沒有傳回值，所以之後接著分號，並沒有眞的傳回值。printMsg()函數是執行至return為止，而不是至右大括號。

擁有參數列和傳回值的函數原型宣告

C函數如果擁有參數列和傳回值，其原型宣告如下所示：

```
void sumN2N(int, int);     /* 函數原型宣告 */
double convert2F(double c);
```

上述程式碼的2個函數原型宣告擁有參數列。第2個函數有傳回值，參數列只需資料型態，當然，也可以加上參數名稱，這是程式範例Ch8_2_4.c和Ch8_2_5.c的函數原型宣告。

程式範例 Ch8_2_3.c

這個C程式是修改自Ch8_2_2.c，因為2個函數的定義是位在主程式main()函數之後，所以在程式開頭加上函數原型宣告，如下所示：

```
歡迎學習C程式設計!
從1到10 = 55
```

程式內容

```
01: /* 程式範例: Ch8_2_3.c */
02: #include <stdio.h>
03:
04: void printMsg(void);  /* 函數的原型宣告 */
05: void sum2Ten(void);
06: /* 主程式 */
07: int main(void) {
08:     printMsg();    /* 函數呼叫 */
09:     sum2Ten();
10:
11:     return 0;
12: }
13: /* 函數: 顯示訊息 */
14: void printMsg(void) {
15:     printf("歡迎學習C程式設計!\n");
16:     return;
17: }
18: /* 函數: 顯示1加到10的總和 */
19: void sum2Ten(void) {
20:     int i, total = 0;   /* 變數宣告 */
```

```
21:     for ( i = 1; i <= 10; i++ ) { /* for迴圈敘述 */
22:         total += i;
23:     }
24:     printf("從1到10 = %d\n", total);
25: }
```

程式說明

◈ 第4~5行：printMsg()和sum2Ten()函數的原型宣告。

◈ 第14~17行：printMsg()函數是在第16行使用return敘述結束函數的執行。

8-2-4 函數的參數列

函數的參數列是函數的資訊傳遞機制，可以從外面將資訊送入函數的黑盒子，它是函數的使用介面，即函數呼叫和函數之間的溝通管道。

建立擁有參數列的函數

函數如果擁有參數列，呼叫函數時可以傳入不同參數值的引數來產生不同的執行結果。如果C函數擁有參數列，我們需要在括號內宣告參數列。例如：計算指定範圍總和的sumN2N()函數，如下所示：

```
void sumN2N(int start, int max) {  /* 函數定義 */
    int total = 0;
    int i;
    for ( i = start; i <= max; i++ ) {
        total += i;
    }
    printf("從%d 加到 %d = %d\n", start, max, total);
}
```

上述sumN2N()函數定義的參數稱爲「正式參數」（formal parameters）或「假參數」（dummy parameters）。參數列的正式參數是識別字，其角色如同變數，需要指定資料型態。參數可以在函數的程式碼區塊中使用（如同變數），如果參數不只一個，請使用「,」逗號分隔。

呼叫擁有參數列的函數

如果函數擁有參數列，在呼叫函數時需要加上引數列，如下所示：

```
sumN2N(1, 5);    /* 函數呼叫 */
sumN2N(2, max + 2);
```

上述呼叫函數的引數稱為「實際參數」（actual parameters）。引數可以是常數值，例如：1、5和2；變數或運算式，例如：max+2，其運算結果的值需要和正式參數宣告的資料型態相同（編譯器會強迫型態轉換成相同的資料型態），函數的每一個正式參數都需要對應一個相同資料型態的實際參數。

Ch8_2_4.c

在C程式建立擁有參數列的函數，可以計算參數指定範圍的累加總和，如下所示：

```
從1 加到 5 = 15
從2 加到 7 = 27
```

程式內容

```
01: /* 程式範例: Ch8_2_4.c */
02: #include <stdio.h>
03:
04: void sumN2N(int, int);  /* 函數的原型宣告 */
05: /* 主程式 */
06: int main(void) {
07:     int max = 5;        /* 變數宣告 */
08:     sumN2N(1, 5);       /* 函數的呼叫 */
09:     sumN2N(2, max + 2);
10:
11:     return 0;
12: }
13: /* 函數: 計算指定範圍的總和 */
14: void sumN2N(int start, int max){
15:     int total = 0;
16:     int i;
17:     for ( i = start; i <= max; i++ )
```

```
18:         total += i;
19:     printf("從%d 加到 %d = %d\n", start, max, total);
20: }
```

程式說明

- 第4行：函數的原型宣告。
- 第8~9行：使用不同參數值呼叫2次sumN2N()函數，可以得到不同範圍的累加總和。
- 第14~20行：sumN2N()函數擁有2個參數指定計算範圍，函數依參數值使用for迴圈來計算總和。

8-2-5 函數的傳回值

C語言的函數依照傳回值的不同分爲三種，其說明如下所示：

1. **沒有傳回值**：函數沒有傳回值也稱爲程序（procedures），可以執行特定工作，例如：前述printMsg()函數的工作是顯示一個字串。
2. **傳回值為true或false**：函數的傳回值只是指出函數執行是否成功，通常是使用在一個需要了解執行是否成功的工作；或傳回一個測試狀態。例如：本節isValidNum()函數檢查溫度是否位在範圍內。
3. **傳回運算結果**：函數主要目的是執行特定運算，傳回值是運算結果。例如：本節convert2F()函數可以傳回溫度轉換的結果。

return敘述

return敘述的用途主要有兩種：第一種是終止函數的執行，例如：對於沒有傳回值的函數，可以使用return敘述馬上終止函數的執行。如下所示：

```
void printTriangle(int rows) {
    int i, j;
    for ( i = 1; i <= 100; i++ ) {
        for ( j = 1; j <= i; j++ ) printf("*");
        printf("\n");
        if ( i == rows ) return;
    }
}
```

上述函數的for迴圈是使用return敘述終止函數執行。第二種用途是替函數傳回值，其基本語法如下所示：

```
return 常數值或運算式;
```

上述程式碼只能位在函數的程式區塊中，我們可以重複多個return敘述來傳回不同的值。請注意！傳回值的資料型態需要與函數宣告的傳回值型態相同。

建立擁有傳回值的函數

當C函數傳回值型態不是void，而是其他資料型態時，就表示函數擁有傳回值。在函數的程式區塊需要使用return敘述來傳回值。例如：判斷參數值是否位在指定範圍的isValidNum()函數，如下所示：

```
int isValidNum(double no) {
    if ( no >= 0 && no <= 200.0 ) return 1;   /* 傳回true */
    else                          return 0;   /* 傳回false */
}
```

上述isValidNum()函數的傳回值型態是int。在程式區塊有2個return敘述傳回常數值，傳回0表示合法；1為不合法。再來看一個執行運算的convert2F()函數，如下所示：

```
double convert2F(double c){
    double f;
    f = (9.0 * c) / 5.0 + 32.0;
    return f;  /* 傳回溫度轉換的運算結果 */
}
```

上述函數使用return敘述傳回函數的執行結果，即運算式的運算結果。

呼叫擁有傳回值的函數

函數如果擁有傳回值，在呼叫時可以使用指定敘述來取得傳回值，如下所示：

```
f = convert2F(c);   /* 使用指定敘述取得函數傳回值 */
```

上述程式碼的變數f可以取得convert2F()函數的傳回值。變數f的資料型態需要與函數傳回值的型態相同。

如果函數傳回值為true或false，例如：isValidNum()函數，我們可以在if/else條件敘述呼叫函數作為判斷條件，如下所示：

```
if ( isValidNum(c) ) printf("合法\n");
else                 printf("不合法\n");
```

上述條件使用函數傳回值作為判斷條件，可以顯示數值是否合法。

程式範例 Ch8_2_5.c

在C程式使用return敘述建立三種函數的傳回值，如下所示：

```
*
**
***
合法
攝氏100.000000 = 華氏212.000000
```

上述執行結果可以看到沒有傳回值函數顯示「*」字元建立的三角形、判斷數值是否合法，和溫度轉換的結果。

程式內容

```
01: /* 程式範例: Ch8_2_5.c */
02: #include <stdio.h>
03:
04: /* 函數: 顯示文字三角形 */
05: void printTriangle(int rows) {
06:     int i, j;
07:     for ( i = 1; i <= 100; i++ ) {
08:         for ( j = 1; j <= i; j++ ) printf("*");
09:         printf("\n");
10:         if ( i == rows ) return;  /* 終止函數執行 */
11:     }
12: }
13: /* 函數: 檢查數值是否合法 */
14: int isValidNum(double no) {
15:     if ( no >= 0 && no <= 200.0 ) return 1; /* 合法 */
16:     else                          return 0; /* 不合法 */
17: }
```

```
18: /* 函數: 攝氏轉華氏溫度 */
19: double convert2F(double c){
20:     double f;
21:     f = (9.0 * c) / 5.0 + 32.0;
22:     return f;
23: }
24: /* 主程式 */
25: int main(void) {
26:     double c = 100.00;  /* 變數宣告 */
27:     double f;
28:     printTriangle(3);  /* 函數呼叫 */
29:     /* 有傳回值的函數呼叫 */
30:     if ( isValidNum(c) ) printf("合法\n");
31:     else                 printf("不合法\n");
32:     f = convert2F(c);
33:     printf("攝氏%f = 華氏%f\n", c, f);
34:
35:     return 0;
36: }
```

程式說明

- 第5~12行：printTriangle()函數可以顯示字元三角形，在第10行使用rcturn敘述跳出迴圈和中止函數的執行。
- 第14~17行：isValidNum()函數判斷參數是否位在指定範圍內，使用2個return敘述傳回0或1。請注意！雖然函數有2個return敘述，但是只有一個return敘述會執行。
- 第19~23行：convert2F()函數將參數的攝氏溫度轉換成華氏溫度，在第22行的return敘述傳回函數的運算結果。
- 第28行、第30行和第32行：分別呼叫3個函數，在第30行和第32行是在條件和指定敘述呼叫擁有傳回值的函數。

8-3 函數的參數傳遞方式

C語言的函數參數擁有兩種不同的參數傳遞方式，如表8-1所示：

▶ 表8-1

傳遞方式	說明
傳值呼叫（call by value）	將變數值傳入函數，在函數另外需要配置記憶體空間來儲存參數值，所以不會變更呼叫變數的值
傳址呼叫（call by reference）	將變數實際儲存的記憶體位址傳入，所以在函數變更參數值，同時也會變更原呼叫的變數值

在這一節筆者準備使用同一swap()函數，在第8-3-1節和第8-3-2節分別說明傳值和傳址的參數傳遞。swap()函數的功能是交換2個參數值，因爲使用不同的參數傳遞方式，其結果也大不相同。

8-3-1 傳值的參數傳遞

C語言的傳值呼叫是函數預設的參數傳遞方式，其作法是將複製的參數值傳到函數，所以，函數存取的參數不是原來傳入的變數，當然也不會更改呼叫的變數值，因爲它們是位在不同的記憶體空間，如圖8-8所示：

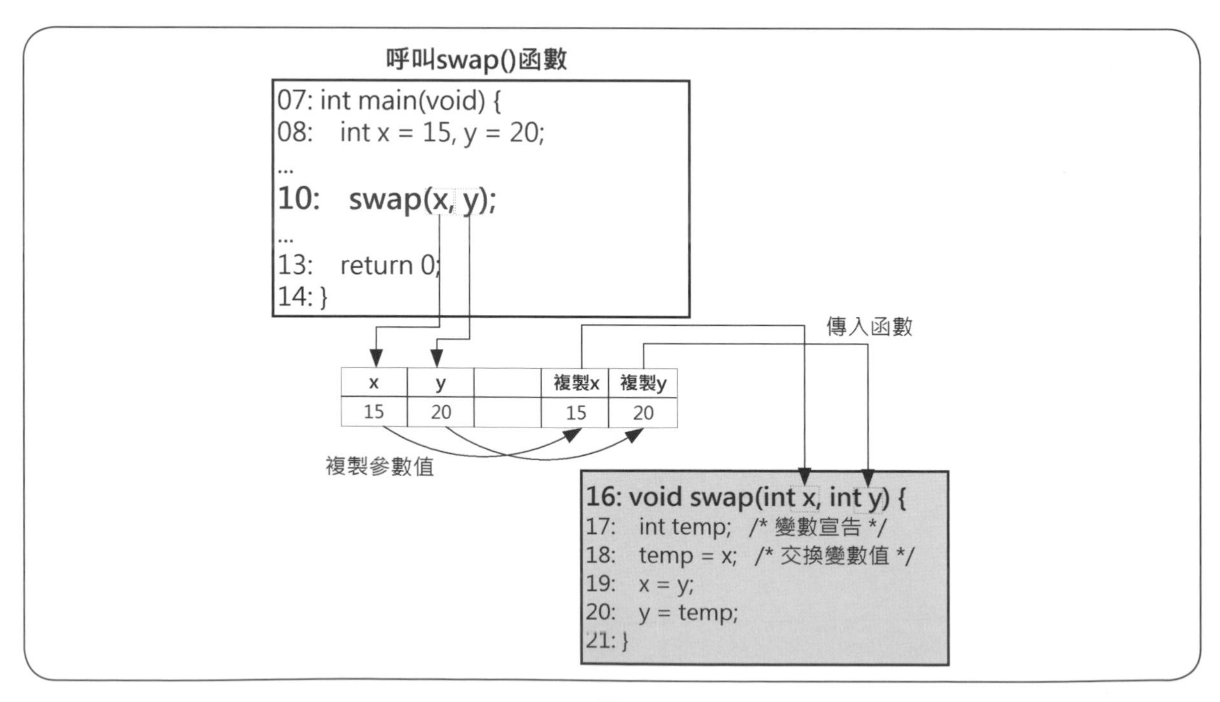

▶ 圖8-8

上述swap()函數是傳值呼叫，傳入的參數x和y會建立複本x和y，在函數中存取的是此複本變數，並不是原來變數，所以，不會更改呼叫變數x和y的值，執行結果不會交換2個變數值。

Ch8_3_1.c

在C程式建立swap()函數，使用傳值方式傳遞參數來交換參數的變數值，如下所示：

```
交換前 x= 15 y= 20
交換後 x= 15 y= 20
```

上述執行結果可以看到呼叫函數前後的變數值並沒有改變。

程式內容

```
01: /* 程式範例: Ch8_3_1.c */
02: #include <stdio.h>
03:
04: /* 函數的原型宣告 */
05: void swap(int, int);
06: /* 主程式 */
07: int main(void) {
08:     int x = 15, y = 20;    /* 變數宣告 */
09:     printf("交換前 x= %d y= %d\n", x, y);
10:     swap(x, y);     /* 函數的呼叫 */
11:     printf("交換後 x= %d y= %d\n", x, y);
12:
13:     return 0;
14: }
15: /* 函數: 交換參數的數值 */
16: void swap(int x, int y) {
17:     int temp;    /* 變數宣告 */
18:     temp = x;    /* 交換變數值 */
19:     x = y;
20:     y = temp;
21: }
```

程式說明

- 第9~11行：在顯示呼叫函數前的變數值後，呼叫swap()函數，然後顯示呼叫函數後的2個變數值。
- 第16~21行：swap()函數擁有2個參數x和y。在第18~20行交換2個參數值。

8-3-2 傳址的參數傳遞

C語言沒有提供內建傳址呼叫方式，而是使用指標傳遞參數來取代。所以，C語言的傳址呼叫是傳遞指標。在本節筆者只準備簡單說明指標，進一步說明請參閱<第10章：指標>。

傳址呼叫是將變數實際記憶體位址傳入，所以函數中變更參數的變數值，同時也會更改原變數值，因為它們是位在同一記憶體位址的變數，如圖8-9所示：

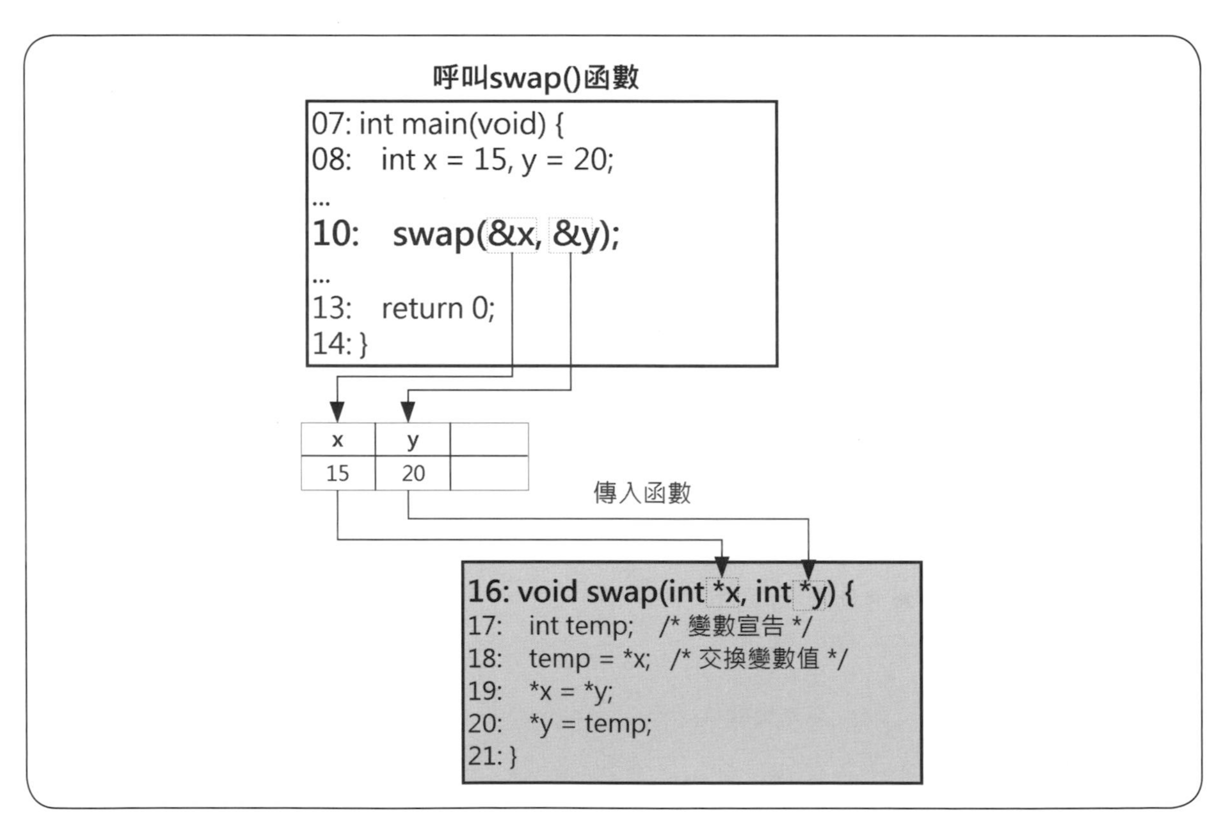

▶ 圖8-9

上述swap()函數傳入的參數是指標（指標是一個指向其他變數記憶體位址的變數，所以傳入的是記憶體位址），在參數的變數名稱前需要使用「*」號表示是指標，眞正傳入函數的參數是變數的位址。

在swap()函數取得指標指向位址儲存的參數值是使用「*」取值運算子來取得變數值，如下所示：

```
temp = *x;
*x = *y;
*y = temp;
```

上述程式碼使用取值運算子*x，可以取得指標x位址的變數值，然後將它指定給變數temp；接著將指標y位址的變數值指定給指標x所指位址的變數；最後將變數temp的值指定給變數y位址的變數，以便交換2個變數值。

因爲指標值是變數的位址，所以呼叫函數需要使用「&」取址運算子取得變數的記憶體位址，如下所示：

```
swap(&x, &y);
```

當傳址呼叫的參數在函數程式區塊更改其值時，因爲是同一記憶體位址的變數，所以會更改傳入的變數值。

程式範例 Ch8_3_2.c

在C程式建立swap()函數，使用傳址方式來傳遞參數，以便交換2個參數的變數值，如下所示：

```
交換前 x= 15 y= 20
交換後 x= 20 y= 15
```

上述執行結果可以看到呼叫函數前後的變數值已經交換。

程式內容

```
01: /* 程式範例: Ch8_3_2.c */
02: #include <stdio.h>
03:
04: /* 函數的原型宣告 */
```

```
05: void swap(int *, int *);
06: /* 主程式 */
07: int main(void) {
08:     int x = 15, y = 20;   /* 變數宣告 */
09:     printf("交換前 x= %d y= %d\n", x, y);
10:     swap(&x, &y);     /* 函數呼叫 */
11:     printf("交換後 x= %d y= %d\n", x, y);
12:
13:     return 0;
14: }
15: /* 函數: 交換參數的數值 */
16: void swap(int *x, int *y) {
17:     int temp;      /* 變數宣告 */
18:     temp = *x;     /* 交換變數值 */
19:     *x = *y;
20:     *y = temp;
21: }
```

程式說明

- 第9~11行：顯示呼叫函數前的2個變數值後，在第10行呼叫swap()函數，參數是使用「&」運算子取得變數的記憶體位址，然後顯示呼叫函數後的2個變數值。
- 第16~21行：swap()函數擁有2個指標參數x和y的參數。在第18~20行交換2個參數值。

8-4 函數的應用範例

在說明C語言函數的原型宣告、定義、參數傳遞和傳回值後，相信目前撰寫C函數已經不是一件難事。所以，這一節筆者準備介紹更多函數的應用範例，也就是一些數學運算上常用的函數。

8-4-1 絕對值函數

絕對值（absolute value）一定是正整數，如果是負整數，就加上負號改為正整數；如為正整數，就不用處理。絕對值函數abs()的參數n如果小於0時，就傳回-n；否則傳回n。我們是使用if/else條件敘述建立此函數，如下所示：

```
if ( n < 0 )
    return -n;
else
    return n;
```

程式範例

在C程式建立abs()函數傳回參數的絕對值，如下所示：

```
請輸入整數==> -5 Enter
abs(-5) = 5
```

上述執行結果可以輸入整數，如為負值，就傳回加上負號的正整數。

程式內容

```
01: /* 程式範例: Ch8_4_1.c */
02: #include <stdio.h>
03:
04: /* 函數的原型宣告 */
05: int abs(int);
06: /* 主程式 */
07: int main(void) {
08:     int number;  /* 變數宣告 */
09:     printf("請輸入整數==> ");
10:     scanf("%d", &number);
11:     /* 函數的呼叫 */
12:     printf("abs(%d) = %d\n", number, abs(number));
13:
14:     return 0;
15: }
16: /* 函數: 計算絕對值 */
17: int abs(int n) {
18:     if ( n < 0 )
19:         return -n;
20:     else
21:         return n;
22: }
```

程式說明

◈ 第10~12行：在第10行輸入整數後，第12行呼叫abs()函數，可以顯示輸入整數的絕對值。

◈ 第17~22行：abs()函數是在第18~21行的if/else條件敘述判斷參數是否小於0，如果是，在第19行傳回-n；否則在第21行傳回n。

8-4-2 次方函數

C語言沒有提供指數運算子（Visual Basic語言支援「^」指數運算子）來計算X^n值。例如：5^3是5*5*5 = 125，我們可以自行建立次方函數power()來提供指數運算子的功能。

power(base, n)函數可以計算參數$base^n$的運算結果，函數是使用for迴圈重複乘以base參數n次來計算值，如下所示：

```
for( i = 1; i <= n; i++ )
    result *= base;
```

程式範例 Ch8_4_2.c

在C程式建立power()函數傳回$base^n$的計算結果，如下所示：

```
請輸入底數==> 5 Enter
請輸入指數==> 3 Enter
5^3 = 125
```

上述執行結果輸入base值的底數和n指數後，可以顯示power()函數的執行結果。

程式內容

```
01: /* 程式範例: Ch8_4_2.c */
02: #include <stdio.h>
03:
04: /* 函數的原型宣告 */
05: int power(int, int);
06: /* 主程式 */
07: int main(void) {
```

```
08:     int base, n;  /* 變數宣告 */
09:     printf("請輸入底數==> ");
10:     scanf("%d", &base);
11:     printf("請輸入指數==> ");
12:     scanf("%d", &n);
13:     /* 函數的呼叫 */
14:     printf("%d^%d = %d\n", base, n, power(base, n));
15:
16:     return 0;
17: }
18: /* 函數: 計算次方值 */
19: int power(int base, int n) {
20:     int i;   /* 變數宣告 */
21:     int result = 1;
22:     for( i = 1; i <= n; i++ )
23:         result *= base;
24:     return result;
25: }
```

程式說明

- 第9~12行：使用scanf()函數輸入底數和指數。
- 第14行：呼叫power()函數，可以顯示$base^n$的計算結果。
- 第19~25行：power()函數是在第22~23行for迴圈計算$base^n$的結果。

8-4-3 閏年判斷函數

閏年判斷方法是以西元年份最後2位作爲判斷條件，其判斷規則如下所示：

1. 西元年份最後2位爲00：被400整除爲閏年；否則不是閏年。

2. 西元年份最後2位不是00：被4整除爲閏年；否則不是閏年。

閏年判斷的流程圖（Ch8_4_3.fpp），如圖8-10所示：

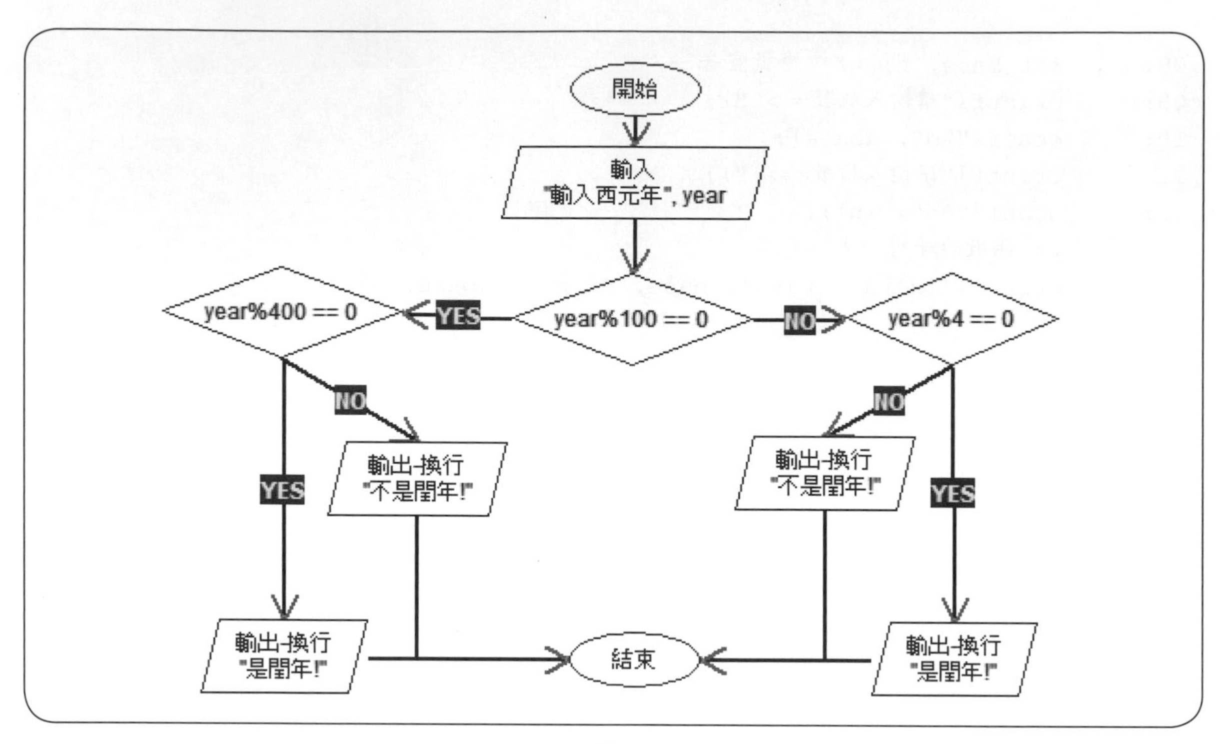

▶ 圖8-10

Ch8_4_3.c

在C程式建立is_leap_year()函數，判斷參數年份是否是閏年，如下所示：

```
請輸入四位數年份==> 2020 Enter
2020年是閏年
```

上述執行結果輸入年份2020，可以看到顯示此年份是閏年；如果輸入2013，顯示不是閏年。

程式內容

```
01: /* 程式範例: Ch8_4_3.c */
02: #include <stdio.h>
03:
04: /* 函數的原型宣告 */
05: int is_leap_year(int);
06: /* 主程式 */
07: int main(void) {
08:     int year;   /* 變數宣告 */
09:     printf("請輸入四位數年份==> ");
```

```
10:     scanf("%d", &year);
11:     /* 函數的呼叫 */
12:     if (is_leap_year(year))
13:         printf("%d年是閏年\n", year);
14:     else
15:         printf("%d年不是閏年\n", year);
16:
17:     return 0;
18: }
19: /* 函數: 判斷是否是閏年 */
20: int is_leap_year(int year) {
21:     if (year % 100 == 0) {      /* 最後2位為00 */
22:         if (year % 400 == 0)  /* 被400整除 */
23:             return 1;    /* 是 */
24:         else
25:             return 0;    /* 不是 */
26:     } else { /* 最後2位不是00 */
27:         if (year % 4 == 0)      /* 被4整除 */
28:             return 1;    /* 是 */
29:         else
30:             return 0;    /* 不是 */
31:     }
32: }
```

程式說明

- 第10行：使用scanf()函數輸入四位數的年份。
- 第12~15行：if/else條件敘述呼叫is_leap_year()函數判斷是否是閏年，如果是，執行第13行；否則執行第15行。
- 第20~32行：is_leap_year()函數是在第21~31行的if/else條件敘述判斷年份的最後2位是否是00，如果是，第22~25行的if/else條件敘述判斷是否可以被400整除；否則，在第27~30行的if/else條件敘述判斷是否可以被4整除。

8-4-4 質數測試函數

質數（prime）是一個正整數，除了本身和1外沒有任何其他因數。例如：2、3、5和7是質數。判斷num是否爲質數，在C程式只需使用迴圈從2至num-1來除除看，如果都不能整除，就表示num是質數。質數判斷程式的流程圖（Ch8_4_4.fpp），如圖8-11所示：

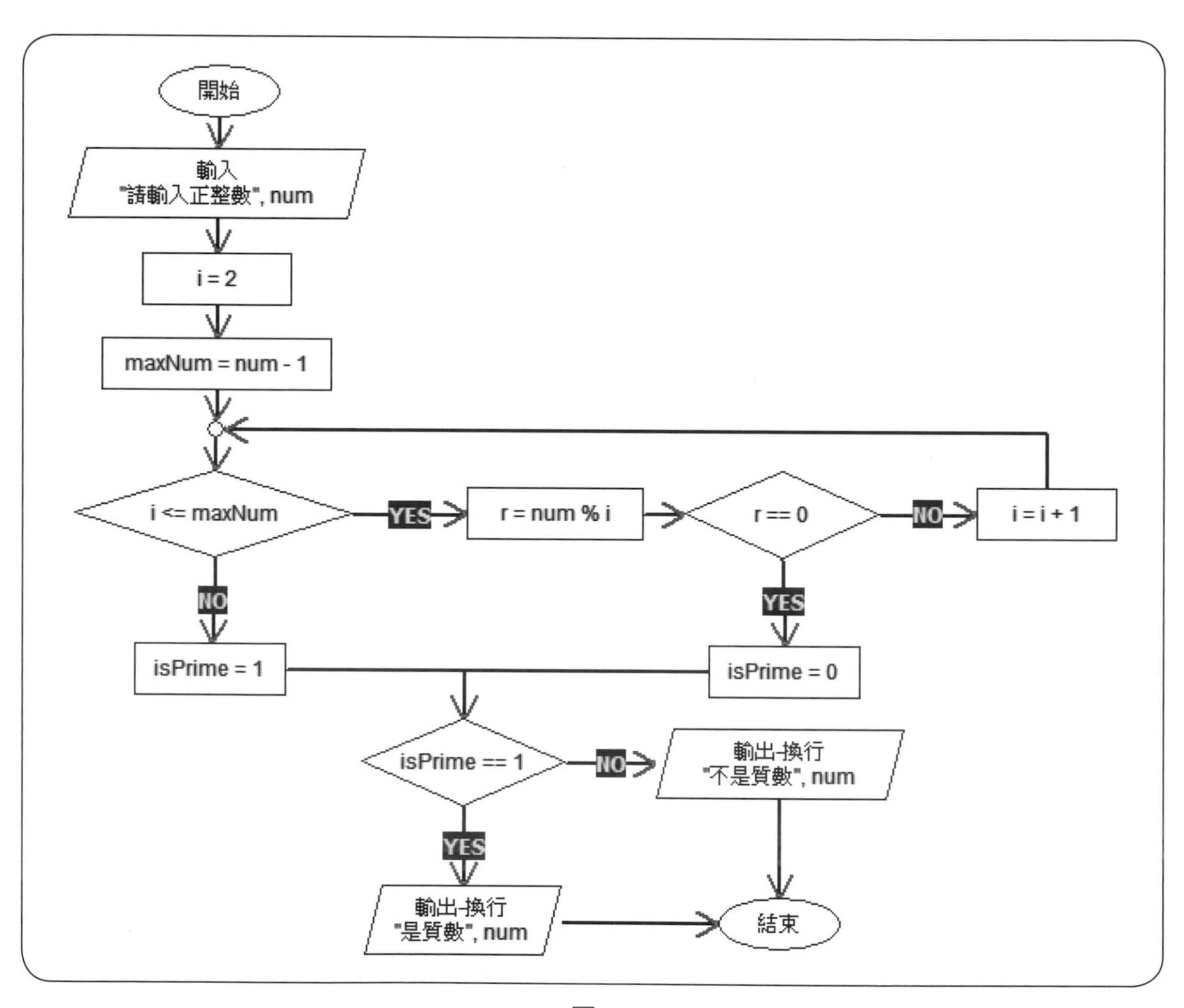

▶ 圖8-11

程式範例 Ch8_4_4.c

在C程式建立is_prime()函數，判斷參數整數是否是質數，如下所示：

```
請輸入整數==> 17 Enter
17是質數
```

上述執行結果輸入整數值後，可以顯示整數是否是質數。

程式內容

```
01: /* 程式範例: Ch8_4_4.c */
02: #include <stdio.h>
03:
04: /* 函數的原型宣告 */
05: int is_prime(int);
06: /* 主程式 */
07: int main(void) {
08:     int num;  /* 變數宣告 */
09:     printf("請輸入整數==> ");
10:     scanf("%d", &num);
11:     /* 函數的呼叫 */
12:     if (is_prime(num))
13:        printf("%d是質數\n", num);
14:     else
15:        printf("%d不是質數\n", num);
16:
17:     return 0;
18: }
19: /* 函數: 判斷是否是質數 */
20: int is_prime(int num) {
21:     int i;
22:     for (i = 2; i <= num - 1; i++)
23:        if (num % i == 0)  /* 被i整除 */
24:            return 0;      /* 不是 */
25:     return 1;             /* 是 */
26: }
```

程式說明

◈ 第10行：使用scanf()函數輸入需判斷是否是質數的整數。

◈ 第12~15行：if/else條件敘述呼叫is_prime()函數判斷是否是質數，如果是，執行第13行；否則執行第15行。

◈ 第20~26行：is_prime()函數是在第22~24行的for迴圈，從2開始至num-1一一除以計數器變數i。第23~24行的if條件敘述判斷是否可整除，如果都不能整除，表示num是質數。

8-5 變數的有效範圍

變數的有效範圍可以決定在原始程式碼中，有哪些程式行可以存取此變數值，即此變數的「有效範圍」（scope）。

8-5-1 C語言的有效範圍

程式語言的有效範圍（scope）是指識別字（主要是指變數）在程式中有哪些原始程式碼可以存取此識別字，也就是允許使用此識別字。例如：在函數內宣告的變數或參數只能在函數的程式區塊中存取，我們只能在函數中使用此變數或參數。

C語言的有效範圍主要分為兩種，其說明如下所示：

1. **程式區塊有效範圍（block scope）**：在程式區塊建立的有效範圍，例如：C函數和第6-2節的程式區塊，都是建立程式區塊有效範圍。
2. **程式檔案有效範圍（file scope）**：一個C語言程式檔案建立的有效範圍，這是在整個原始程式碼檔案都可以存取的有效範圍。

C語言函數名稱的有效範圍是程式檔案有效範圍，所以，在C函數之中不能再定義其他函數。C語言在技術上來說，不是一種「程式區塊結構的程式語言」（block-structured language），因為程式區塊結構的程式語言，允許在函數中定義其他函數。

8-5-2 區域變數與全域變數

C語言的有效範圍會影響變數值的存取，C語言的變數依照有效範圍可以分為兩種，如下所示：

1. **區域變數（local variables）**：程式區塊有效範圍的變數是一種區域變數，例如：在函數中宣告的變數或參數，變數只能在宣告的函數中使用；在函數外的程式碼無法存取此變數。

2. **全域變數（global variables）**：程式檔案有效範圍的變數是一種全域變數，例如：在函數外宣告變數，整個程式檔案都可以存取此變數，如果全域變數沒有指定初值，其預設值是0。如果C程式檔案有多個函數都會存取同一變數，我們就可以考量將變數宣告成全域變數，而不是使用參數傳遞。

C語言在程式區塊有效範圍宣告的變數也稱為「自動變數」（auto variables），自動變數是使用堆疊配置記憶體空間（堆疊是一種先進後出的資料結構），直到程式執行到程式區塊或函數後才配置變數的記憶體空間，離開程式區塊就釋放變數的記憶體空間。

全域變數也稱為「外部變數」（external variables），外部變數在編譯時就會配置固定的記憶體位址，如果沒有指定初值，其預設值是0。

說明

C語言的變數如果不是全域或下一節的靜態變數，不論是區域或暫存器變數都沒有預設值。

Ch8_5_2.c

在C程式建立2函數funcA()和funcB()，內含同名的變數宣告，可以測試區域和全域變數的有效範圍，如下所示：

```
全域變數初值: a(G)=0 b(G)=2
funcA中  : a(L)=3 b(G)=2
a + b = 5
呼叫funcA後  : a(G)=0 b(G)=2
funcB中  : a(G)=3 b(G)=4
a + b = 7
呼叫funcB後  : a(G)=3 b(G)=4
```

上述執行結果可以看到全域變數a和b值的變化。變數b指定初值2，a沒有指定初值，其預設值為0。在呼叫funcA()函數後，因為在funcA()函數中宣告同名的區域變數a，所以指定敘述更改的是區域變數a，而不是全域變數a的值。

在funcB()函數因為沒有宣告區域變數，所以指定敘述是指定全域變數a和b的值，可以看到最後的全域變數值改為3和4。

程式內容

```
01: /* 程式範例: Ch8_5_2.c */
02: #include <stdio.h>
03:
04: /* 函數的原型宣告 */
05: void funcA(void);
06: void funcB(void);
07: int a, b = 2;    /* 全域變數宣告 */
08: /* 主程式 */
09: int main(void) {
10:     printf("全域變數初值: a(G)=%d b(G)=%d\n", a, b);
11:     funcA();  /* 呼叫funcA */
12:     printf("呼叫funcA後 : a(G)=%d b(G)=%d\n", a, b);
13:     funcB();  /* 呼叫funcB */
14:     printf("呼叫funcB後 : a(G)=%d b(G)=%d\n", a, b);
15:
16:     return 0;
17: }
18: /* 函數: funcA */
19: void funcA() {
20:     int a;  /* 區域變數宣告 */
21:     a = 3;  /* 設定區域變數值 */
22:     printf("funcA中 : a(L)=%d b(G)=%d\n", a, b);
23:     printf("a + b = %d\n", a + b);
24: }
25: /* 函數: funcB */
26: void funcB() {
27:     a = 3;  /* 設定全域變數值 */
28:     b = 4;
29:     printf("funcB中 : a(G)=%d b(G)=%d\n", a, b);
30:     printf("a + b = %d\n", a + b);
31: }
```

程式說明

- 第7行：宣告全域變數a和b，變數是位在函數和主程式main()函數之外，其中只有變數b有指定初值。
- 第11行和第13行：在主程式分別呼叫funcA()和funcB()。
- 第19~24行：funcA()函數在第20行宣告區域變數a，第21行將變數a指定為3，指定的是區域變數值。
- 第26~31行：funcB()函數沒有宣告區域變數，在第27~28行指定的是全域變數值。

8-5-3 靜態變數

C語言配置變數記憶體空間的方式分成兩種「儲存類型」（storage class），即變數壽命（lifetime），除了上一節自動變數（auto關鍵字是預設值，在宣告變數時並不用指明）外，另一種是本節的靜態變數。

「靜態變數」（static variables）是一種在函數或程式檔案宣告的永久變數，在其他函數或程式檔案並無法存取靜態變數。

靜態的區域變數（static local variables）

在函數的程式區塊宣告的靜態變數，不同於其他區域變數，在離開函數時會消失。編譯器會替靜態變數配置固定的記憶體位址，在重複呼叫函數時，靜態變數值都會保留下來。

所以，在函數中宣告的靜態變數，其行爲類似全域變數，差異只在存取範圍仍然侷限於宣告的函數程式區塊。將變數宣告成靜態變數，就是在變數前加上static關鍵字，如下所示：

```
int useStaticVar() {
    static int step = 0;
    ……
}
```

上述程式碼宣告靜態變數step，如果沒有指定初值，預設值是0。

靜態的全域變數（static global variables）

靜態的全域變數是替程式檔案宣告一個只有在此程式檔案可以存取的全域變數，其目的是在模組化程式設計，將程式檔案建立成獨立模組，避免其他模組的程式檔案存取其全域變數。靜態全域變數宣告一樣是在變數前加上static關鍵字，如下所示：

```
static int r1, r2, r3;
```

程式範例 Ch8_5_3.c

在C程式宣告3個靜態全域變數，和在2個函數分別宣告同名的區域和靜態變數後，重複呼叫函數來測試變數值的改變，如下所示：

```
不使用靜態變數: 1 1 1
使用靜態變數1 : 1 2 3
使用靜態變數2 : 6 5 4
```

上述執行結果可以看到區域變數在每次呼叫函數後，變數值都會重設成初值1，靜態變數的值會保留，所以變數值遞增從1至6。

最後二行顯示順序不同是因為呼叫方式不同，第二行是一一呼叫函數的結果；最後一行是在printf()函數的參數呼叫函數，可以看出其順序相反，因為printf()函數會先執行參數列最後的函數呼叫。

程式內容

```
01: /* 程式範例: Ch8_5_3.c */
02: #include <stdio.h>
03:
04: /* 函數的原型宣告 */
05: int nonUseStaticVar(void);
06: int usestaticVar(void);
07: static int r1, r2, r3; /* 靜態全域變數宣告 */
08: /* 主程式 */
09: int main(void) {
10:     r1 = nonUseStaticVar();/* 函數呼叫 */
11:     r2 = nonUseStaticVar();
12:     r3 = nonUseStaticVar();
```

```
13:     printf("不使用靜態變數: %d %d %d\n", r1, r2, r3);
14:     r1 = useStaticVar();
15:     r2 = useStaticVar();
16:     r3 = useStaticVar();
17:     printf("使用靜態變數1 : %d %d %d\n", r1, r2, r3);
18:     printf("使用靜態變數2 : %d %d %d\n", useStaticVar(),
19:                 useStaticVar(), useStaticVar());
20:
21:     return 0;
22: }
23: /* 函數: 不使用靜態變數 */
24: int nonUseStaticVar() {
25:     int step = 0;    /* 區域變數宣告 */
26:     step++;          /* 區域變數加一 */
27:     return step;
28: }
29: /* 函數: 使用靜態變數 */
30: int useStaticVar() {
31:     static int step = 0;    /* 靜態變數 */
32:     step++;          /* 靜態變數加一 */
33:     return step;
34: }
```

程式說明

- 第7行：宣告3個靜態的全域變數。
- 第10~13行：先呼叫3次沒有靜態變數的nonUseStaticVar()函數後，在第13行顯示函數的傳回值。
- 第14~17行：先呼叫3次擁有靜態變數的useStaticVar()函數後，在第17行顯示函數的傳回值。
- 第18~19行：直接在printf()函數的參數呼叫3次擁有靜態變數的useStaticVar()函數。
- 第24~28行：沒有靜態變數的nonUseStaticVar()函數，在第25行宣告區域變數，第26行加1，然後傳回加1的值。
- 第30~34行：擁有靜態變數的useStaticVar()函數，在第31行宣告靜態變數，第32行加1，然後傳回加1的值。

8-5-4 暫存器變數

C語言的「暫存器變數」（register variables）主要是使用在程式存取十分頻繁的變數，可以直接將變數置於CPU暫存器來加速程式執行，通常是使用在for迴圈的計數器變數。

在宣告變數前，只需加上register關鍵字，就可以宣告暫存器變數，如下所示：

```
long sumN2N(register int start, register int max) {
    register int i;
    ……
}
```

上述函數的參數start、max和區域變數i都宣告成暫存器變數，其目的是加速程式執行。暫存器變數使用上的限制，如下所示：

1. 暫存器變數只可以使用在區域變數或函數參數。
2. 暫存器變數允許使用的個數需視電腦硬體的CPU而定，而且只有少數變數可以宣告成暫存器變數。
3. 編譯器對於暫存器變數並不一定處理，不過，就算我們將變數宣告成register也無所謂，編譯器會自行決定是否處理。
4. 暫存器變數不能使用「&」取址運算子來取得變數位址。

Ch8_5_4.c

在C程式建立sumN2N()函數可以傳回從參數n加到n的值，為了加速處理，函數的參數和區域變數都是使用暫存器變數，如下所示：

```
從1到10000的總和: 50005000
```

上述執行結果可以看到1加到10000的總和，因為目前CPU的執行效率很高，暫存器變數在小程式執行效率上的改進並不明顯。

程式內容

```
01: /* 程式範例: Ch8_5_4.c */
02: #include <stdio.h>
03:
04: /* 函數的原型宣告 */
05: long sumN2N(register int, register int);
06: /* 主程式 */
07: int main(void) {
08:     long total; /* 變數宣告 */
09:     total = sumN2N(1, 10000);  /* 函數呼叫 */
10:     printf("從1到10000的總和: %ld\n", total);
11:
12:     return 0;
13: }
14: /* 函數: 計算N到N的數字和 */
15: long sumN2N(register int start, register int max) {
16:     register int i;   /* 暫存器變數宣告 */
17:     long total = 0;
18:     /* 迴圈敘述 */
19:     for ( i = start; i <= max; i++ )
20:         total += i;
21:     return total;
22: }
```

程式說明

◈ 第15行：宣告函數參數start和max是暫存器變數。

◈ 第16行：宣告for迴圈計數器區域變數i是暫存器變數。

8-6 遞迴函數

「遞迴」（recursive）是程式設計的一個重要觀念。「遞迴函數」（recursive functions）是使用遞迴觀念建立的C函數，可以讓函數原本冗長的程式碼變得十分簡潔。

8-6-1 遞迴的基礎

遞迴觀念的目的是建立遞迴函數（recursive functions）。遞迴雖然可以讓函數程式碼變得很簡潔，但是設計遞迴函數需要很小心，不然很容易掉入類似無窮迴圈的陷阱。

遞迴的定義

遞迴觀念是由上而下分析方法的一種特殊情況，其基本定義如下所示：

> 一個問題的內涵是由本身所定義的話，稱之爲遞迴。

遞迴函數本身是一種由上而下的分析方法，因爲子問題本身和原來問題擁有相同的特性，只是範圍改變，逐漸縮小到一個終止條件。遞迴函數的特性，如下所示：

1. 遞迴函數在每次呼叫時，都可以使問題範圍逐漸縮小。
2. 函數需要擁有終止條件，以便結束遞迴函數的執行；否則遞迴函數不會結束，而是持續呼叫自己，類似無窮迴圈。

遞迴的種類

遞迴依遞迴函數中呼叫遞迴函數的位置分爲兩種，如下所示：

1. **直接遞迴**（direct recursion）：遞迴函數是在遞迴函數本身的程式碼進行呼叫，即自己呼叫自己，稱爲直接遞迴，這也是我們最常使用的遞迴函數，如下所示：

```
void a() {
    ......
    a();    /* 函數呼叫自己a() */
    ......
}
```

2. **間接遞迴**（indirect recursion）：間接遞迴至少需要2個函數a()和b()，在函數a()的程式碼呼叫函數b()；函數b()的程式碼呼叫函數a()，此情況的遞迴呼叫稱爲間接遞迴，如下所示：

```
void a() {
    …
    b();    /* 函數呼叫b() */
    …
}
void b() {
    …
    a();    /* 函數呼叫a() */
    …
}
```

8-6-2 階層函數

遞迴函數最常見的應用是數學階層函數n!，其定義請參閱第7-1-3節。例如：計算4!的值，從定義n>0，我們可以計算階層函數4!的值：4!=4*3*2*1=24，因為階層函數擁有遞迴特性，可以將4!的計算分解成子問題，如下所示：

```
4!=4*(4-1)!=4*3!
```

現在，3!的計算成為一個新的子問題，必須先計算出3!值後，才能處理上述的乘法。同理，將子問題3!繼續分解，如下所示：

```
3! = 3*(3-1)! = 3*2!
2! = 2*(2-1)! = 2*1!
1! = 1*(1-1)! = 1*0! = 1*1 = 1
```

最後在知道1!的值後，接著就可以計算出2!~4!的值，如下所示：

```
2! = 2*(2-1)! = 2*1! = 2
3! = 3*(3-1)! = 3*2! = 3*2 = 6
4! = 4*(4-1)! = 4*3! = 4*6 = 24
```

上述階層函數的子問題是一個階層函數，只是範圍改變逐漸縮小到一個終止條件。以階層函數為例是n=0。等到到達終止條件，階層函數值就計算出來。

程式範例 Ch8_6_2.c

在C程式建立遞迴的階層函數，輸入階層數可以計算階層函數的值，如下所示：

```
請輸入階層數==> 4 Enter
4!函數=24
請輸入階層數==> 5 Enter
5!函數=120
請輸入階層數==> -1 Enter
```

上述執行結果只需輸入階層數，可以顯示階層計算的結果。例如：4!的值為24；5!的值是120，輸入-1結束程式執行。

程式內容

```
01: /* 程式範例: Ch8_6_2.c */
02: #include <stdio.h>
03:
04: /* 函數的原型宣告 */
05: int factorial(int);
06: /* 主程式 */
07: int main(void) {
08:     int level;  /* 變數宣告 */
09:     do {
10:         printf("請輸入階層數==> ");
11:         scanf("%d", &level);
12:         if ( level > 0 )  /* 函數的呼叫 */
13:             printf("%d!函數=%d\n",level,factorial(level));
14:     } while( level != -1 );
15:
16:     return 0;
17: }
18: /* 函數: 計算n!的值 */
19: int factorial(int n) {
20:     if ( n == 1 )  /* 終止條件 */
21:         return 1;
22:     else
23:         return n * factorial(n-1);
24: }
```

程式說明

- 第11行：使用scanf()函數讀取使用者輸入的階層數。
- 第12~13行：if條件敘述判斷輸入值是否大於0，如果是，就呼叫factorial()遞迴函數。
- 第19~24行：階層函數的factorial()遞迴函數，在第20行是遞迴的終止條件。第23行在遞迴函數中呼叫自己本身的函數，但是參數的範圍縮小1。

例如：factorial(5)遞迴函數的呼叫過程，如圖8-12所示：

```
factorial(5) 120
└──5*factorial(4) 24
    └──4*factorial(3) 6
        └──3*factorial(2) 2
            └──2*factorial(1) 1
```

▶ 圖8-12

上述圖例是遞迴函數每一層的函數呼叫，直到factorial(1)=1，傳回2*1=2，即factorial(2)，然後繼續回傳3*2=6，直到120，虛線的小圓圈值是傳回值。

8-6-3 費式數列

費式數列是除了前2個值外，之後數列的值都是前2個值的和，如圖8-13所示：

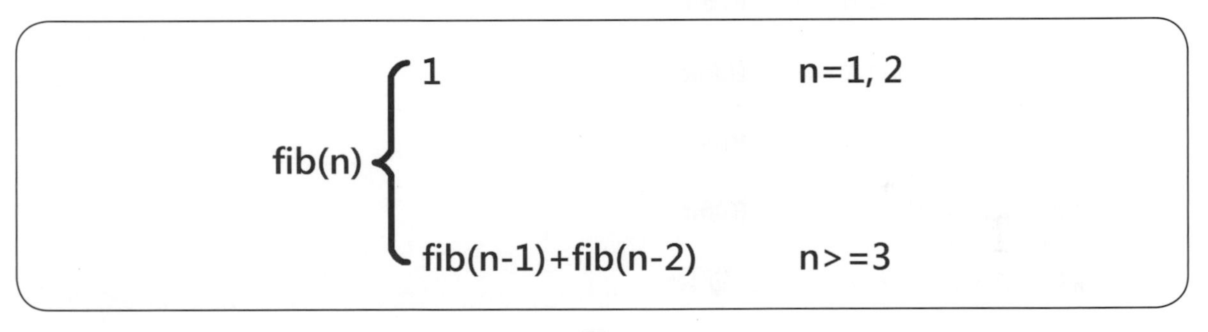

▶ 圖8-13

例如：計算fib(4)的值，從上述定義n>=3，我們是使用fib(n)定義的第2條來計算費式數列的值，如下所示：

```
fib(4)=fib(4-1)+fib(4-2)=fib(3)+fib(2)
```

上述fib(2)=1，fib(3)可以再次套用公式，使用第2個定義，如下所示：

```
fib(3)=fib(3-1)+fib(3-2)=fib(2)+fib(1)=2
```

現在，我們可以計算出fib(4)的值，如下所示：

```
fib(4)=fib(3)+fib(2)=2+1=3
```

因爲fib()函數本身擁有遞迴特性，它是前2個值相加的結果，所以，每執行一次就縮小2和1，直到fib(1)和fib(2)爲止，我們可以建立fib()遞迴函數來計算費式數列的值。

程式範例

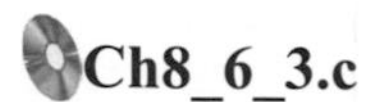
Ch8_6_3.c

在C程式輸入費氏數列的級數後，呼叫fib()遞迴函數顯示費氏數列該級數的值，如下所示：

```
請輸入費氏數列的級數==> 1 Enter
fib(1) = 1
請輸入費氏數列的級數==> 2 Enter
fib(2) = 1
請輸入費氏數列的級數==> 3 Enter
fib(3) = 2
請輸入費氏數列的級數==> 4 Enter
fib(4) = 3
請輸入費氏數列的級數==> 5 Enter
fib(5) = 5
請輸入費氏數列的級數==> 6 Enter
fib(6) = 8
請輸入費氏數列的級數==> 7 Enter
fib(7) = 13
請輸入費氏數列的級數==> 8 Enter
fib(8) = 21
請輸入費氏數列的級數==> -1 Enter
```

上述執行結果可以看到費氏數列的值是前2個費氏數列的和（從3開始），輸入-1結束程式的執行。

程式內容

```
01: /* 程式範例: Ch8_6_3.c */
02: #include <stdio.h>
03:
04: /* 函數的原型宣告 */
05: int fib(int);
06: /* 主程式 */
07: int main(void) {
08:     int number;  /* 變數宣告 */
09:     int result;
10:     do {
11:         printf("請輸入費氏數列的級數==> ");
```

```
12:         scanf("%d", &number);
13:         if (number >= 0 ) {
14:             result = fib(number);
15:             printf("fib(%d) = %d\n",number, result);
16:         }
17:     } while( number != -1 );
18:
19:     return 0;
20: }
21: /* 函數: 計算費氏數列的值 */
22: int fib(int n) {
23:     if ( n == 0 || n == 1 )   /* 終止條件 */
24:         return n;
25:     else
26:         return fib(n - 1) + fib(n - 2);
27: }
```

程式說明

- 第12行：使用scanf()函數輸入費氏數列的級數。
- 第13~16行：if條件敘述判斷輸入值是否大於等於0，如果是，在第14行呼叫fib()遞迴函數。第15行顯示結果。
- 第22~27行：費氏數列的fib()遞迴函數，在第23~26列的if/else條件敘述是遞迴的終止條件。第26列在遞迴函數呼叫自己本身的函數，但是參數範圍分別縮小1和2，即n-1和n-2。

例如：fib(5)遞迴函數的呼叫過程，如圖8-14所示：

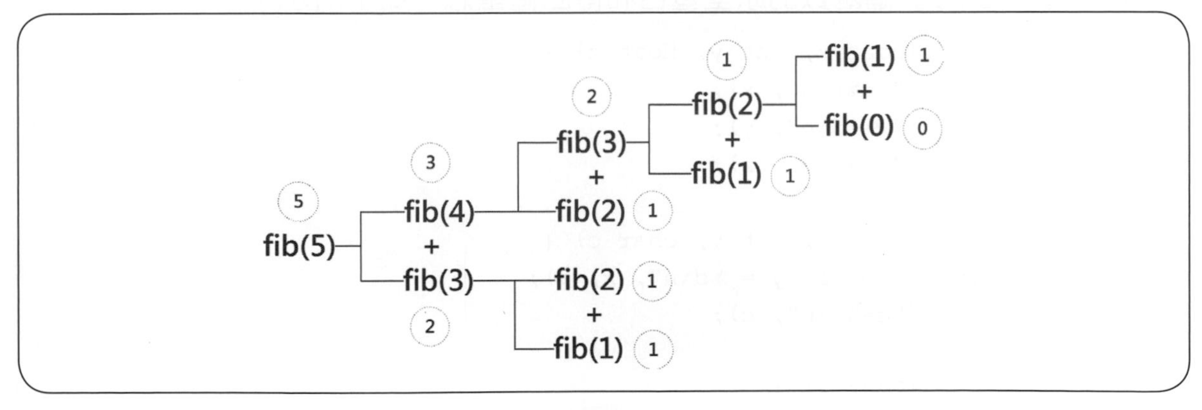

▶ 圖8-14

上述圖例是遞迴函數每一層的函數呼叫，直到fib(1)+fib(0)=1+0=1，即fib(2)=1，最後fib(5)=3+2=5，虛線的小圓圈值是傳回值。

學習評量

8-1 再談由上而下設計方法

1. 請舉例說明什麼是由上而下分析法？
2. 請問由上而下設計方法是使用________為單位來切割工作。

8-2 建立 C 語言的函數

1. 請問什麼是C語言的函數？為什麼C函數可以視為是一個黑盒子？C語言的函數種類有哪幾種？
2. C函數如果沒有指定傳回值型態，預設傳回值型態是__________。函數如果沒有傳回值，其傳回值型態是___________。在建立void mySum(void)函數後，請寫出主程式main()函數呼叫此函數的程式碼__________。
3. 請試著寫出一個名為void myName(void)函數，在主程式main()函數呼叫myName()函數，就可以顯示讀者的姓名字串。
4. 請說明什麼是函數的原型宣告和定義？
5. 請寫出下列函數的傳回值型態，如下所示：

```
int printErrorMsg(int err_no);
long readRecord(int recNo, int size);
void printMsg(void);
```

6. 請寫出下列3個函數的原型宣告和傳回值型態，如下所示：

```
void test1(float x, int y, float z) {
    printf("x=%f\n", x);
    printf("y=%d\n", y);
    printf("z=%f\n", z);
}
void test2(float x, int y, char c) {
    printf("x= %f  y = %d\n", x, y);
    printf("c=%c\n", c);
}
float test3(float x) {
    return (float) (x * 3.1415926);
}
```

學習評量

7. 請說明函數正式參數（formal parameters）和實際參數（actual parameters）的差異？
8. 請在C程式建立void printStars(int)函數，函數傳入顯示幾行的int參數，可以顯示使用「*」星號建立的正三角形圖形（提示：需要使用三層巢狀迴圈），如下圖所示：

```
      *
     * *
    * * *
   * * * *
  * * * * *
 * * * * * *
* * * * * * *
```

9. 請問C語言的函數依照傳回值的不同可以分為哪三種？C函數是使用______敘述傳回函數的執行結果。C語言函數可以傳回___個值。
10. 請指出下列abs()函數的哪些行程式碼是錯誤的，如下所示：

```
1: int abs(int n) ; {
2:  if ( n < 0 ) { (-n) };
3.  else return (n);
4: }
```

11. 請試著撰寫C函數double cube(double)，可以傳回參數值的三次方，例如：參數值3，就是傳回3*3*3。
12. 請試著撰寫C函數int square(int)，可以傳回參數值的平方，例如：參數值2，就是傳回2*2。
13. 請建立C程式撰寫2個函數int func1(int, int)和double func2(int, int)，函數都擁有2個整數參數，func1()函數當參數1大於參數2時，傳回2個參數相乘的結果；否則是相加結果。func2()函數傳回參數1除以參數2的相除結果，如果參數2為0，傳回-1。
14. 請建立C程式撰寫奇數加總函數，參數是最大值，可以計算1至最大值之間的奇數和。

學習評量

8-3 函數的參數傳遞方式

1. 請說明何謂傳值與傳址參數呼叫？C語言是如何執行函數的傳址呼叫？
2. 請寫出下列C程式碼的執行結果，如下所示：

```
void swap(int x, int y) {
    int temp = x;
    x = y;
    y = temp;
}
int main() {
    int a = 4, b = 2;
    swap(a, b);
    printf("%d:%d\n", a, b);
    return 0;
}
```

8-4 函數的應用範例

1. 請在C程式建立int getMax(int, int, int)函數傳入3個int參數，可以傳回參數中的最大值；int sum(int, int, int, int)和double average(int, int, int, int)函數都有4個參數，可以計算參數成績資料的總分與平均。
2. 請在C程式建立double bill(int)函數，可以計算Internet連線費用，前50小時，每分鐘0.3元；超過50小時，每分鐘0.2元。
3. 在C程式建立匯率換算函數double rateExchange(int, double)，參數c分別是台幣金額（amount）和匯率（rate），可以傳回台幣兌換成的美金金額。
4. 計算體脂肪BMI值的公式是W/(H*H)，H是身高（公尺）、W是體重（公斤），請建立double bmi(double, double)函數計算BMI值，參數是身高和體重。
5. 費式數列（Fibonacci）是第一個和第二個數字為1，$F_0=F_1=1$，其他是前兩個數字的和$F_n=F_{n-1}+F_{n-2}$， n>=2，請設計int fibonacci(int)函數顯示費式數列，參數是顯示數字的個數。
6. 請建立int repeatSum(int, int)函數，可以計算第1個參數為底，加上第2個參數次數的和。例如：repeatSum(3, 5)函數是3+3+3+3+3共加5次3的和。

學習評量

7. 請參閱第4-4-4節的公式建立溫度轉換函數，可以輸入攝氏轉換成華氏溫度。
8. 請參閱第4-4-4節的公式建立溫度轉換函數，可以輸入華氏轉換成攝氏溫度。

8-5 變數的有效範圍

1. 請舉例說明C語言變數有效範圍的區域變數和全域變數範圍？如果沒有初始全域變數，其值為何？區域變數的值為何？
2. 請寫出下列C程式的執行結果，如下所示：

```
#include <stdio.h>

int main(void) {
    int a = 2, b = 2;
    printf("%d %d\n", a, b); {
        int a = 10;
        printf("%d %d\n", a, b);
    }
    printf("%d %d\n", a, b);

    return 0;
}
```

3. 請說明什麼是儲存類型（storage class）？C語言擁有哪兩種儲存類型？
4. 請說明C語言auto、static和register關鍵字宣告變數的差異？暫存器變數是否永遠是儲存在暫存器？
5. 請建立void counter(void)函數，每呼叫一次可以顯示呼叫此函數的次數，例如："已經呼叫2次"（提示：使用靜態變數儲存次數）。

8-6 遞迴函數

1. 請問什麼是遞迴？遞迴依遞迴函數中呼叫遞迴函數的位置，可以分為哪兩種？

學習評量

2. 請寫出下列showMeMoney(5)遞迴函數的執行結果，如下所示：

```
void showMeMoney(int level) {
    if (level == 0) printf("$");
    else {
        printf("<");
        showMeMoney(level-1);
        printf(">");
    }
}
```

3. 請設計遞迴函數計算X^n的值，例如：5^7、8^5等。
4. 請寫出遞迴函數sum(int)，可以計算1到參數值的和，例如：sum(5)，就計算5+4+3+2+1。
5. 現在有一個遞迴版本的最大公因數（greater common divisor）的gcd()函數，如下所示：

```
int gcd(int a, int b) {
    int c;
    if ((c = a % b) == 0) return b;
    else return gcd(b, c);
}
```

請寫出主程式main()函數測試上述遞迴函數，並試著將它改寫成迴圈版本的gcd()函數。

Chapter

09

陣列與字串

本章學習目標

- 9-1　陣列的基礎
- 9-2　一維陣列
- 9-3　二維與多維陣列
- 9-4　在函數使用陣列參數
- 9-5　陣列的應用──搜尋與排序
- 9-6　C語言的字串

9-1 陣列的基礎

「陣列」（arrays）是C語言的一種延伸資料型態，因為陣列與指標之間擁有非常密切的關係，所以，筆者在本章先說明C語言的陣列，然後在第10章說明常常讓初學C語言程式設計者混淆的指標。

9-1-1 陣列

陣列是一種程式語言的基本資料結構，屬於循序性的資料結構。日常生活中最常見的範例是一排信箱，如圖9-1所示：

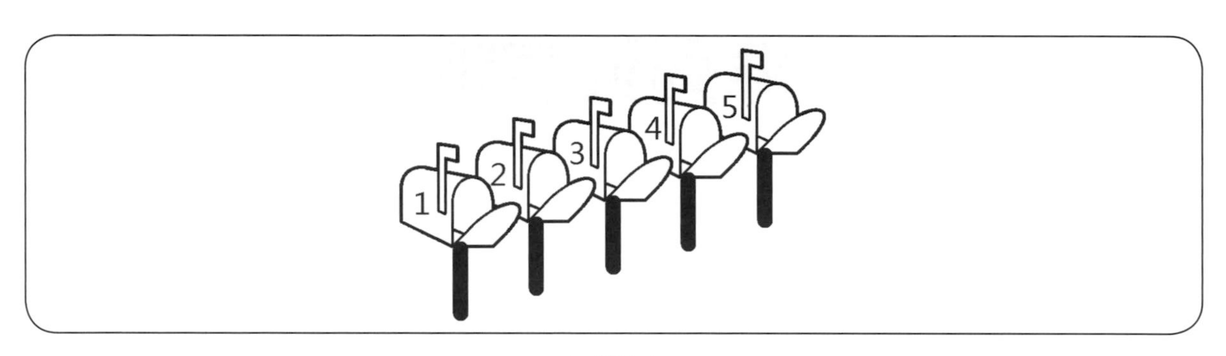

▶ 圖9-1

上述圖例是社區住家的一排信箱，郵差依信箱號碼投遞郵件；住戶依信箱號碼取出郵件。陣列是將C語言資料型態的變數集合起來，使用一個名稱代表，然後以索引值來存取元素，每一個元素相當於是一個變數，如圖9-2所示：

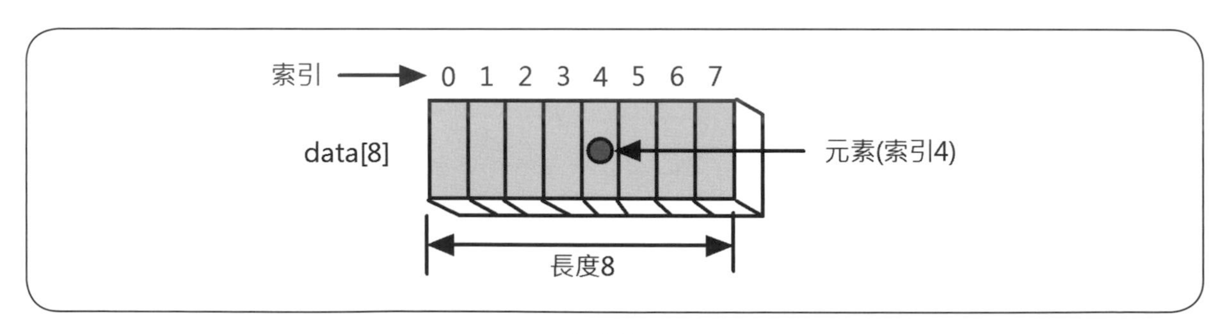

▶ 圖9-2

上述圖例的data[8]陣列是一種固定長度結構，每一個元素是C語言基本或延伸資料型態，陣列大小在編譯階段就已經決定，並不能隨意更改。

在陣列中的每一個「陣列元素」（array elements）是使用「索引」（index）存取。索引值是從0開始，到陣列長度減1，即0~7。

9-1-2 靜態記憶體配置

C語言的靜態記憶體配置是指在編譯階段，就已經配置宣告變數所需的記憶體空間。對比動態記憶體配置，它是在執行階段才向作業系統要求配置變數所需的記憶體空間（關於動態記憶體配置的說明，請參閱＜第15章：位元運算、動態記憶體配置與鏈結串列＞）。

例如：在本章前宣告基本資料型態的變數或整數陣列data[]，如下所示：

```
int a, b, c;     /* 宣告整數變數a、b和c */
int data[8];     /* 宣告一維整數陣列data，元素共有8個 */
```

上述程式碼宣告3個變數和1個陣列，在編譯階段就已經配置所需的記憶體空間。陣列是一塊連續8個int整數元素的記憶體空間，第1個元素的記憶體位址最低，然後依序儲存在較高的記憶體位址，每一個整數佔用4個位元組，共需8 * 4 = 32位元組的記憶體空間。

所以，8個陣列元素尺寸必須滿足程式執行所需；否則，當陣列元素不足時，C程式並不能隨時調整陣列大小，如果存取超過陣列尺寸的元素，有可能造成不可預期的錯誤。

說明

C99 版的 C 語言支援可變長度陣列，在函數宣告的陣列可以使用參數來決定其尺寸，如下所示：

```
void funcA(int len) {
    int data[len];    /* 宣告整數陣列，其尺寸是參數len */
    …
}
```

上述函數的程式區塊是使用參數值宣告 data[] 陣列的尺寸。

9-1-3 為什麼使用陣列

在C程式爲什麼需要使用陣列，而不直接使用多個相同資料型態的變數？筆者準備使用一個程式範例來說明。例如：在C程式分別使用變數和陣列計算5次測驗的總分和平均，各次考試成績如圖9-3所示：

測驗編號	成績
1	71
2	83
3	67
4	49
5	59

▶ 圖9-3

Ch9_1_3.c

在C程式分別使用變數和陣列計算圖9-3小考成績的總分與平均，如下所示：

```
變數計算5次成績的總分:329.00
5次成績的平均:65.80
陣列計算5次成績的總分:329.00
5次成績的平均:65.80
```

上述執行結果可以看到2次總分與平均，在上方是使用變數儲存成績；下方是使用陣列儲存成績。

程式內容

```
01: /* 程式範例: Ch9_1_3.c */
02: #include <stdio.h>
03:
04: int main(void) {
05:     /* 宣告各次成績的變數 */
06:     int i,t1=71,t2=83,t3=67,t4=49,t5=59;
07:     int t[5] = { 71, 83, 67, 49, 59 };
08:     double sum, average;           /* 總分與平均 */
09:     sum = t1 + t2 + t3 + t4 + t5;     /* 計算總分 */
10:     average = sum / 5.0;            /* 計算平均 */
```

```
11:     printf("變數計算5次成績的總分:%.2f\n", sum);
12:     printf("5次成績的平均:%.2f\n", average);
13:     for ( sum=0, i=0; i < 5; i++ )   /* 計算總分 */
14:         sum += t[i];
15:     average = sum / 5.0;             /* 計算平均 */
16:     printf("陣列計算5次成績的總分:%.2f\n", sum);
17:     printf("5次成績的平均:%.2f\n", average);
18:
19:     return 0;
20: }
```

程式說明

◈ 第6行：宣告儲存成績的5個變數和指定初值。

◈ 第7行：宣告5個元素的一維陣列和指定陣列元素的初值。陣列宣告的詳細說明請參閱第9-2-1節。

◈ 第9~10行：以變數分別計算總分和平均。

◈ 第11行：printf()函數顯示成績總分，因為是double浮點數，%f格式字元有指定顯示的小數點位數，%.2f只顯示小數點下2位（預設是6位）；%.1f顯示小數點下1位。

◈ 第13~15行：使用for迴圈計算一維陣列的總分，然後計算平均。

現在，讓我們進一步檢視程式範例Ch9_1_3.c，程式是使用2種方法儲存成績資料，其說明如下所示：

1. **使用多個變數儲存成績**：此方法的擴充性很差，如果小考次數改變，增加爲10、50、100次，或減少爲3次，C程式都需大幅修改計算總分部分的程式碼。

2. **使用一維陣列儲存成績**：這種方法擁有較佳的擴充性，當小考次數更改時，只需更改陣列尺寸，同樣可以使用for迴圈計算成績，更改迴圈次數即可適用100或200次的成績計算，而不用寫出冗長的加法運算式。

9-2 一維陣列

「一維陣列」（one-dimensional arrays）是一種最基本的陣列結構，只有一個索引值，類似現實生活中公寓或大樓的單排信箱，可以使用信箱號碼取出指定門牌的信件。

9-2-1 宣告一維陣列

C語言的陣列宣告可以分成三個部分：陣列型態、陣列名稱和陣列維度。其基本語法如下所示：

```
陣列型態 陣列名稱[整數常數];
```

上述語法宣告一維陣列，因為只有一個「[]」（一個「[]」表示一維；二維是2個）。陣列是同一種資料型態的變數集合，如同基本資料型態的宣告。陣列型態是陣列元素的資料型態（例如：int整數陣列、float浮點數陣列，或char字元陣列等），陣列名稱是一個識別字，其命名方式與變數相同。最後，在方括號中的整數常數是陣列尺寸，即陣列擁有多少個元素。

宣告一維陣列

現在，我們就可以使用C程式碼宣告一維陣列。例如：宣告一維整數陣列grades[]儲存學生成績，如下所示：

```
int grades[4];    /* 宣告整數陣列，可以儲存4個元素 */
```

上述程式碼宣告int資料型態的陣列，陣列名稱是grades，整數常數4表示陣列有4個元素。當執行C程式時，配置給陣列的記憶體空間圖例，如圖9-4所示：

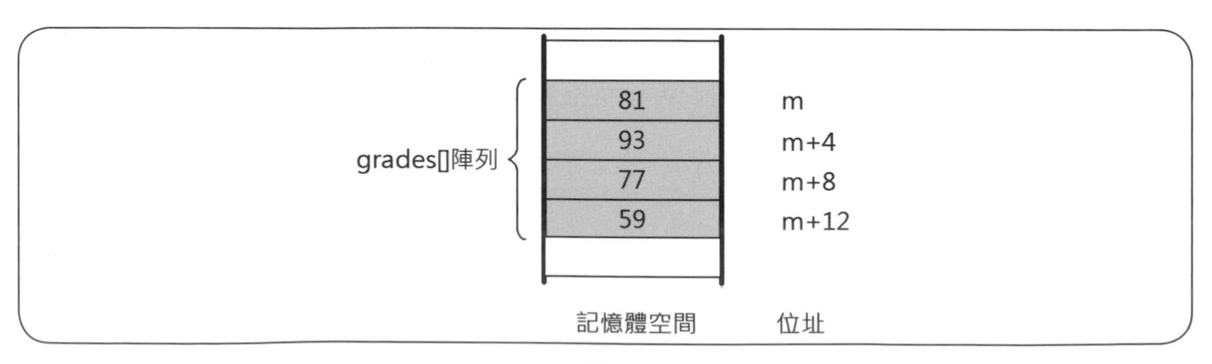

▶ 圖9-4

上述圖例的grades[]陣列是儲存在一段連續的記憶體空間。假設：開始位址是m，每一個int型態的陣列元素佔4個位元組，從最低的記憶體位址開始，第1個元素是m~m+3位元組；第2個是m+4~m+7，以此類推，陣列共佔用4 * 4 = 16個位元組。

同樣方式，我們可以宣告浮點數陣列和字元陣列，如下所示：

```
float sales[5];       /* 宣告float浮點數陣列，可以儲存5個元素 */
char name[10];        /* 宣告char字元陣列，可以儲存10個元素 */
```

存取陣列元素

C語言可以使用指定敘述存取陣列元素值，陣列索引值是從0開始。例如：使用指定敘述指定陣列元素值，如下所示：

```
grades[0] = 81;
grades[1] = 93;
grades[2] = 77;
grades[3] = 59;
```

上述程式碼指定陣列元素值，4個陣列元素的圖例，如圖9-5所示：

grades[0]=81	grades[1]=93	grades[2]=77	grades[3]=59

▶ 圖9-5

因爲每一個陣列元素是一個變數，我們一樣可以在運算式取得陣列元素值來進行運算，如下所示：

```
total = grades[0] + grades[1] + \      /* 陣列元素的加法運算 */
        grades[2] + grades[3];
```

上述程式碼是陣列元素相加的算術運算式。

說明

陣列元素如果沒有指定元素值，C 語言並沒有預設值，其值是記憶體空間原來保留的殘值。例如：在 Ch9_2_1a.c 程式宣告 grade[] 陣列，但是，我們只有指定索引 0 和 2 的元素值，如下所示：

```
int grades[4];    /* 宣告int陣列 */
grades[0] = 81;   /* 指定陣列值 */
grades[2] = 77;
```

當執行Ch9_2_1a.c程式，其執行結果可以看到索引1和3仍然有值，因爲這是記憶體空間原來保留的殘值（Dev-C++的值是0，fChart的TCC就會有不同值），如下所示：

```
成績1: 81
成績2: 0
成績3: 77
成績4: 5311568
```

程式範例　Ch9_2_1.c

在C程式宣告int整數一維陣列儲存學生成績後，使用加法運算式計算成績總分和平均，如下所示：

```
成績1: 81
成績2: 93
成績3: 77
成績4: 59
成績總分: 310
成績平均: 77.5
```

程式內容

```
01: /* 程式範例: Ch9_2_1.c */
02: #include <stdio.h>
03:
04: int main(void) {
05:     int total = 0;      /* 宣告變數 */
06:     int grades[4];      /* 宣告int陣列 */
07:     grades[0] = 81;     /* 指定陣列值 */
08:     grades[1] = 93;
09:     grades[2] = 77;
10:     grades[3] = 59;
11:     printf("成績1: %d\n", grades[0]);   /* 顯示陣列值 */
12:     printf("成績2: %d\n", grades[1]);
13:     printf("成績3: %d\n", grades[2]);
```

```
14:     printf("成績4: %d\n", grades[3]);
15:     total = grades[0]+grades[1]+grades[2]+grades[3];
16:     printf("成績總分: %d\n", total);
17:     printf("成績平均: %.1f\n", total/4.0);
18:
19:     return 0;
20: }
```

程式說明

- 第6行：宣告int陣列grades[]。
- 第7~10行：使用指定敘述指定grades[]陣列的元素值。
- 第11~17行：顯示grades[]陣列元素值，在第15行計算成績總分；第17行計算和顯示平均，%.1f只顯示小數點下1位。

9-2-2 一維陣列的初值

C語言的陣列可以在宣告時指定陣列初值，其基本語法如下所示：

```
陣列型態 陣列名稱[整數常數] = { 常數值, 常數值, … };
```

上述語法宣告一維陣列，陣列是使用「=」等號指定陣列元素的初值。陣列值是使用大括號括起的常數值清單，以「,」逗號分隔，一個值對應一個元素。例如：宣告整數一維陣列，儲存籃球4節比賽得分，如下所示：

```
int scores[] = { 23, 32, 16, 22 };    /* 宣告scores陣列和指定初值 */
```

上述程式碼宣告int資料型態的陣列，陣列名稱爲scores，在「=」等號後使用大括號指定陣列元素的初值，此時的陣列尺寸不用指定，因爲就是初值的元素個數，以此例共有4個陣列元素，如圖9-6所示：

scores[0]=23	scores[1]=32	scores[2]=16	scores[3]=22

▶ 圖9-6

如果在指定陣列初值時宣告陣列尺寸，而且，尺寸與個數不相符時，如下所示：

```
int scores[4] = { 23, 32, 16 };
```

上述陣列宣告的初值數少於宣告尺寸，不足的陣列元素預設值是填入0。

程式範例 Ch9_2_2.c

在C程式宣告int資料型態的一維陣列，儲存籃球比賽的4節得分，然後使用加法運算式計算比賽總分和各節的平均得分，如下所示：

```
籃球比賽總分: 93
平均各節分數: 23.25
```

程式內容

```
01: /* 程式範例: Ch9_2_2.c */
02: #include <stdio.h>
03:
04: int main(void) {
05:     int total;    /* 宣告變數 */
06:     /* 建立int陣列 */
07:     int scores[] = { 23, 32, 16, 22 };
08:     /* 計算籃球比賽4節的總分 */
09:     total = scores[0]+scores[1]+scores[2]+scores[3];
10:     printf("籃球比賽總分: %d\n", total);
11:     printf("平均各節分數: %.2f\n", total/4.0);
12:
13:     return 0;
14: }
```

程式說明

◈ 第7行：宣告int陣列scores[]和指定陣列初值。

◈ 第9~11行：計算與顯示總得分和各節平均得分，%.2f只顯示小數點下2位。

9-2-3 使用迴圈存取一維陣列

在之前的程式範例是使用加法運算式計算陣列元素的總和，因爲陣列是使用索引值來循序存取元素，我們可以改用for迴圈走訪整個陣列元素來計算總和，或輸入陣列元素值。

陣列元素的輸入與輸出

基本上，陣列元素值的printf()函數和其他變數相同，輸入也十分相似，我們一樣是使用scanf()函數輸入陣列元素值，如下所示：

```
for ( i = 0; i < LENGTH; i++ ) {
    printf("請輸入第%d季的業績 => ", (i+1));
    scanf("%f", &sales[i]);
}
```

上述for迴圈執行次數是陣列元素個數，因爲是浮點數，scanf()函數的格式字元是%f，使用「&」運算子將輸入資料存入指定位址的記憶體空間。常數LENGTH是陣列尺寸，這是定義在程式開頭的符號常數，如下所示：

```
#define LENGTH  4    /* 定義符號常數 */
```

上述#define指令定義符號常數LENGTH，陣列是使用此符號常數值來宣告陣列尺寸，如下所示：

```
float sales[LENGTH];  /* 宣告浮點數陣列，儲存LENGTH個元素 */
```

在實務上，只需在編譯前更改LENGTH符號常數值，就可以同時更改陣列大小和迴圈次數，而不用一一修改多處程式碼。

使用for迴圈走訪陣列

for迴圈只需配合陣列索引值，就可以一一走訪陣列元素。例如：使用for迴圈計算陣列元素總和，如下所示：

```
for ( i = 0; i < LENGTH; i++ ) {
    amount += sales[i];
}
```

上述程式碼使用陣列索引值取得每一個陣列元素值，計數器變數i的值是索引值，可以將陣列元素值一一取出來相加。

程式範例

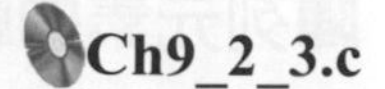

在C程式宣告float型態的一維陣列，儲存4季的業績資料，當使用for迴圈輸入陣列元素值後，計算業績總和與平均業績，如下所示：

```
請輸入第1季的業績 => 145.6 Enter
請輸入第2季的業績 => 178.9 Enter
請輸入第3季的業績 => 197.3 Enter
請輸入第4季的業績 => 156.7 Enter
sales[0] = 145.6
sales[1] = 178.9
sales[2] = 197.3
sales[3] = 156.7
業績總和: 678.5
業績平均: 169.625
```

程式內容

```
01: /* 程式範例: Ch9_2_3.c */
02: #include <stdio.h>
03: #define LENGTH  4        /* 陣列尺寸 */
04:
05: int main(void) {
06:     int i;                   /* 宣告變數 */
07:     float average, amount = 0.0;
08:     float sales[LENGTH]; /* 宣告int陣列 */
09:     /* 使用for迴圈輸入陣列元素值 */
10:     for ( i = 0; i < LENGTH; i++ ) {
11:         printf("請輸入第%d季的業績 => ", (i+1));
12:         scanf("%f", &sales[i]);
13:     }
14:     /* 使用for迴圈計算業績總和 */
15:     for ( i = 0; i < LENGTH; i++ ) {
16:         amount += sales[i];
17:         printf("sales[%d] = %.1f\n", i, sales[i]);
18:     }
19:     average = amount / LENGTH;  /* 計算平均 */
20:     printf("業績總和: %.1f\n", amount);
21:     printf("業績平均: %.3f\n", average);
22:
23:     return 0;
24: }
```

程式說明

- 第3行：定義陣列大小的LENGTH符號常數。
- 第10~13行：使用for迴圈讀取4個陣列元素值的業績資料。
- 第15~18行：使用for迴圈顯示和計算sales[]陣列元素的總和。
- 第19行：計算sales[]陣列元素的平均值。
- 第20~21列：顯示業績的總和和平均，格式字元分別是%.1f和%.3f，只顯示小數點下1位和3位。

9-3 二維與多維陣列

多維陣列是指「二維陣列」（two-dimensional arrays）以上維度的陣列（含二維），屬於一維陣列的擴充，如果將一維陣列想像成一度空間的線；二維陣列是二度空間的平面。

在日常生活中，二維陣列的應用非常廣泛，只要屬於平面的各式表格，都可以轉換成二維陣列。例如：月曆、功課表等。如果繼續擴充二維陣列，我們還可以建立三維、四維等更多維陣列，如圖9-7所示：

功課表

	一	二	三	四	五
1		2		2	
2	1	4	1	4	1
3	5		5		5
4					
5	3		3		3
6					

課程名稱	課程代碼
計算機概論	1
離散數學	2
資料結構	3
資料庫理論	4
上機實習	5

▶ 圖9-7

9-3-1 二維陣列的宣告與初值

C語言的二維陣列是一維陣列的擴充，陣列宣告比一維陣列多一個「[]」的維度，所以，二維陣列擁有2個索引值。

二維陣列的宣告

一維陣列可以儲存學生一門課程的成績；如果使用二維陣列，我們可以同時儲存多門課程的成績。二維陣列宣告的語法，如下所示：

```
陣列型態 陣列名稱[列數][行數];
```

上述語法和一維陣列宣告十分類似，只是宣告二維陣列有2個「[]」。第1個「[]」的列數告訴編譯器二維陣列有幾列；第2個「[]」行數，即一列有幾行。二維陣列的元素個數是「列數*行數」。

例如：一班3位學生的成績資料，包含每位學生的計算機概論和程式設計二門課程成績，我們準備宣告二維陣列來儲存，如下所示：

```
int grades[3][2];    /* 宣告3X2的二維陣列 */
```

上述程式碼宣告二維陣列grades，因爲有2個「[]」，第1個「[]」是列數；第2個「[]」是行數，即宣告3×2的二維陣列grades[][]。

二維陣列的初值

二維陣列的初值也是使用「=」等號指定陣列元素的初值，其基本語法如下所示：

```
陣列型態 陣列名稱[列數][行數] = { {第1列的初值},
                                  {第2列的初值},
                                  ……,
                                  {第n列的初值} };
```

上述語法宣告二維陣列和指定元素初值，陣列值是大括號括起的多個一維陣列初值，即每一列的初值，每一列是一維陣列的初值，它是使用「,」逗號分隔的一維陣列元素。

例如：宣告3×2二維陣列grades[][]和指定初值，如下所示：

```
int grades[3][2] = {{ 74, 56 },    /* 宣告二維陣列和指定初值 */
                    { 37, 68 },
                    { 33, 83 } };
```

上述程式碼指定二維陣列的初值。大括號共有2層，在外層大括號中是每一列元素清單的3個內層大括號，每一列有2行元素。不同於一維陣列，二維以上陣列初值一定要指定陣列尺寸，最多只能省略第一維尺寸（即最左邊索引），如下所示：

```
int grades[][2] = {{ 74, 56 },    /* 宣告二維陣列和指定初值 */
                   { 37, 68 },
                   { 33, 83 } };
```

上述二維陣列的第一維有3列，每一列是一個一維陣列{74, 56}、{37, 68}和{33, 83}，即3個一維陣列的二門課程成績；每一個一維陣列擁有二個元素（2行），共有3*2 = 6個元素，如圖9-8所示：

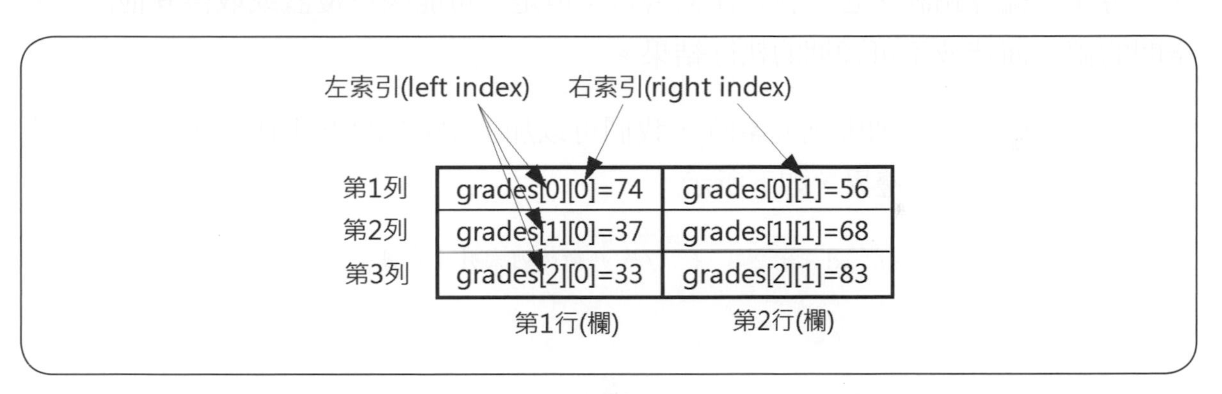

▶ 圖9-8

上述二維陣列擁有2個索引，左索引（left index）指出元素位在哪一列；右索引（right index）指出位在哪一行（或稱爲欄），使用2個索引就可以存取指定儲存格的二維陣列元素。

使用指定敘述初始二維陣列

二維陣列除了在宣告陣列同時指定初值外，我們也可以先宣告二維陣列，如下所示：

```
int grades[3][2];     /* 宣告 3X2 的二維陣列 */
```

上述程式碼建立3×2的二維陣列後，再使用指定敘述指定二維陣列的每一個元素值，如下所示：

```
grades[0][0] = 74;
grades[0][1] = 56;
```

```
grades[1][0] = 37;
grades[1][1] = 68;
grades[2][0] = 33;
grades[2][1] = 83;
```

上述程式碼指定二維陣列的元素值。

C語言的陣列邊界問題

C語言為了執行效率的考量，並不會檢查陣列邊界，如果存取陣列元素超過陣列尺寸，即索引值大於陣列最大索引值（也就是陣列尺寸減1），C程式在編譯時並不會產生編譯錯誤，也不會有任何警告；但是，可能因為覆蓋或取得其他記憶體空間的值，而造成不可預期的執行結果。

當程式碼需要存取陣列元素時，我們可以加上if條件的程式碼來檢查陣列索引值id是否有超過陣列邊界，如下所示：

```
if ( id >= 0 && id <= 2 ) {   /* 判斷陣列索引的範圍 */
   …
}
```

上述if條件檢查索引範圍是否是位在0~2之間，即位在陣列邊界之內，如此才可以正確存取陣列元素值。

說明

在C程式碼存取陣列值時，請再次確認沒有超過陣列尺寸的邊界，因為C語言不會檢查陣列邊界，很多C程式的執行錯誤都是導因於忽略陣列邊界問題。

程式範例 Ch9_3_1.c

在C程式建立3×2的二維陣列，第一維索引值（列）是學號，第二維索引值（行）是2科成績，如果輸入學號在索引值範圍內，就計算此位學生各科成績的總分和平均，如下所示：

```
請輸入學號0~2 ==> 0 Enter
成績: 74
成績: 56
```

```
學號:0 的總分: 130 平均成績: 65.000
```

上述執行結果輸入0~2的學號，可以顯示指定學生的各科成績、總分和平均；如果學號不在範圍內，就馬上結束程式的執行。

程式內容

```
01: /* 程式範例: Ch9_3_1.c */
02: #include <stdio.h>
03:
04: int main(void) {
05:     int i, id, sum;    /* 宣告變數 */
06:     double average;
07:     /* 建立int的二維陣列 */
08:     int grades[3][2] = {{ 74, 56 },
09:                          { 37, 68 },
10:                          { 33, 83 } };
11:     printf("請輸入學號0~2 ==> ");
12:     scanf("%d", &id);
13:     /* 檢查索引是否在範圍內 */
14:     if ( id >= 0 && id <= 2 ) {
15:         /* 使用迴圈顯示陣列值和計算平均 */
16:         for ( sum = 0, i = 0; i < 2; i++) {
17:             sum += grades[id][i];
18:             printf("成績: %d\n", grades[id][i]);
19:         }
20:         printf("學號:%d 的總分: %d ", id, sum);
21:         average = sum / 2.0;
22:         printf("平均成績: %.3f\n", average);
23:     }
24:
25:     return 0;
26: }
```

程式說明

- 第8~10行：宣告int型態二維陣列grades[][]和指定陣列元素初值。
- 第11~12行：輸入學號，即二維陣列中第一維的索引（列）。
- 第14~23行：使用if條件檢查索引值是否位在陣列索引範圍內，即0~2。

◈ 第16~19行：因為已經知道二維陣列中，第一維索引（左索引，即列），每一列是一個一維陣列（尺寸是行數），我們可以使用for迴圈計算grades[id][i]陣列元素的總分。

9-3-2 矩陣相加——巢狀迴圈走訪二維陣列

二維陣列相當於是多個一維陣列的組合，一個for迴圈可以走訪一維陣列的元素，以此類推，2層for巢狀迴圈可以存取二維陣列。

在數學上，二維陣列最常使用在「矩陣」（matrices）處理，矩陣類似二維陣列，一個m×n矩陣表示這個矩陣擁有m列（rows）和n行（columns），或稱爲列和欄，如圖9-9所示：

	第1行	第2行	第3行
第1列	6	2	0
第2列	1	0	3
第3列	6	4	2
第4列	1	4	7

▶ 圖9-9

上述圖例是4×3矩陣，m和n是矩陣的「維度」（dimensions）。矩陣相加是將相同位置的元素直接相加，如圖9-10所示：

$$\begin{bmatrix} 1 & 3 & 5 \\ 7 & 9 & 2 \\ 4 & 6 & 8 \end{bmatrix} + \begin{bmatrix} 2 & 4 & 6 \\ 8 & 1 & 3 \\ 5 & 7 & 9 \end{bmatrix} = \begin{bmatrix} 3 & 7 & 11 \\ 15 & 10 & 5 \\ 9 & 13 & 17 \end{bmatrix}$$

▶ 圖9-10

例如：使用for巢狀迴圈計算二維陣列的矩陣相加，如下所示：

```
for ( i=0; i < ROW; i++) {
    for ( j=0; j < COL; j++) {
        C[i][j] = A[i][j] + B[i][j];
```

```
        printf("%2d ", C[i][j]);
    }
    printf("\n");
}
```

上述第一層for迴圈是第一維索引值；第二層for迴圈是第二維索引值，當將相同位置的二維陣列A[][]和B[][]的元素相加後指定給二維陣列C[][]，最後二維陣列C[][]的內容就是矩陣相加的結果。

程式範例 Ch9_3_2.c

在C程式建立3個3×3二維陣列的矩陣A、B和C後，計算和顯示二個矩陣A[][]和B[][]相加結果的二維陣列C[][]，如下所示：

```
 3  7 11
15 10  5
 9 13 17
```

程式內容

```
01: /* 程式範例: Ch9_3_2.c */
02: #include <stdio.h>
03: #define ROW   3
04: #define COL   3
05:
06: int main(void) {
07:     int i, j;  /* 宣告變數 */
08:     /* 建立3個int的二維陣列 */
09:     int A[ROW][COL] = {{1, 3, 5}, {7, 9, 2}, {4, 6, 8}};
10:     int B[ROW][COL] = {{2, 4, 6}, {8, 1, 3}, {5, 7, 9}};
11:     int C[ROW][COL];
12:     /* 矩陣相加和顯示二維陣列的元素值 */
13:     for ( i=0; i < ROW; i++) {
14:         for ( j=0; j < COL; j++) {
15:             C[i][j] = A[i][j] + B[i][j];
16:             printf("%2d ", C[i][j]);
17:         }
18:         printf("\n");
19:     }
```

```
20:
21:     return 0;
22: }
```

程式說明

◈ 第9~11行：宣告3個int二維陣列A[][]、B[][]和C[][]，前2個有指定陣列初值，即前述的矩陣內容。

◈ 第13~19行：外層for迴圈是走訪每一列。

◈ 第14~17行：內層for迴圈走訪每一列的一維陣列。在第15行計算矩陣相同位置元素的和。第16行顯示計算結果的元素，%2d顯示2位數的整數，如果數值只有1位，就在之前補上空格。

9-3-3 多維陣列

多維陣列（multidimensional array）是指陣列維度超過二維。宣告多維陣列是在之後再加上所需的維度，其基本語法如下所示：

```
陣列型態 陣列名稱[整數常數][整數常數][整數常數]…;
```

上述語法可以宣告多維陣列。實務上，超過三維以上的陣列十分少見，因為多維陣列會佔用大量記憶體空間，而且花費比存取一維陣列元素更多的時間來存取多維陣列的元素值。

例如：在C程式宣告三維和四維陣列，如下所示：

```
int sales[3][2][3];       /* 宣告3X2X3整數三維陣列sales */
float tips[4][4][5][6];   /* 宣告4X4X5X6浮點數四維陣列tips */
```

上述程式碼宣告多維陣列sales和tips。多維陣列元素的存取一樣是使用迴圈，前述二維陣列是使用二層巢狀迴圈，以此類推，三維陣列是使用3層巢狀迴圈；四維是使用4層巢狀迴圈來走訪陣列元素。

9-4 在函數使用陣列參數

C語言的陣列一樣可以作爲函數參數（或稱爲引數）。基本資料型態的變數和陣列元素預設是使用傳值呼叫；整個陣列的參數是傳址呼叫，我們只能更改陣列中的指定元素，並不能更改整個陣列。

9-4-1 一維陣列的參數傳遞

當函數參數是一維陣列時，在函數原型宣告的參數可以使用陣列或指標方式，如下所示：

```
void maxElement(int [], int);    /* 函數原型宣告 */
void maxElement(int *, int);
```

上述程式碼maxElement()函數原型宣告的第1個參數是一維陣列，可以使用int []陣列宣告表示法或使用指標int *（關於指標參數的進一步說明，請參閱＜第10章：指標＞）。

不過，傳遞陣列參數到函數是將陣列第1個元素的開始位址傳入，並沒有陣列尺寸，所以C函數如果傳遞陣列，一定需要額外參數來傳遞陣列尺寸。以此例的第2個參數是陣列尺寸，如下所示：

```
void maxElement(int eles[], int len) {
    …
}
```

上述maxElement()函數有2個參數：第1個是陣列；第2個整數是陣列尺寸。因爲陣列是使用傳址呼叫，如果函數程式碼更改陣列元素值，也會同時更改呼叫函數傳入的陣列元素值。

程式範例 Ch9_4_1.c

在C程式建立maxElement()函數，從傳入的一維陣列中，找出最大值的元素，將它和第1個元素交換。當執行maxElement()函數後，陣列的第1個元素是最大值，如下所示：

```
呼叫函數前: [0:39] [1:13] [2:27] [3:81] [4:69]
呼叫函數後: [0:81] [1:13] [2:27] [3:39] [4:69]
陣列最大值: 81
```

上述執行結果可以看到呼叫函數後的陣列元素已經改變，第1個元素是陣列的最大值。

程式內容

```
01: /* 程式範例: Ch9_4_1.c */
02: #include <stdio.h>
03: #define LEN     5
04:
05: /* 函數的原型宣告 */
06: void maxElement(int [], int);
07: /* 主程式 */
08: int main(void) {
09:     int i, data[LEN] = { 39,13,27,81,69 }; /* 宣告變數 */
10:     printf("呼叫函數前: ");
11:     for ( i=0; i < LEN; i++)    /* 使用迴圈顯示陣列值 */
12:         printf("[%d:%d] ", i, data[i]);
13:     maxElement(data, LEN); /* 呼叫函數 */
14:     printf("\n呼叫函數後: ");
15:     for ( i=0; i < LEN; i++)    /* 使用迴圈顯示陣列值 */
16:         printf("[%d:%d] ", i, data[i]);
17:     printf("\n陣列最大值: %d\n", data[0]);
18:
19:     return 0;
20: }
21: /* 函數: 找出陣列的最大值 */
22: void maxElement(int eles[], int len) {
23:     int i, maxValue = 0, index = -1;   /* 變數宣告 */
24:     /* 使用for迴圈找尋最大值 */
25:     for ( i = 0; i < len; i++ ) {
26:         if ( eles[i] > maxValue ) {
27:             maxValue = eles[i];/* 目前最大值 */
```

```
28:             index = i;
29:          }
30:       } /* 與第一個陣列元素交換 */
31:       eles[index] = eles[0];
32:       eles[0] = maxValue;
33: }
```

程式說明

◈ 第9行：宣告int一維陣列data[]和指定陣列元素的初值。

◈ 第13行：呼叫maxElement()函數，參數是一維陣列data[]和LEN。

◈ 第17行：顯示陣列最大元素，即第1個陣列元素值。

◈ 第22~33行： maxElement()函數是在第25~30行的for迴圈找出陣列最大值。第31~32行和陣列第1個元素交換。

請注意！因為一維陣列的參數傳遞是將第1個陣列元素的位址傳入，我們可以更改陣列中的每一個元素值，但不能更改整個陣列，即將它指向其他陣列，完整程式範例是：Ch9_4_1a.c。

9-4-2 二維陣列的參數傳遞

當函數參數是二維陣列時，函數原型宣告的參數陣列必須指定右維度的陣列尺寸，如下所示：

```
void minGrades(int [][5]);    /* 函數原型宣告 */
```

上述函數原型宣告的參數是二維陣列，指明右維度尺寸是5。雖然二維陣列的參數也可以指明左維度尺寸，不過，這並不需要，因為編譯器只需知道右維度，就可以在二維陣列存取指定左和右索引的元素值。

程式範例

Ch9_4_2.c

在C程式使用二維陣列儲存3班各5名學生的成績資料後，建立minGrades()函數，從傳入的二維陣列元素中找出最小值，即成績最差的學生資料，如下所示：

```
班級編號: 0
學生編號: 2
學生成績: 33
```

程式內容

```
01: /* 程式範例: Ch9_4_2.c */
02: #include <stdio.h>
03: #define CLASSES      3
04: #define GRADES       5
05:
06: /* 函數的原型宣告 */
07: void minGrades(int [][GRADES]);
08: /* 主程式 */
09: int main(void) {
10:     /* 宣告二維陣列 */
11:     int grades[CLASSES][GRADES]={{ 74, 56, 33, 65, 89 },
12:                                  { 37, 68, 44, 78, 92 },
13:                                  { 33, 83, 77, 66, 88 }
14:                                 };
15:     minGrades(grades);    /* 呼叫函數 */
16:
17:     return 0;
18: }
19: /* 函數: 找出二維陣列中成績最差 */
20: void minGrades(int data[][GRADES]) {
21:     /* 變數宣告 */
22:     int i, j, minValue = 101, lIndex = -1, rIndex = -1;
23:     /* 巢狀迴圈找尋最小值 */
24:     for ( i = 0; i < CLASSES; i++ )
25:         for ( j = 0; j < GRADES; j++ )
26:             if ( data[i][j] < minValue ) {
27:                 minValue=data[i][j];/* 目前最小值 */
28:                 lIndex = i;
29:                 rIndex = j;
30:             }
31:     /* 顯示成績最差的學生資料 */
```

```
32:      printf("班級編號: %d\n", lIndex);
33:      printf("學生編號: %d\n", rIndex);
34:      printf("學生成績: %d\n", data[lIndex][rIndex]);
35: }
```

程式說明

- 第11~14行：宣告int二維陣列grades[][]和指定陣列元素的初值。
- 第15行：呼叫minGrades()函數，參數為二維陣列grades[][]。
- 第20~35行：minGrades()函數是在第24~30行的巢狀for迴圈找出陣列最小值。第32~34行顯示最小陣列元素值的索引和值。

9-5 陣列的應用——搜尋與排序

「排序」（sorting）和「搜尋」（searching）是計算機科學資料結構與演算法的範疇。事實上，電腦有相當多的執行時間都是在處理資料排序和搜尋。排序和搜尋實際應用在資料庫系統、編譯器和作業系統之中。

排序工作是將一些資料依照特定原則排列成遞增或遞減順序。搜尋是在資料中找出是否存在與特定值相同的資料，搜尋值稱爲「鍵值」（key），如果資料存在，就進行後續資料處理。例如：查詢電話簿是爲了找朋友的電話號碼，然後與他聯絡；在書局找書也是爲了找到後買回家閱讀。

9-5-1 泡沫排序法

在常見的排序法中，最出名的排序法是「泡沫排序法」（bubble sort，或稱氣泡排序法），因爲這種排序法的名稱好記且簡單，可以將較小的鍵值逐漸移到陣列開始；較大的鍵值慢慢浮向陣列最後。鍵值如同水缸中的泡沫，慢慢往上浮，故稱爲泡沫排序法。

泡沫排序法是使用交換方式進行排序。例如：使用泡沫排序法排列樸克牌，就是將牌攤開放在桌上排成一列，將鄰接兩張牌的點數鍵值進行比較，如果兩張牌沒有照順序排列就交換，直到牌都排到正確位置爲止。

筆者準備使用整數陣列data[]說明排序過程。比較方式是以數值大小的順序爲鍵值，其排序過程如圖9-11所示：

執行過程	data[0]	data[1]	data[2]	data[3]	data[4]	data[5]	比較	交換
初始狀態	11	12	10	15	1	2		
1	11	12	10	15	1	2	0和1	不交換
2	11	10	12	15	1	2	1和2	交換1和2
3	11	10	12	15	1	2	2和3	不交換
4	11	10	12	1	15	2	3和4	交換3和4
5	11	10	12	1	2	15	4和5	交換4和5

▶ 圖9-11

上表只是走訪一次一維陣列data[]的排序過程，依序比較陣列索引值0和1、1和2、2和3、3和4，最後比較4和5。陣列中的最大值15會一步步往陣列結尾移動，在完成第1次走訪後，陣列索引5是最大值15。

接著縮小一個元素，只走訪陣列data[0]到data[4]進行比較和交換，可以找到第2大值，依序處理，即可完成整個整數陣列的排序。

Ch9_5_1.c

在C程式使用泡沫排序法排序int整數一維陣列，如下所示：

```
排序結果: [1][2][10][11][12][15]
```

上述執行結果可以看到排序後的陣列元素，已經從小到大排列。

程式內容

```
01: /* 程式範例: Ch9_5_1.c */
02: #include <stdio.h>
03: #define MAX     6
04: 
05: /* 函數原型宣告 */
06: void bubble(int *, int);
07: /* 主程式 */
08: int main(void) {
```

```
09:     int k, data[MAX] = {11,12,10,15,1,2}; /* 宣告變數 */
10:     bubble(data, MAX); /* 呼叫排序函數 */
11:     printf("排序結果: ");
12:     for ( k = 0; k < MAX; k++ ) {
13:         printf("[%d]",data[k]);
14:     }
15:     printf("\n");
16:
17:     return 0;
18: }
19: /* 函數: 泡沫排序法 */
20: void bubble(int data[], int count) {
21:     int i, j, temp;  /* 變數宣告 */
22:     for ( j=count; j>1; j-- ) {/* 第一層迴圈 */
23:         for ( i=0; i<j-1; i++ ) {/* 第二層迴圈 */
24:             /* 比較相鄰的陣列元素 */
25:             if ( data[i+1] < data[i] ) {
26:                 temp = data[i+1]; /* 交換兩元素 */
27:                 data[i+1] = data[i];
28:                 data[i] = temp;
29:             }
30:         }
31:     }
32: }
```

程式說明

◈ 第9行：宣告陣列data[]和指定陣列初值。

◈ 第10行：呼叫bubble()函數執行排序。

◈ 第20~32行：bubble()函數使用二層for迴圈執行排序。第一層迴圈的範圍每次縮小一個元素；第二層迴圈只排序0~j-1個元素。因為每執行一次第一層迴圈，陣列最後一個元素就是最大值，所以下一次迴圈就不用再排序最後一個元素。

◈ 第25~29行：if條件判斷陣列元素大小，如果下一個元素比較小，在第26~28行交換2個陣列元素。

9-5-2 線性搜尋法

「線性搜尋法」（sequential search）是從陣列的第1個元素開始走訪整個陣列，從頭開始一個一個比較元素是否是搜尋值，因爲需要走訪整個陣列，陣列資料是否排序就沒有什麼關係。例如：一個整數陣列data[]，如圖9-12所示：

0	1	2	3	4	5	6	7	8	9	10
9	25	33	74	90	15	1	8	42	66	81

▶ 圖9-12

在上述陣列搜尋整數90的鍵值，程式需要從陣列索引值0開始比較，在經過索引值1、2和3後，才在索引值4找到整數90，共比較5次。同理，搜尋整數4的鍵值，需要從索引值0一直找到10，才能夠確定鍵值是否存在，結果比較11次，發現鍵值4不存在。

因爲需要走訪整個陣列，所以陣列資料是否有排序就無所謂，如下所示：

```
for ( i = 0; i < count; i++ ) {
    if ( data[i] == target ) {
        return i;
    }
}
```

上述for迴圈走訪整個一維陣列，和使用if條件判斷是否搜尋到指定鍵值。

Ch9_5_2.c

在C程式輸入整數後，使用線性搜尋法搜尋陣列是否有此元素值，如下所示：

```
原始陣列: [9][25][33][74][90][15][1][8][42][66][81]
請輸入搜尋值 => 1 Enter
搜尋到值: 1(6)
```

上述執行結果可以看到原始陣列元素，在輸入搜尋值後，顯示搜尋結果。

程式內容

```
01: /* 程式範例: Ch9_5_2.c */
02: #include <stdio.h>
03: #define MAX    11
04:
05: /* 函數原型宣告 */
06: int sequential(int *, int, int);
07: /* 主程式 */
08: int main(void) {
09:     /* 宣告變數 */
10:     int data[MAX] = {9,25,33,74,90,15,1,8,42,66,81};
11:     int i, index, target;
12:     printf("原始陣列: ");
13:     for ( i=0; i<MAX; i++ ) printf("[%d]",data[i]);
14:     printf("\n請輸入搜尋值 => ");
15:     scanf("%d", &target);
16:     /* 呼叫搜尋函數 */
17:     index = sequential(data, MAX, target);
18:     if (index != -1) {
19:         printf("搜尋到值: %d(%d)\n", target,index);
20:     }
21:     else {
22:         printf("沒有搜尋到值: %d\n", target);
23:     }
24:
25:     return 0;
26: }
27: /* 函數: 線性搜尋法 */
28: int sequential(int data[], int count, int target) {
29:     int i;      /* 變數宣告 */
30:     for ( i = 0; i < count; i++ ) { /* 搜尋迴圈 */
31:         /* 比較是否是目標值 */
32:         if ( data[i] == target ) {
33:             return i;
34:         }
35:     }
36:     return -1;
37: }
```

程式說明

◈ 第10行：宣告陣列data[]和指定陣列初值。

◈ 第14~15行：輸入搜尋值。

◈ 第17~23行：呼叫sequential()函數執行搜尋後，在第18~23行的if/else條件顯示搜尋結果。

◈ 第28~37行：sequential()函數是使用for迴圈執行搜尋，在第32~34行的if條件比較陣列元素。

9-5-3 二元搜尋法

「二元搜尋法」（binary search）是一種分割資料搜尋方法，被搜尋的資料需要是已經排序好的資料。二元搜尋法的操作是先檢查排序資料的中間元素，如果與鍵值相等就找到；如果小於鍵值，表示資料位在前半段；否則位在後半段，然後繼續分割成二段資料來重複上述操作，直到找到，或已經沒有資料可以分割爲止。

例如：陣列的上下範圍分別是low和high，中間元素的索引值是(low + high)/2。在執行二元搜尋時的比較分成三種情況，如下所示：

1. 搜尋鍵值小於陣列的中間元素：鍵值在資料陣列的前半部。
2. 搜尋鍵值大於陣列的中間元素：鍵值在資料陣列的後半部。
3. 搜尋鍵值等於陣列的中間元素：找到搜尋的鍵值。

例如：現在有一個已經排序的整數陣列data[]，如圖9-13所示：

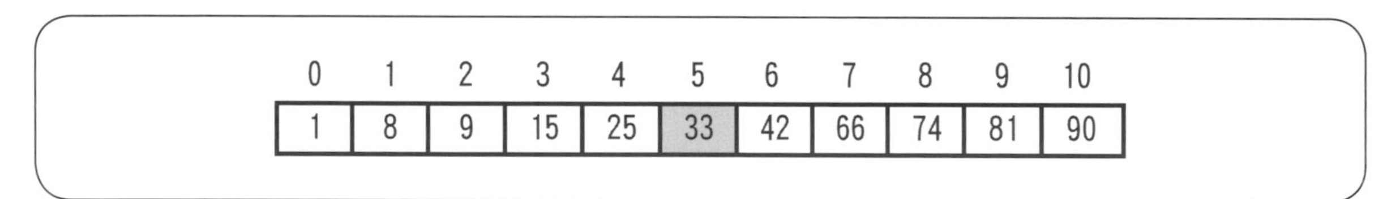

▶ 圖9-13

在上述陣列找尋整數81的鍵值，第一步和陣列中間元素索引值(0+10)/2 = 5的值33比較，因爲81大於33，所以搜尋陣列的後半段，如圖9-14所示：

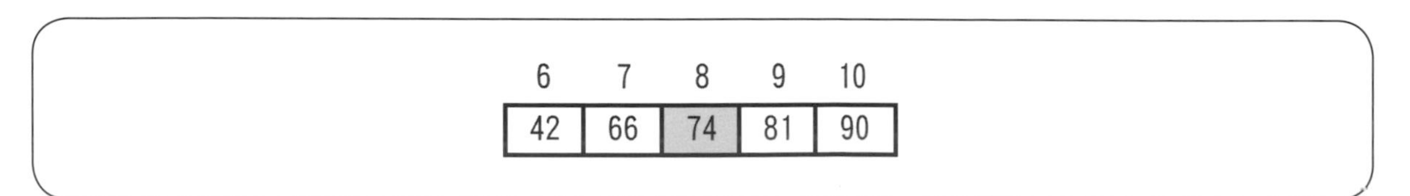

▶ 圖9-14

上述搜尋範圍已經縮小剩下後半段，此時的中間元素是索引值(6+10)/2 = 8，其值為74。因為81仍然大於74，所以繼續搜尋後半段，如圖9-15所示：

9	10
81	90

▶ 圖9-15

再度計算中間元素索引值(9+10)/2 = 9，可以找到搜尋值81。

Ch9_5_3.c

在C程式使用二元搜尋法搜尋已經排序好的一維陣列，如下所示：

```
原始陣列: [1][8][9][15][25][33][42][66][74][81][90]
請輸入搜尋值: 81 Enter
搜尋到值: 81(9)
```

上述執行結果可以看到原始陣列元素，在輸入搜尋值後，顯示搜尋結果。

程式內容

```
01: /* 程式範例: Ch9_5_3.c */
02: #include <stdio.h>
03: #define MAX     11
04:
05: /* 函數原型宣告 */
06: int binary(int *, int, int, int);
07: /* 主程式 */
08: int main(void) {
09:     /* 宣告變數 */
10:     int data[MAX] = {1,8,9,15,25,33,42,66,74,81,90};
11:     int i, index, target;
12:     printf("原始陣列: ");
13:     for ( i=0; i<MAX; i++ ) printf("[%d]",data[i]);
14:     printf("\n請輸入搜尋值: ");
15:     scanf("%d", &target);
16:     /* 呼叫搜尋函數 */
17:     index = binary(data, 0, MAX-1, target);
18:     if (index != -1)
```

```
19:         printf("搜尋到值: %d(%d)\n",target,index);
20:     else
21:         printf("沒有搜尋到值: %d\n",target);
22:
23:     return 0;
24: }
25: /* 函數: 二元搜尋法 */
26: int binary(int data[], int low, int high, int t) {
27:     int l = low, n = high, m, index = -1;
28:     while ( l <= n ) {
29:         m = (l + n) / 2;        /* 計算中間索引 */
30:         if ( data[m] > t ){     /* 在前半部 */
31:             n = m - 1;      /* 重設範圍爲前半部 */
32:         }                   /* 在後半部 */
33:         else if ( data[m] < t ) {
34:                 l = m + 1;  /* 重設範圍爲後半部 */
35:             }
36:             else {
37:                 index = m;  /* 找到鍵值 */
38:                 break;      /* 跳出迴圈 */
39:             }
40:     }
41:     return index;
42: }
```

程式說明

◈ 第17行：呼叫二元搜尋法binary()函數找尋陣列中的鍵值。

◈ 第26~42行：binary()函數使用第28~40行的while迴圈執行二元搜尋。在第29行取得中間值的陣列索引。

◈ 第30~39行：if/else條件判斷鍵值是在陣列的前半部或後半部分，如果是前半部分，在第31行縮小搜尋範圍為前半部。第33~39行的if/else條件判斷是否是在後半部分，如果是，在第34行縮小搜尋範圍為後半部後，重複搜尋，直到第37行找到鍵值為止。

9-5-4 遞迴二元搜尋法

在第9-5-3節的二元搜尋法是迴圈的非遞迴版本。事實上，二元搜尋法的資料分割就是逐步縮小範圍至前半部或後半部，符合遞迴的特性，我們可以使用遞迴函數來建立二元搜尋法。

程式範例 Ch9_5_4.c

在C程式使用二元搜尋法搜尋已經排序好的陣列資料，此二元搜尋法是一個遞迴函數，如下所示：

```
原始陣列: [12][13][24][35][44][67][78][98]
請輸入搜尋值==> 67 Enter
搜尋到值: 67(5)
```

上述執行結果可以看到原始陣列元素，在輸入搜尋值後，顯示搜尋結果。

程式內容

```
01: /* 程式範例: Ch9_5_4.c */
02: #include <stdio.h>
03: #define MAX      8
04:
05: /* 函數原型宣告 */
06: int binary(int *, int, int, int);
07: /* 主程式 */
08: int main(void) {
09:     /* 宣告變數 */
10:     int data[MAX] = {12, 13, 24, 35, 44, 67, 78, 98};
11:     int i, index, target;
12:     printf("原始陣列: ");
13:     for ( i=0; i<MAX; i++ ) printf("[%d]",data[i]);
14:     printf("\n請輸入搜尋值==> ");
15:     scanf("%d", &target);
16:     /* 呼叫搜尋函數 */
17:     index = binary(data, 0, MAX-1, target);
18:     if (index != -1)
19:         printf("搜尋到值: %d(%d)\n",target,index);
20:     else
21:         printf("沒有搜尋到值: %d\n",target);
22:
```

```
23:     return 0;
24: }
25: /* 函數: 二元搜尋法 */
26: int binary(int data[], int low, int high, int t) {
27:     int middle; /* 宣告變數 */
28:     if (low > high) return -1; /* 終止條件 */
29:     else {  /* 取得中間索引 */
30:         middle = (low + high) / 2;
31:         if ( t == data[middle] ) /* 找到 */
32:             return middle;    /* 傳回索引值 */
33:         else if ( t < data[middle] )/* 前半部分 */
34:                 return binary(data,low,middle-1,t);
35:             else    /* 後半部分 */
36:                 return binary(data,middle+1,high,t);
37:     }
38: }
```

程式說明

- 第17行：呼叫二元搜尋法binary()函數找尋陣列中的鍵值。
- 第26~38行：binary()函數是一個遞迴函數，在第28行是終止條件。第30行取得中間值的陣列索引。
- 第31~36行：if/else條件檢查是否找到鍵值，如果沒有找到，在第34行和第36行遞迴呼叫，且縮小搜尋範圍。第34行是前半部分；第36行是後半部分。

9-6 C語言的字串

C語言沒有內建字串資料型態，C語言的字串是一種字元型態的一維陣列，元素使用'\0'字串結束字元來標示字串結束。

9-6-1 字串的基礎

C語言的「字串」（string）是字元資料型態的一維陣列。例如：宣告一維的字元陣列來儲存字串，如下所示：

```
char str[80];    /* 宣告長度80字元的字元陣列str */
```

上述程式碼宣告長度80的字元陣列，陣列名稱是str，陣列索引值從0開始，我們可以使用str[0]、str[1]~str[79]存取陣列元素，如下所示：

```
char c;          /* 宣告字元變數c */
str[i] = c;      /* 指定字元陣列的元素值 */
```

上述程式碼是將變數i的值作爲索引值，以便指定此索引值的陣列元素爲字元變數c的值，這是一個字元資料型態的變數。在一維字元陣列的結束需要加上'\0'字元當作結束字元，如下所示：

```
str[LEN] = '\0';
```

上述擁有結束字元的字元陣列是一個字串，其長度是從0到結束字元前爲止的字元數，即LEN。

9-6-2 字串初值與指定敘述

在C語言宣告字元陣列的字串，同時可以指定初值；或使用指定敘述指定字串內容。

字串初值

字串初值相當於是指定C語言char字元陣列的初值。例如：宣告擁有15個元素的字元陣列，如下所示：

```
char str[15] = "hello! world\n";   /* 宣告字元陣列str和指定字串常數 */
```

上述程式碼是一個字元陣列，使用「"」雙引號的字串常數指定陣列初值，此時字元陣列str[]的內容，如圖9-16所示：

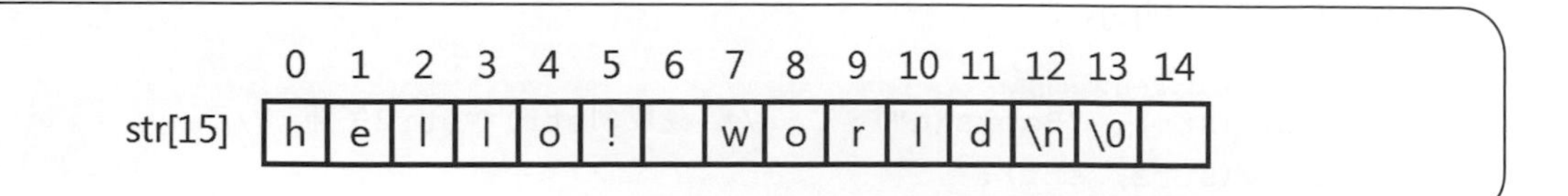

▶ 圖9-16

上述圖例的字元陣列儲存字串"hello! world\n"，在索引13的元素值'\0'是字串結束字元，稱爲nul字元。字串長度是從索引0計算到null字元之前，即0到12，其長度是13。

在C語言除了使用字串常數指定字串初值外，我們還有2種方法指定字串值，如下所示：

使用陣列初值，如下所示：

```
char str[15] = {'H','e','l','l','o','!',' ','w','o','r','l','d','\
n','\0'};
```

使用指定敘述指定字元陣列的元素值，如下所示：

```
char str[15];    /* 宣告字元陣列str */
str[0] = 'H';  str[1] = 'e';  str[2] = 'l';
str[3] = 'l';  str[4] = 'o';  str[5] = '!';
str[6] = ' ';  str[7] = 'w';  str[8] = 'o';
str[9] = 'r';  str[10] = 'l';  str[11] = 'd';
str[12] = '\n'; str[13] = '\0';
```

字串的指定敘述

C語言的字串因為是字元陣列，所以不能使用指定敘述將字串指定給其他字元陣列。例如：宣告字元陣列str1和str2，其尺寸同為15，如下所示：

```
char str1[15], str2[15];  /* 宣告字元陣列str1和str2 */
```

上述字串只能在宣告時使用字串常數指定字串內容，如果在程式碼使用指定敘述，如下所示：

```
str1 = "hello";     /* 錯誤寫法 */
```

上述程式碼是錯誤寫法，在程式碼更改字串內容需要使用C語言標準函數庫<string.h>標頭檔的strcpy()函數。例如：指定字串常數，或將其他字串變數指定給str1和str2，如下所示：

```
strcpy(str1, "Books\n");    /* 複製到str1和str2字串 */
strcpy(str2, str);
```

上述strcpy()函數可以將第2個參數字串複製到第1個參數，即將字串常數"Books\n"複製給str1字串變數後，將str複製給str2。

程式範例 Ch9_6_2.c

在C程式宣告一維字元陣列的字串和指定初值後，使用<string.h>標頭檔的strcpy()函數複製字串內容，如下所示：

```
str = hello! world
str1 = Hello! world
str2 = Hello! world
strcpy(str1,"Books\n")函數: str1 = Books
strcpy(str2,str)函數: str2 = hello! world
```

程式內容

```
01: /* 程式範例: Ch9_6_2.c */
02: #include <stdio.h>
03: #include <string.h>
04:
05: int main(void) {
06:     char str1[15];    /* 字元陣列宣告 */
07:     char str2[15] = {'H','e','l','l','o','!',' ',
08:                      'w','o','r','l','d','\n','\0'};
09:     char str[15] = "hello! world\n";
10:     /* 指定字元陣列初值 */
11:     str1[0] = 'H'; str1[1] = 'e'; str1[2] = 'l';
12:     str1[3] = 'l'; str1[4] = 'o'; str1[5] = '!';
13:     str1[6] = ' '; str1[7] = 'w'; str1[8] = 'o';
14:     str1[9] = 'r'; str1[10] = 'l'; str1[11] = 'd';
15:     str1[12] = '\n'; str1[13] = '\0';
16:     printf("str = %s", str);    /* 顯示字串內容 */
17:     printf("str1 = %s", str1);
18:     printf("str2 = %s", str2);
19:     printf("strcpy(str1,\"Books\\n\")函數: ");
20:     strcpy(str1, "Books\n"); /* 呼叫字串複製函數 */
21:     printf("str1 = %s", str1);
22:     printf("strcpy(str2,str)函數: ");
23:     strcpy(str2, str);        /* 呼叫字串複製函數 */
24:     printf("str2 = %s", str2);
25:
26:     return 0;
27: }
```

程式說明

◈ 第3行：含括<string.h>標頭檔。
◈ 第6~15行：宣告字元陣列後，分別使用三種方法指定字串初值。
◈ 第16~18行：使用printf()函數的%s格式字元顯示字串內容。
◈ 第20行和第23行：使用strcpy()函數複製字串，其功能相當於C語言的字串指定敘述。

9-6-3 字串陣列

C語言的字串是一個一維陣列，如果有很多相關字串，我們可以將它們建立成字串陣列。C語言的字串陣列是一個字元資料型態的二維陣列，其基本語法如下所示：

```
char 字串陣列名稱[字串數][字串長度];
```

上述語法宣告char字元型態的二維陣列。第1個「[]」是字串個數；第2個是儲存字串的最大長度。例如：宣告儲存姓名的字串陣列names[][]，如下所示：

```
char names[3][12];     /* 宣告字串陣列，共有3個字串 */
```

上述程式碼宣告字串陣列，共有3個字串，每一個字串的最大長度是12-1= 11個字元，因爲需要加上'\0'字元當作結束字元。

同樣的，字串陣列也可以使用「=」等號指定字串初值，其基本語法如下所示：

```
char 字串陣列名稱[字串數][字串長度] = { "字串常數1",
                                        "字串常數2",
                                        ……,
                                        "字串常數n" };
```

上述語法宣告字串陣列和指定初值，初值是大括號括起的多個字串常數，使用「,」逗號分隔。例如：宣告儲存姓名的字串陣列names[][]和指定初值，如下所示：

```
/* 宣告3個字串的字串陣列，和指定初值 */
char names[3][12] = {"Joe Chen","Jason","Jane"};
```

上述程式碼宣告3個字串的字串陣列和指定初值，此時的記憶體圖例，如圖9-17所示：

	0	1	2	3	4	5	6	7	8	9	10	11
names[0]	J	o	e		C	h	e	n	\0			
names[1]	J	a	s	o	n	\0						
names[2]	J	a	n	e	\0							

▶ 圖9-17

上述圖例的names[0]是第1個字串；names[1]是第2個字串；names[2]是第3個字串。因為二維字元陣列是固定長度，但是，每一個字串長度可能不同，所以灰色儲存空間都是浪費的記憶體空間。解決此問題的方法是使用字串的指標陣列，詳見第10-5-2節的說明。

Ch9_6_3.c

在C程式宣告字串陣列儲存3位學生的英文姓名後，顯示字串陣列的內容，如下所示：

```
names[0] = Joe Chen
names[1] = Jason
names[2] = Jane
```

程式內容

```
01: /* 程式範例: Ch9_6_3.c */
02: #include <stdio.h>
03:
04: int main(void) {
05:     int i;
06:     /* 宣告字串陣列且指定初值 */
07:     char names[3][12] = {"Joe Chen","Jason","Jane"};
08:     /* 顯示字串陣列的內容 */
09:     for ( i = 0; i < 3; i++ ) {
10:         printf("names[%d] = %s\n", i, names[i]);
11:     }
```

```
12:
13:     return 0;
14: }
```

程式說明

◈ 第7行：宣告字元二維陣列的字串陣列，和指定初值為3個英文姓名字串。

◈ 第9~11行：使用for迴圈顯示字串陣列的每一個字串，在第10行使用printf()函數顯示字串內容，格式字元是%s。

學習評量

9-1　陣列的基礎

1. 請使用圖例說明什麼是陣列？哪些C語言資料型態可以建立陣列？
2. 在使用C語言宣告n個元素的一維陣列後，請問陣列第1個元素的索引值是_____；最後1個元素的索引值是_____。
3. 請舉例說明什麼是C語言的靜態記憶體配置？
4. 為什麼我們需要在C程式使用陣列，而不使用一堆變數？

9-2　一維陣列

1. C語言存取陣列test[]第1個元素的程式碼是______________。int data[14];陣列的最後一個元素索引值是____________。存取int a[15];陣列第8個元素的程式碼是______________。
2. 請分別寫出下列C語言一維陣列宣告，各擁有幾個陣列元素，如下所示：
   (a) `int data[] = {89, 34, 78, 45};`
   (b) `int grade[5];`
   (c) `int arr[10] = {1, 2, 3, 4, 5, 6};`
3. 請使用C語言宣告大小為100個元素的short整數陣列scores[]，如下所示：

```
short scores[100];
```

   假設上述陣列的記憶體開始位置是1000，請回答下列問題：
   (1) short整數佔用的記憶體是____位元組。
   (2) scores[10]的記憶體開始位置。
   (3) scores[35]的記憶體開始位置。
4. 請問C程式碼如果存取超過陣列索引範圍的元素時，會發生什麼事？我們可以如何解決此問題？
5. 請試著寫出下列陣列宣告和初值的C程式碼，如下所示：
   (1) 宣告5個元素的int陣列arr，陣列元素初值依序是2, 3, 1, 5, 8。
   (2) 宣告10個元素的int陣列data和所有元素初值為20。

學習評量

(3) 指定下列陣列元素的初值依序為1~45（使用for迴圈指定元素初值），如下所示：

```
int data[45];
```

6. 請寫出下列C程式碼片段的執行結果，如下所示：

(1)
```
int array[] = { 1, 3, 5, 7 };
printf("%d\n", array[0] + array[2]);
```
(2)
```
int array[] = { 2, 4, 6, 8 };
array[0] = 13;
array[3] = array[1];
printf("%d\n", array[0] + array[2] + array[3]);
```

7. 請指出下列C程式碼片段的錯誤，如下所示：

```
int data[10];
int i = 1;
for ( i = 1; i <= 10; i++ )
   data[i] = 99;
```

8. 請建立C程式宣告10個元素的一維陣列，在初始元素值為索引值後，計算陣列元素的總和與平均。
9. 請建立C程式宣告int整數一維陣列grades[]，輸入4筆學生成績資料：95、85、76、56後，計算成績總分和平均。
10. 請建立C程式讓使用者輸入6個範圍1~500的數字，程式是使用一維陣列儲存6個數字，可以找出和顯示其中最大的數字和索引值。

9-3 二維與多維陣列

1. 請問C語言如何宣告多維陣列，其基本語法為何？
2. 請寫出下列C語言二維陣列宣告共有幾個元素，如下所示：

```
int cost[3][2] = {{ 74, 56 }, { 37, 68 }, { 33, 83 } };
```

3. 請問多維陣列int data[3][4][5][8];共有幾個元素？存取第10個元素的程式碼是____________。
4. 請寫出指定int array[12][10];二維陣列元素初值為0的程式碼。

學習評量

5. 請指出下列C程式碼片段的錯誤，如下所示：

(1)

```
int i, j;
int data[10][3];
for ( i = 0; i < 3; i++ )
   for ( j = 0; j < 10; j++ )
      data[i][j] = 0;
```

(2)

```
int i, j;
int data[3][10];
for ( i = 0; i <= 3; i++ )
   for ( j = 0; j <= 10; j++ )
      data[i][j] = i+j;
```

6. 在第9-3節的二維陣列範例是一張功課表，請使用二維陣列儲存功課表，然後計算上課總時數。
7. 請修改程式範例Ch9_3_2.c，改為4×3矩陣，可以計算2個4×3矩陣相加的結果。

9-4 在函數使用陣列參數

1. 請寫出下列C程式執行結果顯示的陣列元素值，如下所示：

```
int main(void) {
    int x[] = { 1, 2, 3, 4, 5 };
    test(x);
    printf("%d", x[1]);
    return 0;
}
void test(int x[]) {
    x[1] = 6;
}
```

2. 請建立arrayMax()和arrayMin()函數傳入整數陣列，傳回值是陣列元素的最大值和最小值，C程式可以讓使用者輸入5個範圍1~1000的數字，在存入陣列後，找出陣列元素的最大值和最小值。

學習評量

3 請建立C語言的reverse()函數，可以將陣列元素反轉，第1個元素成為最後1個元素；最後1個元素成為第1個元素。

4. 請試著撰寫numCount()函數，參數是一維整數陣列，可以分別找出陣列中奇數和偶數個數，並顯示出來。

5. 請試著撰寫average()函數，參數是二維整數陣列，可以計算二維陣列中各元素的平均，函數傳回double型態的平均值。

6 請建立addMatrix()矩陣相加函數，擁有3個二維陣列參數，可以將前2個二維陣列參數相加後，指定給第3個參數陣列。

9-5 陣列的應用——搜尋與排序

1. 請舉例說明什麼是搜尋？什麼是排序？
2. 請建立字元char資料型態的陣列，然後建立泡沫排序法函數。
3. 請建立字元char資料型態的陣列，然後建立線性和二元搜尋函數。

9-6 C 語言的字串

1. 請說明什麼是C語言字串？字串初值的指定方式有幾種？字串與字元陣列的差異為何？
2. 在C語言建立儲存n個字元的字串時，我們需要宣告n+1個元素的char字元陣列，請問為什麼需要多1個字元？這個多出的字元是什麼？
3. 請寫出下列C語言變數宣告各佔用多少個位元組，如下所示：

(1) `char str1[] = {"Computer"};`
(2) `char str2;`
(3) `char str3[25] = {"This is a book."};`
(4) `char str4[30];`

4. 請指出下列哪些程式碼是合法的字串宣告？

(1) `char str1[5] = "Apple.";`
(2) `char str2[] = "This ia an apple.";`
(3) `char str3[2] = "A";`
(4) `char str4[2] = "An";`

學習評量

5. 請指出下列C語言字串程式碼片段的錯誤，如下所示：

(1)
```
char str[10] = "This is an apple.";
```
(2)
```
char str1[10];
char str2[] = "Apple.";
str1 = str2;
```

6. 請建立C程式在輸入一個字串後，將字元陣列中索引為奇數的字元抽出來建立成新字串，最後顯示字串內容，例如：字串"computer"，顯示"optr"。

Chapter

10

指標

本章學習目標

10-1 指標的基礎

C語言除了使用變數名稱來取得指定記憶體位址儲存的資料外；另一種方式是使用「指標」（pointers）存取。

10-1-1 認識指標

指標（pointers）是C語言的低階程式處理功能，可以直接存取電腦的記憶體位址。指標是一種特殊變數，變數內容不是常數值，而是其他變數的「位址」（address），所以，單獨存在的指標並沒有意義，因爲變數值是指向其他變數的位址，能夠讓我們間接取得其他變數的值。

在C語言指定敘述的「=」等號左邊的變數是左值（lvalue），即取得變數的位址屬性，指標是一個變數，其值是變數在指定敘述左值的「位址」，如圖10-1所示：

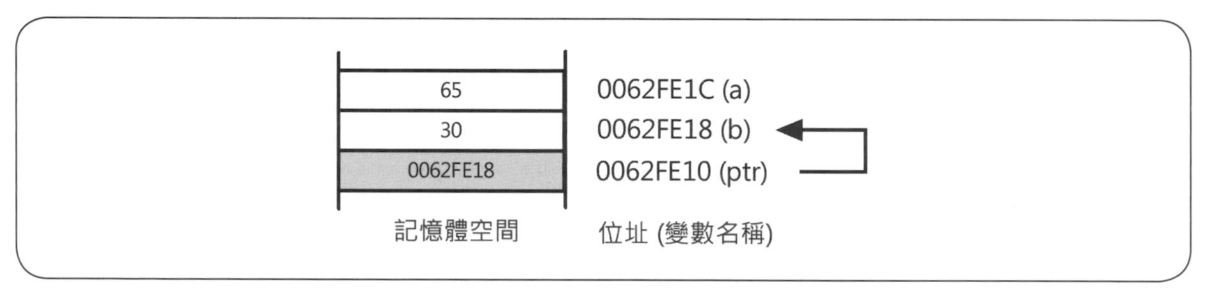

▶ 圖10-1

上述圖例是3個變數的記憶體位址。電腦的記憶體位址是使用十六進位值來表示，C編譯器會配置連續記憶體空間來給變數使用。以此例，3個變數a、b和ptr的變數值分別是65、30和0062FE18（以32位元定址爲例），ptr變數值0062FE18是變數b的記憶體位址。ptr是一個指標，爲什麼叫它指標？因爲它是一個指向其他變數位址的變數（使用箭頭線標示），可以引導我們找到其他變數值，以此例是找到變數b的值。

10-1-2 為什麼需要使用指標

指標是一個指向其他變數記憶體位址的變數，我們需要轉一個彎才能透過指標取得變數值，雖然，不是所有C程式都一定需要使用指標，但是，有了指標的C程式，可以讓程式執行更有效率，幫助我們寫出更簡潔的C程式碼，如下所示：

1. 指標可以使用在陣列或字串的函數參數傳遞。
2. 指標運算可以取代陣列索引，存取陣列元素值。
3. C語言需要自行處理記憶體空間的管理，當程式需要自行配置記憶體空間時，相關函數需要使用指標取得配置的記憶體位址，和釋放配置的記憶體空間。
4. 在實作資料結構時，C程式需要使用指標來連接鏈結串列和二元樹的節點結構。

10-2 使用指標變數

指標是C語言一項十分強大的功能，也是一種十分危險的功能。因爲C程式碼可以直接存取其他變數的記憶體位址，如果使用到未初始的指標，有可能存取到未知的記憶體內容，嚴重時可能造成系統崩潰。

請注意！C程式誤用指標導致的程式錯誤十分難除錯，所以在程式中使用指標時，請務必加倍小心！

10-2-1 宣告指標變數和指定初值

指標宣告和基本資料型態變數的宣告稍有不同。請注意！爲了避免存取未知的記憶體位址，記得在宣告指標時一定要指定初值，或將它指定成NULL常數值。

宣告指標

C語言指標宣告的基本語法，如下所示：

```
資料型態 *變數名稱;
```

上述指標宣告和變數宣告只差變數名稱前的「*」星號（請注意！指標變數宣告的變數名稱前一定要有星號「*」，不然，就是一般的變數宣告），這個宣告的變數是指向宣告資料型態的指標。例如：指向int整數的指標宣告，如下所示：

```
int *ptr;     /* 宣告指標變數ptr指向整數 */
```

上述程式碼宣告一個指向整數的指標ptr，它能指向宣告成int整數資料型態的變數。其他資料型態的指標宣告，如下所示：

```
char *ptr1;     /* 宣告指標變數ptr1指向字元 */
float *ptr2;    /* 宣告指標變數ptr2指向浮點數 */
double *ptr3;   /* 宣告指標變數ptr3指向雙精度浮點數 */
```

指標的初值

指標可以在宣告時指定初值，其初值就是其他變數的記憶體位址。請注意！取得位址的變數一定已經在指標變數前宣告，如下所示：

```
int var = 500;        /* 宣告整數變數var和指定初值 */
int *ptr = &var;      /* 宣告指向var變數的指標變數ptr */
```

上述程式碼先宣告整數變數var後，再宣告指標ptr。指標的初值是使用「&」取址運算子取得變數var的位址（詳細取址運算子的說明，請參閱＜第10-2-2節：指標運算子＞），如圖10-2所示：

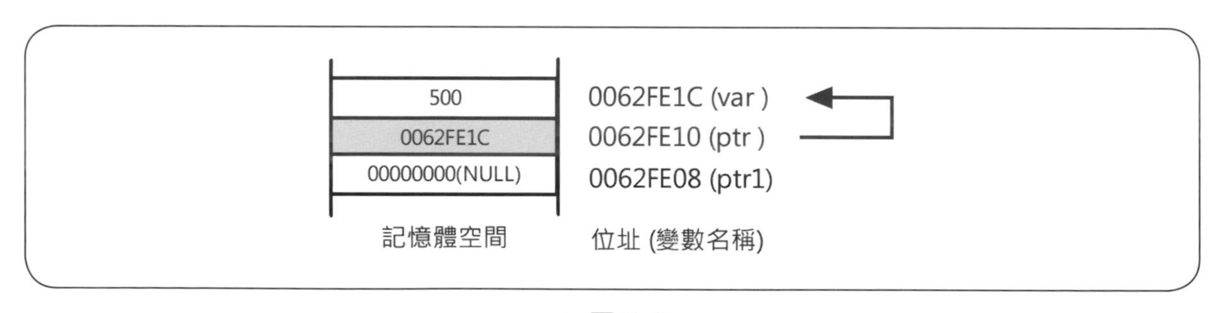

▶ 圖10-2

上述圖例可以看到指標ptr值是0062FE1C（64位元編譯器的位址前還有8位0，因為位址太長，本書只取後32位元的位址為例），是整數變數var的記憶體位址。指標ptr1是NULL指標，NULL常數值是0。

指標的預設值

C語言的指標沒有預設值，爲了避免程式執行時產生錯誤，例如：尚未指向變數位址就使用指標，請在宣告時將它指定成NULL常數，如下所示：

```
int *ptr1 = NULL;    /* 宣告整數指標變數ptr1和指定初值NULL */
```

上述指標稱爲NULL指標，在使用前我們可以使用if條件判斷指標是否已經指向其他變數，如下所示：

```
if ( ptr1 == NULL ) {   /* 檢查指標變數ptr1是否指向NULL */
    …
}
```

上述if條件判斷ptr1指標是否爲NULL，如果是NULL，就表示指標尚未指向其他變數。

Ch10_2_1.c

在C程式宣告變數var和指標ptr與ptr1，然後指定指標初值後，顯示變數與指標的值和其位址，如下所示：

```
var 值=500 位址=000000000062FE1C
ptr 值=000000000062FE1C 位址=000000000062FE10
ptr1值=0000000000000000 位址=000000000062FE08
指標ptr1尚未指定初值!
```

上述執行結果顯示變數和指標的值與記憶體位址（因為目前電腦大多是64位元，本書是使用64位元GCC編譯器，所以記憶體位址是64位元定址，有16位；32位元定址是8位）。因為ptr1的初值是NULL，所以顯示指標ptr1尚未指定初值！

程式內容

```
01: /* 程式範例: Ch10_2_1.c */
02: #include <stdio.h>
03:
04: int main(void) {
05:     int var = 500;    /* 宣告變數 */
06:     int *ptr = &var; /* 指標的初值 */
```

```
07:     int *ptr1 = NULL;
08:     /* 顯示變數和指標的值 */
09:     printf("var 值=%d 位址=%p\n", var, &var);
10:     printf("ptr 值=%p 位址=%p\n", ptr, &ptr);
11:     printf("ptr1值=%p 位址=%p\n", ptr1, &ptr1);
12:     /* 檢查指標是否已經指定初值 */
13:     if ( ptr1 == NULL )
14:         printf("指標ptr1尚未指定初值!\n");
15:
16:     return 0;
17: }
```

程式說明

◈ 第5~7行：宣告int變數var和指標ptr與ptr1，其初值分別為500。使用取址運算子「&」取得變數var的位址和NULL。

◈ 第9~11行：使用printf()函數顯示變數的值和位址，指標值使用的格式字元是%p。

◈ 第13~14行：if條件判斷指標值是否是NULL。

10-2-2 指標運算子

C語言提供兩種指標運算子（pointer operators），可以分別取得指標值的變數記憶體位址，和指標所指的變數值。

「&」取址運算子

「&」取址運算子（二元運算子「&」是位元運算子AND）是一種單運算元運算子，可以取得運算元變數的位址，如下所示：

```
ptr = &var;    /* 將指標變數ptr指向變數var的位址 */
```

上述程式碼是將指標ptr指定成變數var的記憶體位址。變數ptr的值是變數var的記憶體位址。

「*」取值運算子

「*」運算子（二元運算子「*」是乘法）是對應取址運算子，稱為「取值」

（indirection）或「解參考」（dereferencing）運算子，這也是一種單運算元運算子，可以取得運算元指標的變數值。

例如：ptr是指向整數變數var的指標，*ptr是變數var的值，如下所示：

```
var1 = *ptr;    /* 取得指標變數ptr的值指定給變數var1 */
```

上述ptr是變數var的位址，*ptr是變數var的值，所以變數var1就會指定成變數var的值（位址只取後32位元），如圖10-3所示：

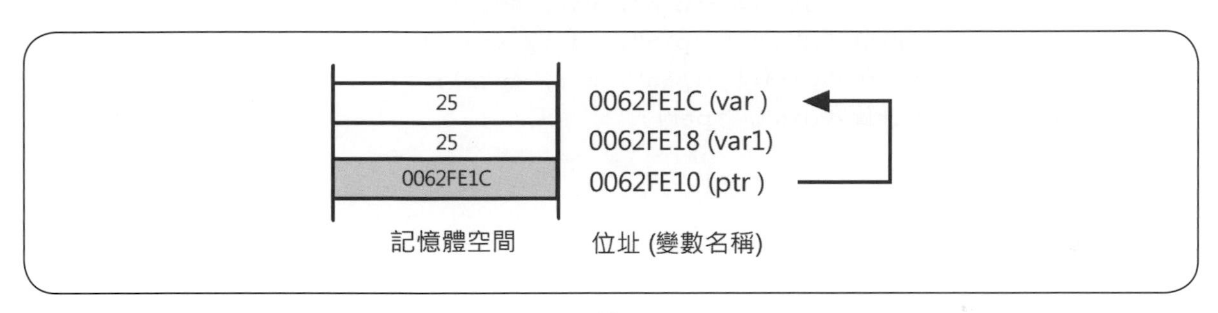

▶ 圖10-3

指標之所以稱爲指標，就是因爲指標的值是指向其他變數的位址，所以，指標對於程式設計者來說，其意義不在指標本身，而是在它指向的是哪一個變數值。

讀者是否注意到？指標的使用方式和宣告完全相同，都是*ptr。因爲C語言的精神是如何宣告就如何使用，指標宣告成*ptr，使用時也是以*ptr取得變數值。換句話說，我們可以將整個*ptr視爲是變數var的別名。

在C程式宣告指標變數和變數後，測試「&」取址運算子和「*」取值運算子，如下所示：

```
var 值=25          位址=000000000062FE1C
var1值=25          位址=000000000062FE18
ptr 值=000000000062FE1C 位址=000000000062FE10
*ptr值=25
```

上述執行結果可以看出ptr是指向變數var的位址，*ptr是變數var的值25。

程式內容

```
01: /* 程式範例: Ch10_2_2.c */
02: #include <stdio.h>
03:
04: int main(void) {
05:     int var = 25, var1; /* 宣告變數 */
06:     int *ptr = NULL;     /* 宣告指標 */
07:     ptr = &var;          /* 指定指標ptr的值 */
08:     var1 = *ptr;         /* 取得指標ptr的值 */
09:     printf("var 值=%d\t位址=%p\n", var, &var);
10:     printf("var1值=%d\t位址=%p\n", var1, &var1);
11:     printf("ptr 值=%p\t位址=%p\n", ptr, &ptr);
12:     printf("*ptr值=%d\n", *ptr);
13:
14:     return 0;
15: }
```

程式說明

- 第5~6行：宣告int變數var、var1和指標ptr，指標初值是NULL。
- 第7行：使用「&」取址運算子取得變數var的位址，它就是指標ptr的值。
- 第8行：使用「*」取值運算子取得指標ptr指向的變數值，即變數var的值。
- 第9~12行：使用printf()函數顯示變數的值和位址，第12行使用「*」取值運算子取得指標指向的變數值。

10-2-3 指標的參數傳遞

在第8-3-2節已經說明過，C語言的傳址呼叫是使用指標。例如：取得陣列最大元素的maxElement()函數，其原型宣告如下所示：

```
void maxElement(int *, int *);    /* 函數原型宣告，參數是指標變數 */
```

上述函數擁有2個參數，都是整數指標，不過，第1個參數是陣列（如同第9-4-1節的陣列參數）；第2個參數是整數變數，如下所示：

```
maxElement(data, &index);    /* 函數呼叫，傳遞陣列和變數index的位址 */
```

上述函數呼叫的第1個參數是一維陣列data[]；第2個參數是整數。因為是傳址呼叫，所以，使用「&」取址運算子取得變數index位址。

事實上，當函數參數是指標時，它可能是一維陣列；也可能只是一個單純變數，全憑函數如何使用此參數而定。

說明

在函數參數使用傳址呼叫通常都是爲了更改參數值，將函數參數作爲呼叫函數的傳回值，如果函數需要多個傳回值，請使用傳址呼叫。

程式範例　Ch10_2_3.c

這個C程式是修改自Ch9_4_1.c，雖然void函數沒有傳回值，我們仍然可以使用傳址呼叫參數來取得陣列最大值的索引值，如下所示：

```
[0:81] [1:93] [2:77] [3:59] [4:69]
陣列最大值93(1)
```

上述執行結果可以看到陣列元素的最大值是93，其索引值是1，這是使用傳址呼叫取得的索引值。

程式內容

```
01: /* 程式範例: Ch10_2_3.c */
02: #include <stdio.h>
03: #define LEN     5
04:
05: /* 函數的原型宣告 */
06: void maxElement(int *, int *);
07: /* 主程式 */
08: int main(void) {
09:     int index, i;     /* 宣告變數 */
10:     int data[LEN] = { 81,93,77,59,69 };
11:     /* 使用迴圈顯示陣列值 */
12:     for ( i = 0; i < LEN; i++)
13:         printf("[%d:%d] ", i, data[i]);
14:     maxElement(data, &index);   /* 呼叫函數 */
15:     printf("\n陣列最大值%d(%d)\n",data[index],index);
16:
17:     return 0;
18: }
19: /* 函數: 找出陣列的最大值 */
```

```
20: void maxElement(int *eles, int *index) {
21:     int i, maxValue = 0; /* 變數宣告 */
22:     /* for迴圈找出最大值 */
23:     for ( i = 0; i < LEN; i++ )
24:         if ( eles[i] > maxValue ) {/* 比較大 */
25:             maxValue = eles[i];
26:             *index = i;    /* 最大值的陣列索引 */
27:         }
28: }
```

程式說明

- 第10行：宣告int整數一維陣列data[]和指定陣列初值。
- 第14行：呼叫maxElement()函數，參數為data[]和index，參數index可以取得最大元素的陣列索引值。
- 第20~28行：函數maxElement()在第23~27行的for迴圈找出陣列最大值。第26行將最大索引值指定給參數index。

10-3 指標與一維陣列

C語言的指標與陣列有十分特殊且密切的關係，因爲C語言的陣列存取可以改用指標方式來存取元素值。例如：在C程式宣告大小6個元素的整數陣列data[]，如下所示：

```
#define LEN    6
int data[LEN] = {11, 93, 45, 27, -40, 80};   /* 宣告一維陣列 */
```

上述程式碼宣告一維陣列data[]和指定初值，因爲整數佔用4個位元組，所以，陣列共佔用連續6 * 4 = 24個位元組的記憶體空間。

陣列名稱是指標

C語言一維陣列的名稱（沒有方括號）就是指向陣列第1個元素位址的指標常數（pointer constant）。例如：前述陣列名稱data，如下所示：

```
int *ptr;      /* 宣告指向整數的指標變數ptr */
ptr = data;    /* 將指標變數指向陣列第1個元素 */
```

上述程式碼宣告指標ptr，其值是陣列名稱data，指標ptr和data都是指向陣列第1個元素的位址。不過，data是指標常數，其值是固定常數值，在C程式的整個執行過程都不能更改和執行指標運算；但ptr指標可以。

指向陣列的第1和最後1個元素

當然，我們也可以自行使用「&」取址運算子取得陣列第1個元素的位址，如下所示：

```
ptr = &data[0];    /* 將指標變數指向陣列的第1個元素 */
```

上述程式碼的陣列元素data[0]是變數值，可以使用取址運算子取得第1個元素的位址。C程式碼(data == &data[0])運算式是眞true，如圖10-4所示：

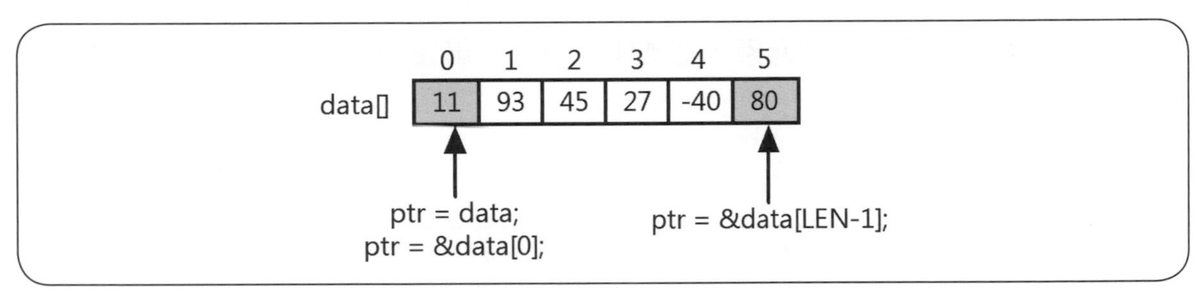

▶ 圖10-4

上述圖例的ptr和data都是指向陣列的第1個元素。同理，我們可以取得最後1個陣列元素的位址，如下所示：

```
ptr = &data[LEN-1];  /* 將指標變數指向陣列的最後1個元素 */
```

因爲C語言的陣列是配置一塊連續的記憶體空間，程式碼除了可以使用索引值存取陣列元素外，還可以使用指標，只需將指標指向陣列的第1個元素，就可以使用第10-4節的指標運算存取陣列元素值。

程式範例

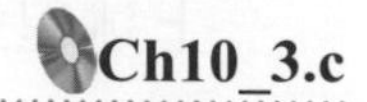

在C程式宣告一維陣列後，使用for迴圈走訪陣列，顯示每一個元素值和位址；接著使用陣列名稱取得第1個，並利用取址運算子取得最後1個元素的位址後，顯示元素值，如下所示：

```
data[0]= 11(000000000062FDF0)
data[1]= 93(000000000062FDF4)
data[2]= 45(000000000062FDF8)
data[3]= 27(000000000062FDFC)
data[4]=-40(000000000062FE00)
data[5]= 80(000000000062FE04)
第1個元素值: 11(000000000062FDF0)
最後1個元素值: 80(000000000062FE04)
```

上述執行結果顯示陣列元素，括號中是位址，最後是第1個和最後1個元素的位址和值。

程式內容

```
01: /* 程式範例: Ch10_3.c */
02: #include <stdio.h>
03: #define LEN    6
04:
05: int main(void) {
06:     int i, *ptr;   /* 宣告變數與指標 */
07:     /* 建立int陣列且指定初值 */
08:     int data[LEN] = {11, 93, 45, 27, -40, 80};
09:     /* 顯示陣列元素的位址和值 */
10:     for ( i = 0; i < LEN; i++ ) {
11:         ptr = &data[i];  /* 取得元素的位址 */
12:         printf("data[%d]=%3d(%p)\n", i, *ptr, ptr);
13:     }
14:     ptr = data;   /* 陣列名稱就是指標 */
15:     printf("第1個元素值: %d(%p)\n", *ptr, ptr);
16:     ptr = &data[LEN-1];
17:     printf("最後1個元素值: %d(%p)\n", *ptr, ptr);
18:
19:     return 0;
20: }
```

程式說明

- 第8行：宣告int整數一維陣列data[]和指定陣列元素的初值。
- 第10~13行：使用for迴圈以陣列索引走訪陣列來顯示元素值和位址，在第11行使用取址運算子取得每一個元素的位址。
- 第14行和第16行：分別將指標指向陣列第1個元素和最後1個元素。

10-4 指標運算

指標可以作爲運算元來建立指標運算式（pointer expressions）。不過，並非所有C語言運算子都支援指標運算（pointer arithmetic）。指標運算式只能使用指定、遞增、遞減、加、減和關係運算子。

10-4-1 指定敘述與比較運算

C語言可以使用指定敘述，將指標指定成其他相同資料型態的指標；或使用關係運算子比較指標值的記憶體位址。

指標的指定敘述

如同其他C語言變數，指標也可以在指定敘述右邊，將指標值指定給其他指標，如下所示：

```
int *ptr1, *ptr = &var;  /* 宣告2個指標變數，ptr有初值var的位址 */
ptr1 = ptr;              /* 將指標變數ptr1和ptr都指向變數var */
```

上述指標ptr1和ptr擁有相同值，都是指向同一變數var的記憶體位址。

指標的比較運算

在指標之間可以比較記憶體位址值，在C語言是使用關係運算子建立ptr == ptr1或ptr2 > ptr1等關係或條件運算式，如下所示：

```
if ( ptr2 > ptr1 )    /* 比較指標變數值的記憶體位址 */
    printf("ptr2高於ptr1的記憶體位址!\n");
else
    printf("ptr1高於ptr2的記憶體位址!\n");
```

上述if/else條件比較指標記憶體位址哪一個比較高，如果指向同一個記憶體位址，就是相等，如下所示：

```
if ( ptr == ptr1 )    /* 指標變數值的記憶體位址是否相同 */
    printf("ptr和ptr1記憶體位址相等!\n");
```

程式範例 Ch10_4_1.c

在C程式宣告多個指標後，使用指定敘述指定指標值，和比較各指標記憶體位址的高低，如下所示：

```
var  = 100
*ptr = 100(000000000062FE04)
*ptr1= 100(000000000062FE04)
*ptr2=  50(000000000062FE00)
ptr和ptr1記憶體位址相等!
ptr1高於ptr2的記憶體位址!
```

上述執行結果可以看到變數var、ptr、ptr1值和位址。指標ptr和ptr1的位址相同，是000000000062FE04；ptr1高於ptr2的位址值。

程式內容

```
01: /* 程式範例: Ch10_4_1.c */
02: #include <stdio.h>
03:
04: int main(void) {
05:     int var = 100, var1 = 50; /* 宣告變數 */
06:     int *ptr1, *ptr = &var, *ptr2 = &var1;
07:     ptr1 = ptr;    /* 指標的指定敘述 */
08:     /* 顯示變數值與位址 */
09:     printf("var  = %d\n", var);
10:     printf("*ptr = %d(%p)\n", *ptr, ptr);
11:     printf("*ptr1= %d(%p)\n", *ptr1, ptr1);
12:     printf("*ptr2= %3d(%p)\n", *ptr2, ptr2);
13:     if ( ptr == ptr1 )  /* 指標的比較運算 */
14:         printf("ptr和ptr1記憶體位址相等!\n");
15:     if ( ptr2 > ptr1 )
16:         printf("ptr2高於ptr1的記憶體位址!\n");
17:     else
18:         printf("ptr1高於ptr2的記憶體位址!\n");
```

```
19:
20:     return 0;
21: }
```

程式說明

- 第7行：指標運算的指定敘述，將指標ptr指定給指標ptr1，此時兩個指標值是同一個記憶體位址。
- 第13~18行：分別使用if和if/else條件執行指標的比較運算，可以比較各指標記憶體位址的高、低或相等。

10-4-2 指標的算術運算

指標的算術運算是記憶體位址位移的遞增、遞減和加減運算。C語言一維陣列可以使用指標的算術運算來存取元素值。例如：宣告測試的整數一維陣列data[]，如下所示：

```
int data[]= { 1, 2, 3, 4, 5 };    /* 宣告一維陣列和指定初值 */
```

上述程式碼宣告整數陣列和指定初值。C語言編譯器會配置一塊連續記憶體空間來儲存陣列元素。現在我們可以宣告指標ptr和ptr1指向陣列的第1個和最後1個元素位址，如下所示：

```
int *ptr = &data[0];    /* 宣告指標變數ptr，和指向陣列第1個元素 */
int *ptr1 = &data[4];   /* 宣告指標變數ptr1，和指向陣列最後1個元素 */
```

上述程式碼宣告ptr指標，其值是第1個元素data[0]的位址；ptr1是最後1個元素data[4]的位址值，如圖10-5所示：

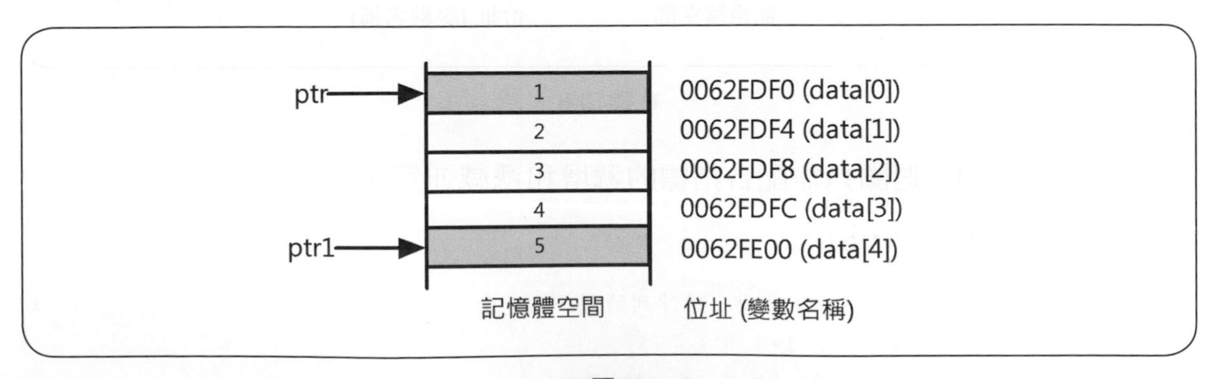

▶ 圖10-5

上述圖例的指標ptr是指向元素data[0]的位址0062FDF0（只取後32位元的位址）；ptr1指向元素data[4]的位址0062FE00（只取後32位元的位址）。

指標的遞增和遞減運算

指標可以使用遞增和遞減運算移動指標指向的位址，首先是遞增運算，如下所示：

```
ptr++;    /* 將指標變數位址移到下一個資料型態變數的位址 */
```

上述程式碼如果是一般變數執行結果是值加一；指標變數則是將目前指標位移到下一個資料型態變數的位址，即加上其指向變數資料型態的尺寸。以Dev-C++來說，int和float是加4；double是加8。

例如：目前指標ptr是指向int整數，其值爲0062FDF0；下一個是加上int型態的4個位元組，所以是0062FDF4（double是加8）。接著執行遞減運算，如下所示：

```
ptr--;    /* 將指標變數位址移到前一個資料型態變數的位址 */
```

上述程式碼將目前指標位移到前一個int資料型態變數的位址。例如：目前指標ptr值爲0062FDF4，前一個是0062FDF0，如圖10-6所示：

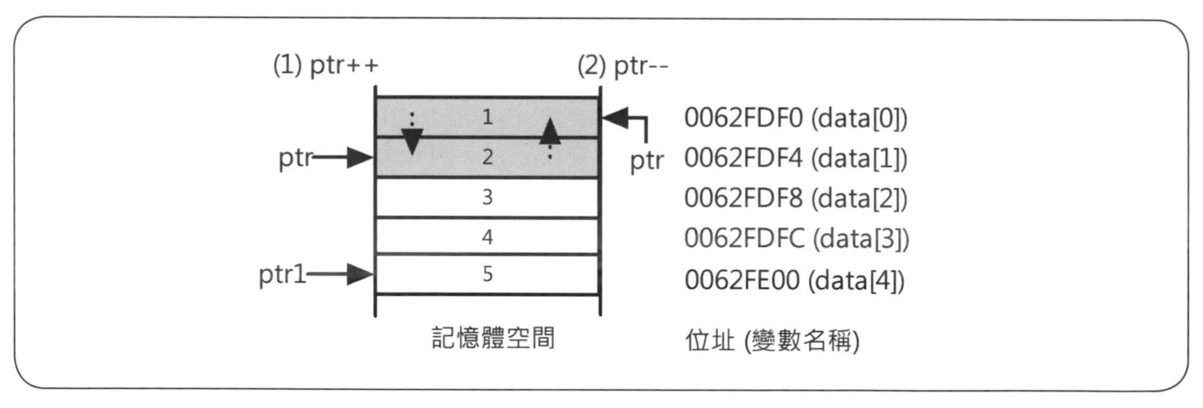

▶ 圖10-6

在實作上，for迴圈只需配合指標的遞增和遞減運算，就可以走訪一維陣列的每一個元素，如下所示：

```
ptr = &data[0];     /* 走訪一維陣列的每一個元素 */
for ( i = 0; i < 5; i++ )
    printf("data[%d]=%d ", i, *ptr++);
```

上述程式碼在取得第1個元素位址的ptr指標後，使用遞增運算走訪陣列的每一個元素。遞減運算是從最後一個元素反過來走訪至第1個元素，如下所示：

```
ptr = &data[4];    /* 反過來走訪一維陣列的每一個元素 */
for ( i = 0; i < 5; i++ )
    printf("data[%d]=%d ", i, *ptr--);
```

指標的加法運算

指標的加法運算可以讓指標一次就向後位移一個常數值的整個記憶體區段，如下所示：

```
ptr = ptr + 3;    /* 將指標變數加上位移量3 */
```

上述程式碼加上常數值3，表示位移3次。以int整數型態來說，總共往後移動3*4 = 12個位元組，所以ptr原來指向變數data[0]，執行後是指向data[3]，如圖10-7所示：

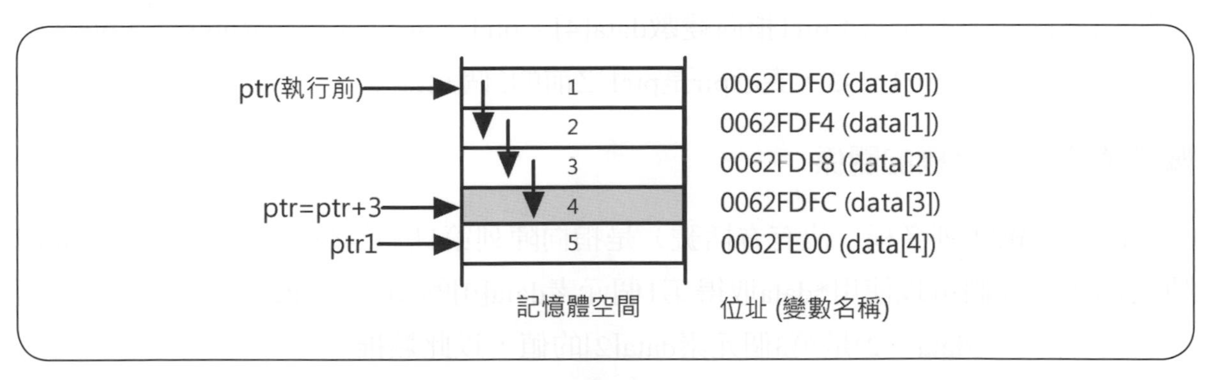

▶ 圖10-7

指標的減法運算

指標減法的位移方向和加法相反，指標是往前位移整個記憶體區段的位址，如下所示：

```
ptr = ptr - 2;    /* 將指標變數減位移量2 */
```

上述程式碼因爲目前ptr是指向變數data[3]，往前位移2個元素後，ptr就會指向變數data[1]，如圖10-8所示：

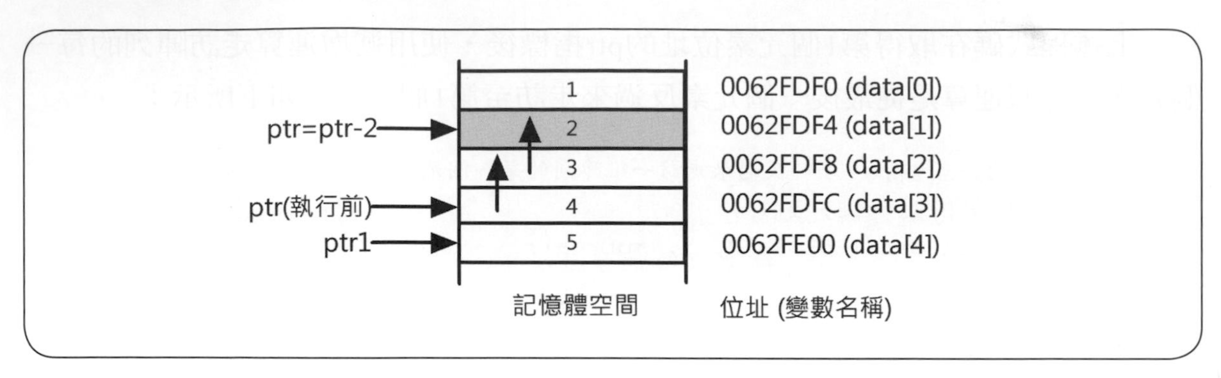

▶ 圖10-8

指標相減

C語言的兩個指標也可以相減，如下所示：

```
i = (int) (ptr1 - ptr);    /* 指標變數的減法運算 */
j = (int) (ptr - ptr1);
```

上述程式碼是指標相減，結果是2個指標之間相差資料型態尺寸的個數。因為目前ptr指向變數data[1]；ptr1指向變數data[4]，ptr1 - ptr = 3，表示ptr1是在ptr之後的3個元素；ptr – ptr1 = -3，表示ptr是ptr1之前的3個元素。

陣列索引值與指標的關係

因為一維陣列名稱（沒有方括號）是指向陣列第1個元素的指標常數，以data[]陣列為例，我們可以使用*data取得第1個元素data[0]的值；*(data + 1)是第2個元素data[1]的值；*(data + 2)是第3個元素data[2]的值，以此類推。

程式範例 Ch10_4_2.c

在C程式宣告5個元素的整數陣列data[]後，分別測試各種指標的算術運算，最後使用指標運算走訪陣列元素，如下所示：

```
data[0] = 1 [000000000062FDF0]
data[1] = 2 [000000000062FDF4]
data[2] = 3 [000000000062FDF8]
data[3] = 4 [000000000062FDFC]
data[4] = 5 [000000000062FE00]
指標的算術運算:
```

```
*ptr = 1 [000000000062FDF0]
*ptr1= 5 [000000000062FE00]
ptr++: 2 [000000000062FDF4]
ptr--: 1 [000000000062FDF0]
ptr+3: 4 [000000000062FDFC]
ptr-2: 2 [000000000062FDF4]
ptr1-ptr = 3
ptr-ptr1 = -3
使用指標運算來走訪陣列:
data[0]=1 data[1]=2 data[2]=3 data[3]=4 data[4]=5
data[0]=5 data[1]=4 data[2]=3 data[3]=2 data[4]=1
```

上述執行結果首先顯示陣列元素的值和位址；然後依序顯示指標算術運算的結果；最後使用指標遞增和遞減運算來走訪一維陣列data[]。

程式內容

```
01: /* 程式範例: Ch10_4_2.c */
02: #include <stdio.h>
03:
04: int main(void) {
05:     int data[]= { 1, 2, 3, 4, 5 };/* 宣告陣列 */
06:     int i, j, *ptr = &data[0];    /* 指向data[0] */
07:     int *ptr1 = &data[4];         /* 指向data[4] */
08:     /* 顯示變數值與位址 */
09:     printf("data[0] = %d [%p]\n", data[0], &data[0]);
10:     printf("data[1] = %d [%p]\n", data[1], &data[1]);
11:     printf("data[2] = %d [%p]\n", data[2], &data[2]);
12:     printf("data[3] = %d [%p]\n", data[3], &data[3]);
13:     printf("data[4] = %d [%p]\n", data[4], &data[4]);
14:     printf("指標的算術運算:\n");
15:     printf("*ptr = %d [%p]\n", *ptr, ptr);
16:     printf("*ptr1= %d [%p]\n", *ptr1, ptr1);
17:     ptr++;  /* 指標的遞增運算 */
18:     printf("ptr++: %d [%p]\n",*ptr,ptr);
19:     ptr--;  /* 指標的遞減運算 */
20:     printf("ptr--: %d [%p]\n",*ptr,ptr);
21:     ptr = ptr + 3;  /* 指標的加法運算 */
22:     printf("ptr+3: %d [%p]\n",*ptr,ptr);
23:     ptr = ptr - 2;  /* 指標的減法運算 */
24:     printf("ptr-2: %d [%p]\n",*ptr,ptr);
25:     i = (int)(ptr1 - ptr);    /* 指標相減 */
26:     j = (int)(ptr - ptr1);
```

```
27:     printf("ptr1-ptr = %d\n", i);
28:     printf("ptr-ptr1 = %d\n", j);
29:     printf("使用指標運算來走訪陣列:\n");
30:     ptr = &data[0];   /* 第1個元素 */
31:     for ( i = 0; i < 5; i++ )
32:         printf("data[%d]=%d ", i, *ptr++);
33:     printf("\n");
34:     ptr = &data[4];   /* 最後1個元素 */
35:     for ( i = 0; i < 5; i++ )
36:         printf("data[%d]=%d ", i, *ptr--);
37:     printf("\n");
38:
39:     return 0;
40: }
```

程式說明

- 第5行：宣告5個元素的int整數陣列data[]和指定初值。
- 第6~7行：宣告指標分別指向元素data[0]和data[4]。
- 第9~13行：顯示data[0]到data[4]的陣列元素值和位址。
- 第17~26行：測試各種指標運算的算術運算。
- 第30~37行：使用2個for迴圈分別使用遞增和遞減運算來走訪一維陣列data[]。

10-5 指標與字串

C語言的指標與陣列擁有十分密切的關係。字串是一種字元陣列，我們不只可以建立字串指標和字串的指標陣列，就連指標運算也一樣適用在字串處理。

10-5-1 指標與字串

C語言的字串因爲是一維字元陣列，所以，我們可以宣告指標指向此字元陣列或字串常數。

建立字串指標

字串指標是char資料型態的指標。首先宣告一維字元陣列的字串，如下所示：

```
char str[16] = "This is a book.";    /* 宣告C語言的字串變數str */
```

上述字元陣列是一個字串和指定初值。接著宣告指標指向此字串。如下所示：

```
char *ptr = str;    /* 宣告字元指標變數ptr指向字串str */
```

上述程式碼宣告char資料型態的指標ptr，指向陣列名稱str，也就是字串第1個字元的位址，如圖10-9所示：

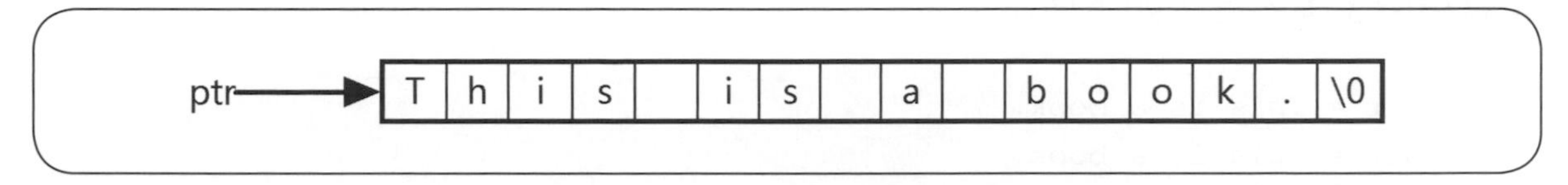

▶ 圖10-9

指向字串常數

指標除了可以指向字元陣列，也可以指向字串常數，如下所示：

```
char *ptr1;                    /* 宣告字元指標變數ptr1 */
ptr1 = "This is an apple.";    /* 將ptr1指向字串常數 */
```

上述程式碼宣告指標ptr1指向字串常數。當然，指標可以隨時更改指向的字串。例如：str1是另一個字元陣列的字串，我們可以將指標ptr1改爲指向str1字串，如下所示：

```
ptr1 = str1;
```

使用指標運算複製字元

當指標指向字串的一維字元陣列後，就可以使用指標運算存取字串的每一個字元。例如：將字串str的內容複製到字串str1，指標ptr是指向str；ptr1是指向str1。複製字元的while迴圈，如下所示：

```
while ( *ptr != '\0' ) {    /* 使用指標運算複製字元的while迴圈 */
     *(ptr1+i) = *ptr++;
     i++;
}
*(ptr1+i) = '\0';    /* 加上字串結束字元 */
```

上述while迴圈的條件是檢查是否到了str字串的結束字元。ptr1和ptr指標分別使用加法運算*(ptr1+i)和遞增運算*ptr++移到下一個字元，最後在ptr1加上結束字元'\0'，即可將字串str複製到str1。

程式範例 Ch10_5_1.c

在C程式宣告2個指標，分別指向字元陣列的字串和字串常數，然後使用指標運算複製字串內容，如下所示：

```
str = This is a book.
ptr = This is a book.
ptr1 = This is an apple.
將字串str複製到str1:
str1 = This is a book.
ptr1 = This is a book.
```

上述執行結果顯示字元陣列的字串str、指標ptr和ptr1的內容。其中，ptr是指向str；ptr1是指向字串常數，最後使用指標運算，將字串str複製到str1。

程式內容

```
01: /* 程式範例: Ch10_5_1.c */
02: #include <stdio.h>
03:
04: int main(void) {
05:     /* 字元陣列宣告 */
06:     char str[16] = "This is a book.";
07:     char str1[16];
08:     char *ptr1, *ptr = str;  /* 字元指標 */
09:     int i = 0;
10:     /* 顯示字串內容 */
11:     ptr1="This is an apple.";/* 指向字串常數 */
12:     printf("str = %s\n", str);
13:     printf("ptr = %s\n", ptr);
14:     printf("ptr1 = %s\n", ptr1);
15:     /* 字串複製的迴圈 */
16:     printf("將字串str複製到str1: \n");
17:     ptr1 = str1;    /* ptr1指向str1 */
18:     while ( *ptr != '\0' ) { /* 複製迴圈 */
19:         *(ptr1+i) = *ptr++;
20:         i++;
```

```
21:      }
22:      *(ptr1+i) = '\0';
23:      printf("str1 = %s\n", str1);
24:      printf("ptr1 = %s\n", ptr1);
25:
26:      return 0;
27: }
```

程式說明

- 第8行：宣告指標ptr和ptr1，ptr的初值是指向第6行字元陣列的字串str。
- 第11行：將ptr1指向字串常數。
- 第12~14行：顯示字串內容。
- 第18~22行：使用while迴圈配合指標運算來複製字串。

10-5-2 字串的指標陣列

「指標陣列」（arrays of pointer）是一個陣列，只是每一個元素都是一個指標。也就是說，陣列元素值是指向其他變數的位址。例如：建立字串的指標陣列，如下所示：

```
#define ROWS      4
char *name2[ROWS] =  {"陳會安", "江小魚",  /* 宣告字串的指標陣列 */
                      "楊過", "小龍女"};
```

上述程式碼宣告字串的指標陣列name2[]和指定初值，如圖10-10所示：

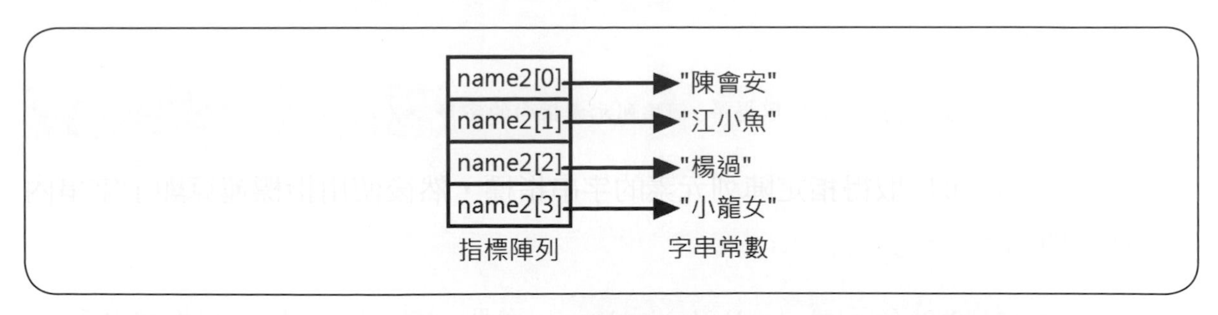

▶ 圖10-10

上述圖例的指標陣列配置4個元素，每一個陣列元素是一個指標，指向一個字串常數。我們也可以宣告二維陣列name1[][]儲存上述4個字串，如下所示：

```
#define ROWS      4
#define COLUMNS 10
/* 宣告字串陣列 */
char name1[ROWS][COLUMNS] = {    "陳會安", "江小魚",
                                 "楊過", "小龍女"};
```

上述程式碼宣告二維字元陣列（即第10-6-3節的字串陣列），第二維的字元陣列是一個字串，我們不論儲存的字串長度爲多少，以此例，各字串的長度分別爲6、6、4和6個字元（一個中文字佔用2個字元），但是第二維的字元陣列一定佔用10個字元，而不是各字串長度，所以會浪費記憶體空間，很多字元都沒有使用。

在C程式，如果使用指標陣列儲存字串，不只比較節省記憶體空間，而且因爲是指標，如果指標陣列的元素需要交換字串，只需更改指標指向的字串即可，如圖10-11所示：

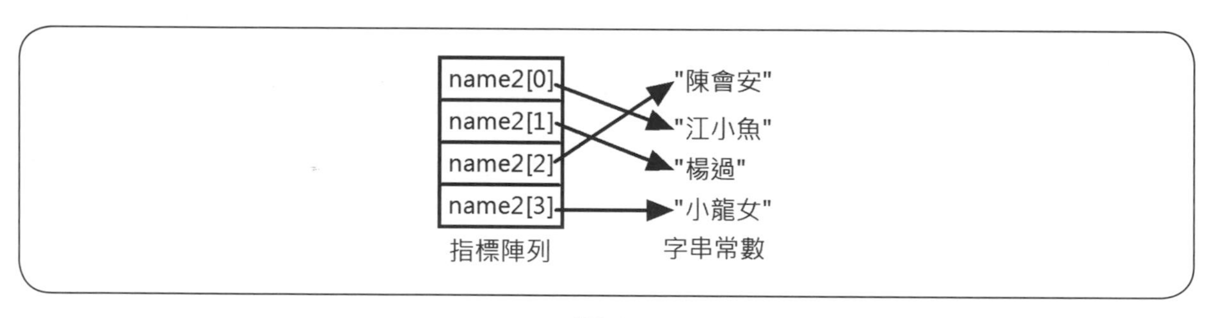

▶ 圖10-11

上述圖例可以看到，指標陣列的各元素只是改變指標，就可以指向不同字串。如果需要顯示各元素指向的字串，我們可以先取得每一個指標陣列元素所指向的字串，如下所示：

```
ptr = name2[i];    /* 取得第i個陣列元素指向的字串 */
```

上述程式碼可以取得指定陣列元素的字串指標，然後使用指標運算顯示字串內容，如下所示：

```
for ( j = 0; *(ptr+j) != '\0'; j++)    /* 使用for迴圈顯示字串內容的每一個字元 */
    printf("%c", *(ptr+j));
printf(")\n");
```

上述程式碼使用for迴圈和*(ptr+j)的指標運算顯示字串內容的一個一個字元，所以格式字元是%c。當然，printf()函數也可以直接使用%s格式字元顯示整個字串的內容，如下所示：

```
printf("%s", ptr);
```

Ch10_5_2.c

在C程式分別宣告二維字元陣列和字串的指標陣列來儲存數個字串，然後使用巢狀迴圈顯示字串內容，如下所示：

```
顯示二維字元陣列的內容:
name1[0]=[陳會安      ]
name1[1]=[江小魚      ]
name1[2]=[楊過        ]
name1[3]=[小龍女      ]
顯示指標陣列的內容:
name2[0] =[陳會安]
name2[1] =[江小魚]
name2[2] =[楊過]
name2[3] =[小龍女]
```

從上述圖例的執行結果可以看到，二維陣列和指標陣列顯示的字串，其中二維陣列name1[][]佔用的空間相同；但是，指標陣列name2[]的字串佔用的空間就是各字串的長度。

程式內容

```
01: /* 程式範例: Ch10_5_2.c */
02: #include <stdio.h>
03: #define ROWS       4
04: #define COLUMNS    10
05:
06: int main(void) {
07:     int i, j;  /* 宣告變數 */
08:     /* 建立二維的字元陣列且指定初值 */
09:     char name1[ROWS][COLUMNS]={"陳會安", "江小魚",
10:                                "楊過", "小龍女"};
11:     /* 指標陣列 */
12:     char *name2[ROWS]= {"陳會安", "江小魚",
```

```
13:                                 "楊過", "小龍女"};
14:     char *ptr;
15:     /* 顯示二維陣列的元素值 */
16:     printf("顯示二維字元陣列的內容: \n");
17:     for ( i = 0; i < ROWS; i++ ) {
18:         printf("name1[%d]=[", i);
19:         ptr = name1[i];
20:         for ( j = 0; j < COLUMNS; j++)
21:             printf("%c", *(ptr+j));
22:         printf("]\n");
23:     }
24:     /* 顯示指標陣列的元素值 */
25:     printf("顯示指標陣列的內容: \n");
26:     for ( i = 0; i < ROWS; i++ ) {
27:         printf("name2[%d] =[", i);
28:         ptr = name2[i];  /* 取得每一個指標 */
29:         for ( j = 0; *(ptr+j) != '\0'; j++)
30:             printf("%c", *(ptr+j));
31:         printf("]\n");
32:     }
33:
34:     return 0;
35: }
```

程式說明

- 第9~13行：宣告二維字元陣列和指標陣列，並指定陣列初值。
- 第17~23行：使用巢狀迴圈顯示二維陣列的字元內容。
- 第26~32行：使用巢狀迴圈顯示指標陣列指向的各字串內容。

10-5-3 主程式main()函數的命令列參數字串

C程式是從主程式main()函數開始執行，擁有整數和字串指標陣列共2個參數（或稱為引數），如下所示：

```
int main(int argc, char *argv[]) {   /* main()函數的2個參數 */
    …
}
```

上述main()函數擁有2個參數：第1個參數argc是命令列參數的個數；第2個參數char *argv[]是字串的指標陣列。在Windows「命令提示字元」視窗的命令列執行C程式時，可以傳遞執行時的命令列參數，如下所示：

```
D:\C\Ch10>Ch10_5_3.exe 1 2 3 4 Hello Enter
```

上述命令列輸入1、2、3、4和Hello共5個參數，參數需要使用空白字元分隔。main()函數取得的第1個參數值是6，因爲命令列輸入的程式執行檔Ch10_5_3.exe本身也算1個參數，所以爲5+1 = 6。

第2個參數可以使用argv[0]、argv[1]、argv[2]、argv[3]、argv[4]和argv[5]陣列元素依序取得參數字串，如下所示：

```
argv[0] = "Ch10_5_3.exe"
argv[1] = "1"
argv[2] = "2"
argv[3] = "3"
argv[4] = "4"
argv[5] = "Hello"
```

程式範例 **Ch10_5_3.c**

在C程式使用主程式main()函數的參數來取得命令列參數後，將這些參數都顯示出來。如下所示：

```
主程式有0個命令列參數
程式:D:\C\Ch10\Ch10_5_3.exe命令列並沒有參數
```

上述執行結果因為是直接在整合開發環境執行C程式，程式沒有輸入任何命令列參數，所以顯示0個命令列參數。在Dev-C++可以執行「執行>參數」指令指定程式的命令列參數，如圖10-12所示：

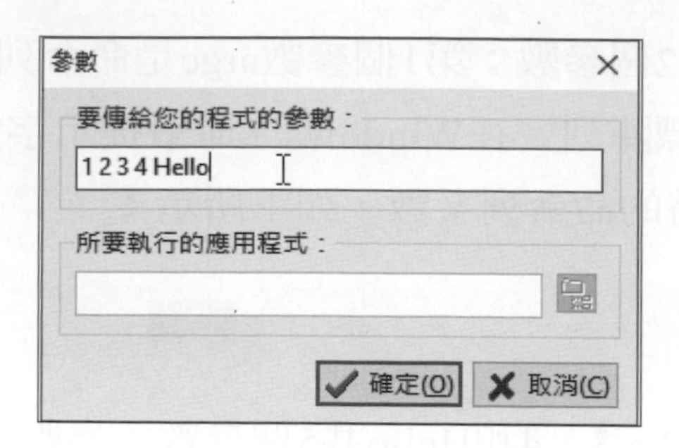

▶ 圖10-12

在上方欄位輸入參數後，按【確定】鈕，即可在Dev-C++再次執行程式，看到執行結果，如下所示：

```
主程式有5個命令列參數
參數argv[0] = "D:\C\Ch10\Ch10_5_3.exe"
參數argv[1] = "1"
參數argv[2] = "2"
參數argv[3] = "3"
參數argv[4] = "4"
參數argv[5] = "Hello"
```

上述執行結果顯示取得的參數字串，總共輸入5個參數，因為本節程式範例計算的參數個數不包括程式名稱本身，所以參數個數是5。

另一種方式，請在Windows作業系統搜尋和執行CMD，可以開啓「命令提示字元」視窗來執行本節C程式，如下所示：

```
D:\C\Ch10>Ch10_5_3.exe 1 2 3 4 Hello Enter
主程式有5個命令列參數
參數argv[0] = "Ch10_5_3.exe"
參數argv[1] = "1"
參數argv[2] = "2"
參數argv[3] = "3"
參數argv[4] = "4"
參數argv[5] = "Hello"
```

上述執行結果使用cd指令切換到程式範例的目錄後，輸入指令和參數執行Ch10_5_3.exe程式。

程式內容

```
01: /* 程式範例: Ch10_5_3.c */
02: #include <stdio.h>
03:
04: int main(int argc, char *argv[]) {
05:     int i; /* 宣告變數 */
06:     printf("主程式有%d個命令列參數\n", argc-1);
07:     if ( argc > 1 ) {
08:         /* 使用迴圈顯示參數 */
09:         for ( i = 0; i < argc; i++)
10:             printf("參數argv[%d] = \"%s\"\n",i,argv[i]);
11:     }
12:     else
13:         printf("程式:%s命令列並沒有參數\n", argv[0]);
14:
15:     return 0;
16: }
```

程式說明

◈ 第6行：顯示main()函數第1個參數argc的值，減1是因為不包括程式名稱本身。

◈ 第7~13行：if/else條件敘述判斷使用者是否有在程式名稱後輸入以空白字元分隔的命令列參數，如果有，執行第9~10行的for迴圈顯示取得參數指標陣列的字串。

10-5-4 函數傳回字串指標

雖然C函數的傳回值可以是字串指標，不過，因爲指標是指向其他變數的位址，傳回值不可以是函數程式區塊宣告的自動變數，只能是函數的傳址參數或static靜態變數，如下所示：

```
char *strcopy(char *, char *);  /* 函數原型宣告，傳回的是字元指標 */
char *monthName(int);
```

上述2個函數原型宣告都可以傳回字元型態的指標，第1個函數傳回以傳址方式傳遞的參數；第2個傳回static靜態變數。

程式範例

Ch10_5_4.c

在C程式建立2個函數來傳回字串指標，函數傳回值分別是傳址參數和static靜態變數，如下所示：

```
請輸入月份==> 12 Enter
12月全名:[December]
```

上述執行結果輸入數字月份後，可以傳回完整月份的名稱字串。月份的完整名稱是宣告成static靜態變數的指標陣列，在傳回字串後，使用strcopy()函數複製成其他字元陣列。

程式內容

```
01: /* 程式範例: Ch10_5_4.c */
02: #include <stdio.h>
03:
04: /* 函數原型宣告 */
05: char *strcopy(char *, char *);
06: char *monthName(int);
07: /* 主程式 */
08: int main(void) {
09:     char a[10];   /* 宣告變數 */
10:     int m;
11:     printf("請輸入月份==> ");
12:     scanf("%d", &m);
13:     if ( m > 0 ) {    /* 取得月份全名 */
14:         strcopy(a,monthName(m));
15:         printf("%d月全名:[%s]\n", m, a);
16:     }
17:
18:     return 0;
19: }
20: /* 函數: 字串複製 */
21: char *strcopy(char *dest, char *source) {
22:     int i = 0;    /* 宣告變數 */
23:     while ( *(source+i) != '\0' ) { /* 複製字串 */
24:         *(dest+i) = *(source+i);
25:         i++;
26:     }
27:     *(dest+i) = '\0';
28:     return dest;
```

```
29: }
30: /* 函數: 取得月份全名 */
31: char *monthName(int m) {
32:     static char *months[] = {
33:         "不合法", "January", "February", "March",
34:         "April", "May", "June", "July", "Auguest",
35:         "September", "October", "November", "December"};
36:     if ( m < 1 || m > 12 ) return months[0];
37:     else                   return months[m];
38: }
```

程式說明

- 第5~6行：2個函數的原型宣告。
- 第12~16行：在輸入數字的月份後，呼叫monthName()函數取得月份全名，然後呼叫strcopy()複製到字串a，函數strcopy()的傳回值是字串指標。
- 第21~29行：複製字串的strcopy()函數，在第23~26行的while迴圈是使用指標運算複製字串內容。第28行傳回第1個參數的指標。
- 第31~38行：monthName()函數可以傳回月份全名，在第32~35行是static靜態變數的字串指標陣列，使用第36~37行的if/else條件傳回指定月份的全名。

10-6 指向指標的指標──多重指標

指向指標的指標（pointers to pointers）是指這個指標是指向其他指標，因為可以有很多層，所以本書稱為多重指標。

10-6-1 使用多重指標

多重指標是指向其他指標，而其指向的指標再指向一個變數的位址，所以，在C程式我們需要宣告一個整數和一個指標，如下所示：

```
int var = 25;       /* 宣告整數變數var和指定初值 */
int *ptr = &var;    /* 宣告整數指標變數ptr指向變數var的位址 */
```

上述程式碼宣告整數變數var和指標ptr。指標ptr是指向變數var。接著再宣告一個指向指標的多重指標，因為有2層，在本書稱為雙重指標，如下所示：

```
int **ptr1 = &ptr;    /* 宣告雙重指標變數ptr1指向指標變數ptr */
```

上述程式碼宣告指標ptr1共有2個星號，表示它是雙重指標。第1個星號指出變數是一個指標；第2個星號表示它是指向其他指標ptr，稱為「多重取值」（multiple indirection）。接著再宣告一個指標，這是指向指標的多重指標，如下所示：

```
int ***ptr2 = &ptr1;    /* 宣告多重指標變數ptr2指向雙重指標變數ptr1 */
```

上述程式碼宣告指標ptr2共有3個星號，即多重指標。第1個星號指出變數是一個指標；後2個星號表示它是指向指標的指標，即ptr1雙重指標，如下圖所示：

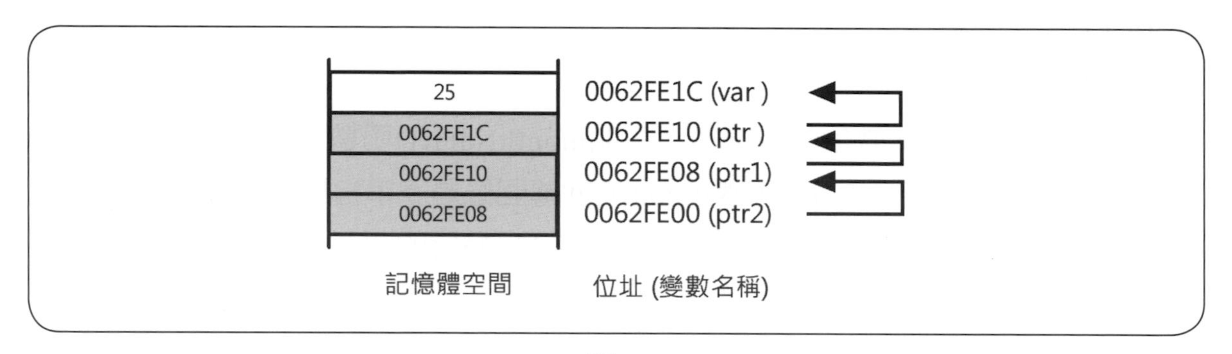

▶ 圖10-13

上述圖例可以看出指標ptr2指向ptr1；ptr1指向ptr；ptr指向變數var。如下圖所示：

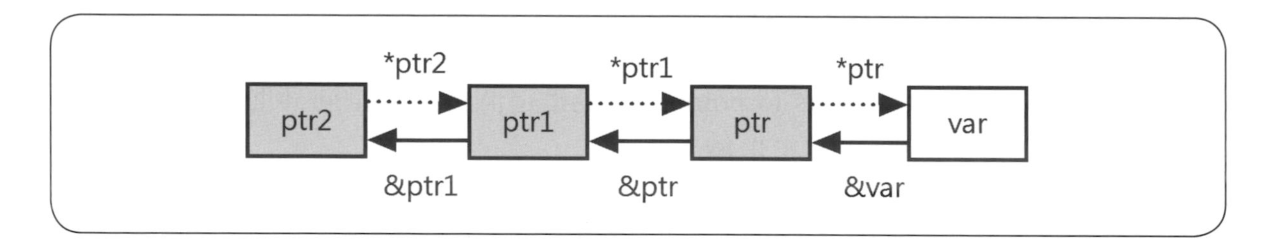

▶ 圖10-14

上述圖例是各指標的取值運算，可以分別指向變數的值，如下所示：

```
*ptr2;   /* 指標變數ptr2的值為ptr1的位址 */
*ptr1;   /* 指標變數ptr1的值為ptr的位址 */
*ptr;    /* 指標變數ptr的值是 25 */
```

上述*ptr取值運算是變數var的值25。ptr1還可以再次執行取值運算。當執行2次取值運算，即再加「*」號成爲**ptr1後，此時的值也是25。ptr2可以執行3次取值運算，即再加上「*」號成爲***ptr2後，其值也是25。因爲都是變數var的值。

Ch10_6_1.c

在C程式宣告指標、指向指標的雙重指標和指向指標的指標的多重指標，然後分別執行取值運算來顯示其位址和值，如下所示：

```
var 值=       25 位址=000000000062FE1C
ptr 值=000000000062FE1C 位址=000000000062FE10
ptr1值=000000000062FE10 位址=000000000062FE08
ptr2值=000000000062FE08 位址=000000000062FE00
*ptr 的值=       25(000000000062FE1C)
*ptr1的值=000000000062FE1C(000000000062FE10)
*ptr2的值=000000000062FE10(000000000062FE08)
*ptr   = 25
**ptr1 = 25
***ptr2= 25
```

上述執行結果可以看到變數var、ptr、ptr1和ptr2的值和位址，依序執行取值運算來顯示其值，最後3列的多重取值運算，可以看到值都是25。

程式內容

```
01: /* 程式範例: Ch10_6_1.c */
02: #include <stdio.h>
03:
04: int main(void) {
05:     int var = 25;          /* 宣告變數 */
06:     int *ptr = &var;       /* 宣告指標 */
07:     int **ptr1 = &ptr;
08:     int ***ptr2 = &ptr1;
09:     /* 取得指標的位址和值 */
10:     printf("var 值=%8d\t位址=%p\n", var, &var);
11:     printf("ptr 值=%p\t位址=%p\n", ptr, &ptr);
12:     printf("ptr1值=%p\t位址=%p\n", ptr1, &ptr1);
13:     printf("ptr2值=%p\t位址=%p\n", ptr2, &ptr2);
14:     printf("*ptr 的值=%8d(%p)\n", *ptr, ptr);
15:     printf("*ptr1的值=%p(%p)\n", *ptr1, ptr1);
```

```
16:     printf("*ptr2的值=%p(%p)\n", *ptr2, ptr2);
17:     printf("*ptr   = %d\n", *ptr);
18:     printf("**ptr1 = %d\n", **ptr1);
19:     printf("***ptr2= %d\n", ***ptr2);
20:
21:     return 0;
22: }
```

程式說明

- 第5~8行：宣告多個變數、指標和指向指標的指標，並使用取址運算來指定初值。
- 第10~13行：顯示變數、指標的值和位址。
- 第14~16行：執行各指標的取值運算。
- 第17~19行：執行ptr的取值、ptr1的2次取值，和ptr2的3次取值運算的值，其結果都是變數var的值。

10-6-2 指標與二維陣列

C語言的二維陣列比一維陣列多一個方括號的維度，我們可以將二維陣列視爲一個擁有多個一維陣列元素的一維陣列。所以，一樣可以使用指標存取二維陣列。例如：宣告整數二維陣列tables[][]，如下所示：

```
#define ROWS      4
#define COLS      5
int tables[ROWS][COLS];    /* 宣告整數的二維陣列 */
```

上述程式碼宣告二維陣列4×5共有20個元素，如圖10-15所示：

tables[0][0]	tables[0][1]	tables[0][2]	tables[0][3]	tables[0][4]
tables[1][0]	tables[1][1]	tables[1][2]	tables[1][3]	tables[1][4]
tables[2][0]	tables[2][1]	tables[2][2]	tables[2][3]	tables[2][4]
tables[3][0]	tables[3][1]	tables[3][2]	tables[3][3]	tables[3][4]

▶ 圖10-15

如同一維陣列，二維陣列的名稱tables也是一個指標常數，指向二維陣列的第1個元素。tables[0]也是一個指標，指向第一列擁有5個元素的一維陣列。tables[0][0]是值，即第1個陣列元素的值。

所以，在二維或多維陣列的多個維度方括號中，從右至左每刪除一個方括號是一個指標，只是指向的資料型態不同。例如：二維陣列tables[][]的tables少2個方括號，它是指向二維陣列的指標；tables[0]少1個方括號，這是指向一維陣列的指標。

方法一：視為一維陣列來存取

因爲二維陣列配置的記憶體空間是將每一列結合起來的連續記憶體空間，tables[][]二維陣列如同是一個4列合一的一維陣列。我們可以宣告指標ptr指向陣列的第1個元素，如下所示：

```
int *ptr;              /* 宣告整數的指標變數ptr */
ptr = &tables[0][0];   /* 將指標變數ptr指向二維陣列的第1個元素 */
```

上述程式碼宣告指標ptr，其值是第1個元素的位址。接著使用指標運算取得每一個陣列元素，如下所示：

```
for ( i=0; i < ROWS; i++) {   /* 巢狀迴圈走訪陣列每一個元素 */
    for ( j=0; j < COLS; j++)
        printf("%d*%d=%2d ", (i+1), (j+1), *(ptr+(i*COLS)+j));
    printf("\n");
}
```

上述for巢狀迴圈走訪二維陣列的每一個元素。陣列元素是使用指標運算計算位址，其指標運算式如下所示：

```
ptr+(i*COLS)+j
```

上述指標運算的i*COLS是每一列的元素數，例如：tables[2][1]元素是第3列的第2個元素，指標運算：ptr+(2*COLS)+1的(2*COLS)是前2列的位移總數，+1是第3列的位移數，即從第1個元素開始位移(2*COLS)+1次。

方法二：使用二維陣列名稱

二維陣列名稱tables本身是一個指向指標的雙重指標，我們可以使用指標運算式取得陣列的每一個元素，如下所示：

```
*(*(tables + i) + j)
```

首先看中間括號部分的運算式，如下所示：

```
*(tables+i)
```

上述指標運算的*(tables+0)可以取得指標tables[0]；*(tables+1)是指標tables[1]；*(tables+2)是指標tables[2]，以此類推，如圖10-16所示：

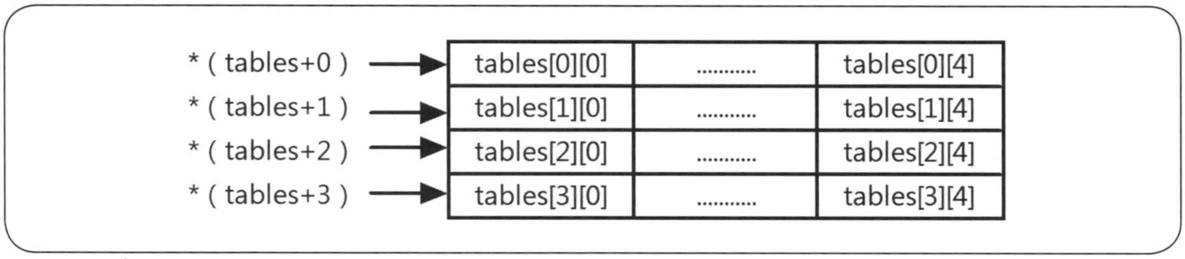

* (tables+0) →	tables[0][0]	....	tables[0][4]
* (tables+1) →	tables[1][0]	....	tables[1][4]
* (tables+2) →	tables[2][0]	....	tables[2][4]
* (tables+3) →	tables[3][0]	....	tables[3][4]

▶ 圖10-16

上述圖例二維陣列的每一列是一個一維陣列，在取得每列一維陣列的指標tables[0]、tables[1]、tables[2]…後，就可以加上位移量j來取得指定陣列元素的位址，最後使用取值運算子取得元素值，如下所示：

```
*(*(tables + i) + j)
```

程式範例 Ch10_6_2.c

在C程式宣告二維陣列，儲存部分九九乘法表值後，使用指標方式顯示部分九九乘法表，如下所示：

```
tables = 000000000062FDC0(80)
tables[0] = 000000000062FDC0(20)
1*1= 1 1*2= 2 1*3= 3 1*4= 4 1*5= 5
2*1= 2 2*2= 4 2*3= 6 2*4= 8 2*5=10
3*1= 3 3*2= 6 3*3= 9 3*4=12 3*5=15
```

```
4*1= 4 4*2= 8 4*3=12 4*4=16 4*5=20

1*1= 1 1*2= 2 1*3= 3 1*4= 4 1*5= 5
2*1= 2 2*2= 4 2*3= 6 2*4= 8 2*5=10
3*1= 3 3*2= 6 3*3= 9 3*4=12 3*5=15
4*1= 4 4*2= 8 4*3=12 4*4=16 4*5=20
```

上述執行結果上方顯示tables和tables[0]指標的位址都是第1個元素，但是其指向的資料型態並不同。在括號中是指向資料型態的尺寸，tables是二維陣列，其尺寸為4*5*4 = 80位元組；tables[0]是一維陣列，尺寸為5*4 = 20位元組，運算最後的值4是指int整數型態的尺寸。

接著分別使用一維陣列的指標存取，和二維陣列的指標存取來顯示部分九九乘法表。

程式內容

```
01: /* 程式範例: Ch10_6_2.c */
02: #include <stdio.h>
03: #define ROWS    4
04: #define COLS    5
05:
06: int main(void) {
07:     int i, j, *ptr;  /* 宣告變數 */
08:     /* 建立int的二維陣列 */
09:     int tables[ROWS][COLS];
10:     /* 指定二維陣列的元素值 */
11:     for ( i=0; i < ROWS; i++)
12:         for ( j=0; j < COLS; j++)
13:             tables[i][j] = (i+1)*(j+1);
14:     /* 顯示指標位址與尺寸 */
15:     printf("tables = %p(%d)\n", tables, sizeof(tables));
16:     printf("tables[0] = %p(%d)\n", tables[0],
17:                                    sizeof(tables[0]));
18:     /* 顯示二維陣列的元素值 */
19:     ptr = &tables[0][0];   /* 方法一 */
20:     for ( i=0; i < ROWS; i++) {
21:         for ( j=0; j < COLS; j++)
22:             printf("%d*%d=%2d ",(i+1),(j+1),*(ptr+(i*COLS)+j));
23:         printf("\n");
24:     }
25:     printf("\n");   /* 方法二 */
```

```
26:     for ( i=0; i < ROWS; i++) {
27:         for ( j=0; j < COLS; j++)
28:             printf("%d*%d=%2d ",(i+1),(j+1),*(*(tables+i)+j));
29:         printf("\n");
30:     }
31:
32:     return 0;
33: }
```

程式說明

- 第9行：宣告int整數二維陣列tables[][]。
- 第11~13行：使用for巢狀迴圈指定二維陣列的元素值。
- 第15~17行：顯示指標tables和tables[0]指向的位址值，以及指向資料型態的尺寸。
- 第20~24行：使用for巢狀迴圈以一維陣列的指標存取方式，顯示二維陣列的元素值，其運算式為*(ptr+(i*COLS)+j)。
- 第26~30行：使用for巢狀迴圈以二維陣列的指標存取方式，顯示二維陣列的元素值，其運算式為*(*(tables + i) + j)。

10-7 指向函數的指標

指向函數的指標（pointers to functions）是另一種更靈活的函數呼叫方式，可以讓我們使用指標的取值運算來呼叫函數。

10-7-1 函數指標

如同指標需要指向變數，函數指標也需要先有函數來指向函數的位址（此位址是函數執行的進入點）。例如：函數square()的原型宣告，如下所示：

```
int square(int);    /* 函數的原型宣告 */
```

上述程式碼是函數的原型宣告，可以計算參數平方。接著宣告函數指標，其基本語法如下所示：

```
資料型態 (*函數指標名稱) (函數的參數列);
```

上述資料型態與函數傳回值的資料型態相同，在函數指標名稱前一樣擁有「*」星號表示它是指標，而且一定需要使用括號括起，因為「*」的運算子優先順序小於參數列的括號，之後是和指向函數相同的參數列宣告，參數列只需參數的資料型態即可。

例如：使用函數square()為例來宣告函數指標，如下所示：

```
int (*ptr) (int) = square;    /* 宣告函數指標ptr指向函數square() */
```

上述程式碼宣告指向函數square()的指標ptr。現在我們可以使用指標的取值運算來呼叫函數，如下所示：

```
(*ptr) (x);    /* 使用函數指標ptr呼叫square()函數 */
```

在上述程式碼的括號中是使用函數指標的取值運算來呼叫函數，後面括號是函數傳遞的參數列。

Ch10_7_1.c

在C程式建立square()函數後，使用函數指標來呼叫函數，如下所示：

```
x:[15]的平方 = 225
```

上述執行結果可以看到square()函數傳遞的參數x值是15，其平方為225。

程式內容

```
01: /* 程式範例: Ch10_7_1.c */
02: #include <stdio.h>
03:
04: /* 函數原型宣告 */
05: int square(int);
06: /* 主程式 */
07: int main(void) {
08:     int x = 15; /* 宣告變數 */
09:     /* 指向函數的指標 */
10:     int (*ptr) (int) = square;
11:     printf("x:[%d]的平方 = %d\n",x,(*ptr) (x));
12:
13:     return 0;
```

```
14: }
15: /* 函數: 計算參數的平方 */
16: int square(int x) {
17:     return x * x;
18: }
```

程式說明

- 第10行：宣告函數指標ptr指向square()函數。
- 第11行：使用函數指標呼叫square()函數，傳入參數x。
- 第16~18行：square()函數可以傳回參數的平方。

10-7-2 函數指標的函數參數

函數指標不只可以在程式碼呼叫函數，還可以作為其他函數的參數，其目的是讓函數能夠使用函數指標的參數來決定呼叫哪一個函數。例如：在C程式擁有2個函數的原型宣告max()和min()，如下所示：

```
int max(int, int);    /* 函數的原型宣告 */
int min(int, int);
```

上述2個函數的原型宣告只是函數名稱不同，函數參數列和傳回值都相同，可以分別傳回2個參數的最大值和最小值。筆者準備建立函數compare()，內含函數指標指向上述2個函數max()和min()，如下所示：

```
int compare(int, int, int(*) (int,int));    /* 函數的原型宣告 */
```

上述compare()函數的原型宣告擁有3個參數，前2個參數是傳遞給第3個函數指標，其指向函數所需的2個參數，在函數compare()的程式區塊可以使用參數來呼叫函數，如下所示：

```
int compare(int a, int b, int (*ptr) (int, int)) {
    return (*ptr)(a, b);
}
```

上述函數的程式區塊是使用參數a和b呼叫函數指標指向的函數。呼叫compare()函數的方式，如下所示：

```
result = compare(x, y, max);    /* 函數呼叫 */
result = compare(x, y, min);
```

上述函數呼叫compare()的第3個參數是函數名稱，程式碼分別呼叫函數max()和min()，2個函數傳遞的參數是x和y，相當於直接呼叫下列函數，如下所示：

```
max(x, y);
min(x, y);
```

程式範例

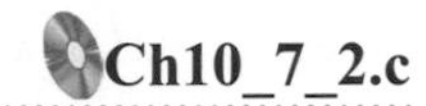
Ch10_7_2.c

在C程式建立2個函數max()和min()後，建立函數compare()以函數指標決定呼叫的是max()或min()函數，如下所示：

```
x=15 y=10 最大值=15
x=15 y=10 最小值=10
```

上述執行結果顯示變數x和y中的最大值和最小值。

程式內容

```
01: /* 程式範例: Ch10_7_2.c */
02: #include <stdio.h>
03:
04: /* 函數原型宣告 */
05: int max(int, int);
06: int min(int, int);
07: int compare(int, int, int(*) (int,int));
08: /* 主程式 */
09: int main(void) {
10:     int x = 15, y = 10, result; /* 宣告變數 */
11:     result = compare(x, y, max);
12:     printf("x=%d y=%d 最大值=%d\n", x, y, result);
13:     result = compare(x, y, min);
14:     printf("x=%d y=%d 最小值=%d\n", x, y, result);
15:
16:     return 0;
17: }
18: /* 函數: 取得參數的最大值或最小值 */
```

```
19: int compare(int a, int b, int (*ptr) (int, int)) {
20:     return (*ptr)(a, b);
21: }
22: /* 函數: 取得參數的最大值 */
23: int max(int a, int b) {
24:     if ( a > b ) return a;
25:     else         return b;
26: }
27: /* 函數: 取得參數的最小值 */
28: int min(int a, int b) {
29:     if ( a < b ) return a;
30:     else         return b;
31: }
```

程式說明

- 第11行和第13行：分別使用函數名稱max()和min()呼叫函數compare()。
- 第19~21行：函數compare()的第3個參數是函數指標，在第20行使用指標呼叫函數，傳入參數a和b。
- 第23~31行：分別是max()和min()函數，可以傳回2個參數中比較大和比較小的參數值。

10-7-3 void資料型態的指標

在第10-7-2節函數指標指向的函數都擁有相同的參數列，如果函數參數分別是不同資料型態，函數指標需要宣告成void指標，以便其他資料型態的指標可以型態迫換成void指標，來處理不同資料型態的參數。

指向void的指標（pointers to void）

C語言的void指標是一種「泛型指標」（generic pointers），任何資料型態的指標都可以先轉換成void型態的指標，再成功轉換回原來指標的資料型態。如果函數使用void指標的參數，我們可以使用任何資料型態的指標作爲傳遞的參數。

如果是使用在指定敘述，指標可以指定成void指標。void指標也可以指定成任何型態的指標；任何型態的指標也可以和void指標比較；在指定敘述的指標運算式可以同時使用void指標或其他資料型態的指標。

在函數指標使用void指標

現在，筆者準備在函數指標使用void指標，以便使用不同資料型態指標的函數參數。例如：在C程式擁有2個函數的原型宣告numcmp()和chrcmp()，如下所示：

```
int numcmp(int*, int*);    /* 函數的原型宣告 */
int chrcmp(char*, char*);
```

在上述2個函數的原型宣告中，函數參數列分別是不同資料型態的int*和char*指標。現在筆者準備建立函數compare()，內含函數指標，用來指向上述2個函數numcmp()和chrcmp()，如下所示：

```
int compare(void *, void *, int(*) (void *, void *));    /* 函數的原型宣告 */
```

上述compare()函數原型宣告共有3個參數，前2個參數是傳遞給第3個參數函數指標指向的函數參數，函數指標指向的函數參數也是void指標。

函數compare()程式區塊可以使用參數來呼叫函數，如下所示：

```
int compare(void *a, void *b, int (*comp) (void *, void *)) {
    return (*comp)(a, b);
}
```

上述函數的程式區塊使用參數void指標a和b來呼叫函數指標所指向的函數，呼叫compare()函數的方式，如下所示：

```
result = compare((void *)ptr, (void *)ptr1,      /* 函數呼叫 */
             (int (*) (void *, void *))numcmp);
result = compare((void *)ptr2, (void *)ptr3,
             (int (*) (void *, void *))chrcmp);
```

上述程式碼函數的前2個參數是void指標，所以參數使用(void *)型態迫換成void指標；第3個參數是函數名稱，因爲函數指標也是使用void指標參數，同樣需要使用型態迫換(int (*) (void *, void *))將函數指標指向函數的參數轉換成void指標。

程式碼實際是分別呼叫numcmp()和chrcmp()函數，2個函數參數傳遞的參數是指標，相當於直接呼叫下列函數，如下所示：

```
numcmp(ptr, ptr1);
chrcmp(ptr2, ptr3);
```

程式範例 Ch10_7_3.c

在C程式建立2個函數numcmp()和chrcmp()，其參數是不同型態的指標，然後建立函數compare()使用void指標，以函數指標決定呼叫numcmp()或chrcmp()函數，如下所示：

```
x=15 y=10 傳回值=1
a=F b=F 傳回值=0
```

上述執行結果顯示2個整數和字元變數的比較值，傳回值0表示相等；1表示第1個參數比較大；-1表示第1個參數比較小。

程式內容

```
01: /* 程式範例: Ch10_7_3.c */
02: #include <stdio.h>
03:
04: /* 函數原型宣告 */
05: int numcmp(int*, int*);
06: int chrcmp(char*, char*);
07: int compare(void *, void *, int(*) (void *, void *));
08: /* 主程式 */
09: int main(void) {
10:     int x = 15, y = 10, result; /* 宣告變數 */
11:     int *ptr = &x;    /* 整數指標 */
12:     int *ptr1 = &y;
13:     char a = 'F', b = 'F';
14:     char *ptr2 = &a; /* 字元指標 */
15:     char *ptr3 = &b;
16:     result = compare((void *)ptr, (void *)ptr1,
17:                      (int (*) (void *, void *))numcmp);
18:     printf("x=%d y=%d 傳回值=%d\n", x, y, result);
19:     result = compare((void *)ptr2, (void *)ptr3,
20:                      (int (*) (void *, void *))chrcmp);
21:     printf("a=%c b=%c 傳回值=%d\n", a, b, result);
22:
23:     return 0;
24: }
25: /* 函數: 取得參數的最大值或最小值 */
26: int compare(void *a,void *b,int (*comp)(void *,void *)) {
27:     return (*comp)(a, b);
28: }
```

```
29: /* 函數: 數字比較 */
30: int numcmp(int *a, int *b) {
31:     if ( *a == *b ) return 0;
32:     else if ( *a > *b ) return 1;
33:          else           return -1;
34: }
35: /* 函數: 字元比較 */
36: int chrcmp(char *a, char *b) {
37:     if ( *a == *b ) return 0;
38:     else if ( *a > *b ) return 1;
39:          else           return -1;
40: }
```

程式說明

- 第16~17行和第19~20行：分別使用函數名稱numcmp()和chrcmp()呼叫函數compare()，參數都型態迫換成void指標。
- 第26~28行：函數compare()的第3個參數是void指標參數的函數指標，在第27行使用指標呼叫函數，傳入參數a和b。
- 第30~40行：分別是numcmp()和chrcmp()函數，可以傳回2個指標參數的比較值。

學習評量

10-1 指標的基礎

1. 請使用圖例說明什麼是C語言的指標？
2. 請問C程式為什麼需要使用指標？

10-2 使用指標變數

1. 請使用圖例說明指標的取址「&」和取值「*」運算子的用途。在C程式宣告int整數指標變數a的程式碼是__________，取得整數變數b位址的程式碼是____________，取得指標變數a值的程式碼__________。
2. 請問下列運算式哪些星號「*」是取值運算子；哪些是乘法運算子，如下所示：

   (1) `*ptr`
   (2) `a * b`
   (3) `b *= a + 15`
   (4) `*b *= *a + 15`

3. 請寫出下列C程式片段的執行結果，如下所示：

```
int *ptr;
printf("%p", ptr);
```

4. 請寫出下列C程式片段的執行結果，如下所示：

```
int x = 7;
int *ptr;
ptr = &x;
printf("%d", *ptr);
```

5. 當宣告int整數變數cost和char字元變數prefix後，請寫出下列C程式碼，如下所示：

   (1) 宣告int整數指標ptr，其初值是指向變數cost。
   (2) 宣告char字元指標c_ptr，其初值是指向變數prefix。
   (3) 如果cost變數值為100，請分別以直接和使用指標間接方式來顯示變數cost值。

學習評量

6. 假設int整數變數x初值10（位址：1000）；y的初值是5（位址：1100），ptr是int整數指標變數，請完成下表內容，一一寫出執行每1行程式碼後，變數x、y、ptr和*ptr的值，如下表所示：

行號	程式碼	x	y	ptr	*ptr
1	`int x=10, y=5; int *ptr;`	10	15	N/A	N/A
2	`ptr = &x;`				
3	`*ptr = 15;`				
4	`ptr = &y;`				
5	`*ptr = 7;`				
6	`y = 6; x =17;`				
7	`ptr = &x;`				
8	`y = *ptr;`				

7. 請建立C程式宣告2個int整數變數a = 123和b = 456，然後宣告指標ptr_a和ptr_b分別指向變數a和b，最後使用取值運算子顯示2個變數值和記憶體位址。
8. 請建立C程式使用整數int指標更新變數var的值，其值是從初值123改為678。
9. 請建立C程式宣告char字元變數ch和指定初值'A'後，使用指標將變數值改為66後，將變數值顯示出來。
10. 請建立C程式宣告整數變數a和b，其初值分別為25和26，然後宣告2個指標ptr_a和ptr_b分別指向變數a和b，在使用取值運算子取得變數值後，計算和顯示2個變數值相乘的結果（提示：*ptr_a *= *ptr_a;）。

10-3 指標與一維陣列

1. 在宣告int整數一維陣列data[10]和整數指標ptr後，請問ptr指向陣列第一個元素的取址運算為__________或__________；指向最後一個陣列元素的取址運算是____________。

學習評量

2. 請寫出下列C程式片段的執行結果，如下所示：

```
int test[] = {1, 2, 3, 4};
printf("%d", *(test + 1));
```

3. 請寫出下列C程式片段的執行結果，如下所示：

```
int test[] = {1, 2, 3, 4};
int *ptr;
ptr = test;
++ptr[0];
printf("%d", test[0]);
```

4. 在C程式宣告int整數一維陣列data[]和整數指標ptr，請寫出二種方法指定陣列第4個元素值為150的程式碼。
5. 請建立C語言int sumTwoArrays(int *, int *)函數傳入2個整數陣列參數（可以不同尺寸），使用指標方式計算和傳回2個陣列的總和。
6. 請建立C函數void addTwoArrays(int *, int *)，函數傳入2個相同尺寸的整數陣列，在使用指標方式將陣列各元素相加後，存入第2個參數的陣列。
7. 請試著撰寫void square(int *)函數，呼叫函數可以將陣列每一個元素平方，例如：元素值2，就是2*2=4；3是3*3=9。
8. 請將第9-5節排序和搜尋程式範例都試著改寫成指標版本。

10-4 指標運算

1. 請至少寫出5種C語言指標運算支援的運算子？並舉例說明？
2. 在C程式宣告6個元素int整數一維陣列array[]後，請依序回答下列各指標運算所指陣列元素的索引值為何？如下所示：

(1) `ptr = array;`
(2) `ptr++;`
(3) `ptr+3;`
(4) `ptr = ptr + 2;`
(5) `ptr--;`

學習評量

3. 假設現在有2個整數指標ptr和ptr1，ptr指向int整數一維陣列的第3個元素；ptr1是指向第4個元素。請問，ptr1-ptr的值為何？如果是浮點數指標和浮點數陣列時，ptr1-ptr值為何？
4. 請建立C程式宣告整數一維陣列，然後使用指標運算找出陣列元素中的最大值和其索引值。

10-5 指標與字串

1. 請寫出下列C程式執行結果顯示的字串內容，如下所示：

```
int main(void) {
    char *str = "hello";
    test(str);
    printf("%s", str);
    return 0;
}
void test(char *str) {
    str = "book";
}
```

2. 現在有一個C語言的字串宣告和指定初值，如下所示：

```
char *string = "This is a string!";
```

請寫出下列程式碼的執行結果，如下所示：

(1) `printf("%c\n",string[0]);`
(2) `printf("%c\n",*string);`
(3) `printf("%c\n",string[30]);`
(4) `printf("%c\n",*string+5);`
(5) `printf("%c\n",*(string+5));`
(6) `printf("%c\n",string[10]);`

3. 在宣告字元指標char *ptr;後，請指出下列哪些是合法的程式碼？

(1) `*ptr = 'a';`
(2) `ptr = "This ia an apple.";`
(3) `ptr = 'x';`
(4) `*ptr = "This ia a book.";`

學習評量

4. 請寫出下列C變數宣告佔用多少個位元組，如下所示：

```
char *str1 = {"Apple"};
```

5. 請指出下列C語言字串程式碼片段的錯誤，如下所示：

(1)
```
char *str[10] = "Apple.";
```
(2)
```
char *str1, *str2 = "Apple.";
str1 = str2;
```

6. 請使用指標方式寫出strrev()函數，可以將參數字串內容反轉，例如：char str[20] = {"book"};，執行strrev(str)函數後成為"koob"。
7. 請使用C語言指標建立int length(char *)字串函數，可以傳回字串長度。
8. 請使用C語言指標建立display(char*, int, int)字串函數，可以顯示第1個參數字串從第2個參數開始，長度是第3個參數的子字串。
9. 請建立C語言maxLen()字串函數，擁有2個字串參數，在計算各參數的字串長度後，傳回較長字串的指標。

10-6 指向指標的指標——多重指標

1. 請使用圖例說明什麼是指向指標的指標？
2. 請寫出下列C程式片段的執行結果，如下所示：

```
int **ptr;
printf("%p", &ptr);
```

3. 請說明下列程式碼是宣告什麼變數？如下所示：

(1)
```
int *var1;
```
(2)
```
int **var2;
```
(3)
```
int *c[6];
```
(4)
```
char *a[10];
```

10-7 指向函數的指標

1. 請說明什麼是指向函數的指標（pointers to functions）？
2. 請寫出一個指向函數的指標ptr宣告，傳入1個int整數參數，傳回值是float浮點數。

學習評量

3. 請說明下列程式碼是宣告什麼變數？如下所示：

```
int (*ptr) (int, int) = test;
```

4. 請說明什麼是C語言的泛型指標void？

Chapter

11

格式化輸入與輸出

本章學習目標

11-1 C語言的主控台輸入與輸出

在電腦執行的程式通常都需要與使用者進行互動。程式在取得使用者以電腦周邊裝置輸入的資料後，執行程式碼，就可以將執行結果的資訊輸出至電腦的輸出裝置。

主控台輸入與輸出

對於C語言建立的主控台應用程式（console application）來說，最常使用的標準輸入裝置是鍵盤；標準輸出裝置是電腦螢幕，即所謂的主控台輸入與輸出（Console Input and Output，Console I/O），如圖11-1所示：

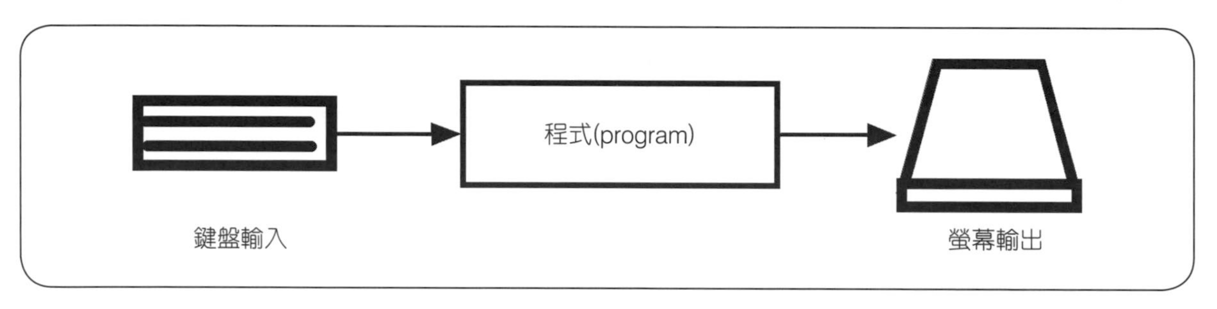

▶ 圖11-1

在上述圖例顯示C程式的標準輸入與輸出，這是由循序一行一行組成的文字串流（text stream），每一行由新行字元（即「\n」字元）結束。程式取得使用者從鍵盤輸入的資料（輸入），串流是從輸入裝置鍵盤流向C程式（即主記憶體）；在執行後，以指定格式在螢幕上顯示執行結果（輸出），串流是從程式（即主記憶體）流向輸出裝置螢幕。

C語言的輸入與輸出函數

C語言的輸入與輸出功能並非C語言本身的功能，這些函數都是C語言標準函數庫提供的函數，定義在<stdio.h>或<conio.h>標頭檔的函數。標準輸入與輸出函數可以視為檔案輸入與輸出的特殊情況，在本章說明的函數都有檔案輸入與輸出的對應函數。

因為C語言標準輸入與輸出是由新行字元結束的每一行組成的文字串流，所以標準輸入函數在輸入資料時，就會將使用者按下 Enter 鍵和LF（Line Feed）換行字元，轉換成新行字元，成為文字串流的一行資料。

在說明輸入與輸出函數前，我們需要先了解一些術語，如表11-1所示：

▶ 表11-1

術語	說明
緩衝區（buffer）	輸入字元不是馬上送給程式進行處理；而是先暫時儲存到「鍵盤緩衝區」（keyboard buffer），等到使用者按下 Enter 鍵後，才將輸入字元全部送給程式進行處理
回應（echo）	當使用者輸入字元時，螢幕馬上顯示輸入的字元，回應使用者輸入的字元，如此使用者才知道輸入了什麼字元
EOF（end of file）	檔案最後的常數值，在ANSI-C定義的EOF常數值是-1

緩衝區（buffer）

緩衝區是一塊暫時存放輸出或輸入資料的記憶體，因為裝置和程式之間的執行速度不同，為了提高程式執行效率，我們需要使用緩衝區作為裝置和程式之間的橋樑，如圖11-2所示：

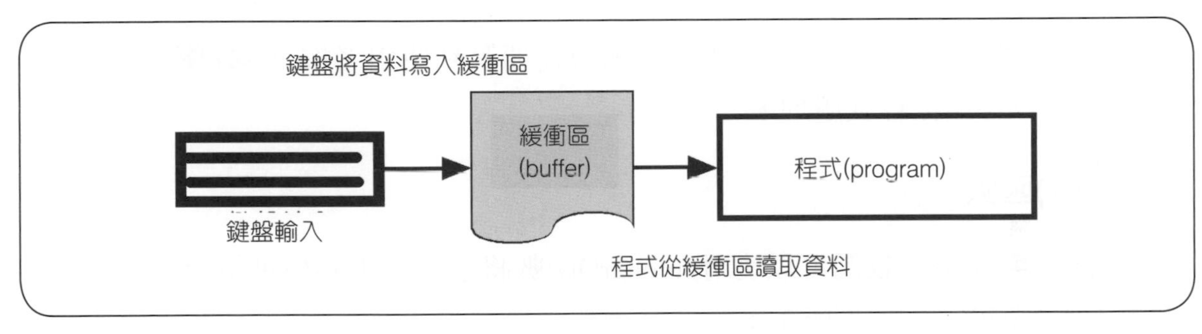

▶ 圖11-2

上述鍵盤輸入的資料是先寫入緩衝區，因為鍵盤輸入速度比程式讀取資料慢得多，透過緩衝區，輸入資料可以先暫時儲存在緩衝區，等到按下 Enter 鍵後，才讓程式從緩衝區讀取鍵盤輸入的資料。

11-2 字元輸入與輸出函數

在<stdio.h>和<conio.h>標題檔提供字元輸入與輸出函數，可以從電腦標準輸入裝置讀取字元，和將字元顯示在標準輸出裝置。

11-2-1 取得字元getchar()

在C程式可以使用getchar()函數從標準輸入裝置（通常是指鍵盤）讀取使用者輸入的單一字元後，使用putchar()函數輸出輸入的字元。

getchar()函數

C語言的getchar()函數可以取得輸入字元的ASCII碼，其傳回值是整數int，如果有錯誤傳回EOF，如下所示：

```
ch = getchar();    /* 呼叫getchar()函數讀取1個字元 */
```

上述程式碼因為函數使用緩衝區，所以需要等到使用者按下 Enter 鍵後，才會將輸入字元送給C程式處理。

putchar()函數

在讀入字元後，我們可以使用putchar()函數將字元輸出到標準輸出裝置，通常是輸出到螢幕顯示，如下所示：

```
putchar(ch);    /* 呼叫putchar()函數顯示參數的字元 */
```

上述程式碼可以將參數字元變數ch輸出到螢幕顯示。

程式範例 Ch11_2_1.c

在C程式使用getchar()函數讀取使用者輸入的1個字元後，使用putchar()函數顯示輸入字元，如下所示：

```
請輸入字元: a Enter
a
```

上述執行結果顯示2次字元a，因為getchar()函數有回應，第1次顯示的a是輸入時的回應；第2次是使用putchar()函數輸出的字元。

程式內容

```
01: /* 程式範例: Ch11_2_1.c */
02: #include <stdio.h>
03:
04: int main(void) {
05:     char ch;   /* 變數宣告 */
06:     printf("請輸入字元: ");
07:     ch = getchar(); /* 讀取字元 */
08:     putchar(ch);     /* 輸出字元 */
09:     putchar('\n');  /* 換行 */
10:
11:     return 0;
12: }
```

程式說明

- 第2行：含括<stdio.h>標題檔。
- 第5行：宣告字元變數ch，也可以使用整數資料型態的變數。
- 第7行：呼叫getchar()函數讀入字元變數值。
- 第8~9行：呼叫putchar()函數輸出使用者輸入的字元，第2個putchar()輸出新行字元來顯示換行。

11-2-2 取得字元getch()

C語言的getch()函數是定義在<conio.h>標頭檔，可以從標準輸入裝置讀取一個字元。函數沒有使用緩衝區，也不會產生回應，如下所示：

```
ch = getch();    /* 呼叫getch()函數讀取1個字元 */
```

上述程式碼讀取一個字元，傳回值是輸入字元。因為沒有使用緩衝區，輸入字元馬上就會送給C程式處理。而且，因為getch()函數沒有回應，所以輸入字元後，需要自行使用putchar()函數輸出到螢幕顯示。

程式範例 Ch11_2_2.c

在C程式使用getch()函數讀取字元後，使用putchar()函數顯示輸入的字元，如下所示：

```
請輸入字元: b
```

上述執行結果可以看到只顯示一個輸入字元b，因為getch()函數沒有回應，顯示的字元是使用putchar()函數輸出的字元。

程式內容

```
01: /* 程式範例: Ch11_2_2.c */
02: #include <stdio.h>
03: #include <conio.h>
04:
05: int main(void) {
06:     char ch;  /* 變數宣告 */
07:     printf("請輸入字元: ");
08:     ch = getch();    /* 讀取字元 */
09:     putchar(ch);     /* 輸出字元 */
10:     putchar('\n');   /* 換行 */
11:
12:     return 0;
13: }
```

程式說明

- 第3行：含括<conio.h>標頭檔，內含getch()函數的原型宣告。
- 第8行：呼叫getch()函數讀取字元。
- 第9行：呼叫putchar()函數顯示輸入的字元。

11-3 字串的輸入與輸出函數

C語言可以使用標準函數庫的scanf()、gets()或getchar()（需配合for迴圈）函數輸入字串；輸出字串是使用printf()、puts()或putchar()函數。在<stdio.h>標頭檔提供字串輸入與輸出函數，可以從標準輸入裝置讀取字串，並在標準輸出裝置顯示字串內容。

使用gets()函數讀取字串

C語言標準函數庫的gets()函數可以從標準輸入裝置讀取整行文字內容的字串。函數是使用緩衝區讀取資料，需要等到使用者按下 Enter 鍵後，才會將字串送給C程式處理，如下所示：

```
char str[80];     /* 宣告C語言的字串 */
gets(str);        /* 呼叫gets()函數讀取字串 */
```

上述程式碼宣告字元陣列str[]，大小是80個字元，然後使用此字元陣列為參數讀取字串內容，傳回值是字元陣列指標，也就是字串內容。請注意！gets()函數本身不會處理陣列邊界問題，如果輸入的字元數超過陣列尺寸，可能產生非預期的錯誤。

使用puts()函數輸出字串

在輸入字串後，C程式可以使用puts()函數將字串輸出到螢幕顯示，如下所示：

```
puts(str);    /* 呼叫puts()函數顯示字串 */
```

上述程式碼可以將參數字元陣列str[]輸出到螢幕顯示，並在字串後自動加上新行字元。

使用getchar()函數讀取字串

雖然我們可以使用gets()函數讀取字串，不過，因為函數不提供過濾讀取字元或檢查陣列邊界功能，所以，我們需要使用for迴圈配合getchar()函數來模擬gets()函數的功能，可以在for迴圈新增檢查輸入字元的if條件來過濾不需要的字元，如下所示：

```
for ( i = 0; (c=getchar()) !=EOF && c != '\n'; i++)
    str[i] = c;
str[i] = '\0';
```

上述for迴圈括號的第2部分先呼叫getchar()函數讀取一個字元(c=getchar())。請注意！此為指定敘述。然後檢查輸入字元是否為EOF或 Enter 鍵，在命令列提示字元按下 Ctrl-Z 組合鍵是EOF；如果不是，就將字元存入字元陣列，最後在字元陣列最後加上'\0'的字串結束字元。

程式範例

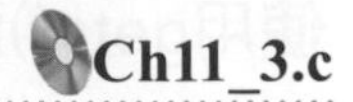

在C程式分別使用gets()和getchar()函數讀取使用者輸入的字串內容後，呼叫puts()函數輸出字串內容，如下所示：

```
請輸入字串1==> This is a pen. Enter
字串內容: This is a pen.
請輸入字串2==> This is an apple. Enter
字串內容: This is an apple.
```

上述執行結果可以看到回應字串和程式輸出的字串內容。

程式內容

```
01: /* 程式範例: Ch11_3.c */
02: #include <stdio.h>
03:
04: int main(void) {
05:     char c, i, str[80];   /* 變數宣告 */
06:     printf("請輸入字串1==> ");
07:     gets(str);   /* 讀取字串 */
08:     printf("字串內容: ");
09:     puts(str);   /* 輸出字串 */
10:     printf("請輸入字串2==> ");
11:     /* 使用for迴圈輸入字元 */
12:     for ( i = 0; (c=getchar())!=EOF && c!='\n'; i++ )
13:        str[i] = c;
14:     str[i] = '\0';   /* 加上字串結尾 */
15:     printf("字串內容: ");
16:     puts(str);    /* 輸出字串 */
17:
18:     return 0;
19: }
```

程式說明

- 第5行：宣告字元陣列str[]。
- 第7行：使用gets()函數讀取字串內容。
- 第9行：使用puts()函數顯示輸入的字串內容。
- 第12~14行：使用for迴圈配合getchar()函數讀取字串內容，在第14行的字元陣列最後加上字串結束字元。

11-4 格式化資料輸入函數

C語言可以使用格式化資料輸入函數來讓使用者輸入字元、數值或字串值。在C語言標準函數庫<stdio.h>標頭檔提供函數，執行格式化資料輸入和輸出。格式化資料輸入函數是使用scanf()函數。

在第2章筆者已經簡單說明過scanf()函數，這一節將詳細說明其格式化功能。

11-4-1 使用scanf()函數讀取數值資料

在scanf()函數擁有1個格式控制字串（format control string）參數來描述讀取資料的格式，其中有格式字元判斷輸入哪一種資料型態的資料。函數傳回值是整數int，如果資料讀取成功，傳回輸入的資料數；失敗傳回0。例如：使用格式字元%d和%f讀取整數和浮點數值，如下所示：

```
scanf("%d", &age);      /* 使用scanf()函數讀取整數 */
scanf("%f", &grade);    /* 使用scanf()函數讀取浮點數 */
```

上述第1行函數的第1個參數是格式字串，內含%d表示輸入整數；第2個參數使用「&」取址運算子取得變數的記憶體位址。變數age儲存的值就是使用者輸入的整數。

第2行函數的第1個參數是格式控制字串，它是使用%f格式字元讀取浮點數。變數grade儲存的值是使用者輸入的浮點數，如果使用者輸入整數，也會自動轉換成浮點數。

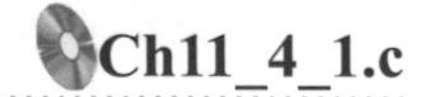

在C程式使用scanf()函數輸入學生年齡與浮點數的成績資料，如下所示：

```
請輸入年齡=> 21 Enter
請輸入成績=> 89.5 Enter
學生年齡: 21
學生成績: 89.500000
```

程式內容

```
01: /* 程式範例: Ch11_4_1.c */
02: #include <stdio.h>
03:
04: int main(void) {
05:     int age;  /* 宣告變數 */
06:     float grade;
07:     printf("請輸入年齡: ");
08:     scanf("%d", &age);
09:     printf("請輸入成績: ");
10:     scanf("%f", &grade);
11:     /* 顯示輸入的數值 */
12:     printf("學生年齡: %d\n", age);
13:     printf("學生成績: %f\n", grade);
14:
15:     return 0;
16: }
```

程式說明

◈ 第8行和第10行：分別呼叫scanf()函數讀取整數值的年齡和浮點數的成績資料。

11-4-2 讀取多種不同型態的資料

如果程式需要多個輸入資料，我們可以重複呼叫多次scanf()函數來讀取多個資料；另一種方式是在同一scanf()函數讀取多筆不同型態的資料，如下所示：

```
scanf("%f,%d,%f", &x, &y, &z);   /* 使用scanf()函數讀取3筆資料 */
```

上述函數的格式控制字串擁有%f、%d和%f共3個格式字元；在之後也有對應的3個變數&x、&y和&z來讀取3筆輸入資料，分別是浮點數、整數和浮點數，如圖11-3所示：

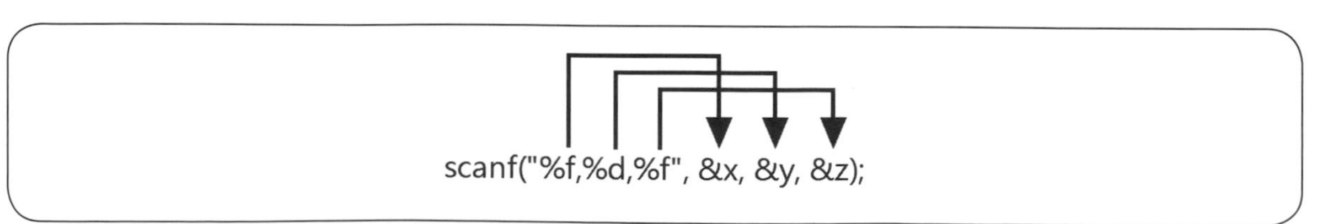

▶ 圖11-3

上述scanf()函數第1個參數的格式控制字串同時使用多個不同格式字元，格式字元數3即scanf()函數讀取的資料數；在之後也需要相同數量的變數來取得輸入資料，所以有x、y和z共3個變數。

在scanf()函數的格式控制字串是由空白字元、非空白字元和格式字元組成，我們可以使用非格式字元的非空白字元來控制輸入資料的格式，以此例是使用「,」號分隔3個數值。

空白字元

在scanf()函數的格式控制字串可以使用空白字元。空白字元是指Space或Escape逸出字元的'\t'、'\n'等。這些字元沒有特別意義，scanf()函數不會處理這些字元。例如：一些空白字元的範例，如下所示：

```
"%f%d"
"%f %d"
"%f\t%d"
"%f\n%d"
```

上述格式字元之間的空白或逸出字元沒有特別意義，其結果都相同，輸入資料時，只需間隔空白字元（多個也會視爲一個）即可。

非空白字元

在格式控制字串如果擁有非空白字元，使用者在輸入資料時，也需要包含這些非空白字元。例如：一些非空白字元的範例，如下所示：

```
"%f,%d,%f"      /* 23.5,45,10.2 */
"%f\'%d\'%f"    /* 23.5'45'10.2 */
"%f*%d*%f"      /* 23.5*45*10.2 */
```

在上述格式控制字串分別使用「,」、「'」和「*」等字元來分隔，輸入資料也需要包含這些字元，在之後的註解文字是輸入範例。

說明

當 scanf() 函數格式控制字串是 "%f,%d,%f" 時，第 2 個 %d 是整數的格式字元，所以輸入 3 個資料的第 2 個一定是整數；若爲 "%f,%f,%d"，最後一個就算輸入浮點數也可以，因爲函數只會讀取整數部分。

請注意！因爲 scanf() 函數是從使用者輸入資料和格式控制字串進行比對，一一找尋符合格式字元的資料，如果第 2 個輸入浮點數，格式字元 %d 只會讀取小數點前的整數部分，接著讀取「,」分隔字元，但是，此時讀到的是小數點，所以第 3 個浮點數的資料就會讀取錯誤。

格式字元和修飾子

在scanf()函數的格式控制字串一定需要格式字元，關於修飾子的說明請參閱第11-4-3節，一個格式字元對應一種資料型態。scanf()函數的格式字元說明，如表11-2所示：

▶ 表11-2

格式字元	說明
%d	整數
%f	浮點數
%c	字元
%s	字串
%e	科學符號的數值
%u	無符號整數
%o	八進位表示法的整數
%x	十六進位表示法的整數

程式範例 Ch11_4_2.c

在C程式呼叫3次scanf()函數，同時輸入x、y和z多個數值資料，可以看到不同輸入組合讀取的資料，如下所示：

```
請第1次輸入x,y,z的值: 22, 45, 67 Enter
1: x= 22.000000  y= 45 z= 67.000000
請第2次輸入x,y,z的值: 22.45, 45, 67 Enter
2: x= 22.450001  y= 45 z= 67.000000
請第3次輸入x,y,z的值: 56.22, 34, 77.8 Enter
3: x= 56.220001  y= 34 z= 77.800003
```

上述執行結果可以看到輸入的數值是使用「,」逗號分隔，其中x輸入22.45時，顯示22.450001，這是精確度上的誤差，不是程式錯誤。

程式內容

```
01: /* 程式範例: Ch11_4_2.c */
02: #include <stdio.h>
03:
04: int main(void) {
05:     float x, z;  /* 變數宣告 */
06:     int y;
07:     printf("請第1次輸入x,y,z的值: ");
08:     scanf("%f,%d,%f", &x, &y, &z);
09:     printf("1: x= %f  y= %d z= %f\n", x, y, z);
10:     printf("請第2次輸入x,y,z的值: ");
11:     scanf("%f,%d,%f", &x, &y, &z);
12:     printf("2: x= %f  y= %d z= %f\n", x, y, z);
13:     printf("請第3次輸入x,y,z的值: ");
14:     scanf("%f,%d,%f", &x, &y, &z);
15:     printf("3: x= %f  y= %d z= %f\n", x, y, z);
16:
17:     return 0;
18: }
```

程式說明

◈ 第8行、第11行和第14行：呼叫3次scanf()函數，分別使用格式控制字串的非空白字元來控制輸入3種不同資料型態的資料。

11-4-3 格式化資料輸入的修飾子

在scanf()函數格式控制字串的格式字元「%」符號後，字元之前可以加上修飾子，用來指定輸入資料的寬度和short、long等資料型態，其基本語法如下所示：

```
%[*][寬度][h|l|L]格式字元
```

上述語法的"["和"]"符號表示之間的修飾子可有可無。例如：在scanf()函數的格式字串使用寬度、「*」和指定型態的修飾子，如下所示：

```
scanf("%5f,%2d,%5f", &x, &y, &z);
scanf("%5f%*2d%5f%6ld", &x, &z, &l);
```

上述第1行函數指定輸入浮點數、整數和浮點數值的寬度；第2行使用「*」和「l」修飾子，其說明如表11-3所示：

▶ 表11-3

修飾子	範例	說明
*	"%f%*d%f%d"	不儲存格式字元的資料。範例的4個格式字元中，第2個格式字元有「*」修飾子，表示此資料不儲存，當使用者輸入資料時，仍然需要輸入4個資料，但只會儲存第1、3和4個資料，所以之後只需要3個變數，而不是4個
寬度	"%5f,%2d,%5f"	指定輸入資料的寬度，浮點數包括小數點。範例需要輸入寬度5個字元的浮點數、2個字元的整數和5個字元的浮點數
h|l|L	"%6ld"	指定資料型態h是short、l是long，和L是long double。範例需要輸入寬度6個字元的長整數long

程式範例

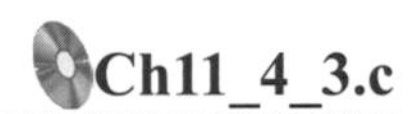

在C程式使用scanf()函數的格式修飾子來指定輸入資料的寬度和long長整數，如下所示：

```
請輸入x,y,z(指定寬度5f,2d,5f): 12.3, 45, 67.8 Enter
x= 12.300000  y= 45 z= 67.800003
請輸入x y z l(5f 2d 5f 6ld): 12.3 40 56.7 2345678 Enter
x=12.300000 y=45 z=56.700001 l=234567
```

上述執行結果是3個指定寬度的數值，浮點數的小數點也算；在第2次輸入4個資料後，因為y沒有儲存，所以y值仍為45。

程式內容

```
01: /* 程式範例: Ch11_4_3.c */
02: #include <stdio.h>
03:
04: int main(void) {
05:     float x, z;   /* 變數宣告 */
06:     int y;
07:     long l;
08:     /* 指定資料寬度 */
09:     printf("請輸入x,y,z(指定寬度5f,2d,5f): ");
10:     scanf("%5f,%2d,%5f", &x, &y, &z);
11:     printf("x= %f  y= %d z= %f\n", x, y, z);
12:     /* 不儲存指定值 */
13:     printf("請輸入x y z l(5f 2d 5f 6ld): ");
14:     scanf("%5f%*2d%5f%6ld", &x, &z, &l);
```

```
15:     printf("x=%f y=%d z=%f l=%ld\n", x, y, z, l);
16:
17:     return 0;
18: }
```

程式說明

◈ 第10行：scanf()函數讀取指定寬度的3個數值資料。

◈ 第14行：scanf()函數的第2個格式字元不儲存，所以之後只有3個變數。

11-4-4 使用scanf()函數讀取字串

在C程式除了使用gets()和getchar()函數取得使用者輸入的字串外；我們也可以使用scanf()函數讀取使用者輸入的字串，如下所示：

```
scanf("%s", str);   /* 呼叫scanf()函數讀取字串 */
```

上述函數第1個參數的格式控制字串中有%s，表示輸入的資料是字串；第2個參數是儲存讀取字串的變數，str是字元陣列。請注意！因爲C語言的陣列名稱本身是位址，所以並不需要使用「&」取址運算子。

因爲scanf()函數是使用緩衝區讀取資料和產生回應，所以需要按下 Enter 鍵後，才會將資料送到C程式處理。讀取字串是使用空白字元，例如：以 Space 和 Tab 鍵等作爲分隔，所以，scanf()函數是以字（words）爲單位來讀取字串內容。

Ch11_4_4.c

在C程式使用do/while迴圈配合scanf()函數輸入字串內容，可以將輸入字串都顯示出來，如下所示：

```
請輸入字串(x結束)==> This is a pen. Enter
輸入的字串: This
請輸入字串(x結束)==> 輸入的字串: is
請輸入字串(x結束)==> 輸入的字串: a
請輸入字串(x結束)==> 輸入的字串: pen.
請輸入字串(x結束)==> x Enter
輸入的字串: x
```

上述執行結果輸入This is a pen.，可以看到讀取4個字串，分別為This、is、a和pen.。如果輸入字串的第1個字元是'x'，就結束程式執行。

程式內容

```
01: /* 程式範例: Ch11_4_4.c */
02: #include <stdio.h>
03:
04: int main(void) {
05:     char str[80];   /* 變數宣告 */
06:     do {   /* 輸入字串的迴圈 */
07:        printf("請輸入字串(x結束)==> ");
08:        scanf("%s", str); /* 讀取字串 */
09:        printf("輸入的字串: %s\n", str);
10:     } while( str[0] != 'x' );
11:
12:     return 0;
13: }
```

程式說明

◈ 第8行：scanf()函數使用%s格式字元讀取字串。

11-5 格式化資料輸出函數

在C語言標準函數庫<stdio.h>標頭檔中，對應scanf()函數的格式化資料輸出函數是printf()。在第2章筆者已經簡單說明過printf()函數，這一節將詳細說明格式化的資料顯示。

11-5-1 printf()函數的格式字元

printf()函數也是使用格式控制字串描述輸出格式，內含「%」符號開始的格式字元，用來輸出指定資料型態的變數或常數值，如下所示：

```
printf("a(d) = %d\n", a);    /* 使用printf()函數輸出整數 */
printf("b(d) = %d c(d) = %d\n", b, c);
```

上述函數的第1個參數是格式控制字串，因爲是字串，所以使用雙引號括起，內含格式字元%d輸出整數變數a、b和c的值。同樣的，printf()函數可以同時輸出多個不同型態的變數值，如圖11-4所示：

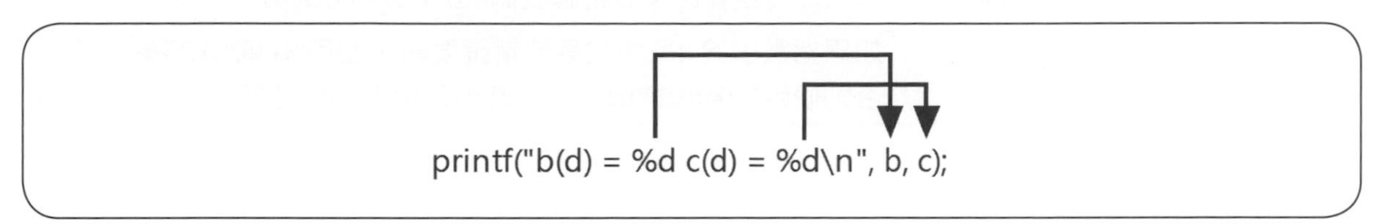

▶ 圖11-4

上述函數輸出2個整數，在格式控制字串可以描述輸出格式，函數可以在格式字元%d的位置取代成後面參數的變數值，例如：變數b的值是234；c的值是5555，函數最後輸出的內容，如下所示：

```
b(d) = 234 c(d) = 5555
```

上述b(d) = 和c(d) =是描述輸出資料的格式，2個數值是變數值取代原來格式字元%d的位置。

輸出整數

整數是不含小數的數值，在printf()函數的格式字元輸出整數資料型態的說明，如表11-4所示：

▶ 表11-4

格式字元	資料型態	說明
%d或%i	int	輸出含正負符號的十進位整數，即signed int
%o	int	輸出無符號的八進位整數，即unsigned int，數值的第1個0並不會輸出
%x或%X	int	輸出無符號的十六進位整數，即unsigned int，數值前的0x或0X並不會輸出，abcdef代表0x，ABCDEF代表0X
%u	int	輸出無符號的十進位整數，即unsigned int

輸出浮點數

浮點數是指包含小數的數值，在printf()函數的格式字元輸出浮點數資料型態的說明，如表11-5所示：

▶ 表11-5

格式字元	資料型態	說明
%f	float、double	輸出預設精確度為6位小數的浮點數
%e或%E	float、double	以科學符號輸出預設精確度為6位小數的浮點數
%g或%G	float、double	如果指數小於-4或大於等於精確度時，使用%e或%E科學符號；否則使用%f輸出數值。如果數值最後是0或小數點，就不會輸出

輸出字串與字元

在printf()函數的格式字元輸出字串與字元資料型態的說明，如表11-6所示：

▶ 表11-6

格式字元	資料型態	說明
%c	char、int	輸出字元，如果是整數，就轉換成無符號字元值，即unsigned char
%s	char *、char []	依序輸出字串的字元，直到'\0'字串結束字元為止。可以是字元指標或字元陣列

輸出其他資料

在printf()函數的格式字元還可以輸出指標位址和輸出的字元數，其說明如表11-7所示：

▶ 表11-7

格式字元	資料型態	說明
%p	void *	輸出指標的位址
%n	int *	取得printf()函數輸出的字元數

上表%n格式字元可以取得目前printf()函數到此格式字元前輸出的字元數，如下所示：

```
printf("h(g) = %g%n\n", h, &count);
```

上述函數參數count是字元數，它是到h(g) = %g爲止輸出的字元數。

程式範例 Ch11_5_1.c

在C程式呼叫printf()函數，使用不同格式字元輸出各種資料型態的變數值（為了正確顯示格式化輸出的效果，本節程式執行結果是抓取命令提示字元視窗的畫面），如圖11-5所示：

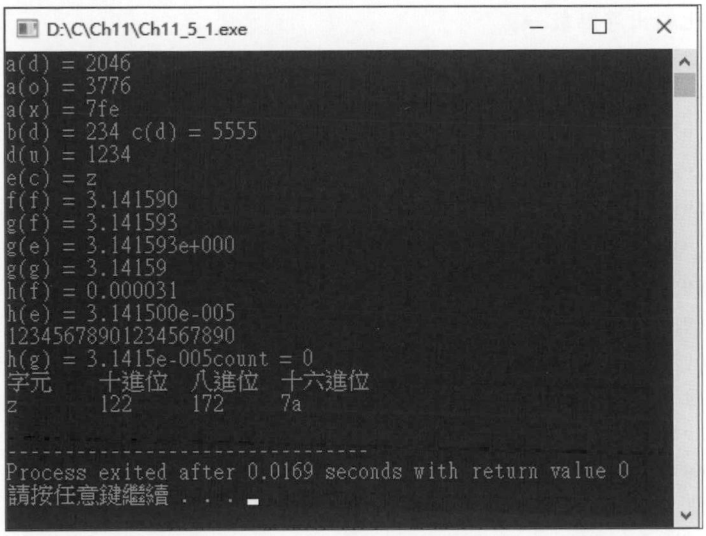

```
D:\C\Ch11\Ch11_5_1.exe
a(d) = 2046
a(o) = 3776
a(x) = 7fe
b(d) = 234 c(d) = 5555
d(u) = 1234
e(c) = z
f(f) = 3.141590
g(f) = 3.141593
g(e) = 3.141593e+000
g(g) = 3.14159
h(f) = 0.000031
h(e) = 3.141500e-005
12345678901234567890
h(g) = 3.1415e-005count = 0
字元     十進位  八進位  十六進位
z        122     172     7a

--------------------------------
Process exited after 0.0169 seconds with return value 0
請按任意鍵繼續 . . .
```

▶ 圖11-5

上述執行結果可以看到變數a為2046、b為234、c為5555、d為1234、e為'z'、f為3.14159、g為3.1415926535898和h為3.1415e-5輸出的結果。在最後顯示共輸出17個字元數，以及各種進位的數值轉換。

程式內容

```
01: /* 程式範例: Ch11_5_1.c */
02: #include <stdio.h>
03:
04: int main(void) {
05:     int count, a = 2046;  /* 變數宣告 */
06:     short b = 234;
07:     long c = 5555;
08:     unsigned int d = 1234;
09:     char e = 'z';
10:     float f = 3.14159f;
11:     double g = 3.1415926535898;
12:     double h = 3.1415e-5;
13:     /* 格式化輸出整數 */
```

```
14:     printf("a(d) = %d\n", a);
15:     printf("a(o) = %o\n", a);
16:     printf("a(x) = %x\n", a);
17:     printf("b(d) = %d c(d) = %d\n", b, c);
18:     printf("d(u) = %u\n", d);
19:     /* 格式化輸出字元 */
20:     printf("e(c) = %c\n", e);
21:     /* 格式化輸出浮點數 */
22:     printf("f(f) = %f\n", f);
23:     printf("g(f) = %f\n", g);
24:     printf("g(e) = %e\n", g);
25:     printf("g(g) = %g\n", g);
26:     printf("h(f) = %f\n", h);
27:     printf("h(e) = %e\n", h);
28:     printf("12345678901234567890\n");
29:     printf("h(g) = %g%n\n", h, &count);
30:     printf("count = %d\n", count);
31:     /* 八進位與十六進位的數值轉換 */
32:     printf("字元\t十進位\t八進位\t十六進位\n");
33:     printf("%c\t%d\t%o\t%x\n", e, e, e, e);
34:
35:     return 0;
36: }
```

程式說明

- 第5~12行：宣告變數和設定初值。
- 第14~18行：格式化輸出整數。
- 第20行：格式化輸出字元。
- 第22~27行：格式化輸出浮點數。
- 第29~30行：顯示%n格式字元取得第29行輸出的字元數。
- 第32~33行：使用格式字元執行十進位、八進位和十六進位的數值轉換。

11-5-2 printf()函數的最小欄寬

在printf()函數的格式字元「%」符號後，字元之前可以如同scanf()函數加上最小欄寬的整數值，表示輸出變數值最少會顯示出指定欄寬的字元數；如果輸出的長度小於欄寬，預設是向右靠齊，然後在左邊填入空白字元，如下所示：

```
printf("i(3d)  = [%3d]\n", i);
printf("i(7d)  = [%7d]\n", i);
printf("i(10d) = [%10d]\n", i);
```

上述程式碼的格式字串分別指定最小欄寬3、7和10，顯示整數變數i的值2046，其說明如表11-8所示：

▶ 表11-8

格式字元	說明	範例
%3d	顯示最小欄寬為3，因為超過3，所以顯示完整值	[2046]
%7d	顯示最小欄寬7，不足部分在左邊填入空白字元	[2046]
%10d	顯示最小欄寬10，不足部分在左邊填入空白字元	[2046]

上表"["和"]"符號是爲了標示輸出資料的最小欄寬。

在C程式printf()函數的格式控制字串指定最小欄寬，來顯示整數和浮點數值，如圖11-6所示：

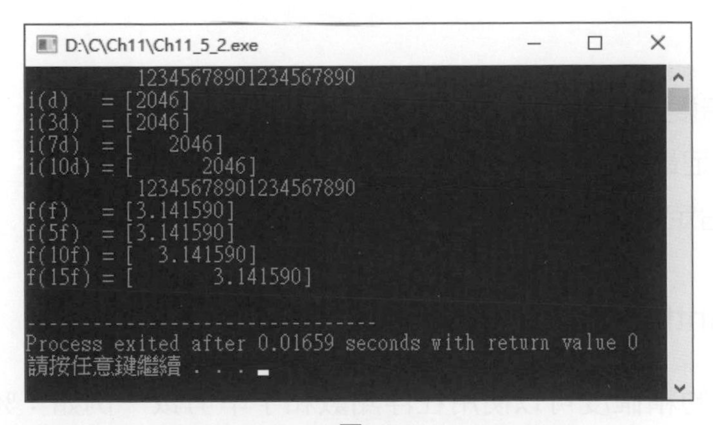

▶ 圖11-6

上述執行結果可以看出，如果輸出寬度大於最小欄寬，仍然會顯示完整資料；如果小於最小欄寬，就會向右靠齊。

程式內容

```
01: /* 程式範例: Ch11_5_2.c */
02: #include <stdio.h>
03:
04: int main(void) {
05:     int i = 2046;  /* 變數宣告 */
06:     float f = 3.14159f;
07:     /* 格式化輸出整數 */
08:     printf("           12345678901234567890\n");
09:     printf("i(d)   = [%d]\n", i);
10:     printf("i(3d)  = [%3d]\n", i);
11:     printf("i(7d)  = [%7d]\n", i);
12:     printf("i(10d) = [%10d]\n", i);
13:     /* 格式化輸出浮點數 */
14:     printf("           12345678901234567890\n");
15:     printf("f(f)   = [%f]\n", f);
16:     printf("f(5f)  = [%5f]\n", f);
17:     printf("f(10f) = [%10f]\n", f);
18:     printf("f(15f) = [%15f]\n", f);
19:
20:     return 0;
21: }
```

程式說明

- 第5~6行：宣告變數和指定初值。
- 第9~12行：指定最小欄寬來格式化輸出整數。
- 第15~18行：指定最小欄寬來格式化輸出浮點數。

11-5-3 printf()函數的精確度

printf()函數的精確度可以使用在浮點數和字串剪裁。例如：%f、%e預設精確度是小數點下6位數，在printf()函數可以調整輸出資料的精確度，如下所示：

```
printf("f(.0f)      = [%.0f]\n", f);
printf("f(.3f)      = [%.3f]\n", f);
printf("f(12.3f)    = [%12.3f]\n", f);
printf("f(12.5f)    = [%12.5f]\n", f);
```

上述函數參數的格式字元中，在「.」小數點前是最小欄寬，之後是精確度，變數f的值爲3.1415926535898，其說明如表11-9所示：

▶ 表11-9

格式字元	說明	範例
%.0f	不顯示小數點和小數點下的位數	[3]
%.3f	顯示小數點下3位	[3.142]
%12.3f	顯示最小寬度為12，小數點下3位	[3.142]
%12.5f	顯示最小寬度為12，小數點下5位	[3.14159]

上表"["和"]"符號是用來標示輸出資料的最小欄寬。如果需要動態指定輸出資料的精確度或最小欄寬，可以使用整數常數或變數值來指定，在格式字元是使用「*」星號代表精確度和最小欄寬，如圖11-7所示：

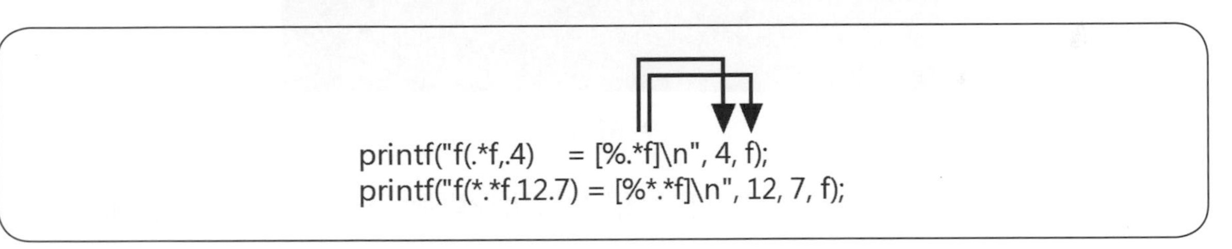

printf("f(.*f,.4)   = [%.*f]\n", 4, f);
printf("f(*.*f,12.7) = [%*.*f]\n", 12, 7, f);

▶ 圖11-7

上述程式碼的格式字元使用「*」星號指定浮點數的精確度和最小欄寬，在格式字元擁有一個星號，之後的參數也需要新增對應的變數或常數值，變數f的值爲3.1415926535898，如表11-10所示：

▶ 表11-10

格式字元	說明	範例
%.*f	使用變數或常數值指定精確度，其值為4	[3.1416]
%*.*f	使用變數或常數值指定最小欄寬和精確度，其值依序為12、7	[3.1415927]

程式範例 Ch11_5_3.c

在C程式printf()函數的格式控制字串指定精確度來顯示浮點數值，如圖11-8所示：

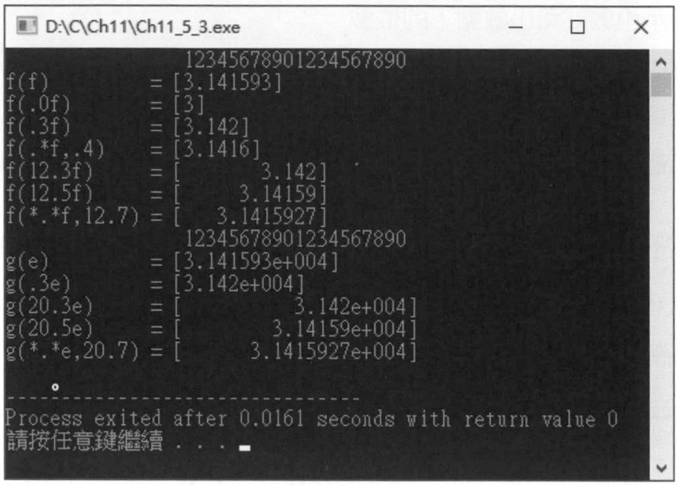

```
                 12345678901234567890
f(f)           = [3.141593]
f(.0f)         = [3]
f(.3f)         = [3.142]
f(.*f,.4)      = [3.1416]
f(12.3f)       = [       3.142]
f(12.5f)       = [     3.14159]
f(*.*f,12.7)   = [   3.1415927]
                 12345678901234567890
g(e)           = [3.141593e+004]
g(.3e)         = [3.142e+004]
g(20.3e)       = [          3.142e+004]
g(20.5e)       = [        3.14159e+004]
g(*.*e,20.7)   = [      3.1415927e+004]

--------------------------------
Process exited after 0.0161 seconds with return value 0
請按任意鍵繼續 . . .
```

▶ 圖11-8

上述執行結果可以看到十進位和科學表示法浮點數分別顯示不同的精確度。

程式內容

```
01: /* 程式範例: Ch11_5_3.c */
02: #include <stdio.h>
03:
04: int main(void) {
05:     double f = 3.1415926535898;  /* 變數宣告 */
06:     double g = 3.1415926535898e+04;
07:     /* 格式化輸出浮點數 */
08:     printf("                  12345678901234567890\n");
09:     printf("f(f)           = [%f]\n", f);
10:     printf("f(.0f)         = [%.0f]\n", f);
11:     printf("f(.3f)         = [%.3f]\n", f);
12:     printf("f(.*f,.4)      = [%.*f]\n", 4, f);
13:     printf("f(12.3f)       = [%12.3f]\n", f);
14:     printf("f(12.5f)       = [%12.5f]\n", f);
15:     printf("f(*.*f,12.7) = [%*.*f]\n", 12, 7, f);
16:     printf("                  12345678901234567890\n");
17:     printf("g(e)           = [%e]\n", g);
18:     printf("g(.3e)         = [%.3e]\n", g);
19:     printf("g(20.3e)       = [%20.3e]\n", g);
```

```
20:     printf("g(20.5e)      = [%20.5e]\n", g);
21:     printf("g(*.*e,20.7) = [%*.*e]\n", 20, 7, g);
22:
23:     return 0;
24: }
```

程式說明

◈ 第5~6行：宣告變數和指定初值。

◈ 第9~15行：指定精確度來格式化輸出浮點數，第12行和第15行使用整數常數來指定最小寬度和精確度。

◈ 第17~21行：指定精確度來格式化輸出科學表示法的浮點數，第21行是使用整數常數來指定最小寬度和精確度。

11-5-4 printf()函數的旗標與長度修飾子

在printf()函數的格式控制字串，不只可以指定最小寬度和精確度；在格式字元的「%」符號後，字元之前，還可以加上修飾子，指定輸入資料的寬度，short和long的資料型態，其基本語法如下所示：

```
%[旗標修飾子][最小寬度][.精確度][長度修飾子]格式字元
```

上述語法的"["和"]"符號表示可有可無，在前面各節已經說明過最小寬度和精確度，旗標修飾子的說明和範例，如表11-11所示：

▶ 表11-11

旗標修飾子	範例	說明
-	"%-10d\n"	輸出資料如果小於最小寬度，就向左對齊，在右邊留下空白字元
+	"%+d\n"	如果變數值擁有正負號+-，在輸出正數時顯示正號；負數顯示負號
空白字元	"% d\n"	如果變數值擁有正負號+-，在輸出正數時顯示一個空白字元；負數顯示負號。如果同時設定+旗標修飾子，例如："% +d\n"，則以+為準，即空白字元無效
#	"%#x\n"	顯示預設隱藏字元，即八進位顯示開頭的0，十六進位顯示0x或0X，e、E、g、G和f格式字元一定顯示小數點和尾數的0

格式字元的長度修飾子，即scanf()函數的h|l|L，如表11-12所示：

▶ 表11-12

長度修飾子	範例	說明
h|l|L	"%ld\n"	指定資料型態h是short或unsigned short；l是long或unsigned long；L是long double

在C程式使用printf()函數顯示變數資料，並測試各種旗標和長度修飾子，如圖11-9所示：

```
D:\C\Ch11\Ch11_5_4.exe
a(10d)   = [      2046]
a(-10d)  = [2046      ]
a(#o)    = 03776
a(#x)    = 0x7fe
b(hd)    = 345
c(ld)    = 5555
d(+d)    = [+1234]
d( d)    = [ 1234]
e(5c)    = [    b]
e(-5c)   = [b    ]
f(f)     = 3.141593
f(12.7f) = [   3.1415925]
f(-12.7f)= [3.1415925   ]
f(#12.0f)= [          3.]

--------------------------------
Process exited after 0.01728 seconds with return value 0
請按任意鍵繼續 . . .
```

▶ 圖11-9

上述執行結果可以看到各種修飾子顯示的輸出格式。

程式內容

```
01: /* 程式範例: Ch11_5_4.c */
02: #include <stdio.h>
03:
04: int main(void) {
05:     int a = 2046;   /* 變數宣告 */
06:     short b = 345;
07:     long c = 5555;
08:     int d = 1234;
09:     char e = 'b';
10:     float f = 3.1415926f;
```

```
11:      /* 格式化輸出整數 */
12:      printf("a(10d)    = [%10d]\n", a);
13:      printf("a(-10d)   = [%-10d]\n", a);
14:      printf("a(#o)     = %#o\n", a);
15:      printf("a(#x)     = %#x\n", a);
16:      printf("b(hd)     = %hd\n", b);
17:      printf("c(ld)     = %ld\n", c);
18:      printf("d(+d)     = [%+d]\n", d);
19:      printf("d( d)     = [% d]\n", d);
20:      /* 格式化輸出字元 */
21:      printf("e(5c)     = [%5c]\n", e);
22:      printf("e(-5c)    = [%-5c]\n", e);
23:      /* 格式化輸出浮點數 */
24:      printf("f(f)      = %f\n", f);
25:      printf("f(12.7f) = [%12.7f]\n", f);
26:      printf("f(-12.7f)= [%-12.7f]\n", f);
27:      printf("f(#12.0f)= [%#12.0f]\n", f);
28:
29:      return 0;
30: }
```

程式說明

◈ 第5~10行：宣告變數和指定初值。

◈ 第12~27行：測試格式字元的各種旗標和長度修飾子。

學習評量

11-1　C 語言的主控台輸入與輸出

1. 請簡單說明C語言的主控台輸出和輸入？什麼是文字串流？
2. C語言標準輸入和輸出函數的標準函數庫是定義在＿＿＿＿＿＿和＿＿＿＿＿＿標頭檔。
3. 請問何謂回應？EOF值是＿＿＿＿＿＿＿。
4. 請使用圖例說明緩衝區？

11-2　字元輸入與輸出函數

1. 請問標準函數庫getchar()和getch()函數的差異為何？
2. 在讀入字元後，我們可以使用＿＿＿＿＿＿函數將字元輸出到標準輸出裝置，通常是輸出到螢幕顯示。
3. C程式可以使用＿＿＿＿函數從標準輸入裝置讀取一個字元，此函數沒有使用緩衝區，也不會產生回應。

11-3　字串的輸入與輸出函數

1. C語言可以使用標準函數庫的＿＿＿＿＿和＿＿＿＿＿函數輸入字串；輸出字串是使用＿＿＿＿或＿＿＿＿＿函數。
2. 為什麼我們需要使用for迴圈配合getchar()函數輸入字串，而不直接使用gets()函數？

11-4　格式化資料輸入函數

1. 請寫出下列scanf()函數各一組合法的輸入值，如下所示：

(1) `scanf("%f,%d,%f", &a, &b, &c);`
(2) `scanf("%f\'%d\'%f", &a, &b, &c);`
(3) `scanf("%f*%d*%f», &a, &b, &c);`

2. 請指出下列C程式碼的錯誤，如下所示：

```
int main(void) {
    int answer = 0;
    printf(輸入1或0表示是或否:);
```

學習評量

```
    scanf("%f", answer);
    printf("%f\n", answer);

    return 0;
}
```

3. scanf()函數是使用____格式字元輸入字串。
4. 請建立C程式使用2個scanf()函數，分別輸入學生學號和成績的2個整數後，顯示輸入的2個整數值。
5. 請撰寫C程式，使用2個scanf()函數分別輸入2個整數後，顯示2個整數的乘積。
6. 請建立C程式，使用scanf()函數輸入2個使用「,」逗號分隔的浮點數後，顯示2個浮點數值的和。

11-5 格式化資料輸出函數

1. 當我們在C程式使用printf()函數輸出變數值時，請問下列資料型態的格式字元分別是什麼？

   int、char、float、double、unsigned int

2. 請完成下列C程式片段和寫出輸出結果，如下所示：

```
a = 5;
b = 77.34
printf("共有____位學生\n", a);
printf("學生平均成績是:____分\n", b);
```

3. 請完成下列C程式和寫出輸出結果，如下所示：

```
#include ___________

int main(void) {
    int grade = 68.56;
    char a = 'c';
    printf("學生____平均成績:_____分\n", a , grade);

    return 0;
}
```

學習評量

4. 請寫出下列C程式片段的輸出結果，如下所示：

```
double a = 1234.222222;
printf("[%.3f]\n", a);
printf("[%12.4f]\n", a);
```

5. 請撰寫C程式使用printf()函數輸出下列3行字串，其中後2個字串有雙引號（提示：使用Escape逸出字元），如下所示：

```
This is a book.
"This is a pen."
"99 / 3 = 33"
```

6. 請建立C程式輸入整數值後，顯示數值的十進位、十六進位和八進位值。
7. 因為貨幣標示通常使用「$」和千位「,」逗號，請建立C程式輸入浮點數金額後，輸出貨幣表示方式，例如：12345.67輸出$12,345.67。
8. 請撰寫C程式，使用3個整數值儲存日期年、月和日，在使用scanf()函數輸入日期資料後，分別輸出成mm/dd/yy和dd-mm-yy格式的日期資料。
9. 請撰寫C程式測試浮點數小數點的剪裁方式，如下所示：

```
printf("%10.2f", f);
```

當變數f的值是97.7779，請問顯示結果是97.77，還是97.78，請試著輸入不同浮點數值來測試，以便歸納出printf()函數剪裁小數點精確度的規則。

10. 因為字串輸出的「%s」格式字元也可以使用第11-5節的修飾子，請建立C程式輸入2個字串，然後使用printf()函數輸出縮排4個字元的字串，和剪裁只輸出前5個字元的字串內容，如下所示：

```
printf(":%-15.10s:\n", "Hello, world!");
```

Chapter

12

結構、聯合和列舉型態

本章學習目標

12-1 結構資料型態

C語言的結構是一種延伸資料型態。結構和陣列的差異在於陣列的每一個元素都是相同資料型態；結構元素則可以是不同型態。

12-1-1 結構的基礎

「結構」（structures）是C語言的延伸資料型態，它與聯合、列舉都屬於自訂資料型態（user-defined types），可以讓程式設計者自行在程式碼定義新的資料型態。

基本上，結構是由一或多個不同資料型態（當然也可以是相同資料型態）組成的集合，我們只是使用一個新名稱代表這一組資料。新名稱是一個新資料型態，可以使用此新資料型態宣告結構變數。

C語言的結構如同資料庫的紀錄，可以將複雜的相關資料組合成一個紀錄以方便存取。例如：圖形的點是由X軸和Y軸的座標(x, y)組成，如下所示：

```
struct point {
    int x;
    int y;
};
```

上述結構point（詳細宣告語法說明請參閱＜第12-1-2節：結構宣告與基本使用＞）可以代表圖形上一個點的座標(x, y)，當圖形是由數十到上百個點組成時，使用結構能夠清楚分別哪一個x值搭配哪一個y值的座標。

事實上，日常生活常見的結構範例有很多，例如：學生和員工薪資等，都可以使用結構建立。學生資料包含學號、地址、姓名和學生成績等變數；某些資料還可以再細分，例如：成績可以是另一個包含數學和英文成績的結構，稱爲巢狀結構（nested structures）。

總之，結構是將C程式眾多變數做系統分類，將相關變數結合在一起，當處理大量資料和建立大型程式時，可降低程式設計的複雜度。

12-1-2 結構宣告與基本使用

在C程式宣告結構，是使用struct關鍵字定義新資料型態。其基本語法如下所示：

```
struct 結構名稱 {
    資料型態 變數1;
    資料型態 變數2;
    ……
    資料型態 變數n;
};
```

上述語法使用struct關鍵字開頭，定義名為【結構名稱】的新資料型態，程式設計者可以使用C語言命名原則替結構命名，在結構大括號宣告的變數清單稱為結構「成員」（members）。例如：宣告儲存學生資料的student結構，如下所示：

```
struct student {    /* 宣告student結構 */
    int stdId;
    char name[20];
    int mathGrade;
    int englishGrade;
};
```

上述結構是由學號stdId、學生姓名name[]字元陣列的字串、數學成績mathGrade，和英文成績englishGrade成員變數所組成。

在struct結構宣告結構變數

在宣告struct結構同時，我們可以不指定結構名稱，直接馬上宣告結構變數，如下所示：

```
struct {    /* 宣告沒有名稱的結構來宣告結構變數 */
    int stdId;
    char name[20];
    int mathGrade;
    int englishGrade
} std1, std2, std3;
```

上述結構宣告沒有指定名稱，而是直接在右大括號和分號之間，宣告以逗號分隔的3個結構變數，即宣告std1、std2和std3結構變數。請注意！這種方法因為結構沒有命名，所以在之後就沒有辦法宣告其他結構變數。

宣告結構變數與初值

當宣告student結構（有名稱的結構宣告）後，因為結構是一種自訂型態，我們可以在程式碼使用此新型態來宣告變數，稱為結構變數。其基本語法如下所示：

```
struct 結構名稱 變數名稱;
struct 結構名稱 變數名稱 = { 成員值清單 };
```

上述語法是使用struct關鍵字開頭，加上結構名稱來宣告結構變數（請注意！不同於變數宣告，結構變數宣告一定要使用struct關鍵字開頭），在宣告結構變數同時，可以使用「＝」等號指定成員初值，它是使用大括號括起的成員值清單。例如：使用student結構宣告3個結構變數，如下所示：

```
struct student std1;    /* 宣告結構變數std1 */
struct student std2 = { 1302,"小龍女",65,88 }; /* 宣告結構變數和指定初值 */
struct student std3;    /* 宣告結構變數std3 */
```

上述程式碼宣告結構變數std1、std2和std3，結構變數std2同時指定成員變數的初值清單，如圖12-1所示：

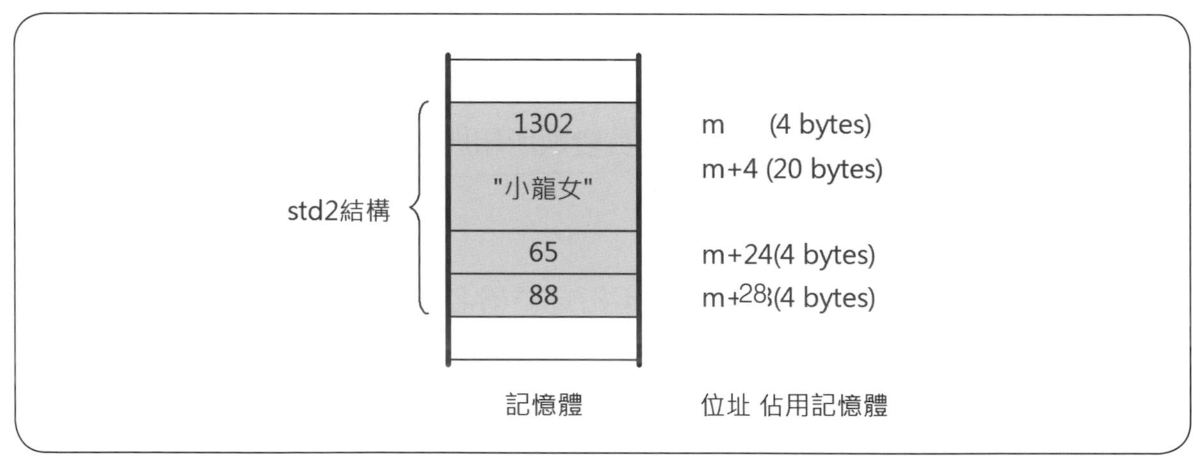

▶ 圖12-1

上述圖例假設記憶體位址是從m開始，student結構的成員變數依序佔用4（整數）、20（字元陣列）、4（整數）和4（整數）位元組，總共佔用32個位元組。

結構與成員變數的運算

在宣告結構變數後，就可以使用「.」運算子存取成員變數值，如下所示：

```
std1.stdId = 1301;    /* 指定成員變數值 */
strcpy(std1.name, "陳允傑");
std1.mathGrade = 90;
std1.englishGrade = 77;
```

上述程式碼存取結構的成員變數，因爲name是字串，所以使用strcpy()函數指定成員變數值。而且，因爲結構的成員都是變數，一樣可以執行成員變數運算，例如：計算各科成績的總分，如下所示：

```
sum = std1.mathGrade + std1.englishGrade;
```

結構變數的指定敘述

ANSI-C語言支援結構變數的指定敘述，如下所示：

```
std3 = std2;    /* 結構變數的指定敘述 */
```

上述程式碼將結構變數std3指定成std2，指定敘述是一種縮寫寫法，相當於是執行各結構成員變數的指定敘述，如下所示：

```
std3.stdId = std2.stdId;
strcpy(std3.name, std2.name);
std3.mathGrade = std2.mathGrade;
std3.englishGrade = std2.englishGrade;
```

程式範例 **Ch12_1_2.c**

在C程式宣告結構student和3個結構變數，指定初值和結構的成員變數值後，依序顯示結構內容，如下所示：

```
學號: 1301
姓名: 陳允傑
成績總分: 167
成績平均: 83.50
--------------------
學號: 1302
姓名: 小龍女
成績總分: 153
成績平均: 76.50
```

```
--------------------
學號: 1302
姓名: 小龍女
成績總分: 153
成績平均: 76.50
```

上述執行結果可以看到3筆學生資料，最後2筆資料相同，因為std3 = std2。

程式內容

```
01: /* 程式範例: Ch12_1_2.c */
02: #include <stdio.h>
03: #include <string.h>
04:
05: struct student {        /* 宣告學生結構 */
06:     int stdId;            /* 學號 */
07:     char name[20];        /* 姓名 */
08:     int mathGrade;        /* 數學成績 */
09:     int englishGrade;  /* 英文成績 */
10: };
11: int main(void) {
12:     struct student std1; /* 宣告變數 */
13:     struct student std2 = { 1302, "小龍女", 65, 88 };
14:     struct student std3;
15:     int sum;
16:     std1.stdId = 1301; /* 指定結構變數值 */
17:     strcpy(std1.name, "陳允傑");
18:     std1.mathGrade = 90;
19:     std1.englishGrade = 77;
20:     std3 = std2;    /* 指定敘述 */
21:     /* 顯示學生資料 */
22:     printf("學號: %d\n", std1.stdId);
23:     printf("姓名: %s\n", std1.name);
24:     sum = std1.mathGrade + std1.englishGrade;
25:     printf("成績總分: %d\n", sum);
26:     printf("成績平均: %.2f\n", sum / 2.0);
27:     printf("--------------------\n");
28:     printf("學號: %d\n", std2.stdId);
29:     printf("姓名: %s\n", std2.name);
30:     sum = std2.mathGrade + std2.englishGrade;
31:     printf("成績總分: %d\n", sum);
32:     printf("成績平均: %.2f\n", sum / 2.0);
33:     printf("--------------------\n");
```

```
34:     printf("學號: %d\n", std3.stdId);
35:     printf("姓名: %s\n", std3.name);
36:     sum = std3.mathGrade + std3.englishGrade;
37:     printf("成績總分: %d\n", sum);
38:     printf("成績平均: %.2f\n", sum / 2.0);
39:
40:     return 0;
41: }
```

程式說明

- 第5~10行：student結構的宣告。
- 第12~14行：宣告結構變數std1、std2和std3，在第13行指定結構變數std2的初值，大括號是成員變數值的清單。
- 第16~19行：指定結構的成員變數值，字串變數name是使用strcpy()函數指定變數值。
- 第20行：結構變數的指定敘述。
- 第22~38行：顯示結構內容、計算成績總分和平均。

12-1-3 巢狀結構

「巢狀結構」（nested structures）是在結構宣告之中擁有其他結構的成員變數。例如：在第12-1-2節的student結構，成績資料可以獨立成小考測驗test結構，如下所示：

```
struct test {    /* 宣告quiz結構 */
    int mathGrade;
    int englishGrade;
};
```

上述test結構擁有2科測驗的成績資料。在student結構宣告可以改用test結構宣告的結構變數來儲存測驗成績，如下所示：

```
struct student {    /* 宣告student結構 */
    int stdId;
    char name[20];
    struct test grade;    /* 結構變數的成員 */
};
```

上述結構擁有test結構變數grade。同樣的，我們可以在宣告student結構變數時，指定成員變數的初值，如下所示：

```
struct student std2 = {1302, "小龍女", {65, 88}};  /* 指定成員變數初值 */
```

上述初值共有2個大括號，內層大括號指定結構變數grade的成員變數初值。因爲grade是student結構的成員變數，所以在存取test結構的成員變數時，我們需要先存取結構變數grade後，才能存取成員變數mathGrade和englishGrade，如下所示：

```
std1.grade.math = 90;    /* 存取巢狀結構的成員變數值 */
std1.grade.english = 77;
```

程式範例

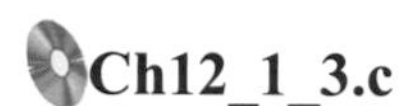
Ch12_1_3.c

這個C程式是修改自Ch12_1_2.c，在宣告student結構中擁有test結構變數grade的巢狀結構；在宣告2個結構變數後，指定結構的成員變數值和顯示結構內容，如下所示：

```
學號: 1301
姓名: 陳允傑
成績總分: 167
成績平均: 83.50
---------------------
學號: 1302
姓名: 小龍女
成績總分: 153
成績平均: 76.50
```

上述執行結果可以看到和第12-1-2節相同的學生資料。

程式內容

```
01: /* 程式範例: Ch12_1_3.c */
02: #include <stdio.h>
03: #include <string.h>
04:
05: struct test {              /* 小考成績結構 */
06:     int mathGrade;         /* 數學成績 */
07:     int englishGrade;      /* 英文成績 */
08: };
```

```
09: struct student {              /* 學生結構 */
10:     int stdId;                /* 學號 */
11:     char name[20];            /* 姓名 */
12:     struct test grade;        /* 結構變數 */
13: };
14: int main(void) {
15:     struct student std1;   /* 宣告變數 */
16:     struct student std2 = {1302, "小龍女", {65, 88}};
17:     int sum;
18:     std1.stdId = 1301;   /* 指定結構變數值 */
19:     strcpy(std1.name, "陳允傑");
20:     std1.grade.mathGrade = 90;
21:     std1.grade.englishGrade = 77;
22:     /* 顯示學生資料 */
23:     printf("學號: %d\n", std1.stdId);
24:     printf("姓名: %s\n", std1.name);
25:     sum = std1.grade.mathGrade+std1.grade.englishGrade;
26:     printf("成績總分: %d\n", sum);
27:     printf("成績平均: %.2f\n", sum / 2.0);
28:     printf("--------------------\n");
29:     printf("學號: %d\n", std2.stdId);
30:     printf("姓名: %s\n", std2.name);
31:     sum = std2.grade.mathGrade+std2.grade.englishGrade;
32:     printf("成績總分: %d\n", sum);
33:     printf("成績平均: %.2f\n", sum / 2.0);
34:
35:     return 0;
36: }
```

程式說明

- 第5~8行：test結構宣告是位在結構student宣告之前，如此，在之後宣告student結構時，才能知道什麼是test結構。
- 第9~13行：student結構宣告，在第12行是test結構變數grade。
- 第15~16行：宣告結構變數std1和std2，在第16行指定結構變數std2的初值。
- 第18~21行：指定結構的成員變數值，字串變數name是使用strcpy()函數指定變數值。
- 第23~33行：顯示結構內容、計算成績總分和平均。

12-2 結構陣列

「結構陣列」（arrays of structure）是結構資料型態的陣列。在建立結構陣列前，我們需要先宣告結構。例如：每一學期考試成績的test結構，如下所示：

```
struct test {    /* 宣告test結構 */
    int midtermGrade;
    int finalGrade;
};
```

上述結構擁有2個成員變數的期中和期末考成績，因為test是新資料型態，我們可以使用此型態宣告一維陣列，如下所示：

```
#define MAXSIZE     2
struct test students[MAXSIZE];    /* 宣告結構陣列students[] */
```

上述程式碼宣告一維結構陣列students[]，擁有2個元素；每一個元素是一個test結構。因為結構陣列是一種陣列，所以存取陣列索引i元素，其結構的成員變數值，如下所示：

```
/* 存取結構陣列元素的成員變數值 */
sum = students[i].midtermGrade + students[i].finalGrade;
```

程式範例

在C程式宣告test結構儲存學生考試成績後，以test結構宣告結構陣列students[]儲存每位學生的成績。在使用for迴圈輸入學生成績資料後，計算平均成績，如下所示：

```
學生編號: 1
請輸入期中成績==> 81 Enter
請輸入期末成績==> 82 Enter
成績平均:81.50
學生編號: 2
請輸入期中成績==> 78 Enter
請輸入期末成績==> 90 Enter
成績平均:84.00
```

程式內容

```
01: /* 程式範例: Ch12_2.c */
02: #include <stdio.h>
03: #define MAXSIZE    2
04:
05: int main(void) {
06:     struct test {  /* 宣告結構和結構陣列 */
07:         int midtermGrade;
08:         int finalGrade;
09:     };
10:     struct test students[MAXSIZE];
11:     int i, sum = 0;  /* 宣告總分變數 */
12:     /* for迴圈讀取每位學生的考試成績 */
13:     for ( i = 0; i < MAXSIZE; i++ ) {
14:         printf("學生編號: %d\n", i + 1);
15:         printf("請輸入期中成績==> ");
16:         scanf("%d", &students[i].midtermGrade);
17:         printf("請輸入期末成績==> ");
18:         scanf("%d",&students[i].finalGrade);
19:         sum = students[i].midtermGrade +
20:               students[i].finalGrade;
21:         /* 顯示平均成績 */
22:         printf("成績平均:%.2f\n",sum/(float)MAXSIZE);
23:     }
24:
25:     return 0;
26: }
```

程式說明

- 第6~9行：test結構宣告，不同於之前的程式範例，結構是在主程式main()函數宣告，所以，結構只能在主程式的程式區塊使用。
- 第10行：宣告一維結構陣列students[]。
- 第13~23行：使用for迴圈輸入每位學生考試成績和計算總分，然後在第22行計算和顯示平均成績，因為符號常數是整數值，所以型態迫換成float。

12-3 結構與指標

C語言指標可以指向結構，我們除了使用結構變數存取結構外，還可以使用結構指標存取成員變數值。

12-3-1 結構的指標

如同C語言其他資料型態的指標，指標也可以指向結構，我們可以建立指標來指向結構。例如：宣告time結構儲存時間資料，如下所示：

```
struct time {    /* 宣告time結構 */
     int hours;
     int minutes;
};
```

上述結構擁有2個成員變數的時和分，因爲指標需要指向結構變數的位址，所以需要先宣告結構變數後，才能建立指向結構的指標，如下所示：

```
struct time now, *ptr;    /* 宣告結構變數now和結構指標ptr */
```

上述程式碼宣告結構變數now和結構指標ptr，接著將結構指標指向結構，如下所示：

```
ptr = &now;    /* 將結構指標ptr指向結構變數now */
```

上述結構指標ptr指向結構變數now的位址。現在，我們可以使用指標存取結構的成員變數，如下所示：

```
(*ptr).minutes = 35;    /* 存取結構成員變數minutes */
```

上述程式碼先使用取值運算子取得結構變數now，然後存取成員變數minutes。程式碼相當於是now.minutes = 35;。C語言提供結構指標的「->」運算子，可以直接存取結構的成員變數。如下所示：

```
ptr->hours = 18;    /* 存取結構成員變數hours */
```

上述變數ptr是結構指標，可以存取成員變數hours的值。

說明

請記得！在 C 程式碼看到「->」運算子時，就表示變數是結構指標變數。

程式範例 Ch12_3_1.c

在C程式宣告time結構儲存時間資料後，建立結構變數和指標，然後分別使用結構變數和指標存取成員變數來顯示目前時間，如下所示：

```
20時:35分
PM 8時:35分
```

上述執行結果可以看到2個時間，都是同一結構變數now，只是分別使用結構變數和指標來存取成員變數值。

程式內容

```
01: /* 程式範例: Ch12_3_1.c */
02: #include <stdio.h>
03:
04: struct time { /* 時間結構 */
05:     int hours;
06:     int minutes;
07: };
08: /* 函數的原型宣告 */
09: void showTime(struct time *ptr);
10: /* 主程式 */
11: int main(void) {
12:     struct time now, *ptr; /* 宣告結構變數和指標 */
13:     ptr = &now;        /* 結構指標指向結構 */
14:     ptr->hours = 20; /* 指定結構的成員變數值 */
15:     (*ptr).minutes = 35;
16:     printf("%d時:%d分\n", now.hours, now.minutes);
17:     showTime(ptr);     /* 呼叫函數 */
18:
19:     return 0;
20: }
21: /* 函數: 使用結構指標顯示成員變數 */
22: void showTime(struct time *ptr) {
23:     if ( ptr->hours>=12 ) /* 轉成12小時制 */
```

```
24:           printf("PM %d時:", ptr->hours - 12);
25:       else
26:           printf("AM %d時:", ptr->hours);
27:       printf("%d分\n",ptr->minutes);
28: }
```

程式說明

- 第4~7行：宣告全域time結構，因為在主程式main()和showTime()函數都需要使用time結構。
- 第12~13行：宣告結構變數now和結構指標ptr後，在第13行將結構指標ptr指向結構變數now的位址。
- 第14~16行：使用3種方法指定成員變數值，第14~15行是使用指標存取成員變數。
- 第16~17行：使用結構變數顯示時間資料，並呼叫showTime()函數以指標方式存取結構的成員變數。
- 第22~28行：showTime()函數使用if/else條件將24小時制改為12小時制，程式碼是使用指標「->」運算子取得成員變數值。

12-3-2 標準函數庫的tm日期時間結構

在C語言標準函數庫的<time.h>標頭檔提供取得、轉換和格式日期時間的相關函數。在<time.h>標頭檔宣告的tm結構，如下所示：

```
struct tm {
    int tm_sec;      /* 秒: 0-59 */
    int tm_min;      /* 分: 0-59 */
    int tm_hour;     /* 時: 0-23 */
    int tm_mday;     /* 日: 1-31 */
    int tm_mon;      /* 月: 0-11 */
    int tm_year;     /* 年: 從1900年起算 */
    int tm_wday;     /* 星期:從星期日起(0-6) */
    int tm_yday;     /* 天數:從1/1日起算: 0-365 */
    int tm_isdst;    /* 是否是日光節約時間，1是, 0不是, -1不知 */
};
```

上述成員變數是儲存日期時間資料。C語言標準函數庫常用的日期時間函數，如表12-1所示：

▶ 表12-1

函數	說明
clock clock(void)	傳回程式開始執行後使用的CPU時間，以ticks為單位，除以符號常數CLK_TCK就是秒數
time_t time(time_t *tp)	傳回目前曆法時間（calendar time），和指定給參數tp指標，如為無效時間，傳回-1
char *ctime(time_t *tp)	傳回參數time_t指標轉換成當地日期時間的字串，字串最後有新行字元'\n'
struct tm *gmtime(time_t *tp)	傳回將參數time_t指標轉換成UTC（coordinated universal time）日期時間的tm結構指標
struct tm *localtime(time_t *tp)	傳回將參數的time_t指標轉換成當地日期時間的tm結構指標
char *asctime(struct tm *tp)	傳回參數tm結構指標轉換成日期時間格式的字串，字串最後有新行字元'\n'

上表time_t和clock_t型態在ANSI-C是long資料型態。

Ch12_3_2.c

在C程式使用<time.h>標頭檔的相關函數取得各種格式的日期時間資料，如下所示：

```
clock() = 0
time() = 1621475841
ctime() = Thu May 20 09:57:21 2021
當地的日期/時間: Thu May 20 09:57:21 2021
9時:57分:21秒
2021年/5月/20日
星期 : 4
天數 : 139
日光節約時間 : N
----------------------
UTC的日期/時間: Thu May 20 01:57:21 2021
1時:57分:21秒
2021年/5月/20日
星期 : 4
天數 : 139
日光節約時間 : N
```

程式內容

```
01: /* 程式範例: Ch12_3_2.c */
02: #include <stdio.h>
03: #include <time.h>
04:
05: /* 函數的原型宣告 */
06: void showTm(struct tm *ptr);
07: /* 主程式 */
08: int main(void) {
09:     clock_t ticks;   /* 宣告變數 */
10:     time_t ct;
11:     struct tm tm_ct;          /* tm結構變數 */
12:     struct tm *ptr = &tm_ct; /* tm結構指標 */
13:     /* 測試日期時間函數 */
14:     ticks = clock();/* 取得CPU時間,ticks爲單位 */
15:     printf("clock() = %ld\n", ticks);
16:     ct = time(&ct); /* 取得目前曆法時間 */
17:     printf("time() = %ld\n", ct);
18:     /* 轉換成當地日期時間字串 */
19:     printf("ctime() = %s", ctime(&ct));
20:     /* 將曆法時間轉換成當地時間的tm結構 */
21:     ptr = localtime(&ct);
22:     printf("當地的日期/時間: %s", asctime(ptr));
23:     showTm(ptr);     /* 呼叫函數 */
24:     printf("----------------------\n");
25:     /* 將曆法時間轉換成UTC時間的tm結構 */
26:     ptr = gmtime(&ct);
27:     printf("UTC的日期/時間: %s", asctime(ptr));
28:     showTm(ptr);     /* 呼叫函數 */
29:
30:     return 0;
31: }
32: /* 函數: 顯示日期時間資料 */
33: void showTm(struct tm *ptr) {
34:     printf("%d時:%d分:%d秒\n", ptr->tm_hour,
35:                         ptr->tm_min, ptr->tm_sec);
36:     printf("%d年/%d月/%d日\n", ptr->tm_year+1900,
37:                         ptr->tm_mon+1, ptr->tm_mday);
38:     printf("星期 : %d\n", ptr->tm_wday);
39:     printf("天數 : %d\n", ptr->tm_yday);
40:     printf("日光節約時間 : %c\n",
41:             ptr->tm_isdst? 'Y': 'N' );
42: }
```

程式說明

- 第3行：含括<time.h>標頭檔。
- 第9~12行：宣告clock_t、time_t和tm的結構變數和指標。
- 第14~27行：呼叫C語言標準函數庫的常用日期時間函數。
- 第33~42行：showTm()函數可以顯示tm結構的成員變數值。

12-4 結構與函數

結構是一種自訂資料型態，結構變數不只可以作爲函數參數，還可以作爲函數的傳回值。

12-4-1 結構的函數傳值呼叫

將結構作爲函數參數，預設是使用傳值呼叫，傳遞至函數的是複本的結構變數，並不是原結構變數的位址，而只有其值。例如：第12-1-1節宣告的點結構point，如下所示：

```
struct point {    /* 宣告point結構 */
    int x;
    int y;
};
```

上述結構擁有x和y共2個成員變數。接著，我們可以建立函數，指定點座標和計算位移。函數的原型宣告，如下所示：

```
struct point setXY(int , int);    /* 函數的原型宣告 */
struct point offset(struct point, int);
```

上述2個函數的傳回值都是point結構；offset()函數使用point結構作爲參數的傳值呼叫，因爲ANSI-C支援結構變數的指定敘述，所以可以將函數傳回值指定給其他結構變數，如下所示：

```
p1 = offset(p, 10);    /* 呼叫函數offset() */
```

程式範例

Ch12_4_1.c

在C程式宣告結構point和建立2個函數，函數可以指定point結構變數的座標和計算座標的位移，如下所示：

```
指定座標(x, y): (150, 200)
座標向右向上位移....
原始座標(x, y): (150, 200)
位移座標(x, y): (200, 250)
```

上述執行結果可以看到點座標在位移前原始座標，以及位移後的座標值，共可向右和向上位移50。

程式內容

```
01: /* 程式範例: Ch12_4_1.c */
02: #include <stdio.h>
03:
04: struct point { /* 宣告點結構 */
05:     int x;       /* X座標 */
06:     int y;       /* Y座標 */
07: };
08: /* 函數的原型宣告 */
09: struct point setXY(int , int);
10: struct point offset(struct point, int);
11: /* 主程式 */
12: int main(void) {
13:     struct point p1;  /* 宣告變數 */
14:     struct point p2;
15:     p1 = setXY(150, 200); /* 呼叫函數setXY */
16:     /* 顯示目前座標 */
17:     printf("指定座標(x, y): (%d, %d)\n", p1.x, p1.y);
18:     p2 = offset(p1, 50);  /* 呼叫函數offset */
19:     /* 顯示目前座標 */
20:     printf("座標向右向上位移....\n");
21:     printf("原始座標(x, y): (%d, %d)\n", p1.x, p1.y);
22:     printf("位移座標(x, y): (%d, %d)\n", p2.x, p2.y);
23:
24:     return 0;
25: }
26: /* 函數: 指定座標 */
27: struct point setXY(int x, int y) {
```

```
28:     struct point temp;
29:     temp.x = x;   temp.y = y;
30:     return temp;
31: }
32: /* 函數: 座標位移 */
33: struct point offset(struct point p, int len) {
34:     p.x += len;  p.y += len;
35:     return p;
36: }
```

程式說明

- 第4~7行：point結構的宣告。
- 第15行和第18行：分別呼叫setXY()和offset()函數。
- 第27~31行：函數setXY()建立區域結構變數temp，在指定結構的成員變數值後，傳回temp。
- 第33~36行： offset()函數在第34行執行加法運算，新增參數結構成員變數的位移值後，傳回參數的結構變數，因為是傳值呼叫，所以不會影響呼叫時傳入的結構變數。

說明

在程式範例 Ch12_4_1.c 是將結構宣告成全域，因爲在函數原型宣告有使用此結構，所以結構宣告是位在函數原型宣告之前。

12-4-2 結構的函數傳址呼叫

結構的函數傳值呼叫並不能改變原結構變數的內容；如果需要呼叫函數更改原結構變數的內容，請使用傳址呼叫。例如：交換結構內容的swap()函數，如下所示：

```
void swap(struct point *p1, struct point *p2) {   /* 交換參數的結構變數 */
    struct point temp;
    temp = *p1;
    *p1 = *p2;
    *p2 = temp;
}
```

上述函數參數是2個結構指標，函數程式區塊是交換2個參數結構變數的內容。因為是傳址呼叫，所以呼叫時需要取得結構變數的位址，如下所示：

```
swap(&p1, &p2);   /* 呼叫函數swap() */
```

程式範例 Ch12_4_2.c

在C程式宣告結構point和建立swap()函數，函數可以交換參數2個點的座標，如下所示：

```
座標P1(x, y): (100, 50)
座標P2(x, y): (55, 45)
交換後座標P1(x, y): (55, 45)
交換後座標P2(x, y): (100, 50)
```

上述執行結果可以看到點座標(x, y)已經交換。

程式內容

```
01: /* 程式範例: Ch12_4_2.c */
02: #include <stdio.h>
03:
04: struct point {   /* 宣告點結構 */
05:     int x;       /* X座標 */
06:     int y;       /* Y座標 */
07: };
08: /* 函數的原型宣告 */
09: void swap(struct point *, struct point *);
10: /* 主程式 */
11: int main(void) {
12:     struct point p1;  /* 宣告變數 */
13:     struct point p2;
14:     p1.x = 100;  p1.y = 50;       /* 顯示目前座標 */
15:     p2.x = 55;   p2.y = 45;
16:     printf("座標P1(x, y): (%d, %d)\n", p1.x, p1.y);
17:     printf("座標P2(x, y): (%d, %d)\n", p2.x, p2.y);
18:     swap(&p1, &p2);  /* 呼叫函數swap */
19:     printf("交換後座標P1(x, y): (%d, %d)\n", p1.x, p1.y);
20:     printf("交換後座標P2(x, y): (%d, %d)\n", p2.x, p2.y);
21:
22:     return 0;
```

```
23: }
24: /* 函數: 交換座標 */
25: void swap(struct point *p1, struct point *p2) {
26:     struct point temp;
27:     temp = *p1;
28:     *p1 = *p2;
29:     *p2 = temp;
30: }
```

程式說明

- 第4~7行：point結構的宣告。
- 第18行：呼叫swap()函數，參數是2個結構變數的位址。
- 第25~30行：swap()函數建立區域結構變數temp後，交換參數的2個結構變數內容，使用的是傳址呼叫。

12-4-3 傳遞結構陣列

函數參數如果是陣列，預設使用傳址呼叫；同樣的，我們可以將結構陣列作爲參數傳遞至函數。首先是結構和結構陣列宣告，如下所示：

```
struct test {   /* 宣告test結構 */
    int grade;
};
struct test students[MAXSIZE];    /* 宣告結構陣列 */
```

上述程式碼宣告test結構，擁有1個grade成員變數後，就可以宣告結構陣列students[]。在average()函數的參數是結構陣列，函數可以走訪結構陣列取出成績資料來加總後，傳回平均成績，如下所示：

```
float average(struct test arr[]) {
    int i, sum = 0;
    for ( i = 0; i < MAXSIZE; i++ )
       sum += (arr + i)->grade;
    return sum/(float)MAXSIZE;
}
```

上述函數參數是結構陣列。for迴圈使用指標走訪陣列，因爲陣列名稱就是第1個元素的位址，每執行一次，(arr + i)->grade可以走訪至下一個結構陣列元素取得成績資料，在加總所有元素成績後，計算平均成績。

程式範例

Ch12_4_3.c

在C程式宣告結構陣列儲存學生成績後，建立average()函數計算結構陣列的平均成績，如下所示：

```
學生編號: 1
請輸入成績==> 78 Enter
學生編號: 2
請輸入成績==> 67 Enter
學生編號: 3
請輸入成績==> 90 Enter
成績平均: 78.33
```

上述執行結果輸入3位學生的成績後，可以看到計算結果的平均成績。

程式內容

```
01: /* 程式範例: Ch12_4_3.c */
02: #include <stdio.h>
03: #define MAXSIZE    3
04:
05: struct test {   /* 宣告結構 */
06:     int grade; /* 成績 */
07: };
08: /* 函數的原型宣告 */
09: float average(struct test arr[]);
10: int main(void) {
11:     struct test students[MAXSIZE];    /* 宣告結構陣列 */
12:     int i;
13:     float avg;
14:     /* for迴圈讀取每位學生的考試成績 */
15:     for ( i = 0; i < MAXSIZE; i++ ) {
16:         printf("學生編號: %d\n", i + 1);
17:         printf("請輸入成績==> ");
18:         scanf("%d", &students[i].grade);
19:     }
20:     avg = average(students);  /* 呼叫函數計算平均 */
```

```
21:     /* 顯示平均成績 */
22:     printf("成績平均: %.2f\n", avg);
23:
24:     return 0;
25: }
26: /* 函數: 計算結構陣列的元素平均 */
27: float average(struct test arr[]) {
28:     int i, sum = 0;
29:     for ( i = 0; i < MAXSIZE; i++ )
30:         sum += (arr + i)->grade;
31:     return sum/(float)MAXSIZE;
32: }
```

程式說明

◈ 第3行：陣列尺寸的符號常數MAXSIZE。

◈ 第5~7行：test結構的宣告。

◈ 第11行：使用test結構宣告結構陣列students[]。

◈ 第15~19行：for迴圈在第18行呼叫scanf()函數讀取結構成員的成績資料grade。

◈ 第20行：呼叫average()函數，參數是結構陣列。

◈ 第27~32行：average()函數是在第29~30行的for迴圈加總成績。第31行傳回計算結果的平均成績。

12-5 聯合與列舉資料型態

C語言的「聯合」（unions）資料型態類似結構，只不過結構可以存取所有的成員變數；聯合只能存取其中一個成員變數，因爲我們是在同一塊記憶體空間儲存不同型態的資料。

「列舉資料型態」（enumerations）是使用符號名稱代表一組整數資料型態的值；如同符號常數，也是使用名稱取代固定常數值。

12-5-1 聯合資料型態

C語言結構的成員變數是佔用前後相連的記憶體空間，聯合的記憶體空間是疊起來，其尺寸是成員變數中最大的那一個資料型態。聯合是使用union關鍵字宣告，其基本語法如下所示：

```
union 聯合名稱 {
    資料型態 變數1;
    資料型態 變數2;
    ……
    資料型態 變數n;
};
```

上述語法使用union關鍵字開頭，定義名爲【聯合名稱】的新資料型態，在大括號宣告聯合的成員變數。例如：宣告儲存數值資料的number聯合，如下所示：

```
union number {    /* 宣告number聯合 */
    char c;
    short value;
};
```

上述number聯合是由字元c和短整數value組成，可以儲存字元或短整數資料。聯合number佔用的記憶體空間是2個位元組，即成員變數short型態的尺寸，如圖12-2所示：

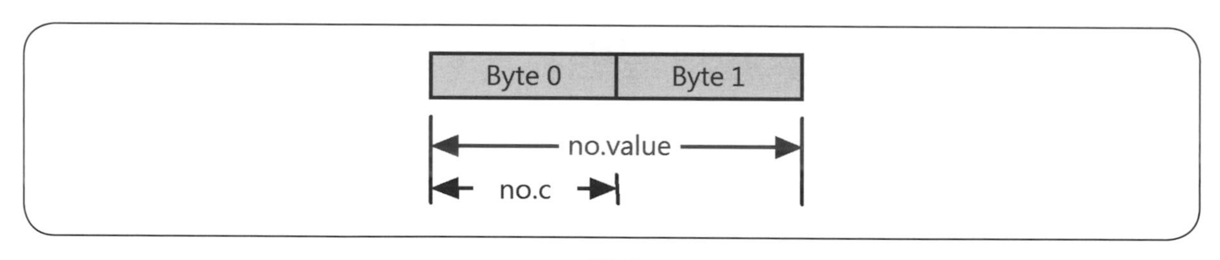

▶ 圖12-2

上述圖例的no.value成員變數佔用2個位元組Byte 0和Byte 1。no.c是佔用同一塊記憶體空間的位元組Byte 0。如果宣告相同成員變數的結構，如下所示：

```
struct number {    /* 宣告number結構 */
    char c;
    short value;
};
```

上述number結構的成員變數共佔用3個位元組，它是成員變數佔用記憶體空間的總和，如圖12-3所示：

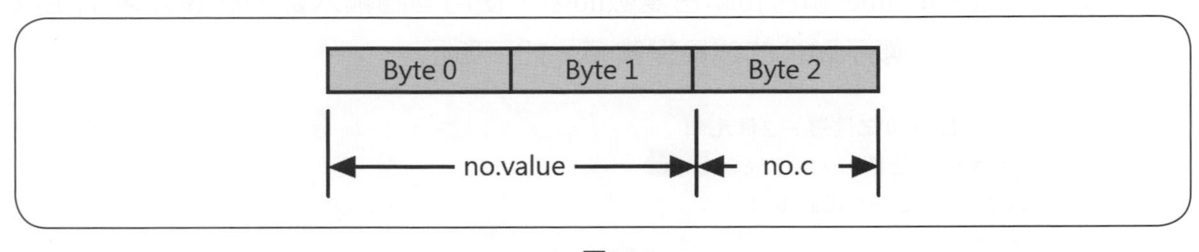

▶ 圖12-3

宣告聯合變數

聯合union如同結構，也是一種自訂資料型態，在程式碼可以直接使用新型態來宣告變數，其基本語法如下所示：

```
union 聯合名稱 變數名稱;
```

上述語法使用union關鍵字開頭加上聯合名稱，來宣告聯合變數。例如：使用number聯合型態宣告聯合變數no，如下所示：

```
union number no;    /* 宣告聯合變數no */
```

存取聯合的成員變數

在宣告聯合變數後，就可以存取聯合的成員變數，如下所示：

```
no.value = num;    /* 指定聯合的成員變數值 */
```

上述程式碼使用「.」運算子存取聯合的成員變數。請注意！聯合變數的成員是佔用同一塊記憶體空間，當指定其中一個成員變數值後（例如：no.value）存取其他成員變數，不見得可以取得有意義的資料。

程式範例

Ch12_5_1.c

在C程式宣告number聯合和聯合變數no後，使用迴圈輸入數值和字元來指定成員變數value和c後，顯示聯合的成員變數值，如下所示：

```
聯合變數no佔用的記憶體: 2位元組
請輸入十六進位整數 ==> 5566 Enter
no.value= 0x5566(21862)
後8位元 = 102
no.c     = f(102)
請輸入字元 ==> A Enter
no.value= 0x5541(21825)
後8位元 = 65
no.c     = A(65)
請輸入十六進位整數 ==> 250 Enter
no.value=  0x250(592)
後8位元 = 80
no.c     = P(80)
請輸入字元 ==> f Enter
no.value=  0x266(614)
後8位元 = 102
no.c     = f(102)
請輸入十六進位整數 ==> -1 Enter
```

上述執行結果首先顯示聯合型態的尺寸是2個位元組，在輸入十六進位值和字元中，no.value是2個位元組的值，後8個位元是no.c的值，當在輸入十六進位值時輸入-1，即可結束程式執行。

說明

當指定聯合中佔用位元組比較大的成員變數值是同一值時，比較小的成員變數值是固定值；反之，如果指定比較小的成員變數值，比較大的成員變數值不一定是同一個值。例如：每次輸入 0x5566，no.c 一定是字元 f；反之，將 no.c 指定成 f，不表示 no.value 一定是 0x5566。

程式內容

```
01: /* 程式範例: Ch12_5_1.c */
02: #include <stdio.h>
03:
04: int main(void) {
05:     union number {     /* 宣告聯合 */
06:         char c;
07:         short value;
08:     };
09:     union number no;  /* 聯合變數宣告 */
10:     short c, num;
11:     printf("聯合變數no佔用的記憶體: %d位元組\n",
12:                               sizeof(union number));
13:     do {
14:         printf("請輸入十六進位整數 ==> ");
15:         scanf("%x", &num);
16:         if ( num == -1 ) break; /* 跳出迴圈 */
17:         no.value = num;
18:         /* 顯示聯合的成員資料 */
19:         printf("no.value= %#6x(%d)\n",no.value,no.value);
20:         printf("後8位元 = %d\n", no.value & 0x00ff);
21:         printf("no.c     = %c(%d)\n", no.c, no.c);
22:         while ((c=getchar())!='\n');/* 多餘字元 */
23:         printf("請輸入字元 ==> ");
24:         scanf("%c", &c);
25:         no.c = (char) c;
26:         /* 顯示聯合的成員資料 */
27:         printf("no.value= %#6x(%d)\n",no.value,no.value);
28:         printf("後8位元 = %d\n", no.value & 0x00ff);
29:         printf("no.c     = %c(%d)\n", no.c, no.c);
30:         while ((c=getchar())!='\n');/* 多餘字元 */
31:     } while ( 1 );
32:
33:     return 0;
34: }
```

程式說明

- 第5~8行：number聯合的宣告。
- 第9行：宣告聯合變數no。
- 第11~12行：顯示number聯合佔用的記憶體大小。

◈ 第13~31行：do/while迴圈在輸入十六進位數值和字元後，顯示成員變數值，在第20行和第28行使用「&」And位元運算取得後8個位元的值，即no.value & 0x00ff，詳細說明請參閱第15章。

◈ 第22行和第30行：使用while迴圈配合getchar()函數，讀取使用者輸入的多餘字元。

12-5-2 列舉資料型態

「列舉資料型態」（enumerations）是使用符號名稱代表一組整數資料型態的值，如同符號常數使用名稱取代常數值。列舉是使用一組名稱取代一組整數常數。C語言的列舉資料型態是使用enum關鍵字進行宣告，其基本語法如下所示：

```
enum 列舉名稱 {
     成員名稱 ,
     成員名稱 = 常數值 ,
     成員名稱 ,
     ……
};
```

上述語法定義名為【列舉名稱】的新資料型態，內含以「,」逗號分隔的成員名稱清單，可以使用指定敘述指定初值。如果成員名稱沒有指定初值，第1個名稱預設整數常數值是從0開始，依序為0、1、2‧3…。例如：宣告色彩名稱color的列舉，如下所示：

```
enum color {    /* 宣告color列舉 */
    White = 1, Red, Blue  = 5, Green, Black = Green
};
```

上述宣告名為color的列舉型態，White、Red、Blue和Green等是成員名稱。以此例，White使用指定敘述，指定常數值1；Red沒有指定，預設是前一個常數值加1，即2；Blue指定成5；Green為5+1，即6；Black指定成Green，表示和Green擁有相同值6。

列舉enum如同結構或聯合，也是自訂資料型態，在程式碼可以直接使用新型態宣告變數，其基本語法如下所示：

```
enum 列舉名稱 變數名稱;
```

上述語法使用enum關鍵字開頭，加上列舉名稱來宣告列舉變數，例如：enum的列舉變數宣告，如下所示：

```
enum color a, b, c, d, e;    /* 宣告color列舉變數a~e */
```

上述程式碼宣告color列舉變數a、b、c、d和e。接著使用指定敘述，指定列舉變數值，如下所示：

```
a = White;  b = Red;
c = Blue;   d = Green;
e = Black;
```

上述程式碼將列舉變數指定成列舉型態的成員名稱，然後在if條件比較列舉變數值和成員名稱，如下所示：

```
if ( a == White )
   printf("White = %d\n", White);
```

Ch12_5_2.c

在C程式宣告color列舉後，宣告列舉變數，接著指定列舉變數的成員名稱後，建立顯示列舉變數值的if條件，如下所示：

```
White = 1
Red   = 2
Blue  = 5
Green = 6
Black = 6
```

上述執行結果可以看出列舉變數的整數常數值。

程式內容

```
01: /* 程式範例: Ch12_5_2.c */
02: #include <stdio.h>
03:
04: enum color {
05:     White = 1, Red, Blue  = 5, Green, Black = Green
06: };
07: int main(void) {
```

```
08:     enum color a, b, c, d, e; /* 宣告變數 */
09:     a = White;  b = Red;  /* 指定列舉常數的值 */
10:     c = Blue;   d = Green;
11:     e = Black;
12:     if ( a == White )  /* 顯示列舉常數的值 */
13:         printf("White = %d\n", White);
14:     if ( b == Red )
15:         printf("Red   = %d\n", Red);
16:     if ( c == Blue )
17:         printf("Blue  = %d\n", Blue);
18:     if ( d == Green )
19:         printf("Green = %d\n", Green);
20:     if ( e == Black )
21:         printf("Black = %d\n", Black);
22:
23:     return 0;
24: }
```

程式說明

- 第4~6行：color列舉的宣告。
- 第8~11行：宣告5個列舉變數後，在第9~11行指定列舉變數的值，使用的是成員名稱。
- 第12~21行：使用if條件判斷列舉變數是哪一個成員名稱後，顯示列舉的常數值。

12-6 建立C語言的新型態

在宣告結構、聯合或列舉型態（其他基本資料型態也可以）後，為了方便宣告（不用再加上開頭的struct、union或enum關鍵字），我們可以使用別名取代此新型態。這個別名是新增的識別字，用來定義全新資料型態，其基本語法如下所示：

```
typedef 資料型態 識別字;
```

上述語法的識別字代表資料型態，我們可以直接使用此識別字宣告變數。例如：本節程式範例的item結構，可以使用typedef關鍵字定義新識別字的型態和宣告變數，如下所示：

```
typedef struct item inventory;    /* 定義inventory識別字 */
inventory pad;                    /* 使用inventory識別字宣告變數 */
```

上述程式碼定義新型態inventory識別字後，就可以使用inventory宣告變數pad（不再需要struct關鍵字）。變數pad是一個item結構變數。

不只如此，對於現成C語言的資料型態，我們也可以將它改頭換面，建立成一種新型態的名稱，如下所示：

```
typedef int onHand;
struct item {    /* 宣告item結構 */
    char name[30];
    float cost;
    onHand quantity;    /* 使用onHand識別字宣告成員變數 */
};
```

上述程式碼定義新型態onHand識別字爲整數int資料型態後，可以使用onHand宣告結構的成員變數quantity。

程式範例　Ch12_6.c

在C程式宣告item結構後，使用typedef建立新型態inventory，改用inventory宣告變數，即宣告結構變數，如下所示：

```
庫存項目: 平板
名稱: iPad Pro銀色
成本: 27500.00
數量: 100
```

上述執行結果可以看到庫存平板的項目資料。

程式內容

```
01: /* 程式範例: Ch12_6.c */
02: #include <stdio.h>
03: #include <string.h>
04:
05: int main(void) {
06:     typedef int onHand;        /* 定義新型態 */
07:     struct item {              /* 宣告結構 */
```

```
08:         char name[30];      /* 項目名稱 */
09:         float cost;         /* 成本 */
10:         onHand quantity;    /* 庫存數量 */
11:     };
12:     /* 定義新型態 */
13:     typedef struct item inventory;
14:     inventory pad;   /* 結構變數宣告 */
15:     /* 指定成員變數 */
16:     strcpy(pad.name, "iPad Pro銀色");
17:     pad.cost = 27500.00f;
18:     pad.quantity = 100;
19:     /* 顯示庫存的項目資料 */
20:     printf("庫存項目: 平板\n");
21:     printf("名稱: %s\n", pad.name);
22:     printf("成本: %.2f\n", pad.cost);
23:     printf("數量: %d\n", pad.quantity);
24: 
25:     return 0;
26: }
```

程式說明

- 第6~11行：使用typedef建立int整數的新型態onHand，在第10行使用新型態宣告成員變數quantity。
- 第13行：使用typedef建立新型態inventory識別字。
- 第14行：使用新型態inventory識別字宣告變數pad。

學習評量

12-1 結構資料型態

1. 請說明什麼是C語言的結構？陣列與結構的主要差異為何？在C語言宣告結構是使用________關鍵字。
2. 在C程式宣告car結構的程式碼，如下所示：

```
struct car {
    char model[20];
    char *color;
    int age;
    double price;
};
```

請依序回答下列問題：

(1) 宣告結構變數c的程式碼是________________。

(2) 在宣告結構變數c後，指定成員變數color值為"white"的程式碼________________。

(3) 在宣告結構變數c後，指定成員變數model值是"CIVIC"的程式碼____________________。

(4) 請寫出下列C程式的執行結果，如下所示：

```
#include <stdio.h>

int main(void) {
    struct car a, b;
    a = b;
    a.color = "red";
    printf("%s\n", b.color);

    return 0;
}
```

3. 在C程式宣告名為record的結構。成員有2個int和1個float型態的變數。然後宣告結構變數info，指定float型態的成員值為234.5；2個int型態的成員值都是100。最後計算和顯示成員值的總和。
4. 請問下列C程式碼共宣告幾個結構變數，如下所示：

```
struct a {int b; char c} d, e, f, g;
```

學習評量

5. 請舉例說明什麼是C語言的巢狀結構？
6. 請修改程式範例Ch12_1_3.c，新增date結構擁有year（年）、month（月）和date（日）的3個成員。然後修改student結構，新增birthday生日的巢狀結構。

12-2 結構陣列

1. 請建立C程式，宣告student結構儲存學生資料，包含姓名（name字串，尺寸10）、年齡（age）和成績（grade）。然後建立結構陣列，儲存班上10位學生的基本資料。
2. 請撰寫C程式，宣告item結構，擁有成員變數name字串（尺寸20），2個整數變數arms和legs儲存有幾隻手和腳。然後使用結構陣列儲存下列項目，並且一一顯示項目的成員變數值，如下所示：

   ```
   (Human、2、2)、(Cat,0,4)、(Dog,0,4)、(Table,0,4)
   ```

3. 請修改程式範例Ch12_2.c，改用常數值建立結構陣列，而不是讓使用者輸入成績值。第1位學生成績是65和72；第2位學生成績是71和85。

12-3 結構與指標

1. 請繼續習題3，在宣告結構指標ptr指向info結構變數後，分別使用兩種指標方式來指定int成員的值為78和89，最後計算和顯示成員值的平均。
2. 在C程式宣告結構陣列test[5]，和宣告結構指標ptr指向此結構陣列的第1個元素。請寫出程式碼存取結構陣列的第2個元素。
3. 在C程式宣告member結構，如下所示：

   ```
   struct member {
       char name[20];
       int age;
       int status;
   };
   ```

   接著宣告結構變數joe和結構指標ptr指向joe的位址，然後回答下列問題，如下所示：

學習評量

(1) 變數joe和ptr結構指標存取成員變數age的程式碼________和________。

(2) 使用變數joe和結構指標ptr，指定成員變數name值的程式碼__________和___________。

4. 請寫出下列結構宣告、變數和存取成員變數的C程式碼，如下所示：

(1) address結構內含3個字串address、city、zip的成員變數。

(2) time結構內含hour、minute和second三個整數的成員變數。

(3) 宣告address結構變數home；address結構的指標ptra；time結構變數now；time結構的指標ptr。

(4) 使用time結構宣告結構變數now和指定成員變數值19:34:30後，使用ptr指標取出和顯示目前的時間。

12-4 結構與函數

1. 在C函數如果將結構作為函數參數，預設是使用________。請問如何建立結構參數函數的傳址呼叫？

2. 請修改程式範例Ch12_4_1.c，新增display()函數顯示point結構的座標，然後修改程式碼，改用display()函數顯示點座標。

3. 在C程式碼宣告test結構，如下所示：

```
struct test {
    char name[10];
    int grade;
};
```

請試著寫出C函數addTen(struct test *)，只需呼叫addTen()函數，就可以將結構test的grade成員變數加10分。

4. 請修改程式範例Ch12_4_3.c，在放大結構陣列尺寸為5後，新增下列函數來處理結構陣列的學生成績資料，如下所示：

(1) sumGrade()函數傳入結構陣列來計算成績總分。

(2) bestGrade()函數傳入結構陣列來找出和傳回最高分的學生成績。

(3) sortGrade()函數傳入結構陣列，可以依成績來排序結構陣列的元素。

學習評量

12-5 聯合與列舉資料型態

1. 請說明什麼是C語言的列舉和聯合資料型態？在C語言宣告聯合是使用__________關鍵字。
2. 在C程式碼宣告聯合型態test，如下所示：

```
union test {
    char c;
    int grade;
    double GPA;
};
```

   請寫出取得上述聯合型態尺寸的程式碼是__________。

3. 請宣告employee結構儲存員工的聯絡資料，如下所示：

```
struct employee {
    char name[15];
    int type;
    union {
        char telephone[20];
        char cellphone[20];
    } phone;
};
```

   在C程式輸入姓名後，詢問留住家或手機電話後，存入聯合變數phone，成員type的值0是住家；1是手機，最後將員工聯絡資料顯示出來。

4. 請問什麼是C語言的列舉資料型態？
5. 在C程式碼宣告列舉型態weekday，如下所示：

```
enum weekday {
    SUNDAY, MONDAY, TUESDAY, WEDNESDAY,
    THURSDAY, FRIDAY, SATURDAY
};
enum weekday test;
```

   上述程式碼宣告列舉變數test後，請回答下列問題，如下所示：

   (1) 列舉常數SUNDAY、TUESDAY、FRIDAY的預設值。

   (2) test變數佔用多少個位元組。

   (3) 指定test變數值為SATURDAY的程式碼。

(4) 當指定test變數值後，請問下列C程式片段的執行結果，如下所示：

```
if ( test == SATURDAY )
     printf("SATURDAY = %d\n", SATURDAY);
```

12-6 建立 C 語言的新型態

1. 請問建立C語言新型態有什麼好處？建立C語言的新型態是使用＿＿＿＿關鍵字。
2. 請繼續第12-1節的習題2，寫出定義car結構新型態MyCar的程式碼＿＿＿＿＿＿，和使用新型態宣告結構變數c的程式碼＿＿＿＿。
3. 請繼續第12-5節的習題2，寫出定義test聯合新型態MyTest的程式碼＿＿＿＿＿＿，和使用新型態宣告聯合變數t的程式碼＿＿＿＿。
4. 請繼續第12-5節的習題5，寫出定義weekday列舉新型態MyWeekDay的程式碼＿＿＿＿＿，和使用新型態宣告列舉變數d的程式碼＿＿＿＿。

Chapter

13

檔案處理

本章學習目標

13-1 C語言的檔案輸入與輸出

「檔案」（files）是儲存在電腦周邊裝置的一種資料集合，通常是指儲存在軟式、硬式磁碟機、光碟或記憶卡等儲存裝置上的位元組資料。程式可以將輸出資料儲存至檔案來保存；或將檔案視爲輸入資料來讀取檔案內容，然後輸出到主控台或印表機。

以C程式的相關檔案來說，我們可以分爲C原始程式碼的程式檔、編譯結果的執行檔、和程式執行產生的資料檔，或執行時從資料檔讀取資料，這些是範例程式目錄下所見的檔案種類。

13-1-1 文字檔案與二進位檔案

一般來說，在檔案內儲存的位元組資料可能被解譯成字元、數值、整數、字串或資料庫的記錄，取決於C程式開啓的檔案存取類型。C語言標準函數庫的「檔案輸入與輸出」（File Input/Output，File I/O）函數可以處理二種檔案類型：文字和二進位檔案。

文字檔案（text files）

在文字檔案儲存的是字元資料，我們可以將它視爲是一種「文字串流」（text stream）。串流可以想像成水龍頭流出的是一個個字元，處理文字檔案只能向前一個一個循序處理字元，也稱爲「循序檔案」（sequential files），如同水往低處流，不能回頭處理之前處理過的字元。

文字檔案的基本操作有：讀取（input）、寫入（output），和新增（append）三種，可以將字元資料寫入檔案、寫入檔尾，與讀取文字檔案內容。例如：Windows記錄檔、使用【記事本】建立的文字檔案，或C程式檔本身都是一種文字檔案。

在C語言的文字檔案串流是以新行字元分割成行（lines）。每一行擁有0到多個字元，然後在最後加上新行字元來結束。不過，因爲作業系統差異，新行字元可能轉換成CR（Carriage Return）+LF（Line Feed），或只有LF。在Windows作業系統的新行字元是轉換成CR+LF。

二進位檔案（binary files）

以作業系統角度來說，二進位（binary）和文字檔案並沒有什麼不同。C語言標準函數庫的二進位檔案操作是存取未經處理的「位元組」（bytes）資料，即不做任何轉換。其特性是寫入和讀出的檔案資料完全相同，稱爲「二進位串流」（binary stream）。

如果檔案是以二進位檔案方式開啓，存取資料不會做任何格式轉換（主要指處理換行和檔案結束字元），我們讀取的是位元組資料，在C程式將它轉換成字元資料，所以，讀取資料是字元或位元組，全憑C程式如何解釋它。

二進位檔案可以使用循序或「隨機存取」（random access）方式來進行處理。隨機處理是將檔案視爲儲存在記憶體空間的大型陣列或結構陣列，只需移動「檔案指標」（file pointer）到指定存取位置，即可存取資料，如同陣列使用索引值來存取陣列元素。

13-1-2 唯讀檔案

以資料檔來說，一般資料檔都是可讀取和寫入資料的檔案。唯讀檔案（read-only）是指檔案內容不能更改，我們只能讀取檔案內容，並不允許將資料寫入檔案。以檔案處理來說，我們只能建立C程式，讀取唯讀檔案內容。

在Windows作業系統可以開啓檔案的「內容」對話方塊，判斷檔案是否是唯讀檔案，如圖13-1所示：

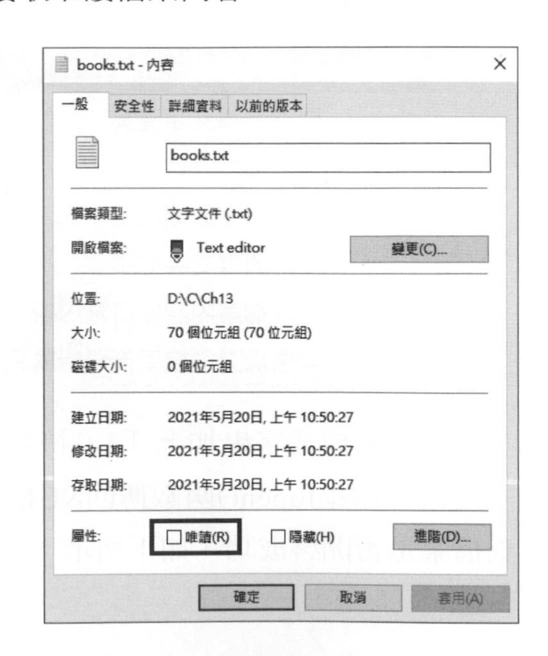

▶ 圖13-1

右述對話方塊最下方可以看到【唯讀】屬性，如果勾選，表示檔案是唯讀檔案；否則是一般可讀寫檔案。

13-2 文字檔案的讀寫

C語言標準函數庫<stdio.h>標頭檔提供開啓、關閉、寫入和讀取文字檔案內容的相關函數。因為檔案I/O也是輸出與輸入操作，所以，在第11章說明的輸出/輸入函數，都有對應的檔案處理版本。

13-2-1 開啓與關閉文字檔案

在C語言開啓和關閉檔案，都是使用<stdio.h>標頭檔宣告的FILE檔案指標來識別開啓檔案（因為同一C程式可以開啓多個檔案）。

開啓文字檔案

C程式只需宣告FILE指標fp，就可以使用fopen()函數開啓檔案，如下所示：

```
FILE *fp;                        /* 宣告FILE指標fp */
fp = fopen("test.c", "w");       /* 開啓文字檔案test.c */
```

上述函數的第1個參數是檔案名稱或檔案完整路徑（請注意！路徑「\」符號在某些作業系統需要使用逸出字元「\\」，例如："D:\\C\\test.c"）。第2個參數是開啓檔案的模式字串。文字檔案支援的開啓模式說明，如表13-1所示：

▶ 表13-1

模式字串	當開啓檔案已經存在	當開啓檔案不存在
r	開啓唯讀文字檔案	傳回NULL
w	清除檔案內容後寫入	建立寫入文字檔案
a	開啓檔案從檔尾後開始寫入	建立寫入文字檔案
r+	開啓讀寫文字檔案	傳回NULL
w+	清除檔案內容後讀寫內容	建立讀寫文字檔案
a+	開啓檔案從檔尾後開始讀寫	建立讀寫文字檔案

在上表模式字串加上「+」符號，表示增加檔案更新功能，所以，r+成為可讀寫檔案。如果fopen()函數傳回NULL，表示檔案開啓失敗，我們可以使用if條件檢查檔案是否開啓成功，如下所示：

```
if ( fp == NULL ) {   /* 檢查檔案是否開啓成功 */
    printf("錯誤: 檔案開啓失敗..\n");
    exit(1);
}
```

上述if條件檢查檔案指標fp，如果是NULL，表示檔案開啓錯誤，可以顯示一段錯誤訊息，接著呼叫<stdlib.h>標頭檔的exit()函數，強迫程式結束執行。exit()函數的參數是傳給作業系統，如爲非零值，表示程式執行時發生錯誤。

關閉文字檔案

在執行完檔案操作後，請執行fclose()函數關閉檔案，如下所示：

```
fclose(fp);    /* 關閉參數fp檔案指標的檔案 */
```

上述函數參數是欲關閉檔案的FILE指標，如果C程式同時開啓多個檔案，就是使用參數FILE指標關閉指定檔案。

Ch13_2_1.c

在C程式輸入開啓檔案名稱和模式字串。成功開啓檔案，就顯示開啓的檔案名稱和使用的模式字串，如下所示：

```
請輸入檔案名稱==> Ch13_2_1.c Enter
請輸入開啓模式==> r Enter
開啓檔案:[Ch13_2_1.c]
檔案模式:[r]
```

上述執行結果顯示已經成功開啓檔案Ch13_2_1.c，模式是r。

程式內容

```
01: /* 程式範例: Ch13_2_1.c */
02: #include <stdio.h>
03: #include <stdlib.h>
04: int main(void) {
05:     FILE *fp;    /* 宣告變數 */
06:     char fname[30], mode[10];
07:     printf("請輸入檔案名稱==> ");
```

```
08:     gets(fname);
09:     printf("請輸入開啓模式==> ");
10:     gets(mode);
11:     /* 開啓檔案 */
12:     fp = fopen(fname, mode);
13:     if ( fp == NULL ) {  /* 檔案開啓失敗 */
14:        printf("檔案[%s]開啓失敗..\n", fname);
15:        exit(1); /* 錯誤: 結束程式 */
16:     } else {
17:        printf("開啓檔案:[%s]\n", fname);
18:        printf("檔案模式:[%s]\n", mode);
19:     }
20:     fclose(fp); /* 關閉檔案 */
21:
22:     return 0;
23: }
```

程式說明

- 第2~3行：含括<stdio.h>和<stdlib.h>標頭檔。含括<stdlib.h>標頭檔是因為第15行使用exit()函數結束程式執行。
- 第5行：宣告檔案指標fp。
- 第7~10行：輸入開啓的檔案名稱和模式字串。
- 第12行：呼叫fopen()函數開啓文字檔案。
- 第13~19行：if/else條件判斷檔案是否開啓成功，如果失敗，顯示錯誤訊息後呼叫exit()函數結束程式執行；若成功，顯示開啓檔案名稱和模式字串。
- 第20行：呼叫fclose()函數關閉檔案。

13-2-2 讀寫字串到文字檔案

C程式在成功開啓檔案後，就可以執行檔案處理函數來寫入或讀取文字檔案內容。檔案字串讀寫的相關函數說明，如表13-2所示：

▶ 表13-2

函數	說明
int fputs(char *str, FILE *fp)	將參數str指標的字串寫入檔案fp，寫入成功傳回非負整數；否則傳回EOF
char *fgets(char *str, int num, FILE *fp)	讀取參數檔案fp的內容到字串指標str，共可讀取num-1個字元，讀取成功，傳回str指標；否則傳回NULL

寫入字串到文字檔案

C程式可以使用fputs()函數寫入字串到文字檔案，如下所示：

```
fputs(line0 , fp);   /* 將字串line0寫入檔案指標fp的文字檔案 */
```

上述函數可以將字串line0寫入檔案指標fp的文字檔案。

讀取文字檔案內容

讀取檔案內容是使用fgets()函數，配合while迴圈讀取整個文字檔案內容，如下所示：

```
while( fgets(line0, 50 ,fp) != NULL ) {   /* 讀取檔案內容的迴圈 */
    …
}
```

上述while迴圈的結束條件是呼叫fgets()函數，以一次一行方式讀取檔案內容至變數line0，每一行最多為50-1即49個字元，直到fgets()函數傳回NULL，即讀到檔尾為止。

Ch13_2_2.c

在C程式開啟books.txt文字檔案，並呼叫fputs()函數寫入3個字串後，使用fgets()函數讀取和顯示整個檔案內容，如下所示：

```
開始寫入檔案books.txt..
寫入檔案結束!
檔案內容:
=>學習C語言程式設計
=>學習Java物件導向程式設計
=>學習ASP.NET網頁程式設計
```

```
讀取檔案[3]行文字內容
```

上述執行結果可以看到成功寫入檔案books.txt之後，3本書名是讀取的檔案內容。

程式內容

```
01: /* 程式範例: Ch13_2_2.c */
02: #include <stdio.h>
03:
04: int main(void) {
05:     FILE *fp; /* 宣告變數 */
06:     char fname[20] = "books.txt";
07:     char line0[50] = "學習C語言程式設計\n";
08:     char line1[50] = "學習Java物件導向程式設計\n";
09:     char line2[50] = "學習ASP.NET網頁程式設計\n";
10:     int count = 0;
11:     fp = fopen(fname, "w");    /* 開啟寫入檔案 */
12:     printf("開始寫入檔案%s..\n", fname);
13:     fputs(line0, fp);        /* 寫入3個字串 */
14:     fputs(line1, fp);
15:     fputs(line2, fp);
16:     printf("寫入檔案結束!\n");
17:     fclose(fp); /* 關閉檔案 */
18:     fp = fopen(fname, "r");    /* 開啟唯讀檔案 */
19:     if ( fp != NULL ) {
20:         printf("檔案內容:\n"); /* 讀取檔案內容 */
21:         while( fgets(line0, 50 ,fp) != NULL ) {
22:             printf("=>%s", line0); /* 顯示文字內容 */
23:             count++;
24:         }
25:         printf("讀取檔案[%d]行文字內容\n", count);
26:         fclose(fp); /* 關閉檔案 */
27:     } else printf("錯誤: 檔案開啟錯誤...\n");
28:
29:     return 0;
30: }
```

程式說明

◈ 第6行：指定文字檔案路徑字串是"books.txt"。

- ◈ 第11~17行：開啓寫入的books.txt文字檔案，在第13~15行呼叫fputs()函數寫入3個字串。第17行關閉檔案。
- ◈ 第18~27行：開啓讀取的books.txt文字檔案，在第19~27行的if/else條件檢查檔案是否開啓成功。第21~24行使用while迴圈呼叫fgets()函數讀取檔案內容，直到傳回NULL，變數count計算讀取的行數。

13-2-3 讀寫字元到文字檔案

如同第11章putchar()和getchar()字元輸出和輸入函數，檔案I/O也提供讀寫字元的fputc()和fgetc()函數，其說明如表13-3所示：

▶ 表13-3

函數	說明
int fputc(int ch, FILE *fp)	將參數ch字元寫入檔案fp，寫入成功傳回字元ch；否則傳回EOF
char fgetc(FILE *fp)	讀取參數檔案fp的內容，一次一個字元，讀取成功，傳回讀取字元；否則傳回EOF

在C程式的fputc()函數可以將字元寫入文字檔案，配合for巢狀迴圈可以寫入二維字元陣列的多個字串，如下所示：

```
for ( i = 0; i < 2; i++)
    for ( j = 0; line[i][j] != '\0'; j++ )
        fputc(line[i][j] , fp);   /* 將字元寫入檔案 */
```

上述程式碼將二維字元陣列的字元一一寫入檔案fp，呼叫的是fputc()函數。同樣的，我們可以使用fgetc()函數配合while迴圈讀取整個檔案內容，如下所示：

```
while ((c = fgetc(fp))!= EOF )    /* 讀取檔案的一個字元 */
    putchar(c);                    /* 顯示讀取的字元 */
```

上述while迴圈的結束條件是呼叫fgetc()函數，可以讀取字元且指定給變數c，函數是以一次一個字元方式讀取檔案，直到fgetc()函數傳回EOF爲止，即到達檔尾。

程式範例

Ch13_2_3.c

這個C程式也是開啟books.txt文字檔案，不過，改為新增模式開啟後，呼叫fputc()函數一次一個字元寫入2個字串，再使用fgetc()函數讀取整個檔案內容，如下所示：

```
開始寫入檔案books.txt..
寫入檔案結束!
讀取的檔案內容:
學習C語言程式設計
學習Java物件導向程式設計
學習ASP.NET網頁程式設計
學習JavaScript網頁程式設計
學習PHP網頁程式設計
```

上述執行結果可以看到成功寫入檔案books.txt，讀取的文字檔案共有5行，前3行是第13-2-2節寫入的檔案內容，因為開啟模式是新增，所以是從檔尾開始寫入字元。

程式內容

```
01: /* 程式範例: Ch13_2_3.c */
02: #include <stdio.h>
03:
04: int main(void) {
05:     FILE *fp;    /* 宣告變數 */
06:     char c, fname[20] = "books.txt";
07:     char line[2][50]={"學習JavaScript網頁程式設計\n",
08:                       "學習PHP網頁程式設計\n"};
09:     int i, j;
10:     fp = fopen(fname, "a");    /* 開啟新增檔案 */
11:     printf("開始寫入檔案%s..\n", fname);
12:     for ( i = 0; i < 2; i++)/* 巢狀迴圈寫入檔案 */
13:         for ( j = 0; line[i][j] != '\0'; j++ )
14:            fputc(line[i][j] , fp); /* 寫入字元 */
15:     printf("寫入檔案結束!\n");
16:     fclose(fp); /* 關閉檔案 */
17:     fp = fopen(fname, "r");    /* 開啟讀取的檔案 */
18:     if ( fp != NULL ) {
19:         printf("讀取的檔案內容: \n");
20:         while ((c = fgetc(fp))!= EOF ) /* 讀取檔案 */
21:            putchar(c);
```

```
22:          fclose(fp); /* 關閉檔案 */
23:      } else printf("錯誤: 檔案開啓錯誤...\n");
24:
25:      return 0;
26: }
```

程式說明

◈ 第10~16行：開啓新增的books.txt文字檔案，在第12~14行巢狀for迴圈呼叫fputc()函數，以一次一個字元寫入2行字串，這是一個二維字元陣列，即字串陣列。

◈ 第17~23行：開啓讀取的books.txt文字檔案，在第18~23行的if/else條件檢查檔案是否開啓成功。第20~21行使用while迴圈呼叫fgetc()函數讀取檔案內容，直到傳回EOF為止。

13-2-4 格式化讀寫文字檔案

在第11章的printf()和scanf()格式化輸出和輸入函數，檔案I/O也有對應fprintf()和fscanf()格式化輸出和輸入函數，其說明如表13-4所示：

▶ 表13-4

函數	說明
int fprintf(FILE *fp, char *control, …)	與printf()函數相同，只是輸出到檔案fp，寫入成功，傳回輸出的字元；否則傳回EOF
int fscanf(FILE *fp, char *control, …)	與scanf()函數相同，只是從檔案fp讀取，讀取成功，傳回讀取的字元；否則傳回EOF

上述fprintf()格式化輸出函數，可以使用格式控制字串編排寫入檔案的字串內容，如下所示：

```
fprintf(fp, "%d=> %s\n", 1, line0);    /* 輸出格式字串內容至檔案 */
```

上述程式碼將格式字串輸入內容寫入檔案fp，這是組合整數常數和字串line0的字串內容。同樣的，我們可以使用fscanf()函數配合while迴圈，讀取整個檔案內容，如下所示：

```
while ( fscanf(fp,"%s", line0) != EOF )      /* 一次一個字串讀取檔案內容 */
    printf("%s\n", line0);                   /* 輸出讀取的字串內容 */
```

上述while迴圈的結束條件是呼叫fscanf()函數，一次讀取一個格式字串資料，直到傳回EOF爲止，即到達檔尾。

Ch13_2_4.c

這個C程式也是開啓books.txt文字檔案，不過，改用fprintf()和fscanf()函數格式化寫入和讀取字串，如下所示：

```
開始寫入檔案books.txt..
寫入檔案結束!
檔案內容:
1=>
學習C語言程式設計
2=>
學習Java物件導向程式設計
3=>
學習ASP.NET網頁程式設計
```

上述執行結果可以看到成功寫入檔案books.txt，寫入字串有加上編號，請使用記事本開啓books.txt檔案內容，如圖13-2所示：

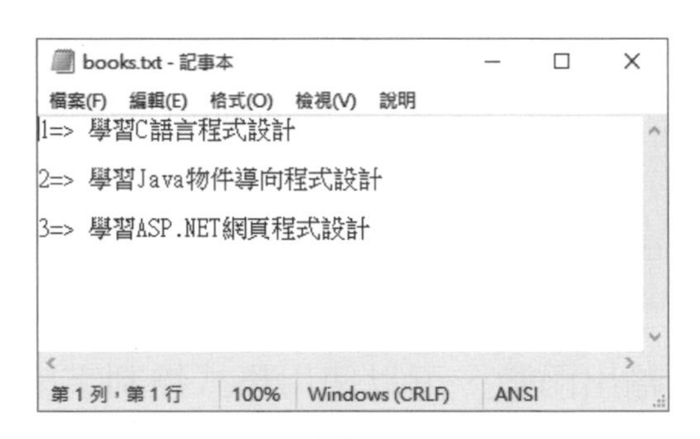

▶ 圖13-2

上述文字檔案內容和執行結果顯示的不同，這是因為%s格式字元在讀取字串時，字串是以空白字元分隔，所以，文字檔案的一行會讀成2個字串，顯示成二行。

程式內容

```
01: /* 程式範例: Ch13_2_4.c */
02: #include <stdio.h>
03:
04: int main(void) {
05:     FILE *fp;  /* 宣告變數 */
06:     char fname[20] = "books.txt";
07:     char line0[50] = "學習C語言程式設計\n";
08:     char line1[50] = "學習Java物件導向程式設計\n";
09:     char line2[50] = "學習ASP.NET網頁程式設計\n";
10:     fp = fopen(fname, "w");   /* 開啓寫入檔案 */
11:     printf("開始寫入檔案%s..\n", fname);
12:     /* 格式化輸出檔案內容 */
13:     fprintf(fp, "%d=> %s\n", 1, line0);
14:     fprintf(fp, "%d=> %s\n", 2, line1);
15:     fprintf(fp, "%d=> %s\n", 3, line2);
16:     printf("寫入檔案結束!\n");
17:     fclose(fp); /* 關閉檔案 */
18:     fp = fopen(fname, "r");   /* 開啓讀取檔案 */
19:     if ( fp != NULL ) {   /* 讀取檔案 */
20:         printf("檔案內容: \n");
21:         while ( fscanf(fp,"%s", line0) != EOF )
22:             printf("%s\n", line0);
23:         fclose(fp); /* 關閉檔案 */
24:     } else printf("錯誤: 檔案開啓錯誤..\n");
25:
26:     return 0;
27: }
```

程式說明

- 第10~17行：開啓寫入的books.txt文字檔案，在第13~15行呼叫3次fprintf()函數寫入3行格式化字串，包含輸出行的編號。
- 第18~24行：開啓讀取的books.txt文字檔案，在第19~24行的if/else條件檢查檔案是否開啓成功。第21~22行使用while迴圈呼叫fscanf()函數讀取檔案內容，直到傳回EOF，在讀取的每一個字串後加上新行字元來顯示。

13-3 二進位檔案的讀寫

二進位檔案讀寫除了可以使用文字檔案的循序方式存取外，還可以使用隨機方式，此時二進位檔案是使用記錄爲單位來進行存取，能夠隨機存取任一筆記錄或更改指定的記錄資料。

13-3-1 開啓與關閉二進位檔案

C語言的二進位檔案一樣是使用fopen()函數開啓，和fclose()函數關閉檔案，只是參數的開啓模式字串不同，在程式宣告FILE指標fp後，就可以開啓二進位檔案，如下所示：

```
FILE *fp;                                /* 宣告FILE指標fp */
fp = fopen("students.dat", "wb");    /* 開啓二進位檔students.dat */
```

上述函數開啓二進位檔案students.dat。第2個參數的模式字串多了字元'b'，表示開啓二進位檔案。二進位檔案的模式字串說明，如表13-5所示：

▶ 表13-5

模式字串	當開啓檔案已經存在	當開啓檔案不存在
rb	開啓唯讀二進位檔案	傳回NULL
wb	清除檔案內容後寫入	建立寫入的二進位檔案
r+b	開啓讀寫二進位檔案	傳回NULL
w+b	清除檔案內容後讀寫內容	建立讀寫的二進位檔案

13-3-2 寫入記錄到二進位檔案

C語言的隨機存取是以記錄爲存取單位，這種檔案很像是儲存在檔案中的一個陣列，每一筆記錄元素擁有相同長度，如圖13-3所示：

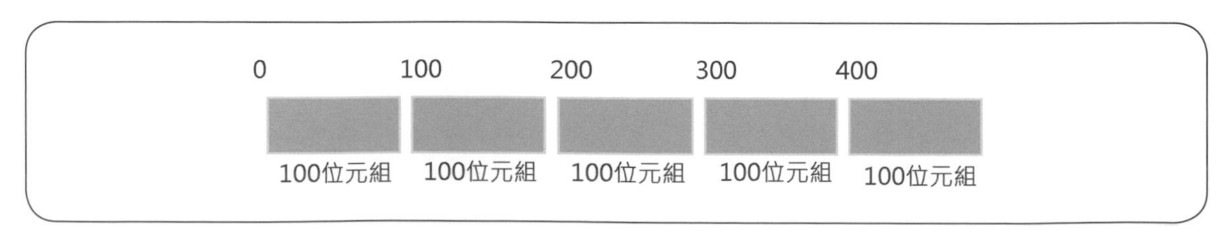

▶ 圖13-3

上述圖例的每一個方塊是一筆固定長度100位元組的記錄。雖然，我們不能如同陣列一般使用索引來取出記錄，但是，因爲記錄長度相同，只需使用上方記錄前的位移量，即可輕鬆計算出記錄位址來存取指定的記錄資料，而不會破壞檔案的其他資料。

宣告記錄結構

在建立二進位檔案的隨機存取前，我們需要宣告結構儲存記錄資料。例如：學生資料的record結構，如下所示：

```
struct record {    /* 宣告record結構 */
    char name[20];
    int age;
    float grade;
};
typedef struct record student;    /* 建立新型態student */
```

上述結構擁有姓名name、年齡age和成績grade的成員變數，爲了方便宣告，筆者已經建立成student新型態。

寫入結構的記錄

在使用fopen()函數開啓二進位檔案後，就可以呼叫fwrite()函數寫入結構的記錄資料。相關函數的說明如表13-6所示：

▶ 表13-6

函數	說明
size_t fwrite(void *ptr, size_t size, size_t n, FILE *fp)	從參數ptr指標的位址起算，將大小size的n筆記錄，即n*size位元組寫入檔案fp，寫入成功傳回寫入的記錄數n；小於n表示有錯誤產生
int ferror(FILE *fp)	傳回最後檔案讀寫操作的狀態，如果有錯誤傳回非零值；否則傳回0

上表size_t在ANSI-C是unsigned int型態。以本節record結構爲例，如下所示：

```
student temp;    /* 宣告結構變數 */
………
fwrite(&temp, sizeof(temp), 1, fp);    /* 寫入結構變數temp */
```

上述程式碼建立結構變數temp，在指定成員變數值後，呼叫fwrite()函數寫入結構變數temp，&temp取得結構變數的記憶體位址，sizeof運算子計算結構大小，以此例是將一筆結構temp寫入檔案fp。

檔案讀寫錯誤

雖然檔案讀寫錯誤很少發生，不過，為了避免磁碟已滿等讀寫錯誤，在讀寫操作後，請使用if/else條件敘述和ferror()函數檢查是否讀寫錯誤，如下所示：

```
if ( ferror(fp) )
    printf("錯誤: 寫入錯誤!\n");
else
    printf("已經寫入3筆記錄!\n");
```

程式範例 Ch13_3_2.c

在C程式宣告新型態student的record結構後，開啓名為students.dat二進位檔案來寫入3筆記錄資料，如下所示：

```
開始寫入檔案students.dat....
已經寫入3筆記錄!
```

上述執行結果可以看到寫入3筆記錄到檔案students.dat，即3筆record結構的記錄，在下一節程式範例就會讀取此檔案的記錄資料。

程式內容

```
01: /* 程式範例: Ch13_3_2.c */
02: #include <stdio.h>
03: #include <string.h>
04:
05: struct record { /* 記錄結構宣告 */
06:     char name[20];
07:     int age;
08:     float grade;
09: };
10: typedef struct record student;
11: /* 函數原型宣告 */
12: void addRecord(FILE *, char *, int, float);
13: /* 主程式 */
```

```
14: int main(void) {
15:     FILE *fp;     /* 宣告變數 */
16:     char fname[20] = "students.dat";
17:     fp = fopen(fname, "wb");   /* 開啓二進位檔案 */
18:     printf("開始寫入檔案%s....\n", fname);
19:     /* 呼叫函數寫入記錄資料 */
20:     addRecord(fp, "陳小安", 20, 55.5f);
21:     addRecord(fp, "江小魚", 19, 88.9f);
22:     addRecord(fp, "陳允傑", 20, 74.2f);
23:     if ( ferror(fp) )
24:         printf("錯誤: 寫入錯誤!\n");
25:     else
26:         printf("已經寫入3筆記錄!\n");
27:     fclose(fp); /* 關閉檔案 */
28:
29:     return 0;
30: }
31: /* 函數: 新增記錄 */
32: void addRecord(FILE *fp,char *name,int age,float grade) {
33:     student temp;
34:     strcpy(temp.name, name);   /* 指定結構內容 */
35:     temp.age = age;
36:     temp.grade = grade;
37:     fwrite(&temp,sizeof(temp),1,fp);  /* 寫入檔案 */
38: }
```

程式說明

- 第5~10行：宣告結構record和新型態student。
- 第16行：指定二進位檔案的路徑字串為"students.dat"。
- 第17行：開啓寫入的students.dat二進位檔案。
- 第20~26行：呼叫addRecord()函數寫入3筆記錄，在第23~26行的if/else條件敘述檢查ferror()函數，看看是否寫入錯誤。
- 第32~38行：addRecord()函數在第34~36行指定結構的成員變數值。第37行呼叫fwrite()函數將記錄寫入檔案。

13-3-3 循序讀取檔案的記錄

C程式在呼叫fwrite()函數寫入記錄資料後，可以使用fread()函數配合迴圈，將一筆筆記錄循序的讀出。相關函數的說明如表13-7所示：

▶ 表13-7

函數	說明
size_t fread(void *ptr, size_t size, size_t n, FILE *fp)	在檔案fp從參數ptr指標的位址起算，讀取大小為size bytes的n筆記錄，即n*size位元組，讀取成功傳回讀取的記錄數n；小於n表示有錯誤產生
int feof(File *fp)	檢查是否讀到檔案結束，如果是，傳回非零值；否則傳回0

二進位檔案可以使用feof()函數檢查是否讀到檔尾，我們只需配合while迴圈，就可以讀取檔案所有記錄，如下所示：

```
while ( !feof(fp) ) {    /* 讀取檔案所有記錄的迴圈 */
    if ( fread(&std, sizeof(std), 1, fp) ) {    /* 讀取記錄 */
        …
    }
}
```

上述while迴圈的if條件敘述是呼叫fread()函數讀取檔案的記錄資料，直到feof()函數傳回非零值，即到達檔尾爲止。

程式範例 Ch13_3_3.c

這個C程式讀取的是Ch13_3_2.c寫入的二進位檔案students.dat，使用fread()函數讀取檔案的全部記錄資料，共有3筆記錄，如下所示：

```
姓名: 陳小安    年齡: 20        成績:  55.50
姓名: 江小魚    年齡: 19        成績:  88.90
姓名: 陳允傑    年齡: 20        成績:  74.20
```

程式內容

```
01: /* 程式範例: Ch13_3_3.c */
02: #include <stdio.h>
03:
04: struct record {    /* 記錄結構宣告 */
05:     char name[20];
06:     int age;
07:     float grade;
08: };
09: typedef struct record student;
10: int main(void) {
11:     FILE *fp;    /* 宣告變數 */
12:     student std;
13:     char fname[20] = "students.dat";
14:     fp = fopen(fname, "rb"); /* 開啓檔案新增內容 */
15:     if ( fp != NULL ) { /* 檢查是否有錯誤 */
16:         /* 顯示記錄資料 */
17:         while ( !feof(fp) ) { /* 是否是檔尾 */
18:             /* 讀取記錄 */
19:             if ( fread(&std, sizeof(std), 1, fp) ) {
20:                 /* 顯示記錄資料 */
21:                 printf("姓名: %s\t", std.name);
22:                 printf("年齡: %d\t", std.age);
23:                 printf("成績: %6.2f\n", std.grade);
24:             }
25:         }
26:         fclose(fp); /* 關閉檔案 */
27:     } else
28:         printf("錯誤: 檔案開啓錯誤...\n");
29:
30:     return 0;
31: }
```

程式說明

◈ 第14~28行：開啓讀取的students.dat二進位檔案，在第15~28行的if/else條件檢查檔案是否開啓成功。第17~25行使用while迴圈呼叫fread()函數讀取檔案內容，直到檔尾。在第19~24行的if條件可以確認是否讀到記錄資料，如果讀到，才顯示記錄內容。

13-3-4 隨機存取記錄資料

在第13-3-3節的程式範例是以循序方式，將記錄資料一筆一筆的讀出；另一種作法是先呼叫fseek()函數找到指定記錄的檔案位置後，隨機存取指定的記錄資料。其相關函數說明如表13-8所示：

▶ 表13-8

函數	說明
int fseek(FILE *fp, long offset, int origin)	從參數origin位置開始計算位移offset後，將fp檔案指標移到此位置，成功傳回0；否則傳回非零值
int fflush(File *fp)	將緩衝區資料寫入檔案fp，如果有錯誤，傳回EOF
long ftell(File *fp)	傳回fp檔案指標的位置，如果有錯誤，傳回-1
void rewind(File *fp)	重設fp檔案指標位置，成為檔案開頭

請注意！C語言檔案輸出輸入是使用緩衝區的檔案處理，檔案更改或寫入記錄資料並不會馬上寫入磁碟，而是先寫入緩衝區，如果更改記錄後馬上進行查詢，有可能讀到尚未更新的記錄資料，我們可以呼叫fflush()函數，強迫將緩衝區資料寫入磁碟，來真正更改記錄資料。

fseek()函數的offset參數是位移量，它是使用記錄數和結構大小計算而得，如下所示：

```
/* 將fp檔案指標移到記錄編號rec的位置 */
fseek(fp, rec*sizeof(std), SEEK_SET);
```

上述程式碼從SEEK_SET位置的檔案開頭開始，位移量是rec*sizeof(std)位元組數，rec是記錄編號從0開始，使用sizeof運算子計算結構大小，即記錄尺寸爲28。origin參數值有三種，其說明如表13-9所示：

▶ 表13-9

參數值	說明
SEEK_SET	從檔案開頭
SEEK_CUR	從檔案現在位置
SEEK_END	從檔案結尾

若rec是1，fseek()函數是位移到第2筆記錄前，呼叫fread()函數讀取第2筆記錄資料；fwrite()函數也是更改第2筆記錄資料。

程式範例 Ch13_3_4.c

這個C程式是處理Ch13_3_2.c寫入的二進位檔案students.dat，只需輸入記錄編號，就可以顯示指定記錄的學生資料。程式提供編輯功能更改學生的成績資料，如下所示：

```
檔案指標開始位置: 0
>請輸入記錄編號[0-2]=> 2 Enter
目前檔案指標位置: 56
姓名: 陳允傑      年齡: 20          成績:  74.20
>是否更改成績(1爲是,0爲否)=> 1 Enter
>請輸入新成績=> 67.89 Enter
>請輸入記錄編號[0-2]=> 2 Enter
目前檔案指標位置: 56
姓名: 陳允傑      年齡: 20          成績:  67.89
>是否更改成績(1爲是,0爲否)=> 0 Enter
>請輸入記錄編號[0-2]=> -1 Enter
```

上述執行結果輸入記錄編號2，可以看到檔案指標由0移到56，因為結構大小是28位元組，所以顯示第3筆記錄資料，輸入1可以更改成績資料，當輸入超過範圍的記錄編號，就結束程式執行。

程式內容

```
01: /* 程式範例: Ch13_3_4.c */
02: #include <stdio.h>
03: #include <stdlib.h>
04: struct record {    /* 記錄結構宣告 */
05:     char name[20];
06:     int age;
07:     float grade;
08: };
09: typedef struct record student;
10: int main(void) {
11:     FILE *fp;  /* 宣告變數 */
12:     student std;
13:     int recNo, num, isEdit;
```

```
14:     float grade;
15:     char fname[20] = "students.dat";
16:     fp = fopen(fname, "r+b");  /* 開啓檔案 */
17:     if ( fp == NULL ) { /* 檢查是否有錯誤 */
18:         printf("錯誤: 檔案開啓錯誤..\n");
19:         exit(1);
20:     }
21:     rewind(fp);  /* 重設檔案指標 */
22:     printf("檔案指標開始位置: %ld\n", ftell(fp));
23:     printf(">請輸入記錄編號[0-2]=> ");
24:     scanf("%d", &recNo);  /* 讀取記錄編號 */
25:     while ( recNo >= 0 && recNo <= 2 ) { /* 主迴圈 */
26:         /* 搜尋指定記錄的檔案指標位置 */
27:         fseek(fp, recNo*sizeof(std), SEEK_SET);
28:         printf("目前檔案指標位置: %ld\n", ftell(fp));
29:         /* 讀取記錄 */
30:         num = fread(&std, sizeof(std), 1, fp);
31:         if ( num == 1 ) {  /* 有一筆, 顯示記錄資料 */
32:             printf("姓名: %s\t", std.name);
33:             printf("年齡: %d\t", std.age);
34:             printf("成績: %6.2f\n", std.grade);
35:             printf(">是否更改成績(1爲是,0爲否)=> ");
36:             scanf("%d", &isEdit);
37:             if ( isEdit == 1 ) { /* 更改成績 */
38:                 printf(">請輸入新成績=> ");
39:                 scanf("%f", &grade);
40:                 std.grade = grade;
41:                 /* 搜尋指定記錄的檔案指標位置 */
42:                 fseek(fp, recNo*sizeof(std), SEEK_SET);
43:                 fwrite(&std,sizeof(std),1,fp);/* 寫入 */
44:                 fflush(fp); /* 輸出緩衝區 */
45:             }
46:         } else
47:             printf("\n記錄編號:%d找不到!\n",recNo);
48:         printf(">請輸入記錄編號[0-2]=> ");
49:         scanf("%d", &recNo);  /* 讀取記錄編號 */
50:     }
51:     fclose(fp); /* 關閉檔案 */
52:
53:     return 0;
54: }
```

程式說明

- ◈ 第16~20行：開啓讀取的students.dat二進位檔案。
- ◈ 第21~22行：使用rewind()函數重設檔案指標，和顯示目前檔案指標的位置。
- ◈ 第23~24行：輸入處理的記錄編號。
- ◈ 第25~50行：while主迴圈可以輸入記錄編號來隨機存取記錄，在第27~28行呼叫fseek()函數，找到此筆記錄的開始位置和顯示位移後的檔案指標位置。第30行讀取該筆記錄資料。
- ◈ 第31~47行：if/else條件檢查是否讀到記錄資料，如果有，在第32~34行顯示記錄資料。第38~44行更改成績資料。在第42行找到記錄位置。第43行寫入記錄。第44行強迫將緩衝區寫入磁碟，以便真正更改記錄資料。

13-4 檔案與資料夾處理

C語言標準函數庫的<stdio.h>和<dir.h>標頭檔提供更改檔名、刪除檔案、建立、切換和刪除資料夾等處理的相關函數。

13-4-1 檔案更名與刪除檔案

在C語言標準函數庫<stdio.h>標頭檔提供更改檔案名稱和刪除檔案的函數，其說明如表13-10所示：

▶ 表13-10

函數	說明
int remove (char *filename)	將參數的檔案名稱刪除，成功刪除傳回0；失敗傳回-1
int rename (char *oname, char *nname)	將參數oname的舊檔名改為nname的新檔名，成功傳回0；失敗傳回-1

程式範例 Ch13_4_1.c

在C程式輸入目標檔案名稱和選擇操作後，即可刪除檔案或更改檔案名稱，如下所示：

```
請輸入目標檔案名稱==> books.txt Enter
選擇操作(1:刪除,2:更名)=> 2 Enter
請輸入新檔案名稱==> Ch13_4_1.txt Enter
檔案books.txt已經更名Ch13_4_1.txt..
```

上述執行結果選擇操作2，可以看到檔案books.txt更名為Ch13_4_1.txt；選擇操作1可以刪除目標檔案。

程式內容

```
01: /* 程式範例: Ch13_4_1.c */
02: #include <stdio.h>
03:
04: int main(void) {
05:     char c, fname1[30], fname2[30];
06:     int isDelete;
07:     printf("請輸入目標檔案名稱==> ");
08:     gets(fname1);
09:     printf("選擇操作(1:刪除,2:更名)=> ");
10:     scanf("%d", &isDelete);
11:     while ((c=getchar())!='\n');/* 讀取剩下字元 */
12:     if ( isDelete == 1 ) { /* 是刪除檔案 */
13:         if ( (remove(fname1)) != -1 )
14:             printf("已經刪除檔案%s..\n", fname1);
15:         else
16:             printf("刪除檔案%s失敗..\n", fname1);
17:     } else { /* 是更名檔案 */
18:         printf("請輸入新檔案名稱==> ");
19:         gets(fname2);
20:         if ( (rename(fname1, fname2)) != -1 )
21:             printf("檔案%s已經更名%s..\n",fname1,fname2);
22:         else
23:             printf("檔案%s更名%s失敗..\n",fname1,fname2);
24:     }
25:
26:     return 0;
27: }
```

程式說明

◈ 第13行：呼叫remove()函數刪除檔案。

◈ 第20行：呼叫rename()函數更改檔案名稱。

13-4-2 建立、刪除和切換目錄

在C語言標準函數庫<dir.h>標頭檔提供取得工作路徑、切換、建立和刪除資料夾的函數，其說明如表13-11所示：

▶ 表13-11

函數	說明
char* getcwd(char *path, int len)	取得目前完整的工作路徑，路徑字串是存入參數path字串指標的字元陣列，其大小為len參數，成功取回工作路徑，傳回name指標；否則為NULL
int chdir(char *path)	切換到參數的目錄路徑字串，成功傳回0；失敗傳回-1
int mkdir(char *path)	建立參數的目錄路徑字串，成功傳回0；失敗傳回-1
int rmdir(char *path)	刪除參數的目錄路徑字串，成功傳回0；失敗傳回-1

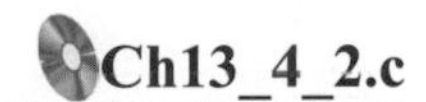

在C程式輸入目標路徑後，可以選擇c、r或m操作，分別執行切換、刪除或建立目錄操作，如下所示：

```
工作目錄:D:\C\Ch13
請輸入目標路徑==> D:\C\Ch11 Enter
選擇操作(c:切換,r:刪除,m:建立)=> c Enter
目前目錄:D:\C\Ch11
已經完成切換目錄D:\C\Ch11操作..
```

上述執行結果選擇c切換目錄，選m操作可以建立名為目標路徑的目錄，例如：輸入Test，r是刪除目錄。例如：輸入Test刪除此目錄。

程式內容

```
01: /* 程式範例: Ch13_4_2.c */
02: #include <stdio.h>
03: #include <dir.h>
04: #include <string.h>
05: #define MAX      100
06:
07: int main(void) {
08:     /* 變數宣告 */
09:     char c,b,path0[MAX],path1[MAX],str[10],*path=path0;
10:     int success;
11:     printf("工作目錄:%s\n", getcwd(path, MAX));
12:     printf("請輸入目標路徑==> ");
13:     gets(path1);
14:     printf("選擇操作(c:切換,r:刪除,m:建立)=> ");
15:     scanf("%c", &c);
16:     while ((b=getchar())!='\n');/* 讀取剩下字元 */
17:     switch (c) {
18:         case 'c' :    /* 切換目錄 */
19:             strcpy(str, "切換目錄");
20:             success = chdir(path1);
21:             printf("目前目錄:%s\n",getcwd(path,MAX));
22:             break;
23:         case 'r':     /* 刪除目錄 */
24:             strcpy(str, "刪除目錄");
25:             success = rmdir(path1);
26:             break;
27:         case 'm':     /* 建立目錄 */
28:             strcpy(str, "建立目錄");
29:             success = mkdir(path1);
30:             break;
31:         default:
32:             printf("錯誤: 不合法選項%c\n", c);
33:             success = -1;
34:             break;
35:     }
36:     if ( success != -1 )
37:         printf("已經完成%s%s操作..\n",str, path1);
38:     else
39:         printf("%s%s操作失敗..\n", str, path1);
40:
41:     return 0;
42: }
```

程式說明

- 第3~4行：含括<dir.h>和<string.h>標頭檔。含括<dir.h>標頭檔是因為使用目錄操作函數；<string.h>是因為有使用strcpy()字串函數。
- 第14~15行：取得輸入的操作是c、r或m。
- 第17~35行：使用switch條件敘述判斷執行的操作，依字元在第20行、第25行，和第29行依序呼叫chdir()、rmdir()，和mkdir()函數切換、刪除，和建立目錄。
- 第36~39行：if/else條件判斷函數傳回值，以便顯示操作成功或失敗的訊息文字。

13-4-3 複製檔案

在C語言標準函數庫並沒有檔案複製函數，我們可以使用本章前的檔案讀寫函數，在開啓2個檔案指標sfp和dfp後，使用while迴圈複製檔案內容，如下所示：

```
while ( (c = fgetc(sfp)) != EOF )   /* 檔案複製迴圈 */
    fputc(c, dfp);
```

上述while迴圈從檔案指標sfp呼叫fgetc()函數讀取一個一個字元，然後呼叫fputc()函數寫入檔案指標dfp，檔案指標sfp的檔案內容會複製到dfp。

Ch13_4_3.c

在C程式輸入來源和目的檔案名稱後，可以將來源檔案內容原封不動複製到目的檔案，如下所示：

```
請輸入來源檔案名稱==> students.dat Enter
請輸入目的檔案名稱==> test.dat Enter
完成複製檔案students.dat到test.dat..
```

上述執行結果可以看到成功複製檔案students.dat到test.dat，在「C\Ch13」目錄可以看到新建檔案test.dat。

程式內容

```
01: /* 程式範例: Ch13_4_3.c */
02: #include <stdio.h>
03: #include <stdlib.h>
04: /* 函數原型宣告 */
05: void fcopy(FILE *, FILE *);
06: /* 主程式 */
07: int main(void) {
08:     FILE *sfp, *dfp;  /* 宣告變數 */
09:     char fname1[30], fname2[30];
10:     printf("請輸入來源檔案名稱==> ");
11:     gets(fname1);
12:     printf("請輸入目的檔案名稱==> ");
13:     gets(fname2);
14:     sfp = fopen(fname1, "rb");  /* 開啟讀取檔案 */
15:     dfp = fopen(fname2, "wb");  /* 開啟寫入檔案 */
16:     /* 檢查是否檔案開啟錯誤 */
17:     if ( sfp == NULL || dfp == NULL ) {
18:         printf("檔案%s開啟錯誤..\n", fname2);
19:         exit(1);
20:     }
21:     fcopy(sfp, dfp);  /* 呼叫函數複製檔案 */
22:     printf("完成複製檔案%s到%s..\n",fname1,fname2);
23:     fclose(sfp); /* 關閉檔案 */
24:     fclose(dfp); /* 關閉檔案 */
25:
26:     return 0;
27: }
28: /* 函數: 複製檔案 */
29: void fcopy(FILE *sfp, FILE *dfp) {
30:     int c;  /* 一個個字元複製檔案內容 */
31:     while ( (c = fgetc(sfp)) != EOF ) fputc(c, dfp);
32: }
```

程式說明

◈ 第14~15行：輸入檔案名稱開啟來源和目的檔案，來源是讀取；目的是寫入。

◈ 第21行：呼叫函數fcopy()複製檔案。

◈ 第23~24行：呼叫fclose()函數關閉來源和目的檔案。

◈ 第29~32行：fcopy()函數在第31行使用while迴圈，一個一個字元複製檔案內容。

學習評量

13-1　C 語言的檔案輸入與輸出

1. 請簡單說明什麼是檔案？C語言標準函數庫支援哪兩種檔案類型？這兩種檔案的差異為何？
2. 請舉例說明什麼是循序檔案和隨機檔案？其差異為何？
3. 請問C語言檔案處理的三種基本檔案模式為何？
4. 請問什麼是唯讀檔案（read-only）？

13-2　文字檔案的讀寫

1. C語言是使用fopen()函數開啟檔案，函數需提供哪些參數，其傳回值是什麼？
2. fopen()函數是使用________模式字串開啟唯讀文字檔案；________模式字串開啟讀寫文字檔案。
3. 請問C程式的檔案讀取是如何判斷文字檔案已經讀到檔尾EOF？
4. 請修改Ch13_2_2.c、Ch13_2_3.c和Ch13_2_4.c程式範例，改用scanf()函數讓使用者輸入開啟的檔案名稱。
5. 請建立C程式輸入檔案名稱後，讀取文字檔案內容，計算總共有幾行，在讀完後顯示檔案內容的總行數。
6. 請撰寫C程式輸入檔案名稱後，讀取文字檔案內容，計算總共有幾個字元，在讀完後顯示檔案內容的總字元數。
7. 請試著設計C程式，在輸入程式碼檔案名稱後（使用scanf()函數或命令列參數），讀取每一行程式碼，然後就在程式碼前加上行號（如同本書顯示的原始程式碼內容），並將它輸出成output.txt檔案。

13-3　二進位檔案的讀寫

1. fopen()函數是使用________模式字串開啟讀寫二進位檔案。C程式存取二進位檔案資料時，可以使用標準函數庫的________函數寫入資料。
2. 請問我們可以使用哪兩種方式重設檔案指標至檔案開頭？

學習評量

3. 請說明fflush()函數的功能？C語言的fseek()函數是如何控制檔案指標的移動？
4. 程式範例Ch13_3_4.c可以隨機編輯學生成績資料，請修改程式，新增修改學生姓名的功能。

13-4 檔案與資料夾處理

1. C程式可以使用C語言標準函數庫的________函數來更改檔名。
2. 檔案和資料夾操作的rename()、remove()函數是在___________標頭檔；mkdir()、chdir()和rmdir()函數是在__________標頭檔。
3. 請建立類似DOS指令TYPE和MOVE功能的C程式，使用main()函數主程式的命令列參數來傳入處理檔案名稱，如下所示：
   (1) TYPE指令：在輸入參數檔案後，在螢幕顯示檔案內容。
   (2) MOVE指令：將來源檔案搬移到目的檔案的路徑，即先複製檔案後，再刪除原檔案。
4. 請整合第13-4節的各程式範例，建立整合管理功能選單，來選擇執行的檔案和資料夾操作。
5. 在第13-4-3節的檔案複製程式是使用scanf()函數輸入來源和目的檔案名稱，請改為main()函數的命令列參數，輸入來源和目的檔案名稱。

Chapter
14

前置處理與大型程式開發

本章學習目標

14-1 C語言的前置處理

「C前置處理器」（the C preprocessor）是在編譯前處理原始程式碼，可以在原始程式碼檔案插入其他檔案、執行文字替換、展開巨集函數，和執行條件編譯。

C語言前置處理指令是位在C程式檔案開頭，使用「#」字元開始的指令。在這一節筆者準備進一步說明含括檔案和條件編譯；下一節說明巨集替換和巨集函數。

14-1-1 含括檔案

C前置處理器的#include指令，可以將其他程式檔案內容含括到目前檔案中#include指令的位置。含括檔案（file inclusion）是將檔案內容複製到目前程式碼檔案中。例如：C語言標準函數庫的標頭檔，其基本語法如下所示：

```
#include <檔案名稱.h>
```

上述語法使用「<」和「>」符號括起需要含括的標頭檔案名稱。請注意！因為#include是前置處理指令，並不是C程式敘述，所以最後不用加上「;」符號。前置處理器會自動到系統預設路徑找尋標頭檔。例如：標頭檔<stdio.h>和<stdlib.h>等。

當然，我們也可以自行定義標頭檔（預設副檔名是.h）。當標頭檔和C程式碼檔位在同一目錄時，我們可以使用雙引號括起標頭檔案名稱，其基本語法如下所示：

```
#include "檔案名稱.h"
```

上述語法告訴前置處理器先在C原始程式碼檔案所在目錄找尋此檔案；如果找不到，再搜尋編譯器的預設路徑。#include指令通常是使用在多程式碼檔案的大型程式開發。當C程式包含多個程式碼檔案時，我們可以將變數宣告、#define指令定義的常數，和函數原型宣告等，都放在標頭檔。C程式檔案只需含括自訂標頭檔，即可減少重複定義產生的錯誤。

程式範例　Ch14_1_1.h、Ch14_1_1.c

在C程式輸入半徑計算圓面積，其中符號常數和函數原型宣告是獨立成一個副檔名為.h的標頭檔，如下所示：

```
請輸入圓半徑==> 12 Enter
圓面積: 452.389
請輸入圓半徑==> 25 Enter
圓面積: 1963.495
請輸入圓半徑==> -1 Enter
```

上述執行結果只需輸入半徑，即可計算圓面積；輸入負值結束程式執行。

程式內容：Ch14_1_1.h

```
01: /* 程式範例: Ch14_1_1.h */
02: #define PI 3.1415926    /* 常數宣告 */
03: /* 函數的原型宣告 */
04: double area(int);
```

程式說明

◈ 第2行：定義符號常數PI。

◈ 第4行：area()函數的原型宣告。

程式內容：Ch14_1_1.c

```
01: /* 程式範例: Ch14_1_1.c */
02: #include <stdio.h>
03: #include "Ch14_1_1.h"
04:
05: /* 主程式 */
06: int main(void) {
07:     int r;  /* 變數宣告 */
08:     do {
09:         printf("請輸入圓半徑==> ");
10:         scanf("%d", &r);
11:         if ( r > 0 )  /* 呼叫函數 */
12:             printf("圓面積: %.3f\n", area(r));
13:     } while( r >= 0 );
14:
15:     return 0;
```

```
16: }
17: /* 函數: 計算圓面積 */
18: double area(int r) { return PI*r*r; }
```

程式說明

◈ 第3行：含括Ch14_1_1.h自訂標頭檔。

◈ 第11~12行：if條件判斷半徑是否大於0，如果是，就呼叫area()函數。

◈ 第18行：圓面積area()函數實作的程式碼，可以傳回計算結果的圓面積。

14-1-2 條件編譯

條件編譯（conditional compilation）是一組前置處理的條件指令，可以控制前置處理指令的執行和程式碼編譯。例如：註解整區段不需編譯的程式碼、判斷是否定義符號常數，和幫助我們執行除錯。

事實上，條件編譯相關指令的基本語法類似C語言的if/else條件敘述，如下所示：

```
#if、#ifdef、#ifndef 條件
    /* 條件成立處理的程式碼 */
#else
    /* 條件不成立處理的程式碼 */
#endif
```

上述條件編譯語法是當#if、#ifdef或#ifndef指令之後的條件爲true時，前置處理器就會處理#if至#else指令之間的程式碼；條件爲false時，前置處理器處理#else至#endif指令之間的程式碼。

前置處理的條件編譯指令也支援巢狀條件，即在#ifdef條件編譯之中擁有#if等其他條件編譯。

#ifdef指令

#ifdef指令是if defined指令的縮寫，在之後的條件是#define指令定義的符號常數識別字（或稱爲巨集名稱）。當此符號常數有定義時，條件爲true，當條件編譯沒有#else指令時，前置處理器會處理#ifdef至#endif之間的程式碼；反之就不處理。

當條件編譯有#else指令時，前置處理器是處理至#else指令之間的程式碼；沒有定義，條件爲false，前置處理器就會處理#else至#endif指令之間的程式碼。例如：使用#ifdef指令進行程式除錯，如下所示：

```
#ifdef DEBUG
    printf("Debug: x = %d, y = %d\n", x, y);
#endif
```

上述條件編譯是當DEBUG符號常數有定義時，就使用printf()函數顯示進一步的除錯訊息；反之，前置處理器就不會處理此行程式碼。在C程式開啓除錯功能是使用#define指令定義DEBUG符號常數，如下所示：

```
#define DEBUG 1
```

如果C程式檔案有定義DEBUG符號常數（詳見第3-5節），就表示啓用除錯功能，顯示額外資訊；若不需要除錯，只需註解掉此行程式碼，即可關閉除錯功能。

我們再來看一個例子。例如：陣列尺寸是使用MAX_LEN符號常數來定義，如果程式碼檔案有定義EXTENDED符號常數，陣列尺寸是75；反之是50，如下所示：

```
#ifdef EXTENDED
    #define MAX_LEN   75
#else
    #define MAX_LEN   50
#endif
```

#ifndef指令

#ifndef指令和#ifdef指令相反，它是檢查符號常數是不是沒有定義，如果沒有定義是true；反之爲false，如下所示：

```
#ifndef EXTENDED
    #define MAX_LEN   50
#else
    #define MAX_LEN   75
#endif
```

上述#ifndef/#else指令和前述#ifdef/#else指令的條件剛好相反，讀者可以自行比較。

#ifndef指令另一個常見用法是確認程式碼檔案是否有定義特定的符號常數。例如：陣列尺寸是由MAX_LEN符號常數指定，在宣告陣列之前，我們需要先確認已經定義此符號常數，如下所示：

```
#ifndef MAX_LEN
    #define MAX_LEN   10
#endif
```

上述#ifndef指令檢查是否忘了定義MAX_LEN，如果眞的沒有定義，就馬上定義此符號常數。

#if指令

#ifdef和#ifndef指令是用來判斷符號常數的識別字是否存在。#if指令的條件是符號常數運算式，如果運算結果是非0值，就是true；反之，如爲0就是false。

#if指令除了支援單選#if/#endif、二選一#if/#else/#endif，也支援#elif指令的多選一，如下所示：

```
#if ARRAY_SIZE >= 1
    printf("index = %d\n", index);
    printf("array[index] = %d\n", array[index]);
#elif ARRAY_SIZE < 0
    printf("陣列索引超過邊界…\n");
#else
    printf("沒有定義或只有1個元素…\n");
#endif
```

上述#elif指令是多選一條件編譯，如果程式碼檔案有定義ARRAY_SIZE符號常數，其值是陣列的元素數，當元素數超過1，就顯示目前索引和元素值；小於0，表示是空陣列，顯示索引超過邊界；如果沒有定義ARRAY_SIZE，其值爲0，就處理#else至#endif之間的程式碼。

實務上，當程式設計者在開發過程中，可能會有一整大段的程式碼並不需要編譯，而且因爲在之中已經有註解文字，不能再使用「/*」和「*/」符號來註解整段程式碼，此時#if/#endif指令就可以派上用場，如下所示：

```
#if 0
   /* 有註解且不需編譯的程式碼 */
#endif
```

上述#if條件爲0，就是否，所以前置處理器不會處理#if至#endif之間的程式碼，其功能相當於註解掉一整大段程式碼。

#undef指令

#undef指令可以刪除已經定義的符號常數，執行此指令後，在之後的程式碼就無法再使用此符號常數，其基本語法如下所示：

```
#undef 符號常數識別字
```

上述語法的符號常數識別字如果不存在，#undef指令不會有任何影響。例如：刪除定義的DEBUG符號常數，如下所示：

```
#undef DEBUG
```

Ch14_1_2.c

在C程式使用前置處理的條件編譯指令來控制原始程式碼的編譯，如下所示：

```
Debug: x = 5, y = 10
MAX_LEN = 50
index = 2
array[index] = 3
```

上述執行結果因為有定義DEBUG，所以顯示除錯資訊的變數值；因為沒有定義EXTENDED，所以MAX_LEN的值是50；因為有定義ARRAY_SIZE值為5，所以顯示陣列索引和元素值。

程式內容

```
01: /* 程式範例: Ch14_1_2.c */
02: #include <stdio.h>
03: #define DEBUG 1
04: #define ARRAY_SIZE  5
05: #ifndef EXTENDED
06:     #define MAX_LEN   50
07: #else
08:     #define MAX_LEN   75
09: #endif
10:
```

```
11: /* 主程式 */
12: int main(void) {
13:     int x = 5, y = 10, index = 2;  /* 變數宣告 */
14:     int array[ARRAY_SIZE] = {2, 5, 3, 4, 8};
15:     #ifdef DEBUG
16:         printf("Debug: x = %d, y = %d\n", x, y);
17:     #endif
18:     printf("MAX_LEN = %d\n", MAX_LEN);
19:     #if ARRAY_SIZE >= 1
20:         printf("index = %d\n", index);
21:         printf("array[index] = %d\n", array[index]);
22:     #elif ARRAY_SIZE < 0
23:         printf("陣列索引超過邊界…\n");
24:     #else
25:         printf("沒有定義或只有1個元素…\n");
26:     #endif
27:
28:     return 0;
29: }
```

程式說明

- 第3~4行：使用#define指令定義DEBUG和ARRAY_SIZE符號常數。
- 第5~9行：#ifndef/#else/#endif條件編譯判斷是否有定義EXTENDED符號常數，因為沒有定義，條件成立，前置處理器會處理第7行定義MAX_LEN常數值是50。
- 第15~17行：#ifdef/#endif條件編譯判斷是否有定義DEBUG符號常數，因為在第4行有定義，條件成立，前置處理器會處理第16行顯示除錯資訊。
- 第18行：顯示MAX_LEN常數值是50。
- 第19~26行：#if/#elif/#else/#endif多選一條件編譯判斷ARRAY_SIZE符號常數值，因為有定義值為5，前置處理器會處理第20~21行，顯示陣列索引和元素值。

14-2 C語言的巨集

C語言的「巨集」（macro）是在編譯前透過前置處理器處理原始程式碼，來定義新關鍵字（巨集替換）或建立巨集函數。一般來說，巨集可以分為兩種，如下所示：

1. **巨集替換**：一種類似物件（object-like）的巨集，巨集替換只是單純文字內容的替換。例如：第3-5節的符號常數是數值內容的替換。
2. **巨集函數**：一種類似函數（function-like）擁有參數的巨集，可以指定參數值來替換成整個程式區塊或運算式的C程式碼。

14-2-1 巨集替換

巨集替換（macro substitution）的#define指令除了可以定義符號常數外（第3-5節），還可以定義新關鍵字或新增參數來建立巨集函數。其基本語法如下所示：

```
#define 名稱 替換內容
```

上述語法是將後面的文字內容替換成前面的名稱，中間是1至多個空白字元。替換內容可以是常數值的數值字串、C程式敘述，或其他自行定義的名稱。請注意！因為#define是前置處理指令，並不是C程式敘述，在最後不用加上「;」符號。例如：定義格式與訊息字串常數，如下所示：

```
#define FORMAT   "整數值 = %d\n"
#define MSG      "程式結束!\n"
```

上述#define指令定義格式與訊息字串的符號常數。替換內容也可以使用C語言運算式或程式敘述，如下所示：

```
#define ONE       1
#define TWO       ONE + ONE
#define FOREVER   for(;;)
```

上述#define指令定義ONE、TWO和FOREVER。ONE的值是1，在定義巨集ONE後，可以馬上使用ONE定義TWO；FOREVER是一個for無窮迴圈，這是C語言的程式敘述。

程式範例 Ch14_2_1.c

在C程式使用#define指令定義常數值、格式字串、訊息文字和運算式，如下所示：

```
整數值 = 1
整數值 = 2
程式結束!
```

程式內容

```
01: /* 程式範例: Ch14_2_1.c */
02: #include <stdio.h>
03: #define FORMAT    "整數值 = %d\n"
04: #define MSG       "程式結束!\n"
05: #define ONE       1
06: #define TWO       ONE + ONE
07:
08: /* 主程式 */
09: int main(void) {
10:     printf(FORMAT, ONE);
11:     printf(FORMAT, TWO);
12:     printf(MSG);
13:
14:     return 0;
15: }
```

程式說明

◈ 第3~4行：使用#define指令定義格式字串和訊息字串。

◈ 第5~6行：使用#define指令定義整數常數和運算式。

14-2-2 巨集函數

前置處理的#define指令不只可以替換文字內容；更可以新增參數來建立巨集。因為其功能類似函數加上參數，所以稱為巨集函數。

程式區塊的巨集函數

巨集函數除了可以擁有參數外，替換內容也可以是一個程式區塊，如下所示：

```
#define SWAP(x, y) {    int _z;  \
                       _z = y;  \
                        y = x;  \
                        x = _z; }
```

上述程式碼建立巨集函數SWAP()，內含參數x和y，可以交換整數參數x和y。如果取代的文字內容很長，為了編排成適合閱讀的格式，請使用「\」符號斷成數行來編排（因為巨集替換內容中不允許新行字元）。在C程式碼呼叫巨集函數類似函數呼叫，如下所示：

```
SWAP(a, b);
```

上述程式碼呼叫巨集函數，不過，巨集函數的執行過程不會更改執行流程。C前置處理器是在編譯C程式碼前展開巨集函數，也就是替換成為替代內容的程式區塊，如下所示：

```
{ int _z; _z = b; b = a; a = _z; }
```

上述巨集函數的程式區塊和第6-2節的程式區塊相同；換言之，所謂巨集函數只是一種原始程式碼替換，替換成#define指令定義的內容。

運算式的巨集函數（一）——參數需要加上括號

巨集函數也可以替換成C語言的運算式來傳回單一值。例如：乘法巨集函數MULTI(x, y)，如下所示：

```
#define MULTI(x, y)   x * y
```

上述巨集函數MULTI()是替換成乘法運算式：x*y。我們可以在程式碼直接使用巨集函數，如下所示：

```
r = MULTI(3 + 2, 4 + 2);
```

上述程式碼在編譯前，C前置處理器會展開巨集函數，也就是替換成乘法運算式，x是3 + 2；y是4 + 2，如下所示：

```
r = 3 + 2 * 4 + 2;
```

上述運算式的執行結果並不是30；而是13。因為替代結果的運算子優先順序是先執行2 * 4。爲了避免運算子優先順序產生運算結果的不同，巨集函數的參數請使用括號括起，如下所示：

```
#define MULTI(x, y)    (x) * (y)
```

上述巨集函數展開後的乘法運算式，x是(3 + 2)；y是(4 + 2)，如下所示：

```
r = (3 + 2) * (4 + 2);
```

上述運算式的運算結果是30，完全正確。

運算式的巨集函數（二）——運算式本身也需要加括號

如果巨集函數是傳回單一值，在運算式本身也需要使用括號括起，如下所示：

```
#define ADD_TWO(a)    (a) + 2
```

上述巨集函數ADD_TWO()可以將參數值加2。在程式碼使用巨集函數，如下所示：

```
x = ADD_TWO(3) * 3;
```

上述巨集函數ADD_TWO()展開後的運算式，參數a是3，如下所示：

```
x = (3) + 2 * 3;
```

在上述展開運算式雖然參數有使用括號括起，但是，因爲巨集函數是整個C運算式的一部分，結果最後2 * 3需先計算，執行結果是9，而不是15。爲了得到正確的計算結果，我們需要將運算式本身也使用括號括起，如下所示：

```
#define ADD_TWO(a)    ((a) + 2)
```

上述巨集函數展開後的運算式，a是3，如下所示：

```
x = ((3) + 2) * 3;
```

上述運算式的運算結果是15，完全正確。

程式範例 Ch14_2_2.c

在C程式使用巨集指令定義SWAP()、MULTI()、ADD_TWO()、AREA()和ISEVEN()巨集函數，可以交換整數變數、乘法、加2、計算圓面積，和檢查是否是偶數。如下所示：

```
奇數!
交換前: a = 10 b = 5
交換後: a = 5 b = 10
半徑11的圓面積: 380.13
半徑25的圓面積: 1963.50
MULT(3+2,4+2) = 30
ADD_TWO(3)*3 = 15
```

上述執行結果顯示檢查結果是奇數、整數值a、b已經交換，顯示半徑11和25的圓面積，最後是乘法和將參數加2的計算結果。

程式內容

```
01: /* 程式範例: Ch14_2_2.c */
02: #include <stdio.h>
03: #define TRUE      1
04: #define FALSE     0
05: /* 巨集函數 */
06: #define SWAP(x, y) {  int _z;  \
07:                       _z = y;  \
08:                        y = x;  \
09:                        x = _z; }
10: #define MULTI(x, y)    (x) * (y)
11: #define ADD_TWO(a)     ((a) + 2)
12: #define AREA(r)        ((r)*(r)*3.1415926)
13: #define ISEVEN(x)      (x)%2 == 0 ? TRUE : FALSE
14:
15: /* 主程式 */
16: int main(void) {
17:     int a = 10, b = 5, r = 10, x; /* 變數宣告 */
18:     if ( ISEVEN(a + b) )
19:         printf("偶數!\n");
20:     else
21:         printf("奇數!\n");
22:     printf("交換前: a = %d b = %d\n", a, b);
23:     SWAP(a, b);  /* 交換變數值 */
24:     printf("交換後: a = %d b = %d\n", a, b);
25:     printf("半徑%d的圓面積: %.2f\n", r+1, AREA(r+1));
```

```
26:     printf("半徑25的圓面積: %.2f\n", AREA(25));
27:     r = MULTI(3 + 2, 4 + 2);
28:     printf("MULT(3+2,4+2) = %d\n", r);
29:     x = ADD_TWO(3) * 3;
30:     printf("ADD_TWO(3)*3 = %d\n", x);
31:
32:     return 0;
33: }
```

程式說明

- 第3~4行：使用巨集指令定義符號常數TRUE和FALSE。
- 第6~9行：定義巨集函數SWAP()，可以交換參數的整數變數值，這是使用程式區塊來交換變數值。
- 第10行：定義巨集函數MULTI()計算乘法運算式的結果。
- 第11行：定義巨集函數ADD_TWO()，可以將參數值加2。
- 第12行：定義巨集函數AREA()計算圓面積，其功能如同程式範例Ch14_1_1.c的area()函數。
- 第13行：定義巨集函數ISEVEN()檢查參數是否為偶數，這是使用「?:」條件運算子判斷參數值，傳回值是TRUE或FALSE常數。
- 第18~21行：if/else條件敘述呼叫ISEVEN()函數檢查是否是偶數。
- 第23行：呼叫巨集函數SWAP()交換2個變數值。
- 第25~26行：呼叫巨集函數AREA()計算圓面積，參數分別是變數和常數值。
- 第27行：呼叫巨集函數MULTI()，可以計算參數2個運算式值的相乘結果。
- 第29行：在運算式中使用巨集函數ADD_TWO()加2後，再乘以3。

14-3 C語言的模組化程式設計

「模組」（modules）是特定功能的相關資料和函數集合，程式設計者只需知道模組對外的使用介面（即模組函數的呼叫方式），就可以使用模組提供的功能，而不用實際了解模組內部程式碼的實作，和內部資料儲存使用的資料結構。

14-3-1 C語言模組化程式設計的基礎

C語言模組化程式設計（modular programming）是將一個大型程式檔案分割成多個原始程式碼檔案。在每一個分割的程式檔案中包含相關函數與資料，這些程式檔案是特定功能的模組，其中擁有主程式main()函數的模組稱為「主模組」（main module），如圖14-1所示：

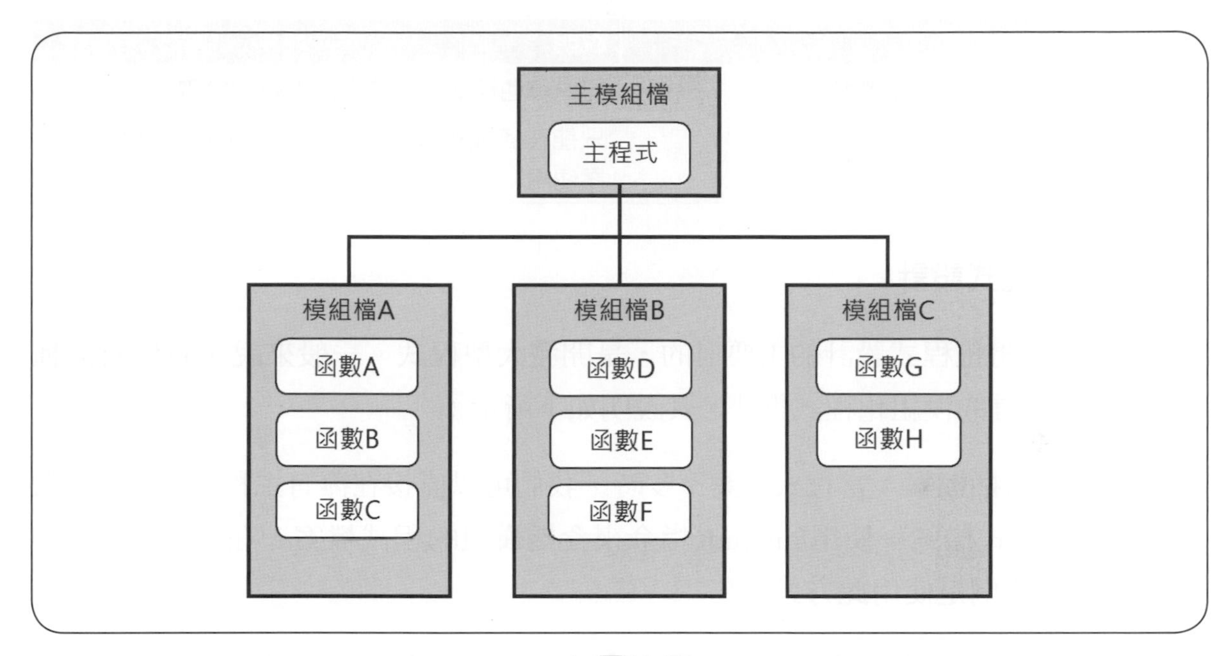

▶ 圖14-1

上述函數A~H分別依功能位於不同模組檔A~B，主程式main()函數位在主模組，可以呼叫各模組函數來執行所需的功能。因為各模組檔如同是一個工具箱，當其他程式也需要相同功能的函數E時，我們並不需要重新撰寫函數E，只需在主模組檔含括模組檔B，就可以馬上使用函數E。

C語言模組檔通常不是單一程式檔案，依功能可以分成兩種檔案：介面與實作檔，其說明如下所示：

1. **模組介面**（module interface）：模組介面是定義模組函數和使用的資料，即定義讓使用此模組的程式可以呼叫的函數和存取的變數資料，在C語言是使用標頭檔.h定義模組介面。
2. **模組實作**（module implementations）：模組的實作部分是模組函數和資

料的實際程式碼，程式設計者需要定義哪些函數是公開介面；哪些只能在模組程式檔中使用。C語言的程式檔案.c就是實作模組程式碼，即模組檔，以extern和static關鍵字區分公開或內部使用的函數與變數，如表14-1所示：

▶ 表14-1

變數與函數	說明
在標頭檔宣告成extern的變數和函數	可供其他程式使用的外部函數和變數
在模組檔宣告成static的變數和函數	只能在該模組檔中使用，並不能在其他模組檔案使用

實作模組化程式設計

C語言模組化程式設計的主要目的，是開發大型程式。一般來說，我們有兩種方式實作C語言的模組化程式設計，其說明如下所示：

1. **使用含括檔案**：當程式檔案不多時，我們可以直接在擁有主程式main()函數的C程式檔案，使用#include指令來含括模組的程式檔案。在第14-3-2節的程式範例是使用此方式。
2. **使用整合開發環境的專案管理**：使用Dev-C++整合開發環境的專案管理功能來管理多個程式檔案，詳細說明請參閱第14-4節。

14-3-2 模組化程式設計範例

在這一節筆者準備使用一個完整實例來說明C語言的模組化程式設計。我們準備建立一個整數比較模組，模組擁有2個外部變數和一個外部函數。

在C程式碼只需指定2個外部變數值，即可呼叫函數顯示2個變數中的最大或最小值。模組介面檔案是Ch14_3_2.h；模組實作檔案是Compare.c。

整數比較的標頭檔：Ch14_3_2.h

```
01: /* 程式範例: Ch14_3_2.h */
02: #define MAXCMP  1
03: #define MINCMP  0
04: /* 外部變數宣告 */
05: extern int var1;
```

```
06: extern int var2;
07: /* 顯示整數變數的比較結果 */
08: extern void cmpresult(int);
```

上述標頭檔是模組介面，在第2~3行定義符號常數。第5~6行使用extern宣告變數var1、var2。第8行宣告cmpresult()函數，表示這些變數和函數是定義在另一個程式檔案的變數和函數，即位在Compare.c。模組函數cmpresult()的說明，如表14-2所示：

▶ 表14-2

模組函數	說明
void cmpresult(int)	依參數決定顯示2個整數變數中的最大或最小值

對於C語言的外部變數來說，如果使用extern宣告變數，只是「宣告」（declaration）變數的名稱和資料型態，並沒有實際配置記憶體空間來「定義」（definition）變數。以此例，我們是在Compare.c程式檔案定義變數var1和var2。

Ch14_3_2.c、Compare.c

在C程式指定2個整數的變數值後，呼叫2次cmpresult()模組函數來顯示最大和最小值，如下所示：

```
變數1: 45
變數2: 100
最小值 : 45
變數1: 45
變數2: 100
最大值: 100
```

程式內容：Compare.c

```
01: /* 程式範例: Compare.c */
02: #include <stdio.h>
03: /* 函數原型宣告 */
04: static void maxvalue(void);
05: static void minvalue(void);
06: int var1, var2;
07: static int result;
```

```
08: /* 函數: 最大值 */
09: static void maxvalue() {
10:     if ( var1 > var2 ) result = var1;
11:     else               result = var2;
12: }
13: /* 函數: 最小值 */
14: static void minvalue() {
15:     if ( var1 < var2 ) result = var1;
16:     else               result = var2;
17: }
18: /* 函數: 顯示整數變數的比較結果 */
19: void cmpresult(int type) {
20:     printf("變數1: %d\n", var1);
21:     printf("變數2: %d\n", var2);
22:     if ( type == MAXCMP ) {
23:         maxvalue();
24:         printf("最大值: %d\n", result);
25:     } else {
26:         minvalue();
27:         printf("最小值 : %d\n", result);
28:     }
29: }
```

程式說明

◈ 第6行：定義外部變數var1、var2，和配置記憶體空間。

◈ 第7行：變數result宣告成static，表示變數只在此程式檔案使用。

◈ 第9~17行：maxvalue()和minvalue()函數宣告成static，表示只能在此模組的程式碼呼叫這2個函數，可以分別傳回變數var1和var2的最小和最大值。

◈ 第19~29行：實作cmpresult()函數的程式碼，依參數決定呼叫maxvalue()或minvalue()函數來取得最大或最小值。

程式內容：Ch14_3_2.c

```
01: /* 程式範例: Ch14_3_2.c */
02: #include <stdio.h>
03: #include "Ch14_3_2.h"
04: #include "Compare.c"
05:
06: int main(void) {
07:     var1 = 45;     /* 變數宣告 */
```

```
08:     var2 = 100;
09:     cmpresult(MINCMP);
10:     cmpresult(MAXCMP);
11:
12:     return 0;
13: }
```

程式說明

◈ 第3~4行：含括Ch14_3_2.h標頭檔和Compare.c實作檔案。

◈ 第7~8行：指定外部變數var1和var2的值。

◈ 第9~10行：呼叫2次cmpresult()函數，分別顯示最小值和最大值。

14-4 Dev-C++的專案管理

Dev-C++的「專案」（projects）可以幫助程式設計者開發和維護大型C程式。在專案包含程式檔案和相關檔案清單，程式檔案所在路徑和相關編譯設定等資訊。例如：C語言的模組是由.h標頭檔和.c的程式檔組成，我們可以使用Dev-C++專案來管理模組的程式檔案。

14-4-1 建立Dev-C++專案

Dev-C++專案是一個檔案，其副檔名為.dev。此檔案記錄程式的相關設定和專案所屬的檔案清單，在Dev-C++可以使用專案檔來載入、儲存、編譯和執行C程式。

筆者準備建立名為Ch11_4_1.dev的專案，將第14-3-2節模組檔案Ch14_3_2.h和Compare.c加入專案，然後新增主程式Ch14_4_1.c呼叫2次cmpresult()模組函數（程式內容和Ch14_3_2.c相似，只是沒有含括Compare.c）。其步驟如下所示：

Step 1 請將「\C\Ch14」資料夾的Ch14_3_2.h和Compare.c程式檔案複製至「Ch14-4」子資料夾。

Step 2 啟動Dev-C++，開啟「Ch14-4」子資料夾的Compare.c程式檔案，在程式開頭新增含括Ch14_3_2.h標頭檔的程式碼，如下所示：

```
#include "Ch14_3_2.h"
```

Step 3 在儲存後，請執行「檔案>關閉檔案」指令關閉Compare.c程式檔案。

Step 4 請執行「檔案>開新檔案>專案」指令，可以看到「建立新專案」對話方塊。

Step 5 在【Basic】標籤選【Console Application】，在右下方框選【C專案】，【名稱】欄輸入專案名稱【Ch14_4_1】，按【確定】鈕，可以看到「另存新檔」對話方塊。

▶ 圖14-2

Step 6 在【儲存於】欄切換到專案路徑「D:\C\Ch14\Ch14-4」，在【檔案名稱】欄是與專案名稱同名的【Ch14_4_1.dev】，按【存檔】鈕儲存專案，可以在「專案/類別瀏覽」視窗看到新增的專案Ch14_4_1。

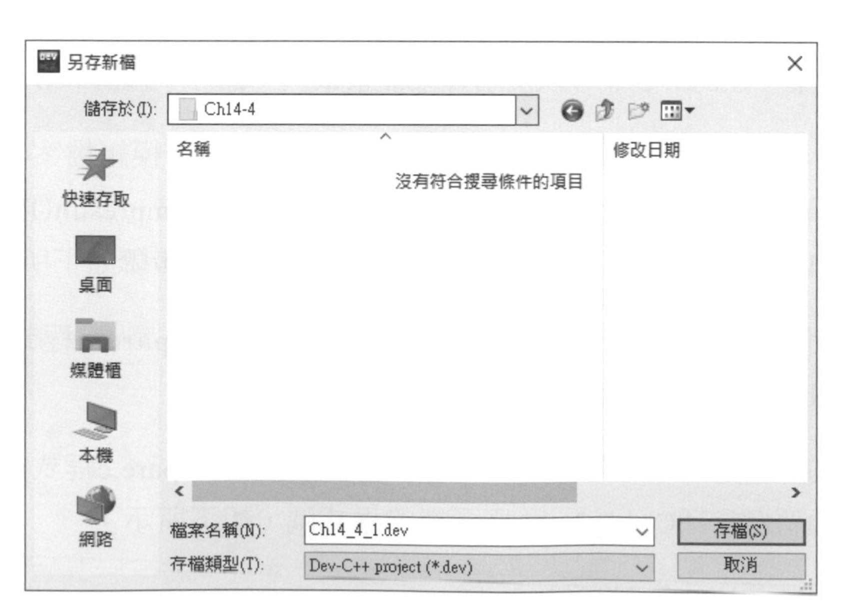

▶ 圖14-3

上述Dev-C++專案預設建立名為main.c的C程式檔案（在儲存時可以更改檔名），在右邊編輯視窗是預設建立的程式碼內容。

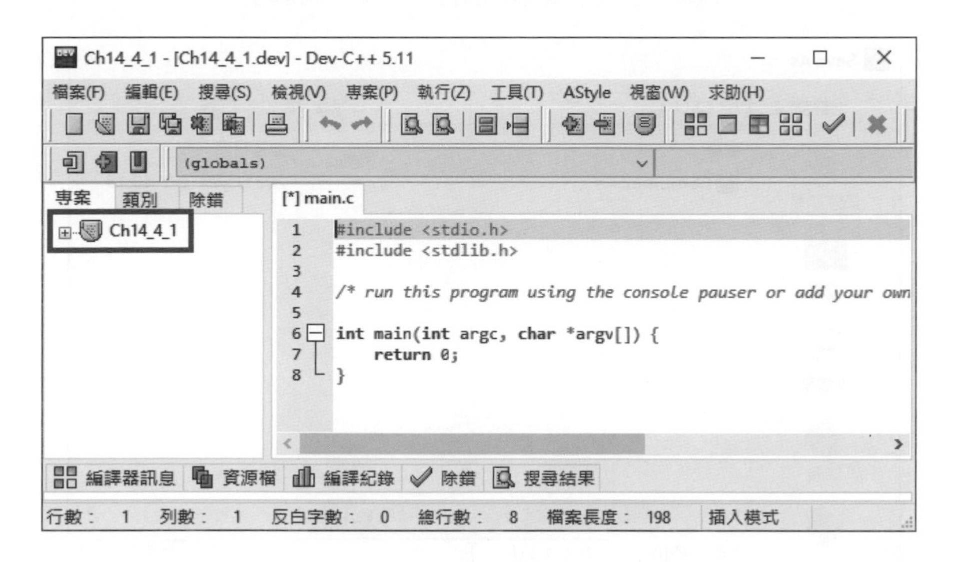

▶ 圖14-4

Step 7 在編輯視窗輸入C程式碼，含括模組Ch14_3_2.h標頭檔，和指定var1和var2變數值後，呼叫2次cmpresult()函數，如圖14-5所示：

▶ 圖14-5

Step 8 按游標所在【儲存】鈕，可以看到「Save As」對話方塊。

Step 9 在【檔名】欄輸入【Ch14_4_1.c】，【存檔類型】為【C source (*.c)】，按【存檔】鈕儲存程式檔案，可以看到編輯視窗的標籤改為Ch14_4_1.c。

▶ 圖14-6

Step 10 在「專案/類別瀏覽」視窗展開【Ch14_4_1】專案，可以看到新增的Ch14_4_1.c檔案。在【Ch14_4_1】專案上執行【右】鍵快顯功能表的【將檔案加入專案】指令，可以看到「開啓檔案」對話方塊。

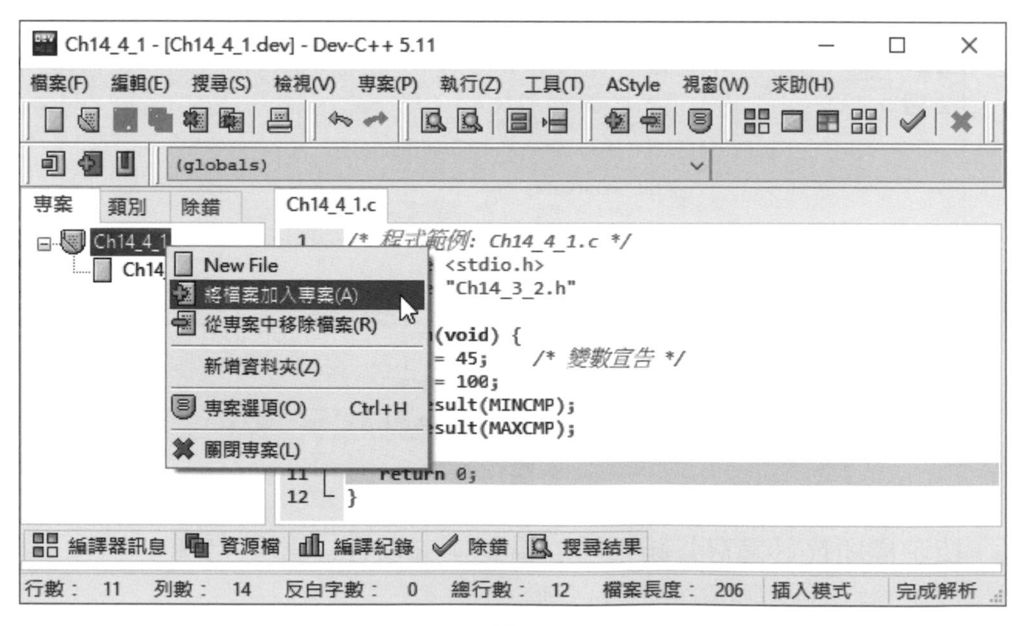

▶ 圖14-7

Step 11 請同時按下 Ctrl 和 Shift 鍵和檔名，選取多個加入專案的程式檔案，以此例是Ch14_3_2.h和Compare.c，按【開啓】鈕將程式檔案加入專案。

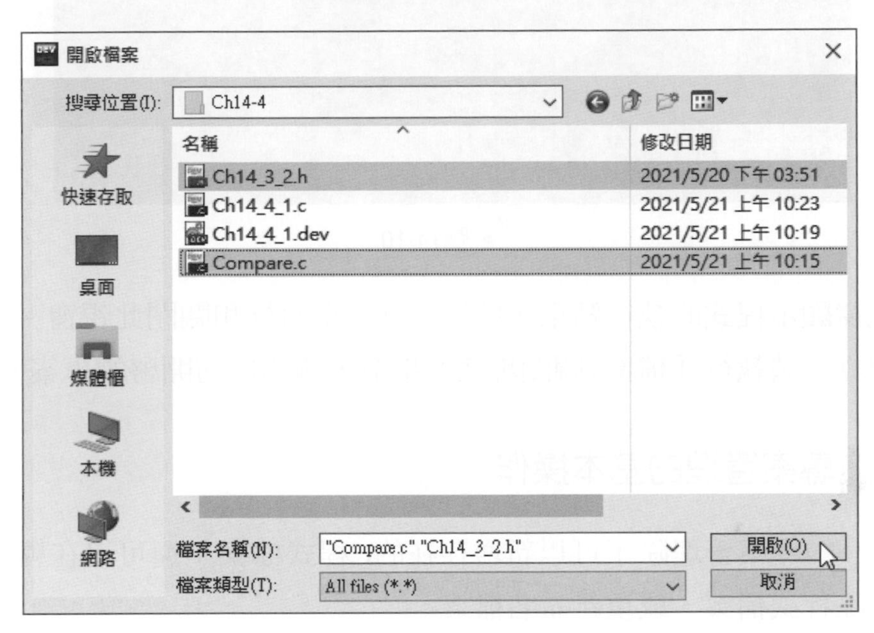

▶ 圖14-8

Step 12 在【專案】標籤顯示專案的程式檔案清單，我們只需在檔案清單上按一下檔案名稱，就可以在右邊編輯視窗開啓檔案來編輯程式碼。

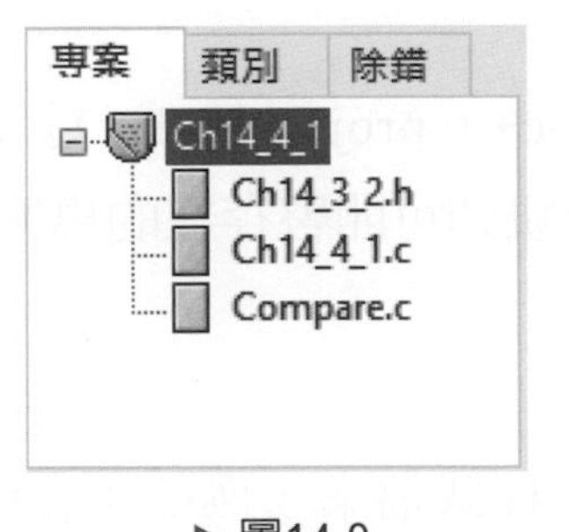

▶ 圖14-9

Step 13 如果需要，請執行「檔案>儲存所有檔案」指令，儲存專案檔案。

Step 14 請執行「執行>編譯並執行」指令，或按 F11 鍵。如果程式沒有錯誤，可以看到專案的執行結果，如圖14-10所示：

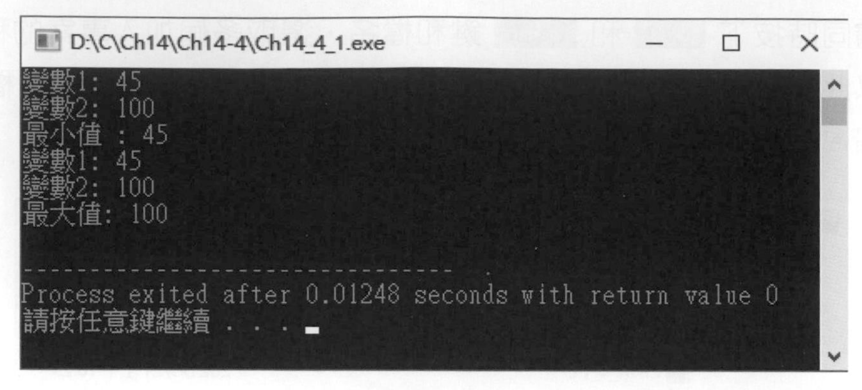

▶ 圖14-10

上述視窗顯示程式的執行結果，按任意鍵結束執行和關閉此視窗。如果已經完成專案的建立，請執行「檔案>關閉專案」指令，關閉目前開啓的專案。

14-4-2 專案管理的基本操作

Dev-C++的專案管理除了可以新增存在的C程式檔案；還可以在專案的檔案清單新增、刪除程式檔案，或重新命名檔案。

開啓Dev-C++專案

當啓動Dev-C++後，請執行「檔案>開啓舊檔」指令，可以看到「開啓檔案」對話方塊。

在【檔案類型】選【dev-c++ project(*.dev)】類型，可以看到專案的檔案清單，選取後，按【開啓舊檔】鈕即可開啓存在的專案。

在專案新增檔案

專案如果需要新增全新的程式檔案，例如：在Ch14_4_1專案新增程式檔案，請在專案名稱上按【右】鍵顯示快顯功能表，如圖14-11所示：

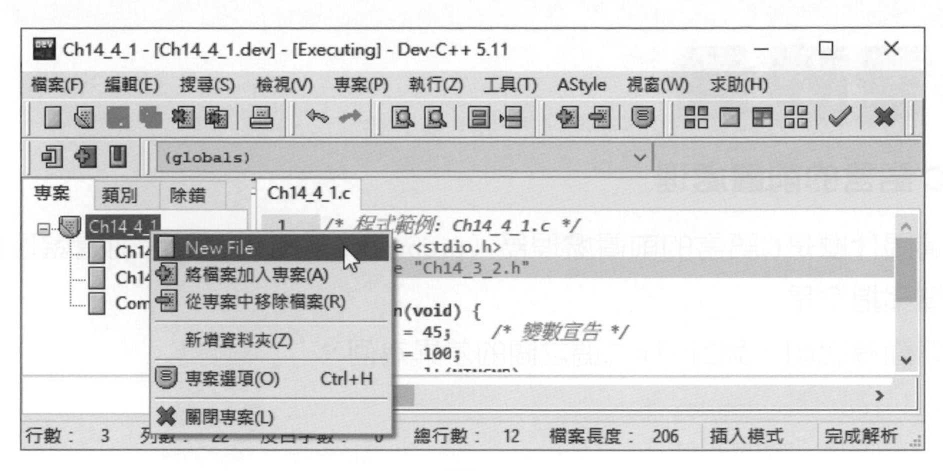

▶ 圖14-11

執行【New File】指令，可以新增名爲【新文件?】的程式檔案，在右邊就會顯示新文件的編輯視窗，然後在編輯視窗輸入程式碼，儲存檔案來新增專案的程式碼檔案。

重新命名

在專案檔案清單的檔案可以直接重新命名，請在檔案上執行【右】鍵快顯功能表的【重新命名】指令，可以看到「重新命名檔案」對話方塊。

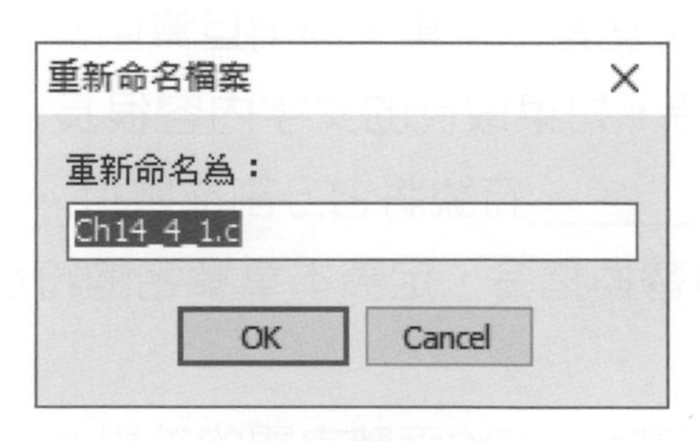

▶ 圖14-12

在【重新命名爲:】欄輸入新檔名，按【OK】鈕即可更改檔案名稱。

移除檔案

在專案中如果有不再需要的檔案，我們可以將此檔案從專案中移除。請在欲移除檔案上執行【右】鍵快顯功能表的【移除檔案】指令，移除專案的檔案。請注意！此操作只是將檔案從專案檔案清單中移除，並不是眞的刪除檔案。

學習評量

14-1 C 語言的前置處理

1. 請問什麼是C語言的前置處理器（preprocessor）？C語言前置處理的含括檔案指令是_______。
2. 請簡單說明下列2行程式碼之間的差異為何？

```
#include <myHeader.h>
#include "myHeader.h"
```

3. 請問什麼是C語言前置處理的條件編譯（conditional compilation）？
4. 請建立C程式，使用#ifdef條件編譯判斷MSG符號常數是否有定義。如果有，顯示MSG符號常數的字串內容"大家好!"；否則顯示"MSG沒有定義"。
5. 請問，如何活用#if/#endif指令，讓擁有「/*」和「*/」註解文字的一大段程式碼不需要編譯（因為程式碼已經有註解文字，我們無法再註解掉整段程式碼，C語言不支援巢狀註解）。

14-2 C 語言的巨集

1. 請簡單說明什麼是C語言的巨集？何謂巨集函數？
2. 在建立巨集函數時，如果取代的文字內容很長，我們需要斷成數行來編排，此時是使用________符號將它分割成數行。
3. 請使用C語言巨集替換指令，定義本章章名的符號常數TITLE，然後顯示符號常數的內容。
4. 請簡單說明巨集函數和一般C函數之間的差異？
5. 請使用巨集定義MAX(a, b)和MIN(a, b)函數，可以分別取得2個參數的最大和最小值（提示：使用C語言的條件運算子）。
6. 請使用巨集定義平方和三次方的函數SQUARE(a)和CUBE(a)。
7. 請使用巨集定義AVERAGE(a, b)函數，可以計算參數a和b的平均值。
8. 請使用條件運算子「?:」定義絕對值函數ABS(a)的巨集函數，可以計算參數a的絕對值。

學習評量

14-3 C 語言的模組化程式設計

1. 請說明什麼是模組？何謂C語言的模組化程式設計？
2. 請問模組介面（module interface）與模組實作（module implementations）是什麼？何謂主模組？
3. 對於C語言的外部變數來說，宣告變數和定義變數有何不同？
4. 對於模組實作來說，標頭檔使用__________關鍵字宣告變數和函數是可供其他程式使用的外部函數和變數；使用__________關鍵字宣告變數和函數只能在該模組檔中使用。
5. 請使用Ch8_2_5.c程式範例為例，使用C語言模組化程式設計將它分割成多個程式檔案：Ch8_2_5.h（所有函數的原型宣告）、myFuncs.c（所有函數的定義）和Ch8_2_5.c（主程式）。

14-4 Dev-C++ 的專案管理

1. 請簡單說明Dev-C++的專案管理功能？Dev-C++專案檔的副檔名是________。
2. 請改用Dev-C++專案管理建立第14-3節習題5的模組化程式設計。

Chapter

15

位元運算、動態記憶體配置與鏈結串列

本章學習目標

- 15-1 數字系統與轉換
- 15-2 C語言的位元運算子
- 15-3 位元欄位
- 15-4 動態記憶體配置
- 15-5 鏈結串列

15-1 數字系統與轉換

數字系統對於C程式來說，就是整數常數值的表示法。常用表示法有：二進位、十進位和十六進位數字系統。

15-1-1 數字系統

對於程式設計師來說，或多或少都可能處理一些二進位或十六進位的常數值，所以對數字系統（number system）需要有一定的認識，以便在不同數字系統之間進行轉換。

十進位數字系統（the decimal number system）

十進位數字系統是日常生活使用的數字系統，這是以10爲基底的數字系統，使用0~9共10種符號來表示。我們使用的貨幣1、10、100和1000元，就是十進位數字系統。例如：十進位整數432，如表15-1所示：

▶ 表15-1

4	$4 * 10^2 = 4 * 100 =$	400
3	$3 * 10^1 = 3 * 10 =$	30
2	$2 * 10^0 = 2 * 1 =$	2
		432

上述整數的第1個位數是2（從右至左），乘以10的0次方；第2個位數是3，乘以10的1次方；第3個位數是4，乘以10的2次方，以此類推，最後相加的結果是432。

二進位數字系統（the binary number system）

二進位數字系統是以2爲基底的數字系統，使用0和1兩種符號來表示。例如：二進位整數1101，如表15-2所示：

▶ 表15-2

1	$1 * 2^3 = 1 * 8 =$	8
1	$1 * 2^2 = 1 * 4 =$	4
0	$0 * 2^1 = 0 * 2 =$	0
1	$1 * 2^0 = 1 * 1 =$	1
		13

上述整數的第1個位數是1（從右至左），乘以2的0次方；第2個位數是0，乘以2的1次方；第3個位數是1，乘以2的2次方；第4個位數是1，乘以2的3次方，以此類推，最後相加的結果是13。

十六進位數字系統（the hexadecimal number system）

十六進位數字系統是以16爲基底的數字系統，除了0~9外，還需A~F代表10~15共16種符號來表示。例如：十六進位整數2DA，如表15-3所示：

▶ 表15-3

2	$2 * 16^2 = 2 * 256 =$	512
D	$13 * 16^1 = 13 * 16 =$	208
A	$10 * 16^0 = 10 * 1 =$	10
		730

上述整數的第1個位數是A（從右至左），乘以16的0次方；第2個位數是D，乘以16的1次方；第3個位數是2，乘以16的2次方；以此類推，最後相加的結果是730。

15-1-2 十進位與二進位的互換

對於二進位、八進位、十六進位或十進位的數值資料，我們可能需要相互轉換。例如：十進位轉換成二進位；或二進位轉換成十進位。

二進位轉換成十進位

對於二進位的數值來說，第No個位數D代表的值爲：$D*2^{No}$，指數No的值是從0開始，整數部分是由右至左遞增0、1、2、...；小數部分是從左至右爲-1、-2、-3、...。當我們需要從二進位轉換成十進位時，整數部分是使用乘法；小數部分也是使用乘法，如表15-4所示：

▶ 表15-4

$(1011)_2 = (11)_{10}$	$(1011.101)_2 = (11.625)_{10}$
2^3 2^2 2^1 2^0 (1 | 0 | 1 | 1 $)_2$ $= (1x2^3)+(0x2^2)+(1x2^1)+(1x2^0)_{10}$ $= (1x8)+(0x4)+(1x2)+(1x1)_{10}$ $= (8+0+2+1)_{10}$ $= (11)_{10}$	2^3 2^2 2^1 2^0 2^{-1} 2^{-2} 2^{-3} (1 | 0 | 1 | 1 | . | 1 | 0 | 1 $)_2$ $= (1x2^3)+(0x2^2)+(1x2^1)+(1x2^0)+(1x2^{-1})+(0x2^{-2})+(1x2^{-3})_{10}$ $= (1x8)+(0x4)+(1x2)+(1x1)+(1x1/2)+(0x1/4)+(1x1/8)_{10}$ $= (8+0+2+1+1/2+0+1/8)_{10}$ $= (11.625)_{10}$

十進位轉換成二進位

十進位轉換成二進位，整數部分是使用除法，輾轉相除2至結果爲1，然後將餘數和最後值從下向上倒過來依序寫出的數值，就是轉換結果的二進位值；小數部分則是乘以2，取出整數部分，如果小數部分不爲0，繼續乘以2（整數不計），直至小數部分到0爲止，如表15-5所示：

▶ 表15-5

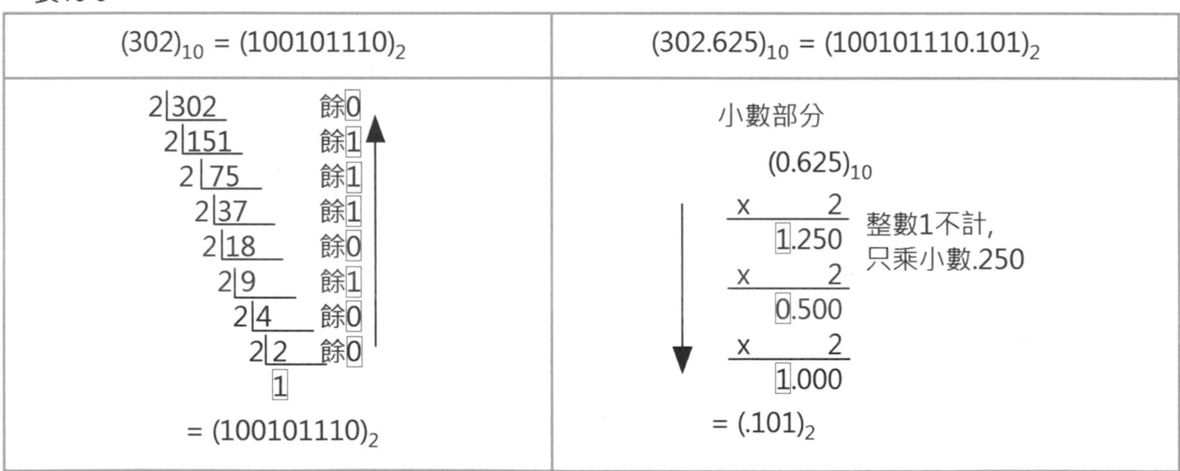

$(302)_{10} = (100101110)_2$	$(302.625)_{10} = (100101110.101)_2$
2|302 餘0 2|151 餘1 2|75 餘1 2|37 餘1 2|18 餘0 2|9 餘1 2|4 餘0 2|2 餘0 1 $= (100101110)_2$	小數部分 $(0.625)_{10}$ x 2 1.250 整數1不計, 只乘小數.250 x 2 0.500 x 2 1.000 $= (.101)_2$

上表因爲整數部分相同，所以只列出小數部分的運算過程。

程式範例

Ch15_1_2.c

在C程式建立ten2two()和two2ten()函數，可以分別將整數從十進位轉換成二進位；二進位轉換成十進位，如下所示：

```
302 = 100101110
1011 = 11
```

上述執行結果可以看到十進位302轉換成二進位100101110；二進位1011轉換成十進位11。

程式內容

```
01: /* 程式範例: Ch15_1_2.c */
02: #include <stdio.h>
03: #include <math.h>
04:
05: long ten2two(int);   /* 函數的原型宣告 */
06: int two2ten(long);
07: /* 主程式 */
08: int main(void) {
09:     printf("302 = %d\n", ten2two(302));
10:     printf("1011 = %d\n", two2ten(1011));
11:
12:     return 0;
13: }
14: /* 函數: 10進位轉2進位 */
15: long ten2two(int n) {
16:     long binary = 0, d = 1;
17:     while( n != 0 ) {     /* 輾轉相除2 */
18:         binary = binary + ( n%2 ) * d;
19:         n = n / 2;
20:         d = d * 10;
21:     }
22:     return binary;
23: }
24: /* 函數: 2進位轉10進位 */
25: int two2ten(long n) {
26:     int ten = 0, no = 0, d;
27:     while( n > 0 ) {  /* 由右至左遞增0、1、2  */
28:         d = n % 10;
29:         n = n / 10;
```

```
30:          ten = ten + d * pow(2 , no);
31:          no++;
32:      }
33:      return ten;
34: }
```

程式說明

◈ 第4行：含括<math.h>標頭檔，因為在第30行使用pow()指數函數。

◈ 第9~10行：使用十進位和二進位值測試ten2two()和two2ten()函數，二進位值實際上是一個十進位長整數long，在每一個位數使用0或1表示二進位值。

◈ 第15~23行：ten2two()函數可以將參數十進位轉換成二進位，在第17~21行的while迴圈執行輾轉相除2。第18行計算此位數的二進位值。在第19行使用整數除法除以2。第20行乘以10，以便顯示下一個二進位位數的值。請注意！函數傳回值實際上是10進位的長整數long，只是顯示結果是一個二進位值。

◈ 第25~34行：two2ten()函數可以將參數二進位值轉換成十進位，在第27~32行的while迴圈遞增No值為0、1、2　，可以計算$D*2^{No}$的值。第28行取得每一位數的D值。在第29行使用整數除法除以10，來刪除最後一個位數。

15-1-3 八進位、十六進位和二進位的互換

十進位、八進位、十六進位和二進位數字系統的轉換表，如表15-6所示：

▶ 表15-6

十進位	0	1	2	3	4	5	6	7	8	9	10	11	12	13	14	15
八進位	0	1	2	3	4	5	6	7	10	11	12	13	14	15	16	17
十六進位	0	1	2	3	4	5	6	7	8	9	A	B	C	D	E	F
二進位	0000	0001	0010	0011	0100	0101	0110	0111	1000	1001	1010	1011	1100	1101	1110	1111

上述轉換表可以幫助我們快速執行八進位、十六進位和二進位之間的互換，如下所示：

十六進位與二進位的互換

十六進位與二進位的互換是透過上述轉換表，將十六進位的每1個位數轉換成二進位的4個0或1，如下所示：

1. **十六進位轉換成二進位**：將每一個十六進位的位數，依據上表轉換成二進位，1個轉換成4個，如圖15-1所示：

$(4EC)_{16}$ = $(0100\ 1110\ 1100)_2$ = $(010011101100)_2$
$(5BD1.B)_{16}$ = $(0101\ 1011\ 1101\ 0001\ .\ 1011)_2$= $(101101111010001.1011)_2$

▶ 圖15-1

2. **二進位轉換成十六進位**：以小數點為基準，整數部分是由右向左，每4位為一組，不足4補0。小數部分是從左至右，每4位一組，不足4補0，然後將每一組數字轉換成十六進位值，如圖15-2所示：

$(111010011)_2$ = $(0001\ 1101\ 0011)_2$ = $(1D3)_{16}$
$(111010011.101)_2$ = $(0001\ 1101\ 0011\ .\ 1010)_2$ = $(1D3.A)_{16}$

▶ 圖15-2

八進位與二進位的互換

八進位與二進位的互換是透過上述轉換表前半部分0~7，其二進位值是使用後3個位元，即1是001；2是010，以此類推，可以將八進位的每1個位數轉換成二進位的3個0或1，如下所示：

1. **八進位轉換成二進位**：將每一個八進位的位數，依據上表轉換成二進位，1個轉換成3個，如圖15-3所示：

$(475)_8$ = $(100\ 111\ 101)_2$ = $(100111101)_2$
$(76.21)_8$ = $(111\ 110\ .\ 010\ 001)_2$ = $(111110.010001)_2$

▶ 圖15-3

2. **二進位轉換成八進位**：以小數點為基準，整數部分是由右向左，每3位為一組，不足3補0。小數部分是從左至右，每3位一組，不足3補0，然後將每一組數字轉換成八進位值，如圖15-4所示：

$$(101001110)_2 = (101\ 001\ 110)_2 = (516)_8$$
$$(101001110.01)_2 = (101\ 001\ 110\ .\ 010)_2 = (516.2)_8$$

▶ 圖15-4

15-2 C語言的位元運算子

C語言提供六種「位元運算子」（bitwise operators），可以針對位元組的位元執行二進位值的左移或右移位元，或位元的NOT（1'補數）、AND、XOR和OR位元運算（其優先順序愈前面愈高），如表15-7所示：

▶ 表15-7

位元運算子	說明
~	位元運算子NOT（1'補數）
<<、>>	位元運算子左移、右移
&	位元運算子AND
^	位元運算子XOR
|	位元運算子OR

上表位元運算子建立的運算式只能使用整數運算元，即char、short、int和long資料型態。

15-2-1 AND、OR和XOR運算子

位元運算的NOT、AND、OR和XOR運算子類似邏輯運算子，其說明如表15-8所示：

▶ 表15-8

運算子	範例	說明
&	op1 & op2	位元的AND運算，2個運算元的位元值同為1時為1；如果有一個為0，就是0
|	op1 | op2	位元的OR運算，2個運算元的位元值只需有一個是1，就是1；否則為0
^	op1 ^ op2	位元的XOR運算，2個運算元的位元值只需任一個為1，結果為1；如果同為0或1時，結果為0

位元運算子結果（a和b代表二進位值的一個位元）的眞假值表，如表15-9所示：

▶ 表15-9

a	b	a AND b	a OR b	a XOR b
1	1	1	1	0
1	0	0	1	1
0	1	0	1	1
0	0	0	0	0

AND運算

AND運算子「&」通常是用來遮掉整數值的一些位元；也就是說，當使用「位元遮罩」（mask）和數值進行AND運算後，就可以將不需要的位元清成0，只取出所需位元。例如：位元遮罩0x0f值可以取得char資料型態值中，低階4位元的值，如圖15-5所示：

```
        十進位      二進位
        a = 60     00111100
&)      b = 15     00001111
        ------------------
            12     00001100
```

▶ 圖15-5

上述60 & 15位元運算式的每一個位元，依照前述眞假值表，可以得到運算結果00001100，也就是十進位值12。

OR運算

OR運算子「|」可以將整數值中某些指定位元設爲1。例如：OR運算式60 | 3，如圖15-6所示：

```
        十進位      二進位
        a = 60     00111100
|)      c =  3     00000011
        ------------------
            63     00111111
```

▶ 圖15-6

上述位元運算式是將最低階的2個位元設為1，可以得到運算結果00111111，即十進位值63。

XOR運算

XOR運算子「^」是當比較的位元不同時，將位元設為1。例如：XOR運算式60 ^ 120，如圖15-7所示：

	十進位	二進位
	a = 60	00111100
^)	d =120	01111000
	68	01000100

▶ 圖15-7

上述位元運算式可以得到運算結果01000100，即十進位值68。

Ch15_2_1.c

在C程式宣告char變數和指定初值後，測試AND、OR和XOR位元運算子，如下所示：

```
a的值:  60(3c)
b的值:  15(f)
c的值:   3(3)
d的值: 120(78)
AND運算: a & b= 12(c)
OR運算:  a | c= 63(3f)
XOR運算: a ^ d= 68(44)
```

上述執行結果可以看到位元運算結果，括號是十六進位值。

程式內容

```
01: /* 程式範例: Ch15_2_1.c */
02: #include <stdio.h>
03:
04: int main(void) {
05:     /* 變數宣告 */
06:     char a = 0x3c;   /* 00111100 */
```

```
07:     char b = 0x0f;    /* 00001111 */
08:     char c = 0x03;    /* 00000011 */
09:     char d = 0x78;    /* 01111000 */
10:     char r;
11:     printf("a的值: %3d(%x)\n",a,a);
12:     printf("b的值: %3d(%x)\n",b,b);
13:     printf("c的值: %3d(%x)\n",c,c);
14:     printf("d的值: %3d(%x)\n",d,d);
15:     /* AND、OR和XOR運算 */
16:     r = a & b;     /* AND運算 */
17:     printf("AND運算: a & b=%3d(%x)\n",r,r);
18:     r = a | c;     /* OR運算 */
19:     printf("OR運算:  a | c=%3d(%x)\n",r,r);
20:     r = a ^ d;     /* XOR運算 */
21:     printf("XOR運算: a ^ d=%3d(%x)\n",r,r);
22:
23:     return 0;
24: }
```

程式說明

◈ 第6~9行：宣告char變數和指定初值，註解是二進位值。

◈ 第16~20行：測試AND、OR和XOR位元運算子。

15-2-2 NOT運算子

NOT運算是一種單運算元運算子，即1'補數運算，其說明如表15-10所示：

▶ 表15-10

運算子	範例	說明
~	~ op	位元的NOT運算也就是1'補數運算，即位元值的相反值，1成0；0成1

1'補數運算NOT可以反轉位元狀態值，所有1設爲0；0設爲1。例如：a的值爲00101100；~a的值爲11010011。

程式範例

Ch15_2_2.c

在C程式宣告整數變數和指定初值後，測試NOT位元運算子，如下所示：

```
a的原始值:  44(2c)
a的1'補數: 211(d3)
a的2'補數:  44(2c)
```

上述執行結果可以看到，第1次執行NOT運算的結果為d3，也就是無符號十進位的211；再執行1次NOT運算，相當於是2'補數運算，其結果就是原始值。

程式內容

```
01: /* 程式範例: Ch15_2_2.c */
02: #include <stdio.h>
03:
04: int main(void) {
05:     /* 宣告變數 */
06:     char a = 0x2c;  /* 00101100 */
07:     /* 測試位元運算子 */
08:     printf("a的原始值: %3d(%x)\n", a, a);
09:     a = ~a;  /* 1'補數 */
10:     printf("a的1\'補數: %3d(%x)\n",a&0xff,a&0xff);
11:     a = ~a;  /* 再執行1'補數, 相當於2'補數 */
12:     printf("a的2\'補數: %3d(%x)\n", a, a);
13:
14:     return 0;
15: }
```

程式說明

- 第6行：宣告char變數和指定初值，註解是二進位值。
- 第9~11行：測試二次NOT位元運算子，第10行使用「&」運算子取出低階的1個位元組值。

15-2-3 位移運算子

C語言提供左移（left shift）和右移（right shift）幾個位元的位移運算。位移運算子可以向左或向右移幾個位元。向左移一個位元相當是乘以2；向右移相當是除以2，其說明如表15-11所示：

▶ 表15-11

運算子	範例	說明
<<	op1 << op2	左移運算，op1往左位移op2位元，然後在最右邊補上0
>>	op1 >> op2	右移運算，op1往右位移op2位元，無符號值在左邊一定補0，有符號值需視電腦系統而定

左移運算每移1個位元，相當於乘以2；右移運算每移1個位元，相當於除以2。例如：原始十進位值3的左移運算，右邊補0，如下所示：

```
00000011 << 1 = 00000110 ( 6)
00000011 << 2 = 00001100 (12)
```

上述運算結果的括號就是十進位值。原始十進位值120的右移運算，左邊補0，如下所示：

```
01111000 >> 1 = 00111100 (60)
01111000 >> 2 = 00011110 (30)
```

程式範例 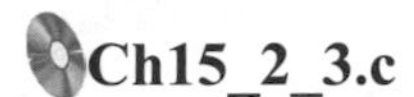

在C程式宣告整數變數和指定初值後，測試左移和右移位元運算子，如下所示：

```
a的值 = 3(3)
b的值 = 120(78)
左移運算: a<<1=   6
左移運算: a<<2=  12
右移運算: b>>1=  60
右移運算: b>>2=  30
```

上述執行結果可以看到位元運算結果，每左移1個位元乘以2；每右移1個位元除以2。

程式內容

```
01: /* 程式範例: Ch15_2_3.c */
02: #include <stdio.h>
03:
04: int main(void) {
05:     /* 宣告變數 */
06:     char a = 0x03;    /* 00000011 */
07:     char b = 120;     /* 01111000 */
08:     /* 左移與右移位元運算子 */
09:     printf("a的值 = %d(%x)\n", a, a);
10:     printf("b的值 = %d(%x)\n", b, b);
11:     printf("左移運算: a<<1= %3d\n",(a<<1));
12:     printf("左移運算: a<<2= %3d\n",(a<<2));
13:     printf("右移運算: b>>1= %3d\n",(b>>1));
14:     printf("右移運算: b>>2= %3d\n",(b>>2));
15:
16:     return 0;
17: }
```

程式說明

- 第6~7行：宣告2個char變數和指定初值，註解為二進位值。
- 第11~14行：測試位移運算子。

15-3 位元欄位

「位元欄位」（bit-fields）是用來存取變數的位元資料，資料不是以位元組為單位來存取，而是每一個位元。位元欄位宣告就是使用結構宣告，只是成員變數的宣告不同。例如：宣告bitfields位元欄位，如下所示：

```
struct bitfields {    /* 宣告位元欄位的bitfields結構 */
    unsigned int x : 1;
    unsigned int y : 1;
    unsigned int z : 2;
};
```

上述位元欄位各成員變數的型態一定是整數資料型態int；或無符號整數unsigned int（C99可以使用long、short和char型態），在「:」冒號後是佔用的位元數。以此例，成員變數x佔用1位元；y佔用1位元；z佔用2位元，這個位元欄位共佔用4個位元。

位元欄位的變數宣告與存取方式與結構相同，也是使用「.」運算子，如下所示：

```
struct bitfields bits;
printf("x= %x\n", bits.x);
printf("y= %x\n", bits.y);
```

不過，因爲位元欄位宣告的位元變數不能單獨進行運算，以此例，因爲只有4個位元，我們不能使用指定敘述指定其值。在C程式通常是使用聯合變數來指定位元變數值，本節的程式範例就是使用此方法。

在C程式宣告位元欄位bitfields，和建立聯合型態變數number，內含位元欄位。在指定聯合變數的成員value後，顯示位元欄位中各位元的值，如下所示：

```
請輸入十六進位整數==> 0f Enter
x= 1    y= 1    z= 3
後4位元=15
請輸入十六進位整數==> 45 Enter
x= 1    y= 0    z= 1
後4位元=5
請輸入十六進位整數==> -1 Enter
```

上述執行結果輸入十六進位值，可以顯示最後4個位元的位元值，例如：十六進位45的十進位值為69，其2進位值如圖15-8所示：

十進位	二進位	
69	01000101	
5	0101	後4個位元
	zzyx	

▶ 圖15-8

上述運算式可以看到69的二進位值，最後4個位元為0101，以位元欄位來說，就是對應zzyx，即x=1，y=0和z=1。輸入-1結束程式執行。

程式內容

```
01: /* 程式範例: Ch15_3.c */
02: #include <stdio.h>
03:
04: int main(void) {
05:     struct bitfields {    /* 宣告位元欄位 */
06:         unsigned int x : 1;
07:         unsigned int y : 1;
08:         unsigned int z : 2;
09:     };
10:     union {              /* 聯合變數宣告 */
11:         unsigned char value;
12:         struct bitfields bits;
13:     } number;
14:     char c, num;
15:     do {
16:         printf("請輸入十六進位整數 ==> ");
17:         scanf("%x", &num);
18:         if ( num == -1 ) break;   /* 跳出迴圈 */
19:         number.value = num;
20:         /* 顯示位元欄位的值 */
21:         printf("x= %x\t", number.bits.x);
22:         printf("y= %x\t", number.bits.y);
23:         printf("z= %x\n", number.bits.z);
24:         printf("後4位元=%d\n", number.value & 0x0f);
25:         while ((c=getchar())!='\n'); /* 剩下字元 */
26:     } while ( 1 );
27:
28:     return 0;
29: }
```

程式說明

- 第5~9行：位元欄位bitfields的宣告。
- 第10~13行：宣告聯合和建立聯合變數number。
- 第15~26行：do/while迴圈輸入十六進位值，在第19行指定聯合變數成員value的值。第21~23行顯示位元欄位的成員變數值。
- 第24行：使用「&」And運算子取得後4位元的值。

15-4 動態記憶體配置

動態記憶體配置不同於第9-1-2節的靜態記憶體配置，它是在程式執行階段才向作業系統要求配置所需的記憶體空間，用多少要多少，可以讓C程式更加靈活的運用記憶體空間。

15-4-1 malloc()和free()函數

在<stdlib.h>標頭檔的標準函數庫提供兩個函數：malloc()和free()，可以在執行時配置和釋放要求的記憶體空間。

配置記憶體：malloc()函數

在C程式碼呼叫malloc()函數，可以向作業系統取得一塊可用的記憶體空間，其說明如表15-12所示：

▶ 表15-12

函數	說明
void *malloc(unsigned int size)	參數size是所需的記憶體空間大小，單位是位元組，函數傳回指向第1個位元組的void指標

當程式需要配置size尺寸的記憶體空間時，因爲函數傳回void泛型指標，所以需要型態迫換，將函數傳回的指標轉換成指定資料型態的指標，其基本語法如下所示：

```
fp = (資料型態*) malloc(sizeof(資料型態));
```

上述語法使用sizeof運算子取得指定資料型態的大小，在此的型態包括整數、字元、浮點數等基本資料型態和結構等延伸資料型態（陣列大小的計算略有不同，在第15-4-2節有進一步說明）。例如：配置一個浮點數變數的記憶體空間，如下所示：

```
fp = (float *) malloc(sizeof(float));   /* 配置float記憶體空間 */
```

上述程式碼配置一塊浮點數的記憶體空間，fp是浮點數的指標。傳回值經過型態迫換成float指標後，malloc()函數是傳回一個浮點數的記憶體指標和指定給指標fp。

當記憶體空間不足，無法配置時，函數malloc()傳回空指標NULL。請注意！在C程式需確定記憶體空間配置成功，傳回有效指標後，才能使用配置的記憶體空間，如下所示：

```
if ( fp != NULL ) {    /* 檢查是否成功配置記憶體空間 */
    …
}
```

上述if條件檢查配置記憶體空間是否成功，如果成功，才能使用此空間；否則，如同陣列邊界問題（超出陣列長度）一樣，可能產生不可預期的錯誤。

釋放配置記憶體：free()函數

在C程式需要自行將配置的記憶體空間歸還作業系統，以便歸還的記憶體空間可以在下次呼叫malloc()函數時重新配置。free()函數和malloc()函數的功能相反，可以釋放配置的記憶體空間，其說明如表15-13所示：

▶ 表15-13

函數	說明
free(void *fp)	參數void指標fp是呼叫函數malloc()傳回的記憶體空間指標，也就是釋放此指標指向的記憶體空間

例如：指標fp是指向malloc()函數傳回的浮點數記憶體空間的指標，我們可以呼叫free()函數釋放此塊記憶體空間，如下所示：

```
free(fp);    /* 釋放float記憶體空間 */
```

上述程式碼的指標fp，以此例是float浮點數，它是malloc()函數傳回的指標或結構指標。

Ch15_4_1.c

在C程式使用動態記憶體配置，取得浮點數的記憶體空間，在指定變數值後，顯示相關資訊，最後釋放配置的記憶體空間，如下所示：

```
fp指標的位址: 00000000001813C0
fp指標的值: 3.141593
fp配置位元組: 4
```

上述執行結果可以看到指標fp的位址、值和記憶體空間大小，其中，值因為顯示精確度是小數點下6位，所以四捨五入。

程式內容

```
01: /* 程式範例: Ch15_4_1.c */
02: #include <stdio.h>
03: #include <stdlib.h>
04: int main(void) {
05:     float *fp;   /* 宣告浮點指標 */
06:     /* 配置浮點數記憶體 */
07:     fp = (float *) malloc(sizeof(float));
08:     if ( fp != NULL ) { /* 檢查指標是否是NULL */
09:         *fp = 3.1415926f; /* 設定變數值 */
10:         printf("fp指標的位址: %p\n", fp);
11:         printf("fp指標的值: %f\n", *fp);
12:         printf("fp配置位元組: %d\n", sizeof(float));
13:         free(fp);  /* 釋回記憶體空間 */
14:     }
15:     else printf("錯誤: 記憶體配置失敗!\n");
16:
17:     return 0;
18: }
```

程式說明

- 第3行：含括<stdlib.h>標頭檔，內含malloc()與free()函數的原型宣告。
- 第5行：宣告浮點數指標fp。
- 第7行：呼叫malloc()函數配置浮點數的記憶體空間。
- 第8~15行：if/else條件判斷是否配置成功，成功，在第9~12行指定變數值和顯示相關資訊。第13行呼叫free()函數，釋放配置的記憶體空間。

15-4-2 配置陣列的記憶體

陣列是相同型態的變數集合，在C程式只需配置一整塊連續的記憶體空間就可以當成陣列使用。首先宣告陣列型態的指標，如下所示：

```
int *grade;    /* 宣告int指標變數grade */
```

上述整數指標是用來指向整數陣列，接著呼叫malloc()函數配置所需的記憶體空間，如下所示：

```
grade = (int *) malloc(num * sizeof(int));  /* 配置陣列的記憶體空間 */
```

上述程式碼的num變數是陣列元素的個數，記憶體空間是使用個數num乘以sizeof運算子的整數型態大小，即num * sizeof(int)計算而得。

程式範例 Ch15_4_2.c

在C程式使用malloc()函數配置int整數陣列的記憶體空間，來儲存學生的成績資料。程式是在輸入學生人數後，才動態配置所需的記憶體空間，然後輸入每位學生成績後計算總分和平均，如下所示：

```
請輸入學生人數==> 2 Enter
輸入第1位的成績==> 67 Enter
輸入第2位的成績==> 89 Enter
總分:     156
平均:  78.00
```

上述執行結果可以看到學生人數為2筆，在輸入每位學生的成績後，計算總分和平均。

程式內容

```
01: /* 程式範例: Ch15_4_2.c */
02: #include <stdio.h>
03: #include <stdlib.h>
04: int main(void) {
05:     int *grade, i, num, sum; /* 宣告變數 */
06:     printf("請輸入學生人數==> ");
07:     scanf("%d", &num);  /* 讀取人數 */
08:     /* 配置成績陣列的記憶體 */
09:     grade = (int *) malloc(num * sizeof(int));
10:     if ( grade != NULL ) {/* 檢查指標是否是NULL */
11:         sum = 0;     /* 使用for迴圈讀取成績 */
12:         for ( i = 0; i < num; i++ ) {
13:             printf("輸入第%d位的成績==> ", i+1);
14:             scanf("%d",&grade[i]);
15:             sum += *(grade + i);
16:         }
17:         printf("總分: %6d\n", sum);
```

```
18:         printf("平均: %6.2f\n",(float)sum/(float)num);
19:         free(grade);   /* 釋回記憶體空間 */
20:     }
21:     else printf("錯誤: 記憶體配置失敗!\n");
22:
23:     return 0;
24: }
```

程式說明

- 第5行：宣告整數指標grade。
- 第6~7行：輸入學生人數num。
- 第9行：呼叫malloc()函數配置陣列的記憶體空間。
- 第10~21行：if/else條件判斷是否配置成功，成功，在第12~16行使用for迴圈輸入成績資料後，計算總分和平均。第19行呼叫free()函數釋放配置的記憶體空間。

本節程式範例是等到輸入學生人數後，才配置所需的記憶體空間，有多少學生配置多少空間，一個都跑不掉，所以不會像靜態記憶體配置浪費沒有使用的陣列元素。

15-4-3 配置結構的記憶體

結構或結構陣列也一樣，可以使用動態記憶體配置來配置記憶體空間。筆者準備修改第12-2節的Ch12_2.c程式範例，改為動態記憶體配置來建立結構陣列，如下所示：

```
struct test *students;        /* 宣告test結構指標變數 */
students = (struct test *)   /* 配置結構陣列的記憶體空間 */
           malloc(num * sizeof(struct test));
```

上述程式碼在宣告結構指標students後，呼叫malloc()函數配置結構陣列的記憶體空間，其大小是num*sizeof(struct test)，num是結構陣列的元素個數。

程式範例 Ch15_4_3.c

這個C程式是修改自Ch12_2.c，改為動態記憶體配置來建立結構陣列，以便儲存輸入學生數的考試成績，如下所示：

```
請輸入學生人數==> 2 Enter
學生編號: 1
請輸入期中成績==> 67 Enter
請輸入期末成績==> 78 Enter
成績平均:72.50
學生編號: 2
請輸入期中成績==> 87 Enter
請輸入期末成績==> 68 Enter
成績平均:77.50
```

上述執行結果可以看到輸入學生人數後，依序輸入學生的成績資料，最後計算各科的平均。

程式內容

```
01: /* 程式範例: Ch15_4_3.c */
02: #include <stdio.h>
03: #include <stdlib.h>
04: int main(void) {
05:     struct test {             /* 宣告考試結構 */
06:         int midtermGrade; /* 期中成績 */
07:         int finalGrade;   /* 期末成績 */
08:     };
09:     /* 結構陣列變數宣告 */
10:     struct test *students, *ptr;
11:     int i, num, grade, sum;
12:     printf("請輸入學生人數==> ");
13:     scanf("%d", &num);    /* 讀取學生人數 */
14:     /* 配置結構陣列的記憶體 */
15:     students = (struct test *)
16:               malloc(num * sizeof(struct test));
17:     if ( students != NULL ) {    /* 檢查指標 */
18:         /* 使用迴圈讀取學生成績 */
19:         for ( sum=0, i = 0; i < num; i++ ) {
20:             ptr = &students[i];  /* 指向結構的指標 */
21:             printf("學生編號: %d\n",i + 1);
22:             printf("請輸入期中成績==> ");
```

```
23:             scanf("%d", &grade);
24:             sum = ptr->midtermGrade = grade;
25:             printf("請輸入期末成績==> ");
26:             scanf("%d", &grade);
27:             ptr->finalGrade = grade;
28:             sum += ptr->finalGrade;
29:             /* 顯示平均成績 */
30:             printf("成績平均:%.2f\n",sum/(float) num);
31:         }
32:         free(students);  /* 釋回記憶體空間 */
33:     }
34:     else printf("錯誤: 記憶體配置失敗!\n");
35:
36:     return 0;
37: }
```

程式說明

- 第10行：宣告結構指標students。
- 第15~16行：在輸入學生人數後，呼叫malloc()函數配置結構陣列所需的記憶體空間。
- 第17~34行：if/else條件判斷配置是否成功，如果成功，在第19~31行使用for迴圈輸入每位學生的考試成績。第20行取得各結構元素的指標後，使用指標取得成員變數值，以便計算成績的總分。在第30行計算和顯示平均成績，因為是整數值，所以型態迫換成float。

15-5 鏈結串列

單向鏈結串列（singly linked list）是最簡單的一種鏈結串列，因爲節點指標都是指向同一方向，依序從前一個節點指向下一個節點，最後1個節點指向NULL，所以稱爲單向鏈結串列，如圖15-9所示：

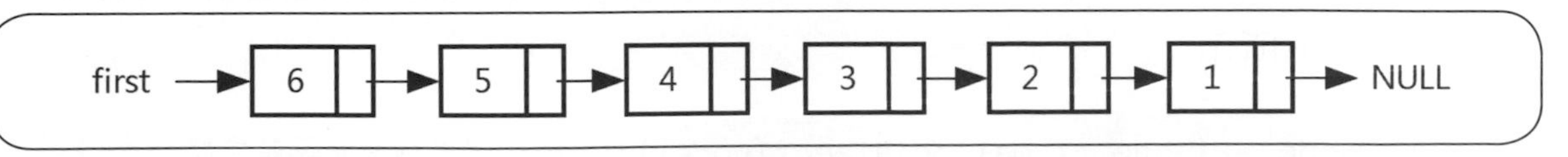

▶ 圖15-9

上述鏈結串列的每一個節點都擁有指向下一個節點的指標，最後一個節點的指標指向NULL，表示沒有下一個節點。

單向鏈結串列的標頭檔：Ch15_5.h

```
01: /* 程式範例: Ch15_5.h */
02: struct snode {              /* 節點結構 */
03:     int data;               /* 資料 */
04:     struct snode *next;     /* 指向下一個節點 */
05: };
06: typedef struct snode node; /* 節點新型態 */
07: #define TRUE     1          /* 定義常數 */
08: #define FALSE    0
09: /* 函數原型宣告 */
10: extern int isListEmpty(void);
11: extern void insertNode(int);
12: extern void printList(void);
```

上述第2~5行的snode結構是鏈結串列的節點。snode結構擁有兩個成員變數：data是整數資料；next指標變數指向下一個節點結構的指標，這是參考到結構自己的指標。

在第6行建立串列節點新型態。模組函數的說明，如表15-14所示：

▶ 表15-14

模組函數	說明
int isListEmpty()	檢查串列是否是空的，如果是，傳回1：否則為0
void insertNode(int)	在串列中第1個參數節點指標位置之後，插入第2個參數資料的節點
void printList()	走訪和顯示串列的節點資料

建立單向鏈結串列

本節程式範例是使用插入方式建立單向鏈結串列，只需重複呼叫insertNode()函數，在串列開頭插入新節點，即可建立單向鏈結串列。函數首先建立一個新的串列節點，如下所示：

```
newNode = (node *) malloc(sizeof(node)); /* 配置結構的記憶體空間 */
newNode->next = NULL;     /* 指定結構成員的初值 */
newNode->data = data;
```

上述程式碼使用malloc()函數配置新節點的記憶體空間後，新節點的next指標指向NULL；data是節點值。接著在串列開頭插入此節點，如下所示：

```
newNode->next = first;      /* 新節點指向first，即NULL */
first = newNode;            /* first指向新節點 */
```

上述程式碼是在串列開頭插入節點，也就是將新節點newNode的next指標指向first（first的初值是NULL），然後將first指標指向newNode。所以，新節點將會成為串列的第1個節點，如圖15-10所示：

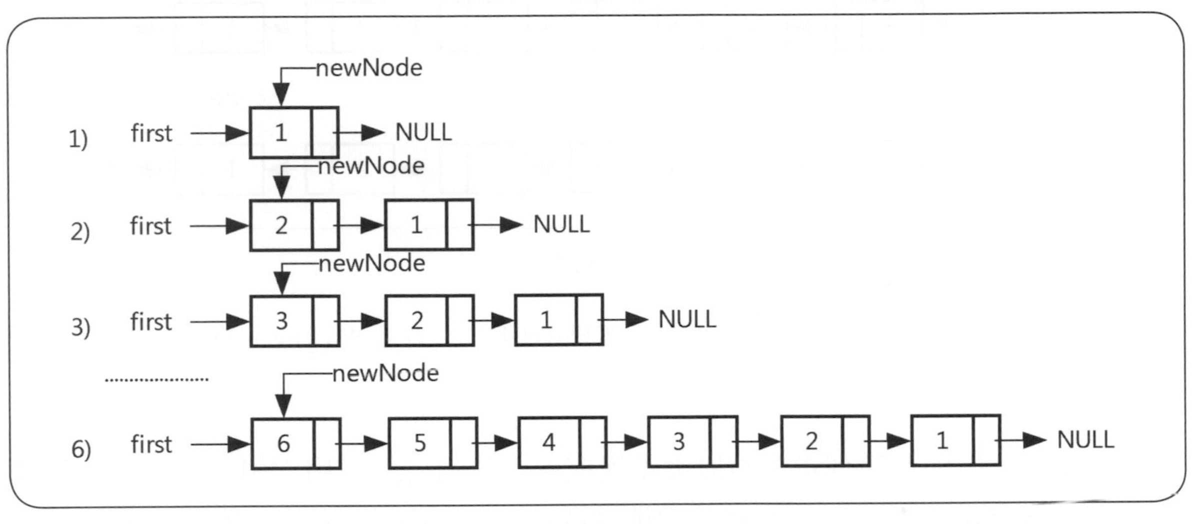

▶ 圖15-10

上述圖例依序插入1~6節點值來建立單向鏈結串列，可以看到插入的新節點都成為串列的第1個節點。

單向鏈結串列的走訪

單向鏈結串列的「走訪」（traverse）和一維陣列的走訪十分相似，其差異在於陣列是遞增索引值來走訪陣列；串列是使用指標處理節點的走訪。如下所示：

```
node *current = first;         /* 指向第1個節點 */
while ( current != NULL ) {    /* 如果不是NULL，就繼續走訪 */
    printf("[%d]", current->data);
    current = current->next;    /* 移動指標至下一個節點 */
}
```

上述while迴圈是走訪串列的主迴圈。current是目前節點的指標，首先指定成first，即串列的第1個節點，每執行一次while迴圈，current = current->next程式碼會指向下一個節點，直到到達串列最後的NULL。如圖15-11所示：

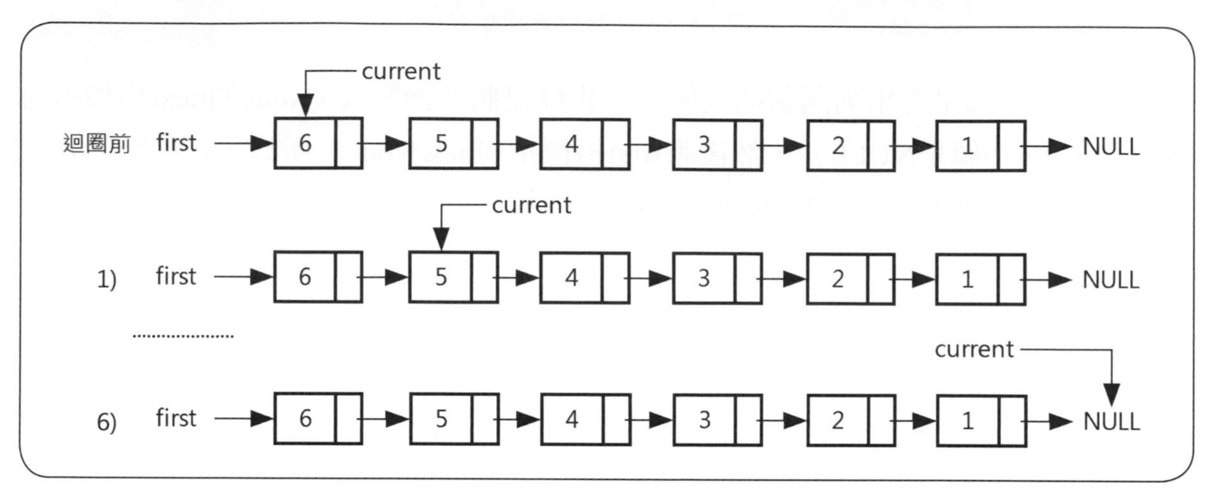

▶ 圖15-11

事實上，單向鏈結串列的多種運算都是使用走訪方式來達成。例如：顯示串列節點資料，和搜尋節點。

單向鏈結串列和陣列走訪的最大差異在於：陣列可以使用索引值，隨機存取陣列元素；但是，串列需要走訪到存取節點的前一個節點，例如：欲存取第n個節點值，一定需要先走訪到n-1個節點，才能知道下一個節點在哪裡。

在C程式使用動態記憶體配置和結構建立單向鏈結串列，使用者可以自行輸入節點資料來插入節點，最後使用走訪方式顯示串列的節點資料，如下所示：

```
請輸入節點值(-1結束) ==> 1 Enter
請輸入節點值(-1結束) ==> 2 Enter
請輸入節點值(-1結束) ==> 3 Enter
請輸入節點值(-1結束) ==> 4 Enter
請輸入節點值(-1結束) ==> 5 Enter
請輸入節點值(-1結束) ==> 6 Enter
請輸入節點值(-1結束) ==> -1 Enter
串列內容: [6][5][4][3][2][1]
```

上述執行結果可以看到，使用者輸入的節點資料1~6，輸入-1結束後，顯示串列內容的節點資料。

程式內容：LinkedList.c

```
01: /* 程式範例: LinkList.c */
02: #include <stdio.h>
03: #include <stdlib.h>
04: static node *first = NULL;
05: /* 函數: 檢查串列是否是空的 */
06: int isListEmpty(void) {
07:     if ( first == NULL ) return TRUE;
08:     else                  return FALSE;
09: }
10: /* 函數: 在串列開頭插入節點 */
11: void insertNode(int data) {
12:     node *newNode;   /* 節點指標宣告 */
13:     /* 配置記憶體空間 */
14:     newNode = (node *) malloc(sizeof(node));
15:     newNode->next = NULL;   /* 指定節點資料 */
16:     newNode->data = data;
17:     /* 在開頭插入節點 */
18:     newNode->next = first;
19:     first = newNode;
20: }
21: /* 函數: 串列走訪顯示所有節點 */
22: void printList(void) {
23:     node *current = first;    /* 節點指標宣告 */
24:     if ( isListEmpty() ) printf("串列是空的!\n");
25:     else { /* 走訪迴圈 */
26:         while ( current != NULL ) {
27:             printf("[%d]", current->data);
28:             current = current->next; /* 下一個節點 */
29:         }
30:         printf("\n");
31:     }
32: }
```

程式說明

- 第4行：first變數宣告成static，表示只能在同一程式檔案的函數存取。
- 第6~9行：isListEmpty()函數檢查串列是否是空的，在第7~8行的if/else條件傳回first是否是NULL，如果是NULL，表示串列是空的。

◈ 第11~20行：insertNode()函數在第14~16行建立新節點。第18~19行插入成為第一個節點。

◈ 第22~32行：printList()函數在第24~31行使用if/else條件呼叫isListEmpty()函數判斷是否是空串列，如果不是，第26~29行使用while迴圈走訪串列，顯示每一個節點資料。

程式內容：Ch15_5.c

```
01: /* 程式範例: Ch15_5.c */
02: #include <stdio.h>
03: #include "Ch15_5.h"
04: #include "LinkedList.c"
05:
06: /* 主程式 */
07: int main(void) {
08:     int value; /* 變數宣告 */
09:     do {
10:         printf("請輸入節點值(-1結束)==> ");
11:         scanf("%d", &value);
12:         if ( value == -1 ) break;   /* 跳出迴圈 */
13:         else insertNode(value);     /* 插入節點 */
14:     } while ( 1 );
15:     printf("串列內容: ");
16:     printList();                  /* 顯示串列內容 */
17:
18:     return 0;
19: }
```

程式說明

◈ 第3~4行：含括Ch15_5.h標頭檔和實作LinkedList.c程式檔。

◈ 第9~14行：使用do/while迴圈輸入節點資料，在第13行呼叫insertNode()函數插入節點。

◈ 第16行：呼叫printList()函數顯示串列內容。

在「Ch15-5」子資料夾是使用Dev-C++專案的模組化程式設計來實作單向鏈結串列。Ch15_5.dev專案檔的檔案清單，如圖15-12所示：

▶ 圖15-12

學習評量

15-1 數字系統與轉換

1. 請簡單說明什麼是十進位、二進位、八進位和十六進位的數字系統？
2. 十進位29.75轉換成二進位值是______________。十進位125.125轉換成二進位值是______________。
3. 十六進位值4EC轉換成的二進位值是_____________。二進位01101101轉換成十六進位值是_____________。
4. 請問二進位轉換成十進位的基本轉換規則是什麼？十進位轉換成二進位的基本轉換規則為何？
5. 請舉例說明如何使用第15-1-3節的數字系統轉換表來快速將十六進位和八進位值轉換成二進位值。

15-2 C 語言的位元運算子

1. C語言位元運算子OR是_________符號；AND是__________符號；NOT是________符號。
2. 請寫出下列C語言位元運算式的運算結果，如下所示：

```
60 & 15
60 ^ 120
154 & 67
154 | 67
154 ^ 67
```

3. 請問C語言運算子「|」和「||」有何不同？
4. 請說明下列兩個位元運算式的運算結果有何不同，如下所示：

```
01010101 ^ 11111111
~01010101
```

5. 請建立C程式指定變數x = 123、y = 4後，顯示x << y和x >> y位元運算式的值。
6. 請建立C程式計算和顯示下列位元運算式的值，如下所示：

```
0xFFFF ^ 0x8888
0xABCD & 0x4567
0xDCBA | 0x1234
```

學習評量

15-3 位元欄位

1. 請問何謂C語言的位元欄位？
2. 請舉例說明C語言如何宣告位元欄位？其宣告資料型態是__________或__________。
3. 請寫出宣告印表機狀態statusReg位元欄位的C程式碼，其欄位說明如下所示：

```
沒紙（emptyPaperTray）：1位元。
夾紙（paperJam）：1位元。
低墨水（lowInk）：1位元。
需要清潔（needsCleaming）：1位元。
```

15-4 動態記憶體配置

1. 請問何謂動態記憶體配置？
2. C語言可以呼叫________函數，向作業系統取得一塊可用的記憶體空間；________函數釋放配置的記憶體空間？
3. 請寫出C程式碼使用sizeof運算子取得下列資料型態所需的記憶體空間大小，如下所示：

(1)

```
struct card {
    int number;
    char name[10];
};
```

(2)

```
union test {
    int number;
    char name[5];
    double grade;
};
```

學習評量

4. 請建立C程式宣告student結構儲存學生資料，包含姓名（name）、年齡（age）和成績（grade），然後建立結構陣列儲存學生的基本資料，因為各班學生人數可能不同，請使用動態記憶體配置，在輸入學生數後才配置結構陣列所需的記憶體空間。

15-5 鏈結串列

1. 請問什麼是單向鏈結串列？在串列節點之間是如何連接？
2. 請修改第15-5節單向鏈結串列的程式範例，新增節點搜尋函數findNode(int)，可以在串列搜尋參數值的節點，找到傳回節點指標；沒找到傳回NULL。

Chapter

16

從C到C++語言

本章學習目標

- 16-1 C++的基礎
- 16-2 C++的輸出與輸入
- 16-3 C++的函數過載
- 16-4 物件導向程式設計的基礎
- 16-5 C++的類別與物件

16-1 C++的基礎

C++語言源於C語言，只是擴充C語言的功能，支援物件導向程式設計。基本上，只要是符合C語法的程式，都是合法的C++程式。

16-1-1 C++語言的歷史

C++語言是在1980年初期，Bjarne Stoustrup在AT&T貝爾實驗室著手開發的程式語言。最初的名稱是「C with classes」，在1983年定名爲C++。1985年10月，Bjarne Stoustrup出版「The C++ Programming Language，第一版」一書，這是第一個C++語言的標準版本。

在1990年，ANSI成立X3J16委員會，著手制定標準ANSI-C++；到了1997年11月，制定出標準ANSI-C++；第二年推出最後版本的ANSI/ISO標準C++。在1989年制定C語言的ANSI-C時，同時也參考C++語言的部分語法。C++語言三個主要版本的演進說明，如表16-1所示：

▶ 表16-1

日期	說明
1985年	Bjarne Stoustrup出版「The C++ Programming Language，第一版」，C++語言的第一個標準版本
1990年	ANSI成立X3J16委員會，制定標準的ANSI-C++
1998年	ANSI/ISO標準C++

C++語言是將C語言擴充成爲一種物件導向的程式語言，其最初目的只是爲了建立更有效率的C語言。C++語言也是一種程序式程式語言，只是新增物件導向功能，並改進程序式程式語言的語法。事實上，使用C++語言撰寫的程式碼仍然可以使用傳統程序式程式設計（即C語言的寫法），或使用物件導向程式設計風格。

早期C++語言沒有眞正的編譯器，只提供類似C語言前置處理器的前置編譯器（pre-complier），可以將C++程式轉換成C語言的程式，然後使用C語言編譯器進行編譯。所以，C語言是C++語言的子集，C++語言支援C語言的所有語法。

目前，大部分C++編譯器都可以不用修改，直接編譯執行ANSI標準的C程式，所以，C++編譯器也一定支援C語言。

16-1-2 第一個C++程式

C++程式架構類似C語言，其程式碼檔案的副檔名是.cpp（C語言是.c），Dev-C++整合開發環境是使用副檔名區分是C或C++程式，如果儲存成.cpp副檔名，就表示是C++程式。

程式範例 Ch16_1_2.cpp

請建立第一個C++程式，在命令提示字元視窗顯示一段文字內容，如下所示：

```
建立第一個C++程式
```

上述執行結果使用C++標準輸出顯示一段文字內容。

程式內容

```
01: /* 程式範例: Ch16_1_2.cpp */
02: #include <iostream>
03:
04: // 主程式
05: int main() {
06:     // 顯示訊息
07:     std::cout << "建立第一個C++程式\n";
08:
09:     return 0;
10: }
```

程式說明

C++程式架構和C語言相同，都是由含括標頭檔、函數和全域變數宣告、主程式main()函數和其他函數組成，其說明如下所示：

1. **程式註解**：第1行、第4行和第6行是程式註解。C++支援C語言標準註解「/*」和「*/」，還新增「//」符號開始的文字行作為註解文字（C99也支援這種註解語法），如下所示：

```
04: // 主程式
```

2. **標頭檔**：第2行含括<iostream>。<iostream>標頭檔是C++標準輸出輸入串流的標頭檔。ANSI-C++標頭檔的語法和C語言不同，詳細說明請參閱＜第16-1-3節：ANSI-C++標頭檔與命名空間＞。
3. **主程式**：第5~10行的main()函數是C++程式的主程式，它就是C++程式執行時的進入點，如下所示：

```
05: int main() {
06:     // 顯示訊息
07:     std::cout << "建立C++程式\n";
08:
09:     return 0;
10: }
```

上述主程式main()函數是一個C++函數，在第9行傳回0，表示沒有錯誤。第7行使用std::cout和「<<」輸出運算子輸出之後字串的文字內容。詳細說明請參閱 ＜第16-2節：C++的輸出與輸入＞ 。

在C++的main()函數預設傳回整數，可以傳回一個整數值給作業系統，如下所示：

```
int main() { … }
```

上述主程式函數相當於：

```
int main(void) { … }
```

在C++的空參數列是void，ANSI-C建議在空參數列加上void，不過，這種寫法可有可無，不加上void也沒有關係。

16-1-3 ANSI-C++的標頭檔與命名空間

ANSI-C++支援「現代樣式標頭檔」（modern-style headers）和命名空間（namespaces），可以使用全新方式含括標頭檔和使用C++語言標準函數庫（C++ standard library）。

ANSI-C++的現代樣式標頭檔

在C++程式碼使用標準函數庫也需要含括標頭檔。例如：標準輸出輸入的<iostream.h>標頭檔，如下所示：

```
#include <iostream.h>    /* 含括標頭檔 */
```

上述含括標頭檔語法是C語言寫法。基於程式相容考量，C++仍然支援舊版C寫法的標頭檔，不過，有些ANSI-C++編譯器在編譯時會顯示警告訊息。

ANSI-C++是使用現代樣式標頭檔語法，在標頭檔不需加上.h副檔名，因為它不是檔案名稱，而是一個識別字，如下所示：

```
#include <iostream>    /* 含括標頭檔 */
```

上述含括標頭檔方式是C++寫法，iostream.h改為iostream，沒有副檔名.h。C++語言標準函數庫常用的標頭檔說明，如表16-2所示：

▶ 表16-2

ANSI-C++標頭檔	說明
<exception>、<stdexcept>	例外處理的相關類別
<fstream>	C++檔案處理的相關函數
<iomanip>	格式化串流資料的相關函數
<iostream>	基本輸出與輸入的相關函數
<limits>	定義不同電腦系統數值資料型態的範圍
<string>	字串處理的類別

ANSI-C++標頭檔名稱對應ANSI-C的常用標頭檔，如表16-3所示：

▶ 表16-3

ANSI-C++標頭檔	ANSI-C標頭檔
<cctype>	<ctype.h>
<climits>	<limits.h>
<cmath>	<math.h>
<cstdio>	<stdio.h>
<cstdlib>	<stdlib.h>
<cstring>	<string.h>
<ctime>	<time.h>

在上表可以看出，現代樣式名稱，就是將「.h」改為字首「c」。例如：<stdlib.h>改為<cstdlib>。

使用標準函數庫的命名空間std

C++語言標準函數庫定義的類別與函數屬於名爲std的命名空間，而不是全域範圍。命名空間（namespaces）可以宣告一個區域範圍，以便區域化名稱來避免名稱衝突問題。標準輸出類別cout的全名應該加上命名空間std::cout，如下所示：

```
std::cout << "第一個C++程式\n";   /* 輸出字串 */
```

上述「::」是範圍運算子，之前std是標準函數庫的命名空間。爲了與舊版C++程式相容，如下所示：

```
cout << "第一個C++程式\n";   /* 輸出字串 */
```

上述程式碼沒有使用std命名空間，所以我們需要在程式開頭指定使用std命名空間，如下所示：

```
#include <iostream>     /* 含括標頭檔 */
using namespace std;    /* 指定使用std命名空間 */
```

上述using namespace指引指令指明使用命名空間std，表示將std視爲全域範圍，如此，C++程式碼就不需要在cout前加上std::。

16-2 C++的輸出與輸入

C++提供標準輸出與輸入串流（streams），取代C語言標準輸出和輸入函數scanf()和printf()。在<iostream>標頭檔定義兩種標準串流：cin標準輸入串流；cout標準輸出串流。

C++的cin和cout串流物件的字頭爲「c」字元，表示是「控制台」（console），in/out表示輸入與輸出。在C++程式只需含括<iostream>標頭檔，就可以使用cin和cout物件來輸入和輸出資料。

16-2-1 標準輸出串流的cout物件

在C++程式只需將顯示字串、運算式或變數送到標準輸出cout，就可以在螢幕上顯示資料，如下所示：

```
cout << str;    /* 輸出變數str */
```

上述「<<」串流插入運算子（stream insertion operator）表示串流輸出方向，程式碼可以在標準輸出送出上述字串變數內容，也就是在控制台的螢幕顯示字串。

不只如此，cout運算子還可以重複使用「<<」運算子，在同一行程式碼執行多次輸出，如下所示：

```
cout << "a = " << a << endl;    /* 輸出字串和變數a */
cout << "b = " << b << endl;    /* 輸出字串和變數b */
cout << "a + b = " << a + b << endl;    /* 輸出字串和運算式a+b */
```

上述程式碼執行多次輸出字串、變數和運算式的內容，endl的全名是std::endl，表示end line一行結束，可以送出新行字元和強迫送出緩衝區內容至螢幕上顯示。

成員函數put()

串流物件cout物件提供多種成員函數來輸出資料。例如：成員函數put()可以輸出單一字元至螢幕顯示，如下所示：

```
cout.put('a');              /* 輸出字元a */
cout.put('b').put('c');   /* 輸出字元b和c */
```

上述程式碼使用「.」運算子呼叫成員函數put()輸出字元'a'；我們也可以重複呼叫多次put()函數，依序輸出字元'b'和'c'，稱爲串連式函數呼叫。

成員函數write()

串流物件cout物件的write()成員函數可以輸出指定長度的字元陣列，如下所示：

```
char *str = "陳允傑\n";            /* 宣告字元指標指向字串常數 */
cout.write(str, 2);              /* 輸出字串str的前2個字元 */
cout.write(str, strlen(str));   /* 輸出整個字串str */
```

在上述程式碼的write()成員函數中，第1個參數是字元陣列；第2個參數使用strlen()函數取得字串長度，以此例是依序輸出2個字元和整個字串。

程式範例 Ch16_2_1.cpp

在C++程式將字串、變數和運算式輸出到cout標準輸出來顯示，並呼叫成員函數put()和write()來輸出資料，如下所示：

```
陳允傑
a = 1023
b = 23.45
a + b = 1046.45
abc
陳
陳允傑
```

上述執行結果是輸出至cout顯示的內容，最後3行是呼叫成員函數put()和write()輸出的資料。

程式內容

```
01: /* 程式範例: Ch16_2_1.cpp */
02: #include <iostream>
03: #include <cstring>
04: using namespace std;
05:
06: // 主程式
07: int main() {
08:     int a = 1023;  // 宣告變數
09:     float b = 23.45;
10:     char *str = "陳允傑\n";
11:     // 輸出字串內容
12:     cout << str;
13:     // 輸出整數,浮點數和運算式
14:     cout << "a = " << a << endl;
15:     cout << "b = " << b << endl;
16:     cout << "a + b = " << a + b << endl;
17:     cout.put('a');  // put()成員函數
18:     cout.put('b').put('c');
19:     cout << endl;
20:     cout.write(str, 2); // write()成員函數
21:     cout << endl;
22:     cout.write(str, strlen(str));
23:
24:     return 0;
25: }
```

程式說明

- 第2~4行：含括<iostream>標頭檔和使用std命名空間。
- 第12行：將字串變數str輸出至cout顯示。
- 第14~16行：依序將整數與浮點數變數值和運算式，使用多次「<<」運算子輸出至cout顯示，最後使用endl換行。
- 第17~18行：呼叫cout物件的put()成員函數輸出多個字元。
- 第20~22行：呼叫cout物件的write()成員函數輸出部分和整個字串內容。

16-2-2 標準輸入串流的cin物件

在C++語言處理標準輸入是cin物件，我們可以使用cin輸入串流來輸入資料，如下所示：

```
char name[MAXSIZE];      /* 宣告字元陣列name */
cin >> name;             /* 讀取字串存入變數name */
```

上述程式碼是從標準輸入讀取字串，串流方向是從標準輸入以「>>」串流讀取運算子（stream extraction operator）送至變數，即存入變數name，在功能上如同scanf("%s")函數。

標準輸入串流的cin物件也可以輸入數值資料，例如：int整數，如下所示：

```
int age;        /* 宣告整數變數age */
cin >> age;     /* 讀取整數變數age的值 */
```

上述程式碼讀取整數變數age的值。

成員函數getline()

串流物件cin的成員函數getline()可以取得一整行包含空白字元的文字內容，其原型宣告如下所示：

```
cin.getline(char buffer[], int length, char delimiter = '\n');
```

上述函數是cin物件的成員函數，參數buffer是儲存輸入文字內容的字元陣列；length參數是讀取的最大字元數，即陣列尺寸；最後1個參數delimiter是用來判斷輸入結束，預設參數值是新行字元'\n'，即讀取到新行字元為止。

請注意！單純cin只能讀取使用空白字元分隔的單字，如果需要輸入整段文字或內含空白字元的字串，請使用cin.getline()成員函數，如下所示：

```
char buffer[MAXSIZE];            /* 宣告字元陣列buffer */
cin.getline(buffer, MAXSIZE);    /* 讀取整行字串 */
```

程式範例 Ch16_2_2.cpp

在C++程式分別使用cin物件和getline()成員函數輸入字串、整數和整行字串，然後輸出到cout串流顯示，如下所示：

```
請輸入使用者名稱 => Joe Chen Enter
使用者名稱: Joe Chen
請輸入使用者密碼 => 1234 56 Enter
使用者密碼: 1234 56
請輸入姓名 => 陳會安 Enter
姓名: 陳會安
請輸入年齡 => 38 Enter
年齡: 38
```

上述執行結果最上方是呼叫getline()成員函數輸入整行字串，可以看到顯示字串"Joe Chen"和"1234 56"內含空白字元。之後是使用cin輸入字串和整數。

程式內容

```
01: /* 程式範例: Ch16_2_2.cpp */
02: #include <iostream>
03: #define MAXSIZE  50
04: using namespace std;
05:
06: // 主程式
07: int main() {
08:     int age;  // 宣告變數
09:     char name[MAXSIZE], buffer[MAXSIZE];
10:     cout << "請輸入使用者名稱 => ";
11:     // 讀取整行文字內容, 可包含空白
12:     cin.getline(buffer, MAXSIZE);
13:     cout << "使用者名稱: " << buffer << endl;
14:     cout << "請輸入使用者密碼 => ";
15:     cin.getline(buffer, MAXSIZE);
16:     cout << "使用者密碼: " << buffer << endl;
```

```
17:       cout << "請輸入姓名 => ";
18:       cin >> name;    // 輸入字串內容
19:       cout << "姓名: " << name << endl;
20:       cout << "請輸入年齡 => ";
21:       cin >> age;    // 輸入整數
22:       cout << "年齡: " << age << endl;
23:
24:       return 0;
25: }
```

程式說明

- 第12行和第15行：呼叫cin物件的getline()成員函數輸入整行字串，在字串內容可以包含空白字元。
- 第18行和第21行：分別輸入沒有空白字元的字串，和輸入整數值。

16-3 C++的函數過載

C++函數架構和C語言並沒有什麼不同，一樣可以使用C語言的巨集；不過，C++函數一定需要在程式開頭建立函數原型宣告。而且，C++函數允許擁有兩個以上同名函數，只要函數傳遞的參數個數、型態或傳回值型態不同即可，這些同名函數稱為「過載」（overload），或稱重載或多載，如下所示：

```
int square(int);           /* 參數int，傳回int的square()函數 */
double square(double);     /* 參數double，傳回double的square()函數 */
```

上述兩個同名函數原型宣告的參數型態不同。接著是參數個數不同的過載函數，如下所示：

```
int getMax(int, int);          /* 2個參數int的getMax()函數 */
int getMax(int , int, int);    /* 3個參數int的getMax()函數 */
```

上述同名函數的參數個數分別是2和3。

程式範例

Ch16_3.cpp

在C++程式建立不同參數型態和不同參數個數的過載函數square()和getMax()，然後顯示呼叫過載函數的執行結果，如下所示：

```
14*14 = 196
35.4*35.4 = 1253.16
23和78:78比較大
12,33和15:33比較大
```

程式內容

```
01: /* 程式範例: Ch16_3.cpp */
02: #include <iostream>
03: using namespace std;
04:
05: int square(int);  // 函數的原型宣告
06: double square(double);
07: int getMax(int, int);
08: int getMax(int , int, int);
09: // 主程式
10: int main() {
11:     int no1 = 14;     // 變數宣告
12:     double no2 = 35.4;
13:     // 呼叫函數
14:     cout << no1 << "*" << no1 << " = " <<
15:             square(no1) << endl;
16:     cout << no2 << "*" << no2 << " = " <<
17:             square(no2) << endl;
18:     cout << "23和78:" << getMax(23,78) << "比較大\n";
19:     cout <<"12,33和15:"<<getMax(12,33,15)<<"比較大\n";
20:
21:     return 0;
22: }
23: // 函數: 計算平方
24: int square(int no) { return no*no; }
25: // 函數: 計算平方
26: double square(double no) { return no*no; }
27: // 函數: 比較大小
28: int getMax(int a, int b) {
29:     if ( a > b ) return a;
30:     else         return b;
```

```
31: }
32: // 函數: 比較大小
33: int getMax(int a, int b, int c) {
34:     int temp;     // 變數宣告
35:     if ( a > b ) temp = a;
36:     else         temp = b;
37:     if ( temp > c ) return temp;
38:     else             return c;
39: }
```

程式說明

◈ 第5~8行：過載函數的函數原型宣告。

◈ 第14~19行：測試2個過載函數square()和getMax()。

◈ 第24~26行：2個square()函數，型態分別為int和double。

◈ 第28~39行：2個getMax()函數，分別有2和3個int參數。

16-4 物件導向程式設計的基礎

「物件導向程式設計」（Object-Oriented Programming，OOP）是模組化程式設計的一種重要轉變，一種更符合人性化的程式設計方法，因爲我們本來就生活在一個物件世界，思考模式也遵循著物件導向模式。

16-4-1 認識物件

「物件」（object）是物件導向技術的關鍵，以程式角度來說，物件是資料與相關函數結合在一起的組合體；資料是程式語言的變數，或其他物件，如圖16-1所示：

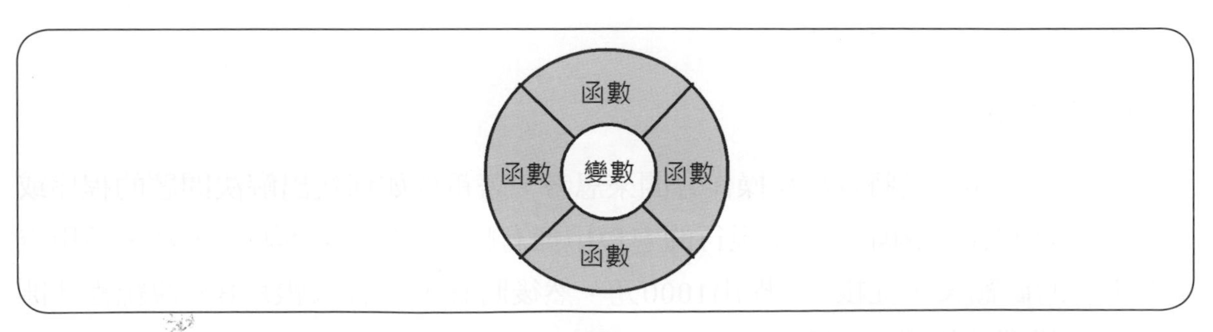

▶ 圖16-1

上述圖例的函數是對外使用介面，變數和函數都包裹在一個黑盒子，將實作程式碼都包裹隱藏起來，稱為「封裝」（encapsulation）。對於程式設計者來說，我們不用考慮黑盒子內部的程式碼是如何撰寫；只需知道這個物件提供什麼介面，和如何使用它。

因為，開車不需要了解車子為什麼會發動？換擋的變速箱有多少個齒輪才能正確操作？車子對我們來說只是一個黑盒子，唯一要做的是學習如何開好車。同理，沒有什麼人了解電視如何能夠收到訊號，但是，我們知道如何打開電源，更換頻道，就可以看到影像。

在現實生活中的物件範例隨處可見，例如：車子、電視、書桌和貓狗等，這些物件擁有三種特性，如下所示：

1. **狀態（state）**：物件所有「屬性」（attributes）目前的狀態值。屬性是用來儲存物件的狀態，可以簡單的只是布林值變數；也可能是另一個物件。例如：車子的車型、排氣量、色彩和自排或手排等屬性。以程式語言來說，也就是資料部分的變數。
2. **行為（behavior）**：行為是物件可見部分提供的服務，可以做什麼事？C++是使用函數來實作行為。例如：車子可以發動、停車、加速和換擋等。
3. **識別字（identity）**：每一個物件都擁有獨一無二的識別字來識別它是不同的物件。C++語言是使用物件名稱或物件指標來識別物件。

16-4-2 物件導向的程式開發

物件導向的程式開發是一種思考軟體問題上的革命，讓我們完全以不同於傳統程式開發的方式來思考問題。

傳統程式開發

傳統程式開發是將資料和操作分開來思考，著重於如何找出解決問題的程序或函數，即演算法。例如：一家銀行的客戶甲擁有帳戶A和B兩個帳戶，當客戶甲查詢帳戶A的餘額後，從帳戶A提出1000元，然後將1000元存入帳戶B。傳統程式開發建立的模型，如圖16-2所示：

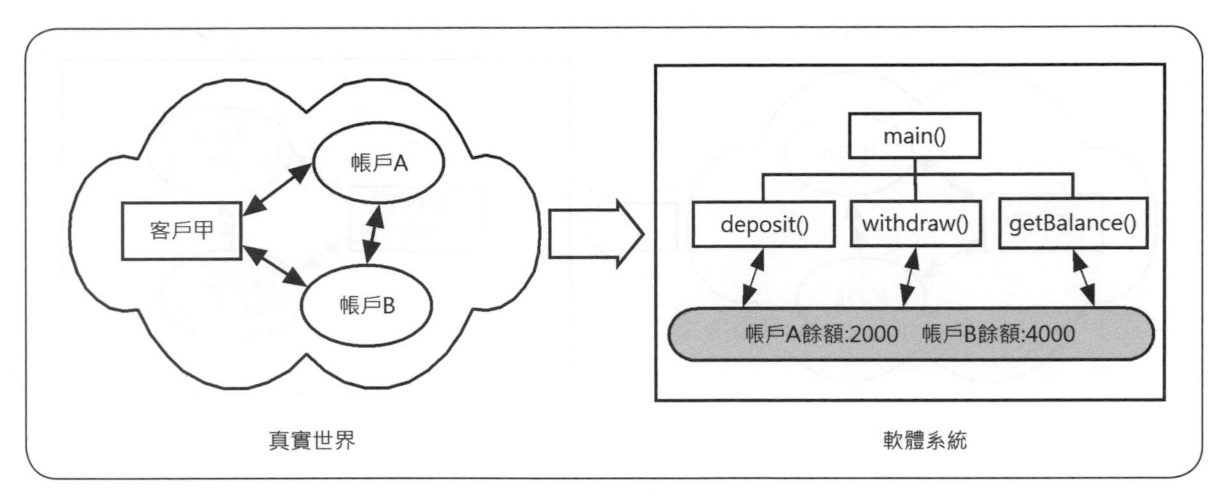

▶ 圖16-2

上述圖例的左邊是眞實世界中，參與的物件和其關係；右邊是經過結構化分析和設計（structured analysis/design）後建立的程式模型。

這個程式模型是解決問題所需的函數，包含：存款deposit()函數、提款withdraw()函數，和查詢餘額getBalance()函數。

在主程式main()函數是一序列函數呼叫。首先呼叫getBalance()函數查詢帳戶A的餘額，參數是帳戶資料；然後呼叫withdraw()函數從帳戶A提出1000元；最後呼叫deposit()函數，將1000元存入帳戶B，如下所示：

```
getBalance(A);
withdraw(A, 1000);
deposit(B, 1000);
```

物件導向程式開發

物件導向程式開發是將資料和操作一起思考，其主要工作是找出參與物件和物件之間的關係，然後透過這些物件的通力合作來解決問題。

例如：針對上一節相同的銀行存提款問題，使用物件導向程式開發建立的模型，如圖16-3所示：

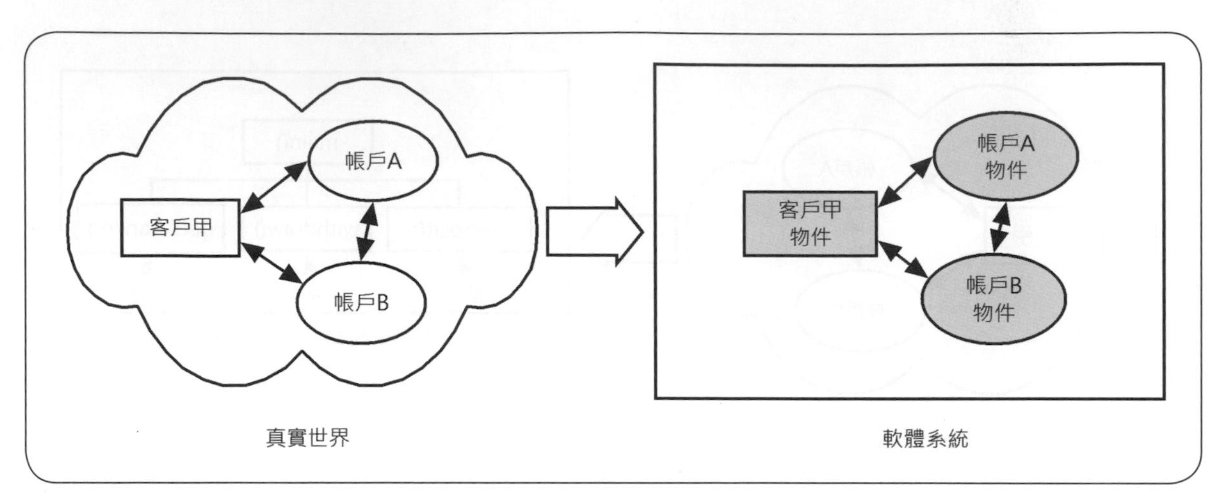

▶ 圖16-3

上述圖例是在電腦系統建立一個對應眞實世界物件的模型。簡單的說，這是一個模擬眞實世界的物件集合，稱爲物件導向模型（object-oriented model）。

物件導向程式開發因爲是將資料和操作一起思考，所以帳戶物件除了餘額資料外，還包含處理帳戶餘額的相關方法：GetBalance()、Withdraw()和Deposit()函數，如圖16-4所示：

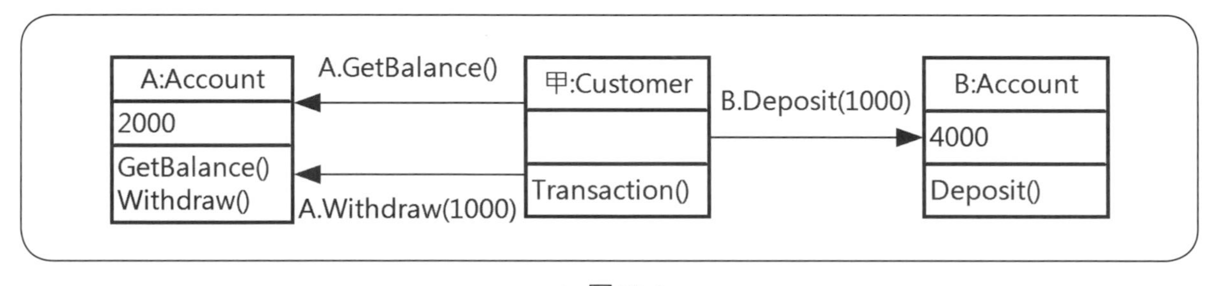

▶ 圖16-4

上述圖例的客戶甲物件執行Transaction()函數進行存提款。首先送出訊息給帳戶A物件，請求執行GetBalance()函數，取得帳戶餘額2000元；然後再送出訊息給帳戶A物件，執行Withdraw()函數提款1000元，所以目前的餘額爲1000元；最後送出訊息給帳戶B物件，執行Deposit()方法存入1000元，帳戶B物件的餘額更新成5000元。

物件導向程式開發建立的程式是一個物件集合，將合作物件視爲節點，使用訊息路徑的邊線連接成類似網路圖形的物件架構。在物件之間使用訊息進行溝通，各物件維持自己的狀態（更新帳戶餘額），和擁有獨一無二的物件識別（物件甲、A和B）。

16-4-3 物件導向程式語言

物件導向程式語言的精神是物件。程式語言如果稱爲物件導向程式語言，表示支援封裝、繼承和多型三種觀念。

封裝

封裝（encapsulation）是將資料和處理資料的程序與函數組合起來建立物件。在C++語言定義物件是使用「類別」（class），內含屬性和方法，屬於一種抽象資料型態（abstract data type），就是替程式語言定義新的資料型態。

繼承

繼承（inheritance）是物件的再利用，當定義好一個類別後，其他類別可以繼承這個類別的資料和方法，並且新增或取代繼承物件的資料和方法。

多型

多型（polymorphism）屬於物件導向最複雜的特性，類別如果需要處理各種不同資料型態時，並不需要針對不同資料型態來建立不同的類別，可以直接繼承基礎類別，繼承此類別建立同名方法來處理不同的資料型態，因爲方法的名稱相同，只是程式碼不同，所以也稱爲「同名異式」。

16-5 C++的類別與物件

C++類別是用來建立物件，它是物件的原型或藍圖；一種使用者自行定義的資料型態。類別的組成元素有兩種，如下所示：

1. **成員資料（data member）**：物件的資料部分，也就是資料型態的變數、常數或其他物件的「成員變數」（member variables），即物件屬性（attributes）的狀態。
2. **成員函數（member functions）**：物件處理資料的函數，即物件的行爲。

16-5-1 類別與物件

C++類別宣告是物件的原型宣告，我們需要在程式碼宣告類別後才能建立物件。

類別宣告語法

C++宣告類別的基本語法，如下所示：

```
class 類別名稱 {
private:
     型態 成員資料;
     傳回值型態 成員函數( 參數列 );
     ......
public:
     傳回值型態 成員函數( 參數列 ) {
         程式敘述;
     }
     ......
};
```

上述C++類別宣告是由class關鍵字開始，在大括號中使用private、public和protected關鍵字分成多個區塊，如果沒有指明，預設是private。

在本節的類別宣告只有public區塊，位在此區塊的成員資料和函數，可以讓外部程式碼或其他物件存取和呼叫。詳細private和public的說明，請參閱＜第16-5-2節：成員資料的存取＞。

在實作上，類別宣告的成員函數可以同時實作程式碼，或只提供成員函數的原型宣告。將實作程式碼置於其他程式區塊，其語法類似函數，如下所示：

```
傳回值型態 類別名稱::成員函數( 參數列 ) {
     程式敘述1;
     程式敘述2;
     ...
     程式敘述n;
}
```

上述函數是類別的成員函數，在「::」範圍運算子前是類別名稱；之後是成員函數名稱。

建立類別宣告

現在我們可以建立C++類別宣告。例如：處理時間資料的myTime類別，如下所示：

```
class myTime {    /* myTime類別宣告 */
public:
    int hour;
    int minute;
    void printTime();
};
```

上述myTime類別包含成員資料hour、minute和成員函數printTime()的原型宣告。不過，這僅是類別宣告，我們尚未眞正建立物件。

建立物件變數

在C++只需將類別視爲新資料型態後，就可以宣告和建立物件，如下所示：

```
myTime now, open;    /* 宣告和建立myTime物件now和open */
```

上述程式碼宣告物件變數now和open，它是以myTime類別爲藍圖建立的物件。

在程式使用類別建立的每一個物件稱爲「實例」（instances）。同一類別能夠建立多個物件。例如：同一myTime類別建立now和open物件的2個實例。每一個物件是類別的一個物件實例，所以，每一個實例都可以存取自己的成員資料，和呼叫成員函數。

存取成員資料和呼叫成員函數

在宣告物件變數now後，就可以在程式碼指定成員資料值，如下所示：

```
now.hour = 8;       /* 指定now物件的hour成員變數值 */
now.minute = 18;    /* 指定now物件的minute成員變數值 */
```

上述程式碼的now物件是使用與結構相同的「.」運算子來指定成員變數hour和minute的值。同樣方式，我們可以呼叫成員函數顯示時間資料，如下所示：

```
now.printTime();    /* 呼叫now物件的printTime()成員函數 */
```

上述程式碼的now物件是使用「.」運算子呼叫成員函數。

程式範例 Ch16_5_1.cpp

在C++程式宣告myTime時間類別後，建立商店now和open物件的現在和開張時間；接著設定2個物件的成員資料；最後呼叫成員函數printTime()顯示時間資料，如下所示：

```
現在時間: 8:18
開張時間: 9:10
```

上述執行結果顯示2個時間資料，依序是now和open物件的現在和開張時間。

程式內容

```
01: /* 程式範例: Ch16_5_1.cpp */
02: #include <iostream>
03: using namespace std;
04:
05: class myTime {// myTime類別宣告
06: public:
07:     int hour;  // 成員資料
08:     int minute;
09:     // 成員函數宣告
10:     void printTime();
11: };
12: // 成員函數: 顯示成員資料
13: void myTime::printTime() {
14:     // 輸出成員資料的時和分
15:     cout << hour << ":" << minute << endl;
16: }
17: // 主程式
18: int main() {
19:     myTime now, open;   // 宣告物件變數
20:     now.hour = 8;     // 指定成員資料的值
21:     now.minute = 18;
22:     cout << "現在時間: ";
23:     now.printTime(); // 呼叫成員函數
24:     open.hour = 9;     // 指定成員資料的值
25:     open.minute = 10;
26:     cout << "開張時間: ";
27:     open.printTime(); // 呼叫成員函數
28:
29:     return 0;
30: }
```

程式說明

- 第5~11行：myTime類別的宣告，擁有public區塊的2個成員資料和1個成員函數，成員函數只有原型宣告。
- 第13~16行：myTime類別printTime()成員函數的實作程式碼。
- 第19行：使用myTime類別宣告建立2個物件now和open。
- 第20~23行和第24~27行：now和open物件在指定成員變數的時間資料後，分別呼叫printTime()成員函數顯示時間資料。

在本節程式範例的類別宣告，成員函數是獨立程式區塊，我們也可以將類別成員函數的實作程式碼直接置於類別宣告中，如下所示：

```
class myTime {    /* myTime類別宣告 */
public:
    int hour;
    int minute;
    void printTime() {    /* 成員函數 */
        cout << hour << ":" << minute << endl;
    }
};
```

上述類別宣告的printTime()成員函數擁有實作程式碼。

16-5-2 成員資料的存取

在C++類別宣告的內容是由成員資料和函數組成，各類別成員的存取範圍屬於類別範圍（class scope）。

類別成員的存取範圍

類別成員的存取範圍主要分為private和public兩個區塊的存取範圍，如下所示：

1. **private區塊**：在此區塊的成員資料或成員函數只能在類別內存取，即允許類別內其他成員函數來存取，這些資料是類別隱藏的封裝資料。
2. **public區塊**：在此區塊的成員資料或函數是類別對外的使用介面，即建立物件後，物件能夠呼叫的成員函數或存取的成員資料。

在第16-5-1節myTime類別的成員資料和函數都是位在public區塊。我們可以將成員資料置於private區塊，透過public區塊的成員函數進行存取，如此，成員資料可以被類別隱藏，稱為「資訊隱藏」（information hiding）。

存取函數

類別宣告屬於public區塊的成員函數，可以讀取、顯示成員資料或檢查狀態，稱為存取函數（access functions）。例如：本節程式範例是修改自第16-5-1節的myTime類別，如下所示：

```
class myTime {    /* myTime類別宣告 *./
private:
    int hour;
    int minute;
public:
    bool validTime(int h, int m);
    bool setTime(int h, int m);
    void printTime();
};
```

上述類別宣告的成員資料是位在private區塊，類別建立的物件並不能直接存取成員資料，我們只能呼叫setTime()成員函數指定時間資料；printTime()函數顯示時間資料；validTime()函數檢查時間範圍，這3個函數是物件存取函數，他們是物件的使用介面。

Ch16_5_2.cpp

這個C++程式是修改第16-5-1節的myTime類別，將成員資料置於private區塊後，新增setTime()成員函數設定時間資料；validTime()函數檢查時間資料範圍是否合法。

在宣告時間myTime類別後，建立商店開張和結束的open和close物件；接著使用成員函數指定物件的時間資料；最後顯示時間資料，如下所示：

```
開張時間: 10:30
結束時間: 17:30
```

上述執行結果顯示2個時間資料，即open和close物件的時間資料。這個範例改用setTime()成員函數來指定時間資料，而且程式碼並不能直接存取成員資料。

程式內容

```
01: /* 程式範例: Ch16_5_2.cpp */
02: #include <iostream>
03: using namespace std;
04:
05: class myTime {   // myTime類別宣告
06: private:  // 成員資料
07:     int hour;
08:     int minute;
09: public:   // 成員函數
10:     bool validTime(int h, int m);
11:     bool setTime(int h, int m);
12:     void printTime();
13: };
14: // 成員函數: 檢查時間是否合法
15: bool myTime::validTime(int h, int m) {
16:     // 檢查日期資料是否在範圍內
17:     if (h < 0 || h > 23) return false;
18:     if (m < 0 || m > 59) return false; // 不在範圍內
19:     return true;  // 合法時間資料
20: }
21: // 成員函數: 設定時間的成員資料
22: bool myTime::setTime(int h, int m) {
23:     // 檢查時間是否合法
24:     if ( validTime(h, m) ) {
25:         hour = h;     // 設定小時
26:         minute = m;  // 設定分鐘
27:         return true;
28:     }
29:     else return false;
30: }
31: // 成員函數: 顯示成員資料
32: void myTime::printTime() {
33:     // 輸出成員資料的時和分
34:     cout << hour << ":" << minute << endl;
35: }
36: // 主程式
37: int main() {
38:     myTime open, close; // 宣告物件
```

```
39:     bool success;        // 宣告變數
40:     // 使用成員函數設定初始值
41:     success = open.setTime(10, 30);
42:     if ( success ) {
43:         cout << "開張時間: ";
44:         open.printTime();  // 呼叫成員函數
45:         success = close.setTime(17, 30);
46:         if ( success ) {
47:             cout << "結束時間: ";
48:             close.printTime();  // 呼叫成員函數
49:         }
50:     }
51:     if ( !success )
52:         cout << "錯誤: 時間資料範圍錯誤\n";
53:
54:     return 0;
55: }
```

程式說明

- 第5~13行：myTime類別宣告，擁有private和public兩個區塊，3個成員函數都是位在public區塊，這是類別的存取函數。
- 第15~20行：validTime()成員函數可以檢查時間資料範圍，如果是合法範圍傳回true；否則為false。
- 第22~30行：setTime()成員函數檢查資料符合範圍後，指定成員資料的值。
- 第38行：使用myTime類別宣告2個物件open和close。
- 第41行和第44行：open物件呼叫setTime()成員函數指定時間資料，和printTime()成員函數顯示時間資料。
- 第45行和第48行：close物件呼叫setTime()成員函數指定時間資料，和printTime()成員函數顯示時間資料。

16-5-3 類別的成員函數

C++類別的成員函數如果位在public區塊，這些函數是類別使用介面的存取函數。但是有一些函數，例如：第16-5-2節程式範例的validTime()成員函數，事實上它只有類別本身需要呼叫，我們可以改置於private區塊供類別本身使用，這類函數稱爲「工具函數」（utility functions）。

在第16-5-2節，程式範例只提供設定時間資料的成員函數setTime()，我們可以在public區塊新增讀取時間資料的成員函數，如下所示：

```
int getHour(){ return hour; }        /* 傳回小時 */
int getMinute(){ return minute; }  /* 傳回分鐘 */
```

上述2個成員函數可以取得物件時間資料的小時和分。現在，類別的成員資料擁有完整存取介面；至於成員資料的資料型態是什麼？已經不重要！因為資料已經被類別完整封裝起來，我們只需知道setTime()、getHour()和getMinute()函數的使用介面，就可以處理類別的成員資料。

對於類別存取成員資料的存取函數，也就是使用介面來說，習慣用法是將指定資料函數以set字頭開始；讀取函數使用get字頭。

Ch16_5_3.cpp

這個C++程式是修改第16-5-2節的myTime類別，將validTime()成員函數改為工具函數，和新增2個函數讀取時間資料，如下所示：

```
開張時間: 10:30
結束時間: 17:30
現在時間: 13::28
```

上述執行結果顯示3個時間資料，前二個是呼叫printTime()成員函數顯示的時間資料；最後一個是先呼叫getHour()和getMinute()成員函數讀取物件的時間資料後，再顯示時間資料，所以格式並不相同。

程式內容

```
01: /* 程式範例: Ch16_5_3.cpp */
02: #include <iostream>
03: using namespace std;
04:
05: class myTime {  // myTime類別宣告
06: private:  // 成員資料
07:     int hour;
08:     int minute;
09:     // 成員函數
```

```
10:     bool validTime(int h, int m);
11: public:  // 成員函數
12:     bool setTime(int h, int m);
13:     int getHour(){ return hour; }
14:     int getMinute(){ return minute; }
15:     void printTime();
16: };
17: // 成員函數: 檢查時間是否合法
18: bool myTime::validTime(int h, int m) {
19:     // 檢查日期資料是否在範圍內
20:     if (h < 0 || h > 23) return false;
21:     if (m < 0 || m > 59) return false; // 不在範圍內
22:     return true;  // 合法時間資料
23: }
24: // 成員函數: 設定時間的成員資料
25: bool myTime::setTime(int h, int m) {
26:     // 檢查時間是否合法
27:     if ( validTime(h, m) ) {
28:         hour = h;     // 設定小時
29:         minute = m;  // 設定分鐘
30:         return true;
31:     }
32:     else return false;
33: }
34: // 成員函數: 顯示成員資料
35: void myTime::printTime() {
36:     // 輸出成員資料的時和分
37:     cout << hour << ":" << minute << endl;
38: }
39: // 主程式
40: int main() {
41:     myTime open, close, now; // 宣告物件
42:     int h, m;
43:     // 使用成員函數設定初始值
44:     open.setTime(10, 30);
45:     close.setTime(17, 30);
46:     now.setTime(13, 28);
47:     cout << "開張時間: ";
48:     open.printTime();    // 呼叫成員函數
49:     cout << "結束時間: ";
50:     close.printTime();  // 呼叫成員函數
51:     h = now.getHour();  // 取得時間資料
52:     m = now.getMinute();
```

```
53:     cout << "現在時間: ";  // 顯示時間資料
54:     cout << h << "::" << m << endl;
55:
56:     return 0;
57: }
```

程式說明

◈ 第5~16行：myTime類別宣告，包含private區塊的2個成員變數，和改為private的validTime()成員函數。在public區塊擁有4個成員函數，在第13~14行是取得時間資料的成員函數。

◈ 第41行：使用myTime類別宣告和建立物件open、close和now。

◈ 第44~46行：各物件分別呼叫setTime()成員函數指定時間資料。

◈ 第48行和第50行：open和close物件呼叫printTime()成員函數顯示時間資料。

◈ 第51~54行：now物件呼叫2個成員函數取得時間資料後，在第54行顯示時間資料。

16-5-4 類別的建構子

建構子也稱爲建構函數、建構子函數。它是物件的初始函數，在定義物件時，就會自動呼叫此函數來初始成員資料。

建構子的特點

C++類別的建構子是一個函數，其特點如下所示：

1. 建構子與類別同名。例如：類別myTime的建構子名稱是myTime()。
2. 建構子沒有傳回值，也不需加上void。
3. 建構子支援過載（overload），可以擁有多個同名建構子，只需參數個數或型態不同即可，如下所示：

```
myTime();        /* 建構子 */
myTime(int h, int m = 30);
```

建立類別的建構子

類別宣告的建構子是位在public區塊。例如：myTime類別的2個建構子函數，如下所示：

```
class myTime {
private:
    .........
public:
    myTime();          /* 建構子 */
    myTime(int h, int m = 30);
    .........
};
```

上述類別宣告的過載建構子只有原型宣告。C++語言預設建構子（default constructors）的參數列是空的，如下所示：

```
myTime::myTime() {    /* 建構子 */
    hour = 9;  minute = 0;
}
```

上述預設建構子是使用在宣告物件變數沒有指定任何參數時，如下所示：

```
myTime open;     /* 宣告和建立物件open */
```

上述物件是呼叫預設建構子初始成員資料。第2個建構子擁有參數，如下所示：

```
myTime::myTime(int h, int m) { setTime(h, m); }
```

上述建構子擁有參數，在建立物件時，可以加上參數值來初始成員資料，如下所示：

```
myTime close(21);           /* 宣告和建立物件close */
myTime close1(21, 25);      /* 宣告和建立物件close1 */
```

上述物件變數宣告時，就指定建構子參數來初始成員資料。

程式範例

Ch16_5_4.cpp

這個C++程式是修改Ch16_5_2.cpp的myTime類別，刪除validTime()成員函數後，替類別加上過載建構子，如下所示：

```
開張時間: 9:0
結束時間(1): 21:30
結束時間(2): 21:25
```

上述執行結果顯示3個時間資料，這些時間資料都是使用建構子來初始成員資料。

程式內容

```
01: /* 程式範例: Ch16_5_4.cpp */
02: #include <iostream>
03: using namespace std;
04:
05: class myTime {  // myTime類別宣告
06: private:  // 成員資料
07:     int hour;
08:     int minute;
09: public:  // 建構子
10:     myTime();
11:     myTime(int h, int m = 30);
12:     // 成員函數
13:     void setTime(int h, int m);
14:     void printTime();
15: };
16: // 建構子(1): 設定成員資料初始值
17: myTime::myTime() {
18:     hour = 9;  minute = 0;
19: }
20: // 建構子(2): 指定成員資料的初值
21: myTime::myTime(int h, int m) { setTime(h, m); }
22: // 成員函數: 設定時間的成員資料
23: void myTime::setTime(int h, int m) {
24:     hour = h;     // 設定小時
25:     minute = m;   // 設定分鐘
26: }
27: // 成員函數: 顯示成員資料
28: void myTime::printTime() {
```

```
29:     // 輸出成員資料的時和分
30:     cout << hour << ":" << minute << endl;
31: }
32: // 主程式
33: int main() {
34:     myTime open;     // 宣告物件變數
35:     myTime close(21);
36:     myTime close1(21, 25);
37:     // 顯示物件的時間資料
38:     cout << "開張時間: ";
39:     open.printTime();
40:     cout << "結束時間(1): ";
41:     close.printTime();
42:     cout << "結束時間(2): ";
43:     close1.printTime();
44: 
45:     return 0;
46: }
```

程式說明

- 第10~11行：myTime類別宣告過載的2個建構子，在第2個建構子擁有參數值。
- 第17~21行：2個建構子的實作程式碼。
- 第34行：宣告和建立物件變數，因為沒有指定參數，所以是呼叫第1個建構子來初始成員資料。
- 第35~36行：在宣告物件時指定建構子參數來初始成員資料。

學習評量

16-1 C++ 的基礎

1. 請簡單說明什麼是C++語言？
2. C語言和C++語言的最大差異是______________。
3. 請簡單說明ANSI-C++現代樣式標頭檔是什麼？C語言的<stdlib.h>標頭檔改為現代樣式的寫法是_________。
4. 請問如何使用標準函數庫的命名空間std？

16-2 C++ 的輸出與輸入

1. C++提供全新標準輸出與輸入串流：______標準輸入串流和______標準輸出串流。
2. 請問cout物件的put()和write()成員函數是什麼？

16-3 C++ 的函數過載

1. 請舉例說明什麼是C++過載函數？
2. 請建立C++程式擁有2個過載getMin()函數，分別傳入2個或3個int參數，傳回值是參數中的最小值。

16-4 物件導向程式設計的基礎

1. 請使用圖例來說明什麼是物件？物件擁有哪三種特性？
2. 請簡單說明什麼是物件導向程式開發？
3. 請問物件導向程式語言支援哪三種觀念？

16-5 C++ 的類別與物件

1. 請說明什麼是類別和物件觀念，其目的為何？並試著舉例說明？
2. 在程式中使用類別建立的每一個物件稱為________（instances）；同一類別能夠建立____個物件。
3. 請舉例說明private和public區塊的用途和差異？什麼是「工具方法」（utility functions）？

學習評量

4. 請簡單說明建構子的目的和用途？myStudent類別的建構子函數名稱是＿＿＿＿＿＿。
5. 請建立C++程式宣告box類別的盒子物件，可以計算盒子體積與面積，如下所示：
   (1) 成員資料：width、height和length儲存寬、高和長。
   (2) 成員函數與建構子：包含volume()計算體積和area()計算面積。
6. 請建立C++程式宣告myDate類別儲存日期資料，這個類別擁有：
   (1) 成員變數：year、month和day儲存年、月和日的資料。
   (2) 成員函數與建構子：包含設定setXXX()和取出getXXX()日期資料的函數，printDate()函數顯示日期資料，validateDate()函數可以檢查日期資料。